数学名著译丛

一般拓扑学

〔美〕J.L. 凯莱 著

吴从炘 吴让泉 译

蒲保明 等 校

科学出版社

北京

图字：01-2010-1593

内 容 简 介

本书是关于一般拓扑的一部经典著作. 书中系统地介绍了一般拓扑的基本知识. 正文共分七章, 包括拓扑空间、Moore-Smith 收敛、乘积空间和商空间、嵌入和度量化、紧空间、一致空间、函数空间. 此外, 还有一章预备知识和一个附录. 每章之后有大量问题, 作为正文的补充和延伸, 有助于读者更好地理解正文的内容. 书末由译者加写了一个附录, 介绍了早期不分明拓扑学发展的概貌.

本书正文七章由吴从炘翻译, 其余由吴让泉翻译. 增添的附录由吴从炘撰写.

本书可供高等院校数学系师生及有关的专业工作者参考.

图书在版编目(CIP)数据

一般拓扑学/(美) J. L. 凯莱著; 吴从炘, 吴让泉译. —北京: 科学出版社, 2010
ISBN 978-7-03-027118-1

I. 一… Ⅱ. ①J.… ②吴… ③吴… Ⅲ. 一般拓扑学 Ⅳ. O189.1

中国版本图书馆 CIP 数据核字(2010) 第 055633 号

责任编辑: 赵彦超 / 责任校对: 张小霞
责任印制: 吴兆东 / 封面设计: 王 浩

科 学 出 版 社 出版
北京东黄城根北街 16 号
邮政编码: 100717
http://www.sciencep.com

北京华宇信诺印刷有限公司印刷
科学出版社发行 各地新华书店经销
*
2010 年 4 月第 二 版 开本: B5(720×1000)
2024 年 1 月第六次印刷 印张: 14 1/4
字数: 277 000
定价: 56.00 元
(如有印装质量问题, 我社负责调换)

序

本书系统地介绍了一般拓扑学的部分内容, 这些内容已被证明在某些数学分支中是很有用处的, 尤其希望它成为学习近代分析的基础. 只是由于朋友们的极力劝说, 我才没有将本书命名为《青年数学分析工作者须知》.

本书是根据作者 1946—1947 年在芝加哥大学、1948—1949 年在加利福尼亚大学、1950—1951 年在杜兰大学 (Tulane University) 几种不同的讲义为基础而写成的, 原打算把它作为参考书和教科书. 这两个目的有些不太一致, 特别是作为一本参考书, 它应提供这方面一个相当全面的概括, 因此在内容上比正规教程叙述得要更广泛一些, 其中许多细节主要是为作参考书而安排的, 例如, 为了包含所有最常用的术语, 我作了相当大的努力, 并把它们都罗列在索引中. 但是, 另一方面, 因为它又是一本教科书, 所以对前几章论述得相当详细. 由于同样的原因, 加入了一章预备知识, 虽然不是系统论述的一部分, 但它包罗了本书主要部分所必需的那些题材, 并且我发现这些题材对许多学生来说还是新颖的. 在这一章里比较重要的结果是有关集论方面的一些定理, 而它们的系统论述已在附录中给出. 附录与本书的其余部分是完全独立的, 除此而外, 本书每一部分都是与其前面的论述相关联的.

本书的叙述方式有一些与众不同之处. 有时在节前加上一个星号, 表示该节是一段题外之言. 许多同样或者更有意义的题材, 放在问题中加以论述, 而这些问题可看成是讨论的整体的一部分. 这些问题中有少数是习题, 其主要目的在于帮助理解所使用到的概念. 还有一些是反例, 它们划分出了可能成为定理的界限. 有些小理论就其本身而言是有趣味的, 又有一些是一般拓扑在不同领域中应用的引论. 最后附有参考文献, 以便有兴趣的读者 (喜爱独立思考者) 可以进一步深入学习. 书末的文献中包含了有关本书议题的绝大部分近代贡献和一些早期的突出成就, 以及少数 "交叉领域" 的参考文献.

我采用了一个特殊的约定①, 每个证明的结尾用 | 来表示. 这个记号是属于哈尔莫斯 (Halmos) 的.

J. L. 凯莱

1955 年 2 月于加利福尼亚伯克利分校

---

① 原文中还有另一约定, 即对经常出现的 "if and only if ", 用哈尔莫斯的缩写 "iff" 去代替它. —— 译者

目　　录

第0章 预 备 知 识

理解本书的唯一前提, 只需要知道实数的少数性质和具有适当程度的数学修养. 以后要用到的所有定义和基本定理都汇集于这一章里. 这里的论述在一定程度上是自成系统的. 但是, 特别是在数系的讨论中, 有不少细节被略去了. 本章最深刻的一些结果是集论的定理, 而它的系统论述在附录中给出. 由于这一章本来是打算当作参考资料的, 因此建议读者先复习一下前两节, 然后开始学第一章, 当感到需要的时候, 可再利用本章的其余部分. 许多定义当它们第一次在书中出现时, 我们予以重述.

0.1 集

我们将要论及集和集的元. "集"、"类"、"族" 均为同义语①, 而符号 $\in$ 表示元的从属关系. 所以, 当且仅当 x 是 A 的一个元 (一个元素, 或一个点) 时, 方可写为 $x \in A$. 两个集是恒等的, 当且仅当它们有相同的元, 并且相等通常总是意指恒等, 因此, $A = B$ 的充要条件是: 对于每一个 $x, x \in A$ 当且仅当 $x \in B$.

集将要借助于括号来构成, 因此 $\{x : \cdots (关于 x 的命题) \cdots\}$ 是使得关于 x 的命题是正确的所有点 x 的集. 也就是说, $y \in \{x : \cdots (关于 x 的命题) \cdots\}$ 当且仅当关于 y 的相应命题是正确的. 例如, 假定 A 是一个集, 则 $y \in \{x : x \in A\}$ 当且仅当 $y \in A$. 因为具有相同元的两个集是恒等的, 所以 $A = \{x : x \in A\}$, 这即使不是一件惊奇的事实, 也是一件使人愉快的事实. 在构造集的这一方案中, "x" 是一个哑变数, 其含义是我们可以用不曾出现在这个命题中的任何其他变数来代替它. 于是 $\{x : x \in A\} = \{y : y \in A\}$, 但是 $\{x : x \in A\} \neq \{A : A \in A\}$.

在这种形式下, 关于集的构造有一个很有用的法则. 如果两个集是由两个不同的命题利用上面规定的方式构成的, 同时假定这两个命题逻辑上是等价的, 则构成的集是相等的. 这个法则可以通过证明构造成的集具有相同的元来说明它是合理的. 例如, 假定 A 与 B 是两个集, 则 $\{x : x \in A$ 或 $x \in B\} = \{x : x \in B$ 或 $x \in A\}$, 因为 y 属于第一个集当且仅当 $y \in A$ 或 $y \in B$, 而这种情况成立当且仅当 $y \in B$ 或 $y \in A$. 这一结论成立当且仅当 y 为第二个集的一个元. 下一节的所有定理正是用

---

① 这种说法不是绝对准确的, 在附录内将要说明, 由于技术上的原因, 将把类分成不同的两种. 我们把 "集" 这一术语保留给它们本身是类的元的那种类. 在此, 集与类的区别不是十分重要的, 除了唯一的一个并非无足轻重的例外, 即每一个类当它在讨论中出现时 (在附录以前), 也是一个集.

这种方法加以证明的.

0.2　子集与余集; 并与交

如果 A 与 B 是两个集 (或族), 则 A 是 B 的一个**子集** (**子族**)当且仅当 A 的每个元是 B 的一个元. 在这种情况下, 我们可以说 A 被包含在 B 中或者 B **包含**A, 并写成下面的形式: $A \subset B$ 或者 $B \supset A$. 于是 $A \subset B$ 当且仅当对于每一 x 只要 $x \in A$, 则有 $x \in B$. 集 A 是 B 的一个**真子集**(A 真正地被包含在 B 中或 B 真正地包含 A) 当且仅当 $A \subset B$ 同时 $A \neq B$. 如果 A 是 B 的一个子集, 同时 B 又是 C 的一个子集, 那么显然 A 是 C 的一个子集. 如果 $A \subset B$ 同时 $B \subset A$, 则 $A = B$, 在这种情况下 A 的每一个元也是 B 的一个元, 反之亦然.

集 A 与 B 的**并** (**和、逻辑和联合**)记作 $A \bigcup B$, 它是至少属于 A 或 B 之一的所有点的集, 也就是说 $A \bigcup B = \{x : x \in A \text{ 或 } x \in B\}$. 在此采用 "或" 字并没有两者不可兼的意思. 也就是说既属于 A 又属于 B 的点也属于 $A \bigcup B$. 集 A 与 B 的**交** (**逻辑积**), 记作 $A \bigcap B$, 它是同时属于 A 与 B 之所有点的集, 也就是说, $A \bigcap B = \{x : x \in A \text{ 同时 } x \in B\}$. **空集**用 0 来表示[①], 并定义为 $\{x : x \neq x\}$(任何一个伪命题可以用在此处来代替 $x \neq x$). 空集是任一集 A 的一个子集, 因为 0(没有一个元) 的每个元属于 A. 对于每一对集 A 与 B, 包含关系 $0 \subset A \bigcap B \subset A \subset A \bigcup B$ 皆成立. 两个集 A 与 B 叫做**不相交的**当且仅当 $A \bigcap B = 0$, 也就是说, A 的任何元都不是 B 的元. 两个集 A 与 B 叫做**相交的**当且仅当存在一个点同时属于这两个集, 因此 $A \bigcap B \neq 0$. 如果 $\mathscr{A}$ 是一个集族($\mathscr{A}$ 的元均为集), 那么 $\mathscr{A}$ 叫做一个**不相交族**当且仅当 $\mathscr{A}$ 的任意两个元都不相交.

一个集 A 的**绝对余集**记作 $\sim A$, 它是 $\{x : x \notin A\}$. A 关于一个集 X 的**相对余集**是 $X \bigcap \sim A$, 或者简单地记作 $X \sim A$. 这样的集又称为 X 与 A 之**差**. 对于每一个集 A 皆有 $\sim \sim A = A$ 成立; 关于相对余集的相应说法较复杂, 所以把它作为定理 2 的一部分来给出.

必须很仔细地区分 "元" 与 "子集". 仅有一个元 x 的集称为**单点集**, 并且 $\{x\}$ 来表示. 注意 $\{0\}$ 不是空集, 因为 $0 \in \{0\}$, 所以 $0 \neq \{0\}$. 在一般情况下 $x \in A$ 当且仅当 $\{x\} \subset A$.

下面两个定理表述出上面给出的各种定义之间最常用到的一些关系. 这些关系都是一些基本的事实, 今后用到时常常不再明确地指出来. 在此我们只证这两个定理的一部分.

定理 1　设 A 与 B 为一集 X 的两个子集, 则 $A \subset B$ 当且仅当下列条件之一成立:

[①] 空集往往用符号 $\varnothing$ 来表示, 以便同数 0 相区别.—— 译者注

$$A \bigcap B = A; \quad B = A \bigcup B; \quad X \sim B \subset X \sim A;$$
$$A \bigcap X \sim B = 0; \quad \text{或} (X \sim A) \bigcup B = X.$$

定理 2　设 A, B, C 与 X 均为集, 则

(a) $X \sim (X \sim A) = A \bigcap X$.

(b) (交换律) $A \bigcup B = B \bigcup A$ 且 $A \bigcap B = B \bigcap A$.

(c) (结合律) $A \bigcup (B \bigcup C) = (A \bigcup B) \bigcup C$ 且

$$A \bigcap (B \bigcap C) = (A \bigcap B) \bigcap C.$$

(d) (分配律) $A \bigcap (B \bigcup C) = (A \bigcap B) \bigcup (A \bigcap C)$ 且

$$A \bigcup (B \bigcap C) = (A \bigcup B) \bigcap (A \bigcup C).$$

(e) (De Morgan 公式) $X \sim (A \bigcup B) = (X \sim A) \bigcap (X \sim B)$ 且 $X \sim (A \bigcap B) = (X \sim A) \bigcup (X \sim B)$.

证明　(a) 的证明. 一个点 x 是 $X \sim (X \sim A)$ 的一个元当且仅当 $x \in X$ 同时 $x \notin X \sim A$. 由于 $x \notin X \sim A$ 当且仅当 $x \notin X$ 或 $x \in A$, 从而推出 $x \in X \sim (X \sim A)$ 当且仅当 $x \in X$ 并且不是 $x \notin X$ 便是 $x \in A$. 但这两种情况的第一种是不可能的, 所以 $x \in X \sim (X \sim A)$ 当且仅当 $x \in X$ 同时 $x \in A$, 也就是当且仅当 $x \in X \bigcap A$.

(d) 的第一部分之证明. 一个点 x 是 $A \bigcap (B \bigcup C)$ 的一个元当且仅当 $x \in A$ 同时不是 $x \in B$ 便是 $x \in C$. 这种情况又当且仅当 x 不是同时属于 A 与 B 便是同时属于 A 与 C. 故 $x \in A \bigcap (B \bigcup C)$ 当且仅当 $x \in (A \bigcap B) \bigcup (A \bigcap C)$, 从而等式得证. ▌

如果 $A_1, A_2, \cdots, A_n$ 均为集, 则 $A_1 \bigcup A_2 \bigcup \cdots \bigcup A_n$ 是这些集的并, 而 $A_1 \bigcap A_2 \bigcap \cdots \bigcap A_n$ 是它们的交. 由于结合律成立, 在计算并与交时, 把各集不论怎样结合起来都是无妨的. 我们还要考虑非有限集族的元的并, 有了这种并的记号是极其方便的. 考虑下面的情况: 对于一个我们称为指标集的集 A 的每一元 a, 假定给定一个集 X_a, 于是所有 X_a 的并用 $\bigcup \{X_a : a \in A\}$ 来表示, 而它被定义为对于 A 中某一 a 使得 $x \in X_a$ 之所有点 x 的集. 类似的方法, 对于在 A 中的 a 所有 X_a 的交用 $\bigcap \{X_a : a \in A\}$ 来表示, 而它被定义为 $\{x : 对于 A 中的每一 a, x \in X_a\}$. 一个很重要的特殊情况如下: 指标集本身是一个集族 $\mathscr{A}$ 并且对于 $\mathscr{A}$ 中每个 A, X_A 就是集 A, 这时上面的定义变成 $\bigcup \{A : A \in \mathscr{A}\} = \{x : 对于 \mathscr{A} 中的某一 A, x \in A\}$ 同时 $\bigcap \{A : A \in \mathscr{A}\} = \{x : 对于在 \mathscr{A} 中的每一个 A, x \in A\}$.

关于集族的元的并与交有许多具有代数特征的定理, 但我们只需要下面的一个, 而它的证明被略去了.

定理 3　设 A 为一指标集, 并且对于在 A 中的每一 a, 令 X_a 为一个固定集 Y 的一个子集, 则

(a) 如果 B 是 A 的一个子集, 则 $\bigcup\{X_b : b \in B\} \subset \bigcup\{X_a : a \in A\}$ 且 $\bigcap\{X_b : b \in B\} \supset \bigcap\{X_a : a \in A\}$.

(b) (De Morgan 公式) $Y \sim \bigcup\{X_a : a \in A\} = \bigcap\{Y \sim X_a : a \in A\}$

$$\text{且 } Y \sim \bigcap\{X_a : a \in A\} = \bigcup\{Y \sim X_a : a \in A\}.$$

De Morgan 公式通常以扼要的形式叙述为: 并的余集等于余集的交, 并且交的余集等于余集的并.

应当强调指出, 适当地熟练这类集论的运算是很重要的. 附录中包含有一长串定理, 我们建议初学者把它作为练习 (参看关于类的初等代数那一节).

注记 4 在大多数集论的早期著作中, 与对实数的通常运算相类似, 两个集 A 与 B 的并曾记作 $A + B$, 且交记作 AB. 一些相同的代数定律也成立. 然而, 由于迫不得已的原因, 下面不采用这种习惯的用法. 通常集论运算是在一个群、一个域或者一个线性空间内取的. 如果 A 与 B 是一个 (记作加法的) 群的两个子集, 则集 $\{c : c = a + b,$ 对于 A 内的某个 a 与 B 内的某个 $b\}$ 自然选用记号 "$A + B$", 同时很自然地用 $-A$ 来表示集 $\{x : -x \in A\}$. 由于在系统地应用刚才定义的集进行运算时, 集的并、交以及余集也要出现, 可见, 本书采用的记号似乎是最合理的. 本书关于集的构造所用的记号是现今使用最广的一种, 但是 "使得 …… 所有 x 的集" 也用记号 $\underset{x}{E}$ 表示. 这类记号有下面的弱点: 那就是必须确定哪一个是哑变数. 现通过下面的例子来说明这种论点. 所有正数平方的集可以很自然地用 $\{x^2 : x > 0\}$ 表示, 继之 $\{x^2 + a^2 : x < 1 + 2a\}$ 也有很自然的含义. 不幸的是后者可能有三种自然的含义, 即 $\{z :$ 对于某个 x 与某个 $a, z = x^2 + a^2$ 且 $x < 1 + 2a\}, \{z :$ 对于某个 $x, z = x^2 + a^2$ 且 $x < 1 + 2a\}$, 以及 $\{z :$ 对于某个 $a, z = x^2 + a^2$ 且 $x < 1 + 2a\}$. 这些集是完全不同的, 因为第一个集既不依赖 x 也不依赖 a, 第二个集依赖 a, 而第三个集依赖 x. 用稍许专门一点的术语来讲, "x" 与 "a" 在第一个集里都是哑的, "x" 在第二个集里是哑的, 而 "a" 在第三个集里是哑的. 为了避免含混, 每当应用括号记号时, 第一个括号之后和冒号之前恒用哑变数来占据.

最后, 考虑另一记法的特点是有意义的. 在读像 "$A \bigcap (B \bigcup C)$" 这种表达式时括号是最要紧的. 然而, 若选用一种与此稍许不同的记法就可避免这一点. 如果我们用 "$\bigcup AB$" 代替了 "$A \bigcup B$", 同时对于交也用类似的方法, 于是所有的括号能够被略去 (这种避免括号的一般方法, 在数理逻辑里是有名的). 在这种修改的记号里第一分配律和对并的结合律可表述为 $\bigcap A \bigcup BC = \bigcup \bigcap AB \bigcap AC$ 同时 $\bigcup A \bigcup BC = \bigcup \bigcup ABC$. 这种速写记法读起来也方便, 例如, $\bigcup AB$ 读为 A 与 B 之并.

0.3　关　　系

集的概念在此论述中被取作基础, 所以我们面临的任务是用集的术语去定义其他必需的概念, 尤其是必须定义序与函数的概念. 但这些概念均可当作关系来处理, 而关系又能够很自然地被当作具有某种特殊结构的集来定义. 因此, 本节提供关系代数的定义和初等定理的一个简要陈述.

假定我们已给某确定的对象的序偶之间一种关系 (在直观的意义下). 其基本的想法是: 关系可表示为所有相互有关的对象的序偶之集. 例如, 一个数和它的立方构成之所有序偶的集可称为立方关系. 自然, 为了使用这种实现方法, 需要有方便的序偶概念, 而这个概念能够用集的术语来定义[①]. 在此我们需要的基本事实是: 每一序偶有一个第一坐标与一个第二坐标, 并且两个序偶相等 (恒等) 当且仅当它们有相同的第一坐标与相同的第二坐标. 具有第一坐标 x 与第二坐标 y 的序偶用 (x, y) 来表示. 于是, 当且仅当 $x = u$ 且 $y = v$ 时 $(x, y) = (u, v)$.

为了方便起见, 我们推广构造集的方法, 使记号 $\{(x, y) : \cdots\}$ 表示合于 …… 的所有序偶 (x, y) 之集. 然而, 严格地说, 这种规定并不是必要的. 因为同一个集可用较详细的说明: $\{z :$ 对于某个 x 与某个 $y, z = (x, y)$ 且 ……$\}$ 而得到.

一个**关系**是一个序偶的集, 即一个关系是一个集, 而它的每个元是一个序偶. 如果 R 是一个关系, 我们用 xRy 简记 $(x, y) \in R$. 同时当且仅当 xRy 时, 我们称 $x\boldsymbol{R}$**-相关于**y. 一个关系 R 的**定义域**是 R 中成员的所有第一个坐标之集, 而它的**值域**是所有第二个坐标之集. 用式子的写法 R 的**定义域**$= \{x :$ 对于某个 $y, (x, y) \in R\}$ 且 R 的**值域** $= \{y :$ 对于某个 $x, (x, y) \in R\}$. 最简单的关系之一是 x 为某一指定集 A 的元而 y 为某一指定集 B 的元所构成之所有序偶 (x, y) 的集. 这个关系是 A 与 B 的**笛卡儿乘积**, 并用 $A \times B$ 来表示. 于是 $A \times B = \{(x, y) : x \in A$ 且 $y \in B\}$. 如果 B 非空, 则 $A \times B$ 的定义域为 A. 因此每个关系显然是它的定义域与值域的笛卡儿积的一个子集.

一个关系 R 之**逆**是用对调属于 R 的每个序偶而得到的, 并以 R^{-1} 来表示. 于是 $R^{-1} = \{(x, y) : (y, x) \in R\}$ 并且当且仅当 $yR^{-1}x$ 时 xRy. 例如, 对所有的集 A 与 $B, (A \times B)^{-1} = B \times A$. 一个关系 R 之逆的定义域恒为 R 的值域, 并且 R^{-1} 的值域为 R 的定义域. 如果 R 与 S 是两个关系, 它们的**合成**$R \circ S$(有时写成 RS) 定义为: 对于某个 y, 使 $(x, y) \in S$ 且 $(y, z) \in R$ 的所有序偶 (x, z) 之集. 合成一般是不可交换的. 例如, 如果 $R = \{(1, 2)\}$ 且 $S = \{(0, 1)\}$, 则 $R \circ S = \{(0, 2)\}$, 但 $S \circ R$ 却是空集. 在集 X 上的**恒等关系** (**在 X 上恒同**) 是指对于在 X 中的 x, 所有形为

---

① 这个问题的确切说法将在附录中给出. 那里采用了 Wiener 的序偶定义. 用这种方式巧妙地表示关系之思想是属于 Perice 的, 基本关系代数的清晰论述能在 Tarski[1] 中找到.

(x,x) 的序偶所成之集, 而它用 Δ 或 $\Delta(X)$ 来表示. 这个名字是由每当 R 是一个值域及定义域均为 X 之子集的关系时, 恒有 $\Delta \circ R = R \circ \Delta = R$ 成立而产生的. 恒等关系又被称为**对角线**, 此名暗示了它在 $X \times X$ 中的几何位置.

如果 R 是一个关系, 而 A 是一个集, 则所有与 A 中的点 R- 相关的点所构成的集 $R[A]$ 被定义为 $\{y :$ 对于 A 中的某个 $x, xRy\}$. 如果 A 是 R 的定义域, 则 $R[A]$ 是 R 的值域, 并且对于任意的 A, 集 $R[A]$ 被包含在 R 的值域中. 如果 R 与 S 是两个关系且 $R \subset S$, 则对于每个 A, 显然 $R[A] \subset S[A]$.

对于关系有大量的运算, 下面的定理就是其中的一部分.

定理 5 设 R, S 与 T 皆为关系, 又设 A 与 B 是两个集, 则

(a) $(R^{-1})^{-1} = R$ 且 $(R \circ S)^{-1} = S^{-1} \circ R^{-1}$.

(b) $R \circ (S \circ T) = (R \circ S) \circ T$ 且 $(R \circ S)[A] = R[S[A]]$.

(c) $R[A \bigcup B] = R[A] \bigcup R[B]$ 且 $R[A \bigcap B] \subset R[A] \bigcap R[B]$.

更一般地, 如果对于一个非空指标集 A 的每个元 a, 给定一个集 X_a, 则

(d) $R[\bigcup\{X_a : a \in A\}] = \bigcup\{R[X_a] : a \in A\}$ 且 $R[\bigcap\{X_a : a \in A\}] \subset \bigcap\{R[X_a] : a \in A\}$.

证明 作为一个例子, 我们证明等式: $(R \circ S)^{-1} = S^{-1} \circ R^{-1}$. 一个序偶 (z, x) 是 $(R \circ S)^{-1}$ 的一个元当且仅当 $(x, z) \in R \circ S$, 而这种情况就是当且仅当对于某个 $y, (x, y) \in S$ 并且 $(y, z) \in R$. 所以 $(z, x) \in (R \circ S)^{-1}$ 当且仅当对于某个 $y, (z, y) \in R^{-1}$ 且 $(y, x) \in S^{-1}$. 可这正好是 (z, x) 属于 $S^{-1} \circ R^{-1}$ 的条件. |

有几种特殊类型的关系, 由于它们经常在数学中出现, 所以给它们起了名字. 这里暂且不谈序与函数, 因为它们在下一节里将被详加讨论. 下面所列举的类型也许是最有用的.

下面始终假定 R 是一个关系, X 是所有属于 R 的定义域或值域的点构成的集, 即 $X = (R$ 的定义域$)\bigcup(R$ 的值域$)$.

关系 R 叫做**自反的**当且仅当 X 的每个点 R- 相关于它自己时, 而这完全等价于要求恒等关系 Δ(或 $\Delta(X)$) 是 R 的一个子集.

倘若只要 xRy 便有 yRx, 则称关系 R 是**对称的**. 用代数式子表示, 即为 $R = R^{-1}$. 在另一极端, 称关系 R 叫做**反对称的**当且仅当不出现 xRy 与 yRx 同时成立的情况. 换言之, 称 R 为反对称的当且仅当 $R \bigcap R^{-1}$ 为空集.

称关系 R 为**传递的**当且仅当若 xRy 且 yRz 则 xRz. 用关系合成的术语来讲, 关系 R 是传递的当且仅当 $R \circ R \subset R$. 于是推出如果 R 是传递的, 则 $R^{-1} \circ R^{-1} = (R \circ R)^{-1} \subset R^{-1}$. 所以传递关系之逆仍是传递的. 如果 R 既是传递的又是自反的, 则 $R \circ R \supset R \circ \Delta$, 故 $R \circ R = R$. 用习惯上的术语来讲, 这样的一个关系在合成之下是幂等的.

一个**等价**关系是一个既自反又对称和传递的关系. 等价关系具有很简单之结构. 现在我们来描述它. 假定 R 是一个等价关系且 X 是 R 的定义域, X 的一个子集 A 是一个等价类 (一个 R- 等价类) 当且仅当在 A 中存在一个元 x 使得 A 与合于 xRy 之所有 y 的集恒等. 换句话说, A 为一个等价类当且仅当在 A 中存在 x 使得 $A = R[\{x\}]$. 关于等价关系的基本结论证明了所有等价类的族 $\mathscr{A}$ 是互不相交的, 并且点 xR- 相关于点 y 当且仅当 x 与 y 都属于同一等价类. 用类 A 中的 x 与 y 所构成的所有序偶之集是简单的 $A \times A$. 由此导出下面定理之简明叙述.

定理 6 一个关系 R 是一个等价关系当且仅当存在一个互不相交族 $\mathscr{A}$ 使得 $R = \bigcup \{A \times A : A \in \mathscr{A}\}$.

证明 如果 R 是一个等价关系, 则 R 是传递的: 若 yRx 且 zRy, 则 zRx. 换句话说, 如果 xRy, 则 $R[\{y\}] \subset R[\{x\}]$. 但由于 R 是对称的 (只要 yRx 便有 xRy). 于是推出: 如果 xRy, 则 $R[\{x\}] = R[\{y\}]$. 假定 z 同时属于 $R[\{x\}]$ 与 $R[\{y\}]$, 则 $R[\{x\}] = R[\{z\}] = R[\{y\}]$, 所以两个等价类不是重合便是互不相交. 如果 y 与 z 属于等价类 $R[\{x\}]$, 则由 $R[\{y\}]$, $= R[\{x\}]$ 推得 yRz, 换句话说, 也就是 $R[\{x\}] \times R[\{x\}] \subset R$. 故对所有等价类 $A, A \times A$ 的并是 R 的一个子集, 又由于 R 是自反的, 所以如果 xRy, 则 $(x, y) \in R[\{x\}] \times R[\{x\}]$. 故 $R = \bigcup \{A \times A : A \in \mathscr{A}\}$. 反过来的简单证明在此省略. ∎

我们的兴趣经常在于了解: 一个关系在属于它的定义域的一个子集的那些点上的性质, 并且对于那些点关系所具有的性质, 经常对所有的点却不成立. 已给一个集 X 和一个关系 R, 可以构造一个新的关系 $R \cap (X \times X)$, 它的定义域是 X 的一个子集. 为了方便起见, 我们说关系 R **在 X 上具有性质**, 或关系 R **限制在 X 上具有性质**当且仅当 $R \cap (X \times X)$ 具有此性质. 例如, R 在 X 上传递当且仅当 $R \cap (X \times X)$ 是一个传递关系. 这等于说定义的性质对于在 X 中的点成立. 在这种情况下只要 x, y 及 z 都是 X 中使得 xRy 且 yRz 的点, 则 xRz.

0.4 函 数

现在函数的概念必须用已经引进的概念来定义. 如果我们考虑到下面的事实, 这种企图并不困难. 不管一个函数是什么, 而它的图像作为序偶的集确有一个显然的定义. 此外, 没有关于函数的信息不能由它的图像导出. 简而言之, 没有什么原因要我们全力去找一个函数与它的图像之间的区别.

一个**函数**是使得没有两个不同元具有相同之第一坐标的一种关系. 于是称 f 是一个函数当且仅当 f 的元都是序偶, 并且只要 (x, y) 与 (x, z) 为 f 的元, 则 $y = z$. 一个函数与它的图像之间我们不加以区分.

对应、**变换**、**映射**、**算子**以及**函数**, 这些术语均为同义语. 如果 f 是一个函数

且 x 是它的定义域 (f 的所有元中第一个坐标之集) 内的一个点, 则 $f(x)$ 或 f_x 是 f 的第一个坐标为 x 的唯一的元之第二个坐标. 点 $f(x)$ 是 f 在 x 的**值**, 或者是在 f 的映射下 x 的**象**, 并且称 f 对于 x **指定值** $f(x)$, 或者把 x **变成** $f(x)$. 称一个函数 f **在** X 上当且仅当 X 是它的定义域 (f 的元中第二个坐标之集有时称为值集). 如果 f 的值域是 Y 的一个子集, 则 f 是**到** Y, 或到 Y 内的. 一般来讲, 在下述意义下, 一个函数是多对一的, 即可能有许多序偶具有同一第二个坐标, 这也就是说, 函数在许多点上取同一值. 称一个函数是**一对一**的当且仅当不同的点有不同的象, 也就是说假定逆关系 f^{-1} 仍是一个函数.

一个函数是一个集, 因此两个函数 f 与 g 恒等当且仅当它们有相同的元, 显然这种情况也就是当且仅当 f 的定义域与 g 的定义域是相同的, 并且对于在此定义域中的每个 $x, f(x) = g(x)$. 所以我们可以用指定函数的定义域和函数在此定义域每个元上的值来确定一个函数. 如果 f 是在 X 上到 Y 的一个函数, 并且 A 是 X 的一个子集, 则 $f \bigcap (A \times Y)$ 也是一个函数. 它称为 f 在 A 上的**限制**, 并用 $f|_A$ 来表示, $f|_A$ 的定义域为 A, 同时对于在 A 中的 $x, (f|_A)(x) = f(x)$. 一个函数 g 是 f 在某个子集上的限制当且仅当 g 的定义域是 f 定义域的一个子集, 并且对于在 g 定义域中的 $x, g(x) = f(x)$, 即当且仅当 $g \subset f$. 函数 f 被称为 g 的一个**扩张**当且仅当 $g \subset f$. 于是, f 是 g 的一个扩张当且仅当 g 是 f 在 f 的定义域的某个子集上的限制.

如果 A 是一个集且 f 是一个函数, 则依照对任意关系给出的定义, 有 $f[A] = \{y : $ 对在 A 中的某个 $x, (x, y) \in f\}$. 相当于说 $f[A]$ 等于 $\{y : $ 对在 A 中的某个 $x, y = f(x)\}$, 集 $f[A]$ 称为在 f 的映射下 A 的象. 如果 A 与 B 是两个集, 则由定理 5, $f[A \bigcup B] = f[A] \bigcup f[B]$ 且 $f[A \bigcap B] \subset f[A] \bigcap f[B]$, 类似的公式对任意交与任意并也成立. 一般来说, $f[A \bigcap B] = f[A] \bigcap f[B]$ 不成立. 因为互不相交的集可能有相交的象. 如果 f 是一个函数, 则集 $f^{-1}[A]$ 称为在 f 的映射下 A 的**逆** (**逆象、反象**). 逆满足下面的代数规则.

定理 7　　如果 f 是一个函数, 而 A 与 B 是两个集, 则

(a) $f^{-1}[A \sim B] = f^{-1}[A] \sim f^{-1}[B]$;

(b) $f^{-1}[A \bigcup B] = f^{-1}[A] \bigcup f^{-1}[B]$;

(c) $f^{-1}[A \bigcap B] = f^{-1}[A] \bigcap f^{-1}[B]$.

更一般地, 如果对于非空指标集 C 的每一个元 c, 有一个集 X 存在, 则

(d) $f^{-1}[\bigcup\{X_c : c \in C\}] = \bigcup\{f^{-1}[X_c] : c \in C\}$;

(e) $f^{-1}[\bigcap\{X_c : c \in C\}] = \bigcap\{f^{-1}[X_c] : c \in C\}$.

证明　　将仅证明 (e).

点 x 为 $f^{-1}[\bigcap\{X_c : c \in C\}]$ 之元的充要条件是 $f(x)$ 属于此交, 而这种情况当且仅当对于在 C 中的 $c, f(x) \in X_c$. 但后面的条件等价于对每个 C 中的 $c, x \in$

$f^{-1}[X_c]$, 也就是说, $x \in \bigcap\{f^{-1}[X_c : c \in C]\}$. ▌

　　上面的定理经常扼要地说成: 一个函数的逆保持相对余集、并以及交. 应当注意这些公式的正确性, 并不依赖于集 A 与 B 为 f 值域的子集. 当然, $f^{-1}[A]$ 同 A 与 f 值域交的逆象是相同的, 然而, 这里将记号 (相应的对于 f 映射下象的记号) 限制在值域 (分别地, 定义域) 的子集上是不方便的.

　　两个函数的合成经简单的论证可知它仍是一个函数. 如果 f 是一个函数, 则 $f^{-1} \circ f$ 是一个等价关系, 因为当且仅当 $f(x) = f(y)$ 时, $(x,y) \in f^{-1} \circ f$. 合成 $f \circ f^{-1}$ 是一个函数. 它是在 f 的值域上的一个恒等关系.

　　注记 8　关于函数 f 在 x 点的值还有另外一些记号. 除了 $f(x)$ 与 f_x 之外, 下面的记号: $(f,x), (x,f), fx, xf$ 以及 $\cdot fx$ 均有人采用. 头两个记号在处理具有某些对偶性时是极其方便的. 在那里考虑一个函数族 F, 每个的定义域都在指定的 X 上, 并且以对称的形式来看待 F 与 X 有预期的好处. fx 与 xf 这两个记号显然是我们已采用记号的缩写; 至于说 "f" 是写在 "x" 的左边还是右边, 显然是一个爱好的问题. 这两个记号也有记号 "$f(x)$" 所具有的不便之处. 在某些相当复杂的情况下, 除非加上大量括号, 记号的含义是不够明确的. 最后的记号 (已为 Morse 所采用) 免除了这种困难, 它含义明确同时不需要括号 (参看关于并与交的注记 4).

　　对于一个函数, 约束变量的记号是需要的, 例如, 定义域是所有实数的集, 而在 x 点取值为 x^2 的函数应该有一个较简单的记述方法. 可以从这种特殊的情况出发, 把 x 视为实数集上的恒等函数, 那么在此情况下 x^2 便有理由为一平方函数. 这种经典的手法是把函数与它在 x 的值都用 x^2 来表示. 一种消除混淆的建议是用 $x \to x^2$ 来记平方函数, 现在建议的这种记号正在逐渐地被广泛采用. 自然它也不是万能的. 比如记述 $(x \to x^2)(t) = t^2$ 就需要加以解释. 最后应该注意到虽然箭头这种记号无疑将要作为标准形式而加以使用. 但是 Church 的 λ- 规定仍具有技术上的方便 (平方函数可写成 $\lambda x : x^2$). 为了消除混淆, 不加括号是必要的.

0.5　序

　　一个序 (**半序、拟序**)是一个传递关系. 一个关系 $<$ **序化** (**半序化**)一个集 X 当且仅当它在 X 上是传递的. 如果 $<$ 是一个序并且 $x < y$, 则通常称 x **在 y 之前**或者 x **小于** y (关于序 $<$), 并称 y **在 x 之后**或者 y **大于** x. 如果 A 包含在一个被 $<$ 序化的集 X 中, 则 X 中的一个元素 x 叫 A 的一个**上界**当且仅当对于在 A 中的每个 y 不是 $y < x$ 便是 $y = x$. 类似地, 如果 x 小于或等于 A 中的每个元, 则元素 x 称为 A 的一个**下界**. 自然, 一个集可能有许多不同的上界. 一个元素 x 称为 A 的**最小上界**或者**上确界**当且仅当它是一个上界并且它小于或等于所有其他上界 (换言之, 上确界是一个上界, 同时又是所有上界集的下界). 以同样的方法, **最大下**

界或者**下确界**是一个元素, 此元素是一个下界并且大于或等于所有其他下界. 称一个集 X 是**有序完备**的 (关于序 $<$) 当且仅当 X 的每个有上界的非空子集具有上确界. 这个关于上界的条件完全等价于对于下界的相应论述稍稍有点使人感到奇怪. 也就是说:

定理 9 一个集 X 关于一个序是有序–完备的: 当且仅当它的每个有下界之非空子集具有下确界.

证明 假定 X 是有序–完备的, 而且 A 是它的一个有下界的非空子集. 令 B 为 A 的所有下界的集, 于是 B 非空, 并且确保了非空集 A 的每个元是 B 的上界. 故 B 有一个最小上界, 设为 b, 从而 b 小于或等于 B 的每个上界, 特别是 b 小于等于 A 的每个元, 所以 b 是 A 的下界. 另一方面, b 自身是 B 的一个上界, 也就是说 b 大于等于 A 的每个下界. 故 b 是 A 的最大下界.

逆命题也可以用类似的论述来证明, 或者可以直接把刚证明的结果应用到 $<$ 的逆关系上. |

应该注意到序的定义的条件是很弱的. 例如 $X \times X$ 是 X 的一个序, 但它没什么意思. 关于这个序 X 的每个元是所有子集的上界, 事实上是一个上确界. 比较有意义的序需要满足附加的条件: 如果 x 小于等于 y, 同时 y 又小于等于 x, 则 $x = y$. 在这种情况下, 对于一个集至多存在一个上确界与一个下确界.

线性序 (**完全、或者简单序**) 是一个序, 它使得

(a) 如果 $x < y$ 且 $y < x$, 则 $x = y$.

(b) 只要 x 与 y 都是 $<$ 的定义域和值域的并的不同元, 则不是 $x < y$ 便是 $y < x$.

应注意到一个线性序无需是自反的. 但是我们约定 $x \leqq y$ 当且仅当 $x < y$ 或者 $x = y$. 如果 $<$ 是一个线性序, 则关系 $\leqq$ 恒为一个自反的线性序, 下面称一个关系**线性序化**一个集 X 当且仅当这个关系在 X 上的限制是一个线性序. 一个集具有一个将它线性序化的关系称为一个**链**. 显然, 上确界与下确界在链中都是唯一的. 尽管有许多讨论应用到较少限制的序上显然成立, 但本节剩下的定理仍侧重于链.

在一个集 X 上到一个集 Y 的函数 f 称为关于 X 内的序 $<$ 与 Y 内的序 $\prec$ 是**保序**的 (**单调的**)当且仅当只要 u 与 v 均为在 X 中使得 $u \leqq v$ 的点, 便有 $f(u) \prec f(v)$ 或 $f(u) = f(v)$. 如果 Y 的序 $\prec$ 是简单的 $Y \times Y$, 或者如果 X 的序是空关系, 则 f 必然是保序的. 于是不能期望一一对应的保序函数之逆恒为保序的. 然而, 如果 X 与 Y 是两个链, 并且 f 是一对一的同时单调的, 则 f^{-1} 必然是保序的. 因为如果 $f(u) \prec f(v)$ 且 $f(u) \neq f(v)$, 但由保序的性质 $v < u$ 是不可能的.

有序完备链具有一个很特别的性质. 假定 X 与 Y 是两个链, X_0 是 X 的一个子集, 并且 f 是在 X_0 上到 Y 的一个保序函数. 问是否存在一个 f 的保序扩张, 它的定义域为 X? 除非对 f 加上某些限制, 不然回答是 "否定的". 因为如果 X 是所

有正实数的集, X_0 由所有小于 1 的数所组成的子集, $Y = X_0$ 且 f 是恒等映射, 于是容易看出不存在保序扩张 (假定有一个保序扩张 $\bar{f}$, 那么 $\bar{f}(1)$ 等于什么呢?), 但是此例表明了困难的实质, 因为 X_0 是 X 的一个子集, 它有上界, 而 $f[X_0]$ 却没有上界. 如果有一个保序扩张 $\bar{f}$ 存在, 则对于集 A 的一个上界在 $\bar{f}$ 映射下的象必为 $f[A]$ 的一个上界. 类似的论述对于下界也成立, 同时推出, 如果 X_0 的一个子集 A 在 X 中是**序–有界的**(也就是说它在 X 中既有一个上界又有一个下界), 则象 $f[A]$ 在 Y 中是序–有界的. 下面的定理断言此条件关于一个保序扩张的存在性也是充分的.

定理 10　设 f 为在链 X 的一个子集 X_0 上到一个有序完备链 Y 的一个保序函数, 则 f 具有一个定义域为 X 的保序扩张当且仅当 f 把序–有界集变成序–有界集 (更确切地说, 这个条件是如果 X_0 的一个子集 A 在 X 中是序–有界的, 则 $f[A]$ 在 Y 中是序–有界的).

证明　已经看到这个条件对于一个保序扩张的存在性是必要的, 剩下的只要证明充分性. 我们必须造一个已知函数 f 的保序扩张. 首先我们注意到如果 A 是在 X 中有下界的 X_0 的一个子集, 则 $f[A]$ 有下界. 因为在 A 中取一点 x, 集 $\{y : y \in A \text{ 且 } y \leqq x\}$ 是序–有界的, 故有 f 的映射下它的象是序–有界的, 同时此象的下界也是 $f[A]$ 的下界. 类似的论述可应用到上界. 对于 X 中的每个点 x, 令 L_x 是 X_0 中小于等于 x 的所有元之集, 也就是说 $L_x = \{y : y \leqq x \text{ 且 } y \in X_0\}$. 如果 L_x 是空集, 则 x 是 X_0 的一个下界. 故 $f[X_0]$ 有一个下确界 v, 此时我们定义 $\bar{f}(x)$ 等于 v. 如果 L_x 不空, 则由于 x 是 L_x 的一个上界, 集 $f[L_x]$ 有一个上界, 所以有一个上确界, 此时我们定义 $\bar{f}(x) = \sup f[L_x]$. 而 $\bar{f}$ 是 f 的保序扩张是很容易直接验证的, 在此从略. ∎

在某些情况下一个函数的保序扩张是唯一的, 譬如这种情况将在讨论实数的十进展开式里出现. 在此我们并没有打算获得关于这方面的最佳结果, 而仅仅给出了将要用到的关于唯一性的一个简单之充分条件.

定理 11　设 f 与 g 是两个在链 X 上到链 Y 的保序函数, 设 X_0 是 X 的一个子集, 而在 X_0 上 f 与 g 相同, 又设 Y_0 等于 $f[X_0]$. 于是 $f = g$ 的一个充分条件是 Y_0 与每个形为 $\{y : u < y < v, u \neq y \text{ 且 } y \neq v\}$ 之集相交. 这里 u 与 v 是 Y 中使得 $u < v$ 的元.

证明　如果 $f \neq g$, 则对于 X 中的某个 $x, f(x) \neq g(x)$, 我们不妨假定 $f(x) < g(x)$. 在 X_0 中小于等于 x 的每个点在 f 的映射下变成小于等于 $f(x)$ 的点, 此因 f 是保序的. 又大于等于 x 的每个点在 g 的映射下变成大于等于 $g(x)$ 的点, 此因 g 是保序的. 这样便推出了 X_0 中的点不可能映入集 $\{y : f(x) < y < g(x), f(x) \neq$

y 且 $y \neq g(x)\}$ 内, 从而定理得证. ∎

注记 12　在一个有序完备链中嵌入一个链, 有一种很自然的方法, 而它是
Dedekind 的由有理数去构造实数的方法之抽象. 这种方法也能应用到较少限制的
序上. 正如 MacNeille 所指出的那样 (参看 Birkhoff[1; 58]). 这种想法对拓扑空间紧
扩张方法 (第 5 章) 有巨大启发.

0.6　代　数　概　念

本节选取了初等代数中已有的少数定义. 而这些概念的绝大多数都是用于问题
中. 在需要扼要讲述一些概念时, 这些标准术语看起来是很有价值的.

一个**群**是一个序偶 $(G, \cdot)$, 使得 G 为一个非空集; 而被称为群运算的 $\cdot$ 是在
$G \times G$ 上到 G 的一个函数, 使得

(a) 运算是结合的, 即对于 G 中的所有元 x, y 与 $z, x \cdot (y \cdot z) = (z \cdot y) \cdot z$;

(b) 存在一个中性元, 或者恒等元 e, 使得对于 G 中的每个 x 有 $e \cdot x = x \cdot e = x$;

(c) 对于 G 中的每个 x 存在一个逆元素 x^{-1}, 使得 $x \cdot x^{-1} = x^{-1} \cdot x = e$.

如果群运算用 + 来表示, x 的逆元通常记作 $-x$. 下面通常习惯把函数 $\cdot$ 在
(x, y) 的值记作 $x \cdot y$ 以代替常用的函数符号 $\cdot(x, y)$. 同时, 一旦在看起来不会引起
混淆时, 记号 $\cdot$ 完全可以省去, 而群运算就用并列来表示, 有时我们 (不严格地) 说
G 是一个群. 如果 A 与 B 是 G 的两个子集, 则 $A \cdot B$ 或者简单地记成 AB 是对于
在 A 中的某个 x 与 B 中的某个 y, 所有形为 $x \cdot y$ 的元之集. 集 $\{x\} \cdot A$ 也用 $x \cdot A$
来表示, 或者简单地记成 xA. 关于运算在右边情况类似. 一个群 G 称为**Abel 群**
或者**交换群**当且仅当对于 G 中的所有元素 x 与 $y, x \cdot y = y \cdot x$. 群 H 称为 G 的一
个**子群**当且仅当 $H \subset G$ 且 H 的群运算是 G 的群运算在 $H \times H$ 上的限制. 一个子
群 H 称为**正规群 (不变群)**当且仅当对于 G 中的每个 $x, x \cdot H = H \cdot x$. 如果 H 是
G 的一个子群, H 的**左陪集**是对于 G 中的某个 x 形为 $x \cdot H$ 的一个子集. 所有左
陪集的族用 G/H 来表示. 如果 H 是正规的且 A 与 B 属于 G/H, 则 $A \cdot B$ 也是
一个元, 再加之, 由这种群运算的定义得知 G/H 是一个群, 我们称它为**商群**或者**因
子群**. 一个在群 G 上到群 H 的函数 f 是**同态**或者**表示**当且仅当对于 G 中的所有
元 x 与 $y, f(x \cdot f) = f(x) \cdot f(y)$. 函数 f 的**核**是集 $f^{-1}[e]$, 它永远是一个不变子群.
如果 H 是 G 的一个不变子群, 则在 x 的值为 $x \cdot H$ 的函数是同态, 通常称为 G 到
G/H 上的**射影**或者**商映射**.

环是一个三元组 $(R, +, \cdot)$, 它使得 $(R, +)$ 是一个 Abel 群, 同时 $\cdot$ 是一个在
$R \times R$ 上到 R 的函数, 使得这个运算是结合的, 并且对于 R 中的所有元 x, y, u 与

v 分配律 $u \cdot (x + y) = u \cdot x + u \cdot y$ 和 $(u + v) \cdot x = u \cdot x + v \cdot x$ 成立[①]. 一个**子环**是一个子集, 它在环运算的限制下是一个环, 而且一个环**同态**或者**表示**是在一个环上到另一环的函数, 使得对于定义域中的所有元 x 与 y, $f(x + y) = f(x) + f(y)$ 和 $f(x \cdot y) = f(x) \cdot f(y)$ 成立. 环 R 的一个加法子群 I 称为一个**左理想**当且仅当对于 R 中的每个 x, $xI \subset I$. I 称为一个**双边理想**当且仅当对于 R 中的每个 x, $xI \subset I$ 同时 $Ix \subset I$. 如果 I 是双边理想, R/I 按照正常加法与乘法构成一个环, 并且 R 到 R/I 的射影是环同态. 一个域是一个环 $(F, +, \cdot)$, 它使得 F 至少有两个元且 $(F \sim \{0\}, \cdot)$ 是一个交换群. 这里 0 是关于 $+$ 的中性元. 在此运算 $+$ 是**加法**运算, $\cdot$ 是**乘法**, 同时关于乘法的中性元是单位元. 当结果不至于产生混淆时, 乘法在习惯上用并列来代替 $\cdot$. 暂且不谈这些运算, 我们称 "F 是一域". 在域 F 上 (空间的**纯量域**) 的**线性空间**或向量空间是一个四元组 $(X, \oplus, \cdot, f)$, 使得 $(X, \oplus)$ 是一个 Abel 群, 并且 $\cdot$ 是在 $F \times X$ 上到 X 的函数, 使得对于 X 中的所有元 x 与 y 以及 F 中的所有元 a 与 b, $a \cdot (b \cdot x) = (a \cdot b) \cdot x$, $(a + b) \cdot x = a \cdot x \oplus b \cdot x$, $a \cdot (x \oplus y) = a \cdot x \oplus b \cdot y$, 且 $1 \cdot x = x$. 一个**实线性空间**是在实数域上的一个线性空间. 线性空间的概念尚能叙述成稍许不同的形式. 一个 Abel 群到它自身的一切同态组成的族, 以点式相加的加法和以函数的合成为乘法, 构成一个环, 叫这个群的**自同态环**. 在域 F 上的线性空间是一个四元组 $(X, \oplus, \cdot, F)$, 使得 $(X, \oplus)$ 是一个 Abel 群, 并且 $\cdot$ 是 F 映到 $(X, \oplus)$ 的自同态环内的一个环同态, 并把单位元映为恒等同态[②].

　　线性空间 $(Y, \oplus, \odot, F)$ 是线性空间 $(X, +, \cdot, F)$ 的一个子空间当且仅当 $Y \subset X$, 同时运算 $+$ 与 $\cdot$ 以及 $\oplus$ 与 $\odot$, 在后者定义的集上相一致. 如果加法与纯量乘法按惯用的方法定义, 那么 X 模子空间 Y 的陪集族 X/Y 能构成线性空间. 于是 X 到 X/Y 上的射影 f 对于 F 的所有元 a 与 b 和 X 中的所有 x 与 y 具有性质: $f(ax + by) = a \cdot f(x) + b \cdot f(y)$. 这样的函数称为**线性函数**. 如果 f 是线性函数, 集 $f^{-1}[0]$ 称为 f 的**零空间**; 线性函数的零空间是定义域的线性子空间 (假定加法纯量乘法的运算确实已下了定义).

---

　　① 这是环的通常定义, Kelley 在 1955 年版本中曾用分配律 $(u + v) \cdot (x + y) = u \cdot x + u \cdot y + v \cdot x + v \cdot y$ 取代 $u \cdot (x + y) = u \cdot x + u \cdot y$ 和 $(u + v) \cdot x = u \cdot x + v \cdot x$ 来定义环. Jonah 于 1959 年指出 (见 *Amer. Math. Monthly*, 1959, 66: 38), 此处条件下的定义与通常关于环的定义是不等价的. 该条件严格弱于通常环的定义的条件. 我们还可以证明: $(R, +, \cdot)$ 是一个环 (通常的) 当且仅当 $(R, +, \cdot)$ 是按 Kelley 1955 年版本意义下的环且 $0 \cdot 0 = 0$, 这里 0 表加群 $(R, +)$ 的恒等元, 这个证明留给读者.—— 校者注

　　② 这一句中说运算 $\cdot$ 是一环同态不妥. 这句话改成下列的容易直接证明的命题较为确切.

　　命题　设 F 是一个域, 1 表其乘法单位元 (可逆元), R 是交换群 $(X, \oplus)$ 的自同态环. 设两个函数 $\varphi : F \to R$ 和 $\odot : F \times X \to X$ 间有关系:

$$\varphi(a)(x) = a \odot x, \quad a \in F, \ x \in X,$$

则 $(X, \oplus, \odot)$ 是域 F 上的一个线性空间当且仅当 φ 是一个环同态且 $\varphi(1)$ 是 R 内的恒同 (同态).—— 校者注

假定 f 是在 X 上到 Y 的线性函数, 而 g 是 X 到 Z 上的线性映射, 并且它使得 f 的零空间包含 g 的零空间. 于是存在唯一的在 Z 上到 Y 的线性函数 h, 使得 $f = h \cdot g(h(z)$ 很明显是 $f \cdot g^{-1}[z]$ 的唯一元)(函数 h 称为由 f 与 g **导出的**). 这个事实的一个特殊推论是: 每个线性函数可以写成到一个商空间内的一个射影随后作用于一个一对一的线性函数.

0.7　实　　数

本节的主要精力放在与实数有关的少数最重要结果的证明上.

一个**有序域**是一个域 F 和一个被我们称为**正元素**的子集 P, 使得

(a) 如果 x 与 y 均为 P 的元, 则 $x+y$ 与 $x \cdot y$ 仍为 P 的元;

(b) 如果 x 是 F 的一个元, 则下述论断恰好有一个成立: $x \in P$, $-x \in P$, 或者 $x = 0$.

定义 $x < y$ 当且仅当 $y - x \in P$. 容易验证 $<$ 是 F 的一个线性序. 通常关于对不等式相加与相乘的简单命题是成立的. F 中使得 $-x \in P$ 的那些元 x 称为**负的**.

实数被假定成为一个有序域, 而它是有序完备的, 即每个有上界的非空子集有最小上界或者上确界. 由定理 9 最后这个要求完全等价于: 每个有下界的非空子集有最大下界或者下确界.

我们首先证明一些关于整数的命题. 一个**归纳集**是一个实数集 A, 而它使得 $0 \in A$, 同时只要 $x \in A$, 则 $x + 1 \in A$. 称一个实数 x 是**非负整数**当且仅当 x 属于每一个归纳集. 换句话说, 非负整数集 ω 被定义为所有归纳集族的元之交. ω 的每个元实际上是非负的, 因为所有非负数的集是归纳的. 显然 ω 自身是一个归纳集, 并且是其他归纳集的子集. 于是推出 (**数学归纳原理**) ω 的每个归纳子集恒等于 ω. 凡依据这个原理的证明均称为**归纳法证明**. 我们证明下面这个小定理作为一个例子: 如果 p 与 q 均为非负整数且 $p < q$, 则 $q - p \in \omega$. 首先注意由 0 和所有形为 $p+1$ 的数 (此处 p 属于 ω) 所组成的集是归纳的. 所以 ω 的每个非 0 元形为 $p+1$. 其次令 A 为所有非负整数 p 使得对于 ω 中的每个较大元 q, $q - p \in \omega$ 之集. 故必然有 $0 \in A$. 如果我们假定 p 是 A 的一个元且 q 是 ω 中任意一个大于 $p+1$ 的元, 于是 $p < q - 1$, 所以 $q - 1 - p \in \omega$, 这是由于 $p \in A$ 和 $q - 1 \in \omega$ 的缘故. 从而 $p + 1 \in A$, 故 A 是一个归纳集, 所以 $A = \omega$. 同样简单地可以证明 ω 的两个元之和仍为 ω 的一个元, 于是推得集 $\{x : x \in \omega$ 或 $-x \in \omega\}$ 是一个群, 它是**整数群**.

数学归纳原理的另一种形式常常是很方便的, 即 ω 的每个非空子集 A 有一个最小元. 欲证此命题, 我们考虑 ω 中 A 之下界的所有元之集 B, 即 $B = \{p : p \in \omega$ 且对于 A 中的一切 q, $p \leq q\}$. 集 B 不是归纳的, 因为如果 $q \in A$, 则 $q + 1 \notin B$. 由于 $0 \in B$ 推得 B 中存在一个元 p 使得 $p + 1 \notin B$. 如果 $p \in A$, 则显然 p 是 A 的

最小元; 否则 A 中存在一个元 q 使得 $p < q < p+1$. 于是 $q - p$ 是 ω 的非 0 元, 而 $q - p - 1$ 是 ω 的负元, 这是不可能的.

在下面的意义下, **用归纳法定义一个函数**是可能的. 对于每个非负整数 p, 令 $\omega_p = \{q : q \in \omega$ 且 $q \leq p\}$. 假定我们欲求 ω 上的一个函数, 已知它在 0 之函数值为 a, 并且对于在集 ω_p 上的每个函数 g 给定 $F(g)$. 而它等于欲求函数在 $p+1$ 的值. 于是在 $p+1$ 上欲求的函数值可能依赖所有小于 $p+1$ 的整数值. 在这种情况下, ω 上存在唯一的函数 f 使得 $f(0) = a$, 并且对于 ω 中的每个 $p, f(p+1) = F(f|\omega_p)$ 成立 (函数 $f|\omega_p$ 是函数 f 在集 ω_p 上的限制). 这个命题经常被认为是显然的. 可是它的证明并不十分简单.

定理 13 假设已知 a, 并且对于在 ω 中的某个 p, 只要 g 是以 ω_p 为定义域的函数时 $F(g)$ 已知, 则存在唯一的函数 f 使得 $f(0) = a$, 并且对于 ω 中的每个 $p, f(p+1) = F(f|\omega_p)$.

证明 令 $\mathscr{F}$ 为所有函数 g 的族, 此处 g 的定义域是 $\omega_p, p \in \omega, g(0) = a$ 且对于 ω 中每个合于 $q \leq p-1$ 的元 $q, g(q+1) = F(g|\omega_q)$(直观上, $\mathscr{F}$ 的元是欲求函数开始的一段). 族 $\mathscr{F}$ 有很重要的性质: 如果 g 与 h 都是 $\mathscr{F}$ 的元, 则不是 $g \subset h$ 便是 $h \subset g$. 欲证这一点, 必须证明对于同时属于这两个函数定义域的每个 $q, g(q) = h(q)$. 如若不然, 令 q 为使得 $g(q) \neq h(q)$ 的最小整数, 因为 $g(0) = h(0) = a$, 所以 $q \neq 0$, 故 $g(q) = F(g|\omega_{q-1})$. 由于对于所有小于 q 的值 g 与 h 都相同, 且 $F(h|\omega_{q-1}) = h(q)$. 于是得一矛盾.

现令 $f = \bigcup\{g : g \in \mathscr{F}\}$, 则 f 的元无疑是序偶. 如果 $(x,y) \in g \in \mathscr{F}$ 且 $(x,z) \in h \in \mathscr{F}$, 则 (x,y) 与 (x,z) 同时属于 g 或者同时属于 h, 故 $y = z$, 从而 f 是一个函数. 但是还必须证明它是欲求的函数. 首先, 因为 $\{(0,a)\} \in \mathscr{F}, f(0) = a$. 其次, 如果 $q+1$ 属于 f 的定义域, 那么对于 $\mathscr{F}$ 中某个 $g, q+1$ 是 g 的定义域中的一个元, 故 $f(q+1) = g(q+1) = F(g|\omega_q) = F(f|\omega_q)$. 最后, 证明 f 的定义域为 ω, 假定 q 是 ω 中不属 f 定义域之首元, 则 $q-1$ 是 f 定义域之末元, 并且 $f \bigcup\{(q, F(f))\}$ 是 $\mathscr{F}$ 的元. 所以 q 属于 f 的定义域. 于是得一矛盾. ▮

上面的定理能够系统地用于证明实数的基本性质. 例如, 假设 b 是一个正数且 p 是一个整数, b^p 定义如下: 在上面的定理中, 令 $a = 1$ 且对于每个以 ω_p 为定义域的函数 g, 令 $F(g) = bg(p)$, 于是 $f(0) = 1$ 且对于 ω 中的每个 $p, f(p+1) = bf(p)$. 假定 f 是这样的函数, 它的存在性已为上面的定理所保证. 现令 $b^p = f(p)$, 于是推得 $b^0 = 1$ 和 $b^{p+1} = bb^p$, 但据此能够用归纳法证明对于 ω 中的所有元 p 与 q, $b^{p+q} = b^p \cdot b^q$. 如果对于每个非负整数 p, b^{-p} 定义为 $1/b^p$, 那么常用的初等方法可以证明对一切整数 p 与 $q, b^{p+q} = b^p \cdot b^q$.

至此, 在实数的这种讨论中尚未用到实数域是有序完备的这个事实. 现在证明一个简单的但又是非常值得注意的关于有序完备性的推论. 首先非负整数集 ω 没有上界. 因为如果 x 是 ω 的最小上界, 那么 $x-1$ 将不是上界. 于是, 对于 ω 中的某个 p 有 $x-1 < p$. 但这样一来, $x < p+1$ 便与 x 曾被假定为上界的事实相矛盾. 结果, 如果 x 是一个正实数且 y 是一个实数, 则对于某个正整数 $p, px > y$. 此因 ω 中存在一个大于 y/x 的元 p. 对此命题成立的有序域称为具有 **Archimede 序**.

我们尚需用到每个非负实数有一个 b-进展式这件事. 在此 b 是任意一个大于 1 的整数. 粗略地说, 我们是想把数 x 写成 b 的幂再乘上一个倍数的这种项的和, 而此倍数 (数值) 是一个小于 b 的非负整数. 自然一个数的 b-进展式可能不唯一. 譬如, 在十进展开式中, $9999\cdots$ (所有为 9) 与 $1.0000\cdots$ (所有为 0) 均为同一个实数的展式. 实际上, 这种展式的本身是一个函数, 它把每一个整数映成 0 与 $b-1$ 之间的一个整数, 并使得有第一个非零数字存在 (由于小数点以前只需要有限个非零整数). 形式地说, 称 a 是一个 b-**进展式**当且仅当 a 是一个在整数集上到 $\omega_{b-1}(= \{q : q \in \omega \text{ 且 } q \leqq b-1\})$ 的函数, 并使得有一个最小整数 p 存在, 对于它 $a_p(= a(p))$ 不为零. 一个 b-进展式称为**有理的**当且仅当存在一个最后的非零数字 (也就是说, 对于某一整数 p, 只要 $q > p$, 则 $a_q = 0$). 对于每个有理 b-进展式有一种简单方法, 使它对应于一个实数 $r(a)$. 除了对于有限个整数 p 外, 数 $a_p b^{-p}$ 为零, 对在此有限集中的 $p, a_p b^{-p}$ 之和等于实数 $r(a)$. 我们记 $r(a) = \sum\{a_p b^{-p} : p \text{ 为整数}\}$. 具有这种形式的实数是 b-**进有理的**, 而这些数对于整数 p 与 q 恰好都是 qb^{-p} 这种形式. 令 E 为所有 b-进展式之集, 则 E 按字典序是线性有序的. 详细地来说, **按字典序**一个 b-进展式 a 与一个 b-进展式 c 之前是指对于使得 $a_p \neq c_p$ 的最小整数 $p, a_p < c_p$ 成立. 很容易看出, 好像一个字典, 实际上 E 按 $<$ 是线性有序的. 对应的 r 是保序的, 而这也正是下面命题的关键.

定理 14 设 E 为 b-进展式之集, 设 R 为有理展式之集, 并且对于在 R 中的 a, 令 $r(a) = \sum\{a_p b^{-p} : p \text{为整数}\}$, 则 r 存在唯一的保序扩张 $\bar{r}$, 它的定义域为 E, 并且 $\bar{r}$ 以一一对应的方式把 $E \sim R$ 映射到正实数集上.

证明 按照定理 10, r 有一个保序扩张 $\bar{r}$ 当且仅当 r 把 R 的在 E 中序–有界集的每个子集变成实数的一个序–有界子集. 但是对于在 E 中的每个 a, 在 R 中显然存在 b, 使得 $b > a$, 从而推出: 如果 R 的一个子集 A 以 a 为上界, 则 $r(b)$ 为 $r[A]$ 的上界. 类似的论述可以应用到下界, 于是 r 把序–有界集变成序–有界集. 因此它有一个保序扩张 $\bar{r}$, 其定义域为 E.

欲证这种扩张是唯一的. 由定理 11, 只要证明对于非负实数 x 与 y, 如果 $x < y$, 则在 R 中存在 a 使得 $x < r(a) < y$ 就足够了. 因为对于每个非负整数 $p, b^p > p$(这一点很容易用归纳法证明). 又因为非负整数集是无界的, 所以存在一个整数 p 使得 $b^p > 1/(y-x)$. 于是 $b^{-p} < (y-x)$. 因为此序是 Archimede 序, 所以存在一个整数 q 使得 $qb^{-p} \geqq y$. 又由于这样的整数 q 存在一个最小的, 所以可以假定 $(q-1)b^{-p} < y$.

由此推出 $(q-1)b^{-p} > x$, 此因 b^{-p} 小于 $(y-x)$, 这证明了存在一个 b 进有理数 $(q-1)b^{-p}$, 它是 R 中的一个元之象, 并居于 x 与 y 之间, 从而对应 $\bar{r}$ 是唯一的.

其次我们证明此对应 $\bar{r}$ 在 $E \sim R$ 上是一对一的. 很容易看出 $\bar{r}$ 在 R 上是一对一的. 所以下面把这个事实作为假定. 设 $a \in E, c \in E \sim R$ 且 $a < c$, 则对于第一个使得 a_p 与 c_p 不相等的 p 值有 $a_p < c_p$. 展式 d, 使得对于 $q < p, d_q = a_q$, 对于 $q > p, d_q = 0$ 同时 $d_p = a_p + 1$, 是 R 中一个大于 a 的元. 又由于 c 没有一个最后的非零数字, 所以 $a < d < c$. 根据同样的道理, 在 R 中存在一个元 e 使得 $a < d < e < c$. 于是由 R 上的函数 $\bar{r}$ 是一对一的, 推得 $\bar{r}(a) \leqq \bar{r}(d) < \bar{r}(e) \leqq \bar{r}(c)$. 所以 $\bar{r}$ 在 $E \sim R$ 上是一对一的.

最后还必须证明在 $\bar{r}$ 的映射下 $E \sim R$ 的象是所有正数之集. 首先注意对于 R 的合于 $c < d$ 之元偶 c 与 d, 在 $E \sim R$ 中存在 a 使得 $c < a < d$. 从而对合于 $x < y$ 之正实数 x 与 y, 在 $E \sim R$ 中存在 a 使得 $x < \bar{r}(a) < y$. 现在假设 x 是一个正实数, 而它不是 $E \sim R$ 内元的象. 令 $F = \{a : a \in E \sim R \text{ 且 } \bar{r}(a) < x\}$. 如果集 F 有上确界 c, 假定 $\bar{r}(c) < x$, 则没有 $E \sim R$ 中点映入区间 $(\bar{r}(c), x)$, 又若 $\bar{r}(c) > x$, 则 ($\bar{r}$ 保序) 没有 $E \sim R$ 的点映入区间 $(x, \bar{r}(c))$. 但是无论哪一种情况均得一矛盾之结果. 所以说如果证明了在 $E \sim R$ 中的每个有上界的非空子集必有上确界, 即 $E \sim R$ 是有序完备的, 则本定理得证. 于是假定 F 是 $E \sim R$ 中具有上界的一个非空子集, 则存在一个最小的整数 p 使得对于在 F 中的 $a, a_p \neq 0$. 对于 $q < p$ 定义 c_q 为零. 令 F_p 为 F 中具有非零第 p 个数值 a_p 的所有元 a 之集. 同时令 $c_p = \max\{a_p : a \in F_p\}$. 用归纳法继续令 F_{p+1} 为 F_p 中对于 $q = p$ 使得 $a_q = c_q$ 之所有元 a 的集. 同时令 $c_{p+1} = \max\{a_{p+1} : a \in F_{p+1}\}$. 所有集 F_p 中不可能有任何一个是空集. 并且不难看出用这种构造法所得到的展式 c 是 F 的一个上界. 实际上是一个上确界, 并且 $c \in E \sim R$. ▊

在上面的定理用于 b 等于 2, 3 和 10 时, 对应的 b- 进展式分别称为**二进**、**三进**和**十进**的.

0.8 可 数 集

一个集称为有限的当且仅当它能与某个形如 $\{p : p \in \omega \text{ 且 } p \leqslant q\}$ 的集一一对应, 此处 q 是 ω 的某个元. 集 A 是**可数无穷的**是指它能与非负整数集 ω 构成一一对应, 也就是说 A 是在 ω 上的某个一对一函数的值域. 一个集是**可数的**是指它不是有限便是可数无穷的.

定理 15 一个可数集的子集是可数的.

证明 假设 A 是可数的, f 是在 ω 上以 A 为值域的一对一函数且 $B \subset A$. 于是 f 在 $f^{-1}[B]$ 上的限制是在 ω 的子集上以 B 为值域的一对一函数, 如果能够证

明 $f^{-1}[B]$ 是可数的, 则到 B 上的一对一函数能够用合成法造出. 所以本证明化为证明 ω 的任意子集 C 是可数的. 令 $g(0)$ 为 C 的首元, 并且对 ω 中的 p 继续归纳地令 $g(p)$ 为 C 中不同于 $g(0),g(1),\cdots,g(p-1)$ 的首元. 如果这种选法对某个 p 是不可能的, 则 g 为在 $\{q:q\in\omega$ 且 $q<p\}$ 上以 C 为值域的一个函数, 并且 C 是有限的. 否则 (利用定理 13 关于用归纳法造函数的办法) 在 ω 上存在一个函数 g 使得对于 ω 中的每个 $p,g(p)$ 是 C 中不同于 $g(0),g(1),\cdots,g(p-1)$ 的首元. 显然 g 为一对一的. 用归纳法容易验证对于所有的 $p,g(p)\geqq p$. 故由 $g(p+1)$ 的选法推得 C 的每个元 p 等于数 $g(q)$ 之一, 这里 $q\leqq p$. 因此 g 的值域为 C. |

定理 16　如果一个函数的定义域是可数的, 则其值域也是可数的.

证明　只要证明如果 A 是 ω 的子集且 f 是 A 上到 B 上的函数, 则 B 是可数的就够了. 令 C 为 A 中使得如果 $y\in A$ 和 $y<x$, 则 $f(x)\neq f(y)$ 的所有元 x 的集, 也就是说 C 是每个集 $f^{-1}[y]$ 之最小元所组成. 于是 $f|C$ 在一对一的形式下映 C 到 B 上. 因此由定理 15 知 C 为可数的, 所以 B 也可数. |

定理 17　如果 $\mathscr{A}$ 是可数集的可数族, 则 $\bigcup\{A:A\in\mathscr{A}\}$ 是可数的.

证明　因为 $\mathscr{A}$ 是可数的, 存在一个函数 F, 它的定义域是 ω 的一个子集, 而它的值域是 $\mathscr{A}$. 由于对 ω 中每一 $p,F(p)$ 是可数的, 所以在 $\{p\}\times\omega$ 的子集上有一个函数 G_p, 它的值域为 $F(p)$. 从而在 $\omega\times\omega$ 的子集上存在一个函数 (函数 G_p 的并), 它的值域为 $\bigcup\{A:A\in\mathscr{A}\}$. 于是问题化为证明 $\omega\times\omega$ 是可数的. 这个证明的关键是要注意: 如果我们认为 $\omega\times\omega$ 位于平面的右上部, 则由左上到右下穿过的对角线仅仅包含 $\omega\times\omega$ 的有限个元. 为明显计, 对于在 ω 中的 n, 令 $B_n=\{(p,q):(p,q)\in\omega\times\omega$ 且 $p+q=n\}$, 则 B_n 恰含 $n+1$ 个点, 并且并 $\bigcup\{B_n;n\in\omega\}$ 等于 $\omega\times\omega$. 在 ω 上以 $\omega\times\omega$ 为值域的函数可以通过首先选 B_0 的元, 然后再选 B_1 的元, 以此类推来构造. 这样一个函数的明显定义留给读者补充. |

集 X 的一个子集 A 的**特征函数**是这样的一个函数 f: 对于 $X\sim A$ 中的 $x,f(x)=0$; 而对于 A 中的 $x,f(x)=1$. 在集 X 上一个函数 f 假定只取值零与 1 称为特征函数. 它显然是 $f^{-1}[1]$ 的特征函数. 处处为零的函数是空集的特征函数, 而在 X 上恒等于 1 的函数是 X 的特征函数. 两个集有相同的特征函数当且仅当它们相等. 所以在 X 上的所有特征函数的族与 X 的所有子集之族之间存在一一对应.

如果 ω 是非负整数集, 所有在 ω 上的特征函数族能与当 $p>0$ 时 $a_p=0$ 的所有这种二进展式 a 之集 F 构成一一对应. ω 的所有有限子集的族与由有理二进展式所组成的 F 之子族 G 一一对应. 现在我们用经典的 Cantor 方法来证明 F 是不可数的.

定理 18　一个可数无限集的所有有限子集的族是可数的, 但是所有子集的族却不然.

证明　由于定理前面的注记, 只需证明对负的 p 具有 $a_p = 0$ 的所有二进展式 a 之集 F 是不可数的, 同时由有理展式组成的 F 之子集 G 是可数的就足够了. 假设 f 是在 ω 上以 F 为值域的一对一函数. 令 a 是 F 中使得对每个非负整数 $p, a_p = 1 - f(p)_p$ 之元, 即 a 的第 p 个下标等于 1 减去 $f(p)$ 的第 p 个下标. 于是 $a \in F$, 且对于在 ω 中的每个 p, 显然有 $a \neq f(p)$, 因为 a 与 $f(p)$ 的第 p 个下标不同. 从而推出 a 不属于 f 的值域. 于是得一矛盾. 故 F 是不可数的.

剩下的是要证明 G 为可数的. 对于在 ω 中的 p, 令 $G_p = \{a : a \in G$ 且对于 $q > p, a_q = 0\}$. 于是 G_0 正好包含两个元素, 并且 G_{p+1} 的元的个数恰好为 G_p 的两倍. 所以推出 G_p 恒有限. 故 $G = \bigcup\{G_p : p \in \omega\}$ 是可数的. ▌

依照定理 14, 在 F 和实数的子集之间的自然对应在 $F \sim G$ 上是一对一的. 由于 G 是可数的, 所以 $F \sim G$ 必然是不可数的. 故有

系 19　所有实数的集是不可数的.

0.9　基　　数

关于可数性的许多定理都是关于基数的较一般的定理的特殊情形. 非负整数集 ω 在上面起着特殊的作用, 而在更一般的方法里, 这一作用可以用被称为基数的集 (ω 是其中之一) 所代替. 我们称两个集 A 与 B **等势**当且仅当存在一个在 A 上且以 B 为值域的一对一函数. 由此推出对于每个集 A 存在唯一的基数 C 使得 A 与 C 等势. 如果 C 与 D 是两个不相同的基数, 则 C 与 D 不等势, 但基数之一, 譬如说 C, 与另一个集的真子集等势. 在这种情况下, C 被称为**较小的基数**, 同时写成 $C < D$. 依照这种序的定义所有基数的族是线性序化的. 甚至于每一非空子族具有最小元 (这些事实留在附录中给予证明).

当知道了前面一段的这些事实后, 推得如果 A 与 B 是两个集, 则存在一个 A 上到 B 的一个子集的一对一函数, 或者反之, 这是因为存在两个基数 C 与 D 使得 A 与 C 以及 B 与 D 分别等势. 现在假定存在一个 A 上到 B 的一个子集的一对一函数, 同时又存在 B 上到 A 的一个子集的一对一函数. 则 C 与 D 的一个子集等势, 同时 D 与 C 的一个子集等势. 又由于基数的序是线性的, 从而推得 $C = D$. 故 A 与 B 等势. 这就是经典的 Schroeder-Bernstein 定理. 我们给出这个与基数一般理论无关的定理的直接证明, 原因在于这个证明给予了非平凡的附加信息.

定理 20　如果存在集 A 上到 B 的一个子集的一个一对一函数, 同时存在 B 上到 A 的一个子集的一个一对一函数, 则 A 与 B 等势.

证明　假定 f 是 A 到 B 内的一个一对一映射, 并且 g 是 B 上到 A 内的一

个一对一映射. 可以假设 A 与 B 互不相交. 这个定理的证明是用把 A 与 B 分解的方法完成的, 而它最容易用单性生殖的术语来描述. 点 x(属于 A 或者 B) 为点 y 的祖先当且仅当 y 能够由 x 依次作用 f 与 g(或者 g 与 f) 而得到. 现把 A 分成三个集: 令 A_E 表 A 中有偶数个祖先的点组成之集, 令 A_O 表有奇数个祖先的点组成之集, 并令 A_I 表有无限多个祖先的点组成的集. 类似地分解 B, 同时注意: f 映 A_E 到 B_O 上, A_I 到 B_I 上, 又 g^{-1} 映 A_O 到 B_E 上. 故在 $A_E \bigcup A_I$ 上与 f 相一致并在 A_O 上与 g^{-1} 相一致的函数就是 A 到 B 上的一个一对一映射. |

注记 21　上面的证明并没有用到选择公理, 这一点虽然有它的价值, 但不很重要. 而其重要的在于要注意到欲求函数是由两个已知函数通过可数过程构造出来. 显然, 如果 f 是一个在 A 上到 B 的一对一函数, 并且 g 是一个在 B 上到 A 的一对一函数, 如果 $E_O = A \sim g[B]$, 对于每个 $n, E_{n+1} = g \circ f[E_n]$, 同时, 如果 $E = \bigcup\{E_n : n \in \omega\}$, 则在 E 上等于 f 且在 $A \sim E$ 上等于 g^{-1} 的函数 h 是 A 到 B 上的一对一映象 (更确切地说, $h = (f|E) \bigcup (g^{-1}|A \sim E)$). 这个结果的重要性是基于这样的事实: 如果 f 与 g 具有某些有趣的性质 (譬如是 Bore 函数), 则 h 保持这些性质.

定理 20 的这一直观而又简练的证明形式是属于 Birkhoff 和 MacLane 的.

0.10　序　　数

除了例子之外, 序数在本书中是不需要的. 然而几个最有意义的反例全都建立在序数的基本性质上, 所以看起来在此适当地叙述一点与此有关的事实是需要的 (序数的构造以及这些还有其他性质的证明均留在附录 A 中给出).

综述 22　*存在一个不可数集 Ω', 它被关系 $<$ 线性序化. 并且合于:*
(a) *Ω' 的每个非空子集有一个最小元;*
(b) *Ω' 有一个最大元 Ω;*
(c) *如果 $x \in \Omega'$ 且 $x \neq \Omega$, 则 Ω' 中的在 x 前面的所有元之集是可数的.*

集 Ω' 是所有小于等于 Ω 的序数集, 而 Ω 是**第一不可数序数**. 使得每个非空子集有一个最小元的线性有序集是**良序的**. 特别是良序集的每个非空子集具有下确界. 由于 Ω' 的每个子集有上界, 即 Ω, 于是利用定理 9 推得 Ω' 的每个非空子集有上确界. 关于 Ω' 的很多稀奇事实之一是下面的定理.

定理 23　如果 A 是 Ω' 的一个可数子集且 $\Omega \notin A$, 则 A 的上确界小于 Ω.

证明　假定 A 是 Ω' 的一个可数子集且 $\Omega \notin A$. 对于 A 中的每个元 a 集 $\{x : x \leq a\}$ 是可数的. 故所有这种集的并是可数的. 这个并等于 $\{x : $ 对于 A 内的某个 $a, x \leq a\}$. 因此这个并的上确界 b 是 A 的一个上界. 点 b 相对于这个序仅有可数个在前面的元, 故 $b \neq \Omega$. 于是推得 A 的上确界小于 Ω. |

Ω' 内有一个元应给予特别的注意. 在 Ω' 内其前面不止有限多个序数的序数中的最小者称为**第一非有限序数**, 并记为 ω. 符号 ω 已被用来表示非负整数集. 由序数的构造可知, 第一非有限序数实际上就是非负整数集 ω!

0.11　笛卡儿乘积

如果 A 与 B 是两个集, 笛卡儿乘积 $A \times B$ 被定义为所有使得 $x \in A$ 且 $y \in B$ 的序偶 (x, y) 之集. 把笛卡儿乘积的定义推广到集族上, 正如把并与交的概念推广到任意的集族上一样是有用的. 假定对一个指标集 A 的每个元 a, 给定一个集 X_a. **集 X_a 的笛卡儿乘积**记作 $\times\{X_a : a \in A\}$, 被定义为在 A 上且对 A 中的每个 a 使得 $x(a) \in X_a$ 的所有函数 x 的集. 习惯上宁可用下标的记号而不愿用函数的记号, 所以 $\times\{X_a : a \in A\} = \{x : x$ 是 A 上的一个函数且对于在 A 中的 $a, x_a \in X_a\}$. 这个定义在一开始可能稍微感到有点奇怪, 但实际上它是直观概念的精确叙述: 乘积的点 x 由选自每个集 X_a 的点 (即 x_a) 所组成. 集 X_a 是**第 a 个坐标集**, 并且点 x_a 是乘积的点 x 的**第 a 个坐标**. 函数 P_a 把乘积的每个点 x 映射到第 a 个坐标 x_a 上, 是到第 a 个坐标集内的**射影**, 这也就是说 $P_a(x) = x_a$. 映射 P_a 又称为**在 a 的计值**.

笛卡儿乘积有一个重要的特殊情况. 假定对于在指标集 A 中的每个 a 坐标集 X_a 为一固定的集 Y, 则笛卡儿乘积 $\times\{X_a : a \in A\} = \times\{Y : a \in A\} = \{x : x$ 是在 A 上到 Y 的函数$\}$. 于是 $\times\{Y : a \in A\}$ 的确是在 A 上到 Y 的所有函数的集. 有时写成 Y^A. 一个熟悉的例子是实数 n **维欧氏空间**. 这是一个在由整数 $0, 1, \cdots, n-1$ 组成的集上的所有实值函数之集, 并且元 x 的第 i 个坐标为 x_i.

还有另一个有意义的特殊情况. 假设指标集是一个集族 $\mathscr{A}$ 自身, 并且对于 $\mathscr{A}$ 中的每个 A, 第 A 个坐标集为 A. 在这种情况下, 笛卡儿乘积 $\times\{A : A \in \mathscr{A}\}$ 是在 $\mathscr{A}$ 上所有函数 x 的族, 使得对于 $\mathscr{A}$ 中的每个 $A, x_A \in A$. 作为笛卡儿乘积的元, 这些函数有时称为对于 $\mathscr{A}$ 的选择函数. 因为直观上函数 x 从每个集 A 中 "选择" 一个元 x_A. 如果空集是 $\mathscr{A}$ 的一个元, 则对于 $\mathscr{A}$ 显然不存在选择函数, 也就是说这种笛卡儿乘积是空的. 如果 $\mathscr{A}$ 的元均不空, 但笛卡儿乘积非空却不是十分明显的. 事实上, 对于这样一个族选择函数的存在性问题推证起来尚颇需一些技巧. 下面一节中所研究的几个命题, 每一个都等价于这个问题的正面回答. 同时我们把这些命题中最方便的一个作为一个公理来假定 (不同的选择在附录中给出, 这与下面一节合起来说明了这些不同的说法是等价的). 此外我们还以难得的自我克制, 而不去讨论哲学上的牵连.

0.12 Hausdorff 极大原理

设 $\mathscr{A}$ 为一个集族 (或者集族的集体). 一个元 A 称为 $\mathscr{A}$ 的**最大元**, 如果 A 包含所有其他的元, 也就是说, 如果 A 大于 $\mathscr{A}$ 中所有其他的元. 类似地, A 是族中的**最小元**当且仅当 A 被包含在每个元中. 欲知一个族有无最大元或者最小元通常是很重要的. 显然, 当它们存在时, 最大与最小元都是唯一的. 然而, 即使在族 $\mathscr{A}$ 没有最大元的情况下, 虽然有一些元既不包含 A 也不被 A 所包含, 但可能没有其他元真正包含 A. 这样的一个元称为这个族中的极大元. 形式地说, A 为 $\mathscr{A}$ 的一个**极大元**当且仅当 $\mathscr{A}$ 中没有元真正包含 A. 类似地, A 为 $\mathscr{A}$ 的一个**极小元**当且仅当 $\mathscr{A}$ 中没有元真正被 A 所包含. 构造一些族, 它没有极大元或者它的每个元同时为极大和极小的例子是很容易的 (例如一个互不相交族). 在一般情况下, 为了保证极大元的存在, 必须加上某些特殊的假定.

一个集族 $\mathfrak{N}$ 称为**一个套**(有时称为**塔**或者**链**) 当且仅当只要 A 与 B 是族中的两个元, 不是 $A \subset B$ 便是 $B \subset A$. 而这等同于说一个族 $\mathfrak{N}$ 被包含关系线性序化, 或者用我们的术语来讲族 $\mathfrak{N}$ 按包含关系构成一个链完全是一回事. 如果 $\mathfrak{N} \subset a$ 且 $\mathfrak{N}$ 是一个套, 则称 $\mathfrak{N}$ 是 $\mathscr{A}$ **中的一个套**. 我们知道一个集族可能没有极大元素. 现在让我们考虑在一个指定的族 $\mathscr{A}$ 中所有套的集, 并问它们之中是否有一个极大套存在, 也就是说对于每一族 $\mathscr{A}$, 在 $\mathscr{A}$ 中是否存在一个套 $\mathfrak{M}$ 在 $\mathscr{A}$ 中没有套真正地包含它? 我们假定把下面的论述当作一个公理.

Hausdorff 极大原理 24   如果 $\mathscr{A}$ 是一个集族且 $\mathfrak{N}$ 为 $\mathscr{A}$ 中的一个套, 则在 $\mathscr{A}$ 中存在一个极大套 $\mathfrak{M}$ 包含 $\mathfrak{N}$.

下面定理列举了 Hausdorff 极大原理的几个重要推论. 在论述这些结果之前, 让我们回顾一下通常与此有关的一些术语. 一个集族 $\mathscr{A}$ 称为是**有限特征的**当且仅当 $\mathscr{A}$ 中元的每个有限子集是 $\mathscr{A}$ 的元, 同时每个集 A, 若它的一切有限子集属于 $\mathscr{A}$, 则它本身属于 $\mathscr{A}$. 如果 $<$ 是集 A 的一个序, 则被 $<$ 线性序化的子集 B 称为在 A 中的一个链. 有序集 A 的一个**极大元**是属于 A 中每个可比较元素之后的一个元素 x, 也就是说, 如果 $y \in A$, 则或是 y 在 x 之前或者 x 不在 y 之前. 关系 $<$ 是集 A 的一个良序是指 $<$ 为 A 的一个线性序, 并使得 A 的每个非空子集有首元 (此元小于等于每个其他的元). 如果 A 存在一个良序, 则我们称 A 能良序化.

定理 25   (a) **极大原理**. 倘若对于集族 $\mathscr{A}$ 中的每个套, $\mathscr{A}$ 中有一个元包含此套所有元, 则集族 $\mathscr{A}$ 存在一个极大元.

(b) **极小原理**. 若对于在集族 $\mathscr{A}$ 中的每个套, $\mathscr{A}$ 中有一个元包含在此套的所有元中, 则族 $\mathscr{A}$ 存在一个极小元.

(c) **Tukey 引理**. 每个具有有限特征的集族存在一个极大元.

(d) **Kuratowski 引理**. 有序 (半序) 集中的每个链被包含在一个极大链中.

(e) **Zorn 引理**. 如果在半序集中的每个链有上界, 则此集存在一个极大元素.

(f) **选择公理**. 如果对于指标集 A 的每个元 a, X_a 是非空集, 则在 A 上存在一个函数 c 使得对于 A 中的每个 $a, c(a) \in X_a$.

(g) **Zermelo 公设**. 如果 $\mathscr{A}$ 是一个互不相交的非空集的族, 则存在一个集 C 使得对于 $\mathscr{A}$ 中每个 $A, A \bigcap C$ 由单点组成.

(h) **良序原理**. 每个集都能良序化.

证明　我们粗略地说一下每个命题的证明, 但很多细节留给读者.

(a) 的证明. 在 $\mathscr{A}$ 中选一个极大套 $\mathfrak{M}$, 并令 A 为 $\mathscr{A}$ 中一个包含 $\bigcup\{M : M \in \mathfrak{M}\}$ 的元, 则 A 是 $\mathscr{A}$ 的一个极大元. 因为如果 A 真正被包含在 $\mathscr{A}$ 的一个元 B 内, 则 $\mathfrak{M} \bigcup \{B\}$ 是 $\mathscr{A}$ 中的一个套, 它真正包含 $\mathfrak{M}$. 从而得到一个矛盾.

(b) 的证明. 看起来上面那种证法是显然能行得通的. 不管怎么样, (b) 的证明可借助令 $X = \bigcup\{A : A \in \mathscr{A}\}$, 令 $\mathscr{C}$ 为 $\mathscr{A}$ 的元相对于 X 之余族的方法而用 (a) 代替. 据 De Morgan 公式, $\mathscr{C}$ 满足 (a) 的假设, 故存在一个极大元 M, 于是 $X \sim M$ 一定是 $\mathscr{A}$ 的一个极小元.

(c) 的证明. 这个证明是基于极大原理 (a). 令 $\mathscr{A}$ 为一个具有有限特征的族, 令 $\mathfrak{N}$ 为 $\mathscr{A}$ 中的一个套, 并令 $A = \bigcup\{N : N \in \mathfrak{N}\}$. A 的每个有限子集 F 必为 $\mathfrak{N}$ 的某个元之子集, 因为我们可以选取套 $\mathfrak{N}$ 的一个有限子族, 使它的并包含 F, 并且此有限子族有一个最大元包含 F. 从而 $A \in \mathscr{A}$. 故 $\mathscr{A}$ 满足 (a) 的假设, 所以存在一个极大元.

(d) 的证明. 假定 B 为半序集 A 中的一个链. 令 $\mathscr{A}$ 为 A 中包含 B 之所有链的族. 如果 $\mathfrak{N}$ 是 $\mathscr{A}$ 中的一个套, 则能直接验证 $\bigcup\{N : N \in \mathfrak{N}\}$ 仍是一个元, 于是 $\mathscr{A}$ 满足 (a) 的假设, 从而有一个极大元存在.

(e) 的证明. 对于一个极大链选一个上界.

(f) 的证明. 回顾一个函数是没有两个元有相同第一个坐标的序偶集. 设 $\mathscr{F}$ 为所有这样的函数 f 的族: f 的定义域是 A 的一个子集且对于在 f 定义域中的每个 $a, f(a) \in X_a$($\mathscr{F}$ 的元均为我们欲求函数的 "片段"). 下面我们证明 $\mathscr{F}$ 为具有有限特征的族. 如果 f 为 $\mathscr{F}$ 的一个元, 则 f 的每个子集, 特别是有限子集仍为 $\mathscr{F}$ 的一个元. 另一方面, 如果 f 是一个集, 它的每个有限子集属于 $\mathscr{F}$, 则 f 的元均为序偶, 没有两个不同的序偶有相同的第一个坐标, 从而 f 是一个函数. 加之, 如果 a 为 f 定义域中的一个元, 则 $\{a, f(a)\} \in \mathscr{F}$, 故 $f(a) \in X_a$, 从而推得 $f \in \mathscr{F}$.

因为 $\mathscr{F}$ 是一个具有有限特征的族. 所以 $\mathscr{F}$ 有一个极大元 c, 现只需证明 c 的定义域为 A. 假定 a 为 A 的一个元而非 c 的定义域中的元, 于是由 X_a 非空推得在 X_a 中存在一个元 y 且 $c \bigcup \{(a, y)\}$ 自身是一个函数. 同时它又是 $\mathscr{F}$ 的一个元. 但这与 c 为极大元相矛盾.

(g) 的证明. 把选择公理应用到对于在 $\mathscr{A}$ 中的每个 $A, X_a = A$ 的指标集 $\mathscr{A}$ 上.

(h) 的证明. 设 X 是一个欲良序化的 (不空) 集, 令 $\mathscr{A}$ 为 X 的所有非空子集的族, 同时设 c 是对于 $\mathscr{A}$ 的一个选择函数, 也就是说 c 是一个在 $\mathscr{A}$ 上使得对于 $\mathscr{A}$ 中的每个 $A, c(A) \in A$ 的函数. 这个证明的想法是构造一个序 $\leqq$ 使得对于每个 "初始段" A, 在此序中 A 后面的第一个点是 $c(X \sim A)$. 明确地说, 定义一个集 A 为相对于序 $<$ 的一个**段**当且仅当在 A 的一个元之前的每个点是 A 自身的一个元. 特别地, 空集是一个段. 令 $\mathscr{C}$ 为满足下面条件的所有自反线性序 $\leqq$ 的类: $\leqq$ 的定义域 D 为 X 的一个子集且对于每个不同于 D 的段 $A, D \sim A$ 的第一个点是 $c(X \sim A)$. $\mathscr{C}$ 的每个元是一个良序几乎是显然的, 因为如果 B 是元 $\leqq$ 定义域的一个非空子集且 $A = \{y:$ 对于 B 中的每个 $x, y \leqq x$ 且 $y \neq x\}$, 则 $c(X \sim A)$ 为 B 的首元. 假定 $\leqq$ 与 $\leqslant$ 都是 $\mathscr{C}$ 的元, D 为 $\leqq$ 的定义域, 而 E 为 $\leqslant$ 的定义域. 令 A 为使得集 $\{y: y \leqq x\}$ 与 $\{y: y \leqslant x\}$ 恒等且在这些集上两个序一致所有点 x 的集. 于是 A 同时相对于 $\leqq$ 与 $\leqslant$ 是一个段. 如果 A 既不与 D 又不与 E 相等, 则 $c(X \sim A)$ 属于此二集且不属于 A 的第一个点. 但由 A 的定义知 $c(X \sim A) \in A$. 从而推出 $A = D$ 或者 $A = E$. 于是 $\mathscr{C}$ 的任意两个元均有下面的关系: 任何一个元的定义域是相对于另一个元的一个段, 并且在这个段上两个序是一致的. 利用这个事实不难看到 $\mathscr{C}$ 的元之并 $\prec$ 自身是 $\mathscr{C}$ 的一个元; 它是 $\mathscr{C}$ 的最大元. 如果 F 是 $\prec$ 的定义域, 则 $F = X$, 因为倘若不然, 点 $c(X \sim F)$ 可能接在这个序的最后 (更确切地说, $\prec \bigcup (F \times \{c(X \sim F)\})$) 是 $\prec$ 的一个元, 它真包含 $\prec$). 于是定理得证. ∎

注记 26　上面列举的每个命题实际上都等价于 Hausdorff 极大原理. 并且它们之中的任何一个均有理由被当成一个公理来假定. 在附录中极大原理由选择公理导出.

上面给出的从选择公理推导良序原理的方法本质上是依据 Zermelo[1]. 然而应用定理 25(e) 来证明它也是完全有可能的. 注意一个良序的套的并一般不再是一个良序, 所以想把极大原理直接应用到良序的族上是不可能的.

应当注意在定理 25 中不同命题的符号有点随意性, Hausdorff 极大原理曾被 Kuratowski, Moore 和 Zorn 以与上面相近的形式彼此独立使用过.

最后还需注意, 虽然已给的 Tukey 引理的形式多少有些典型, 但它不能直接地推出多数通常列举的一些应用 (例如, 每个群包含一个极大的 Abel 子群). 它的更一般形式叙述为 (很粗略地): 如果一个集族 $\mathscr{A}$ 被一些 (可能无穷多个) 条件所定义, 而每一个条件仅仅涉及有限多个点, 则 $\mathscr{A}$ 有一个极大元.

第1章　拓　扑　空　间

1.1　拓扑和邻域

拓扑是指这样的集族 $\mathscr{T}$, 它满足两个条件: $\mathscr{T}$ 的任意两个元的交和 $\mathscr{T}$ 的每一个子族的元的并仍为 $\mathscr{T}$ 的元. 集 $X = \bigcup\{U : U \in \mathscr{T}\}$ 必须是 $\mathscr{T}$ 的元, 因为 $\mathscr{T}$ 是它自己的一个子族, 另外, $\mathscr{T}$ 的每一个元都是 X 的子集. 我们称集 X 为拓扑 $\mathscr{T}$ 的**空间**, 而 $\mathscr{T}$ 叫做是**关于 X 的一个拓扑**. 又 $(X, \mathscr{T})$ 称为**拓扑空间**. 当不会引起误解时, 我们可以简写成 "X 为拓扑空间". 但在必须确切说明的情况下, 我们还要明显地指出 (譬如对同一个集 X 考虑两种不同的拓扑).

拓扑 $\mathscr{T}$ 的元叫做关于 $\mathscr{T}$ 的**开集**或 $\mathscr{T}$- 开集, 如果在讨论中只有一种拓扑, 那么就简称为开集. 拓扑的空间 X 恒为开集; 空集也恒为开集, 因为它是空族的元的并. 这些可能是仅有的开集, 因为只含 X 和空集为其元的族是关于 X 的一个拓扑. 虽然这不是一种很有趣的拓扑, 但它也时常出现, 值得给予一个名称, 我们称它为关于 X 的**平庸(或平凡)拓扑**, 于是 $(X, \mathscr{T})$ 为**平庸拓扑空间**. 另一种极端情形是 X 的所有子集的族, 它叫做关于 X 的**离散拓扑**(此时 $(X, \mathscr{T})$ 为**离散拓扑空间**). 若 $\mathscr{T}$ 为离散拓扑, 则空间的每一个子集为开集.

显然, 关于集 X 的离散和平庸拓扑分别为关于 X 的最大和最小拓扑, 即关于 X 的每一个拓扑均包含在离散拓扑内并且包含平庸拓扑. 设 $\mathscr{T}$ 和 $\mathscr{U}$ 为关于 X 的拓扑, 则根据对任意的集族所用的说法, 当 $\mathscr{T} \subset \mathscr{U}$ 时称 $\mathscr{T}$**小于**$\mathscr{U}$ 或 $\mathscr{U}$**大于**$\mathscr{T}$. 换言之, $\mathscr{T}$ 小于 $\mathscr{U}$ 当且仅当每一个 $\mathscr{T}$- 开集皆为 $\mathscr{U}$- 开集. 在这种情况下也称 $\mathscr{T}$ **粗于**$\mathscr{U}$ 或 $\mathscr{U}$ **细于**$\mathscr{T}$(不幸的是, 这种情况在文献中用两种不同的语句来描述: $\mathscr{T}$**强于**$\mathscr{U}$ 和 $\mathscr{T}$**弱于**$\mathscr{U}$). 若 $\mathscr{T}$ 和 $\mathscr{U}$ 为任意两个关于 X 的拓扑, 则可能出现 $\mathscr{T}$ 既不大于又不小于 $\mathscr{U}$ 的情形, 这时根据对半序所用的说法, 称 $\mathscr{T}$ 和 $\mathscr{U}$ 为**不可比较的**.

带有适当拓扑的实数集是一个很有趣的拓扑空间. 这是不足为奇的, 因为拓扑空间的概念就是实数的某些有趣性质的抽象. 关于实数的**通常拓扑**是指所有这样的集组成的族, 对其内的每一点, 它包含含有该点的一个开区间, 即实数集的子集 A 为开集当且仅当对 A 的每一个元 x 存在数 a 和 b 使得 $a < x < b$ 并且**开区间**$\{y : a < y < b\}$ 是 A 的子集. 自然, 我们必须证明该集族的确是一个拓扑, 但这一点不难实现. 还值得指出的是此时开区间恒为开集.

拓扑空间 $(X, \mathscr{T})$ 内的集 U 叫做点 x 的**邻域**($\mathscr{T}$- 邻域) 当且仅当 U 包含含有 x 的一个开集. 虽然一个点的邻域不必一定为开集, 但每一个开集一定是其内每一点的邻域. 又一个点的每一个邻域均包含该点的一个开邻域. 若 $\mathscr{T}$ 为平庸拓扑, 则点 x 仅有的邻域就是空间 X 它自己. 若 $\mathscr{T}$ 为离散拓扑, 则每一个含有点 x 的集皆为 x 的邻域. 若 X 为实数集, $\mathscr{T}$ 为通常拓扑, 则点 x 的邻域是包含含有 x 的一个开区间的集.

定理 1 一个集为开的当且仅当它包含其内每一点的一个邻域.

证明 显然集 A 的一切开子集的并 U 仍为 A 的开子集. 于是, 若 A 包含其内每一点的一个邻域, 则 A 的每一个元 x 属于 A 的某个开子集, 则 $x \in U$. 从而 $A = U$, 即 A 为开集.

另一方面, 若 A 为开集, 则它包含其内每一点的一个邻域 (即 A). |

这个定理显然蕴涵: 一个集为开的当且仅当它是它的每一点的邻域.

一个点的邻域系是指该点的所有邻域的族.

定理 2 若 $\mathscr{U}$ 为一个点的邻域系, 则 $\mathscr{U}$ 的元的有限交属于 $\mathscr{U}$, 并且每一个包含 $\mathscr{U}$ 的一个元的集也属于 $\mathscr{U}$.

证明 若 U 和 V 为点 x 的邻域, 则有开邻域 U_0 和 V_0 分别包含在 U 和 V 内, 故 $U \bigcap V$ 包含开邻域 $U_0 \bigcap V_0$, 从而它是 x 的一个邻域. 于是 $\mathscr{U}$ 的两个 (因而有限多个) 元的交为 $\mathscr{U}$ 的元.

另外, 若集 U 包含点 x 的一个邻域, 则它包含 x 的一个开邻域, 从而它自己也是 x 的一个邻域. |

注记 3 Fréchet [1] 首先考虑了抽象空间. 在随后的年代里, 随着对于概念和基本方法的大量探讨, 拓扑空间的概念发展起来了, 该理论的发展情况差不多都可以在 Hausdorff 的经典著作 [1] 和稍后的 *Fundamenta Mathematicae* 的最初几卷中找到. 从这些探索中, 实际上两个基本概念就已经出现了: 拓扑空间和一致空间 (第 6 章[①]). 而较为新近才出现的后一概念 (Weil[1]) 主要是由于拓扑群的研究.

关于一般拓扑的标准参考书包括:

Alexandroff 和 Hopf [1](前两章), Bourbaki [1], Fréchet [2], Kuratowski [1], Lefschetz [1](第 1 章), Moore [1], Newman [1], Sierpinski [1], Tukey [1], Vaidyanathaswamy [1] 和 Whyburn [1].

1.2 闭 集

拓扑空间 $(X, \mathscr{T})$ 的子集 A 叫做**闭集**, 当且仅当它的余集 $X \sim A$ 为开集. 因为集 A 的余集的余集仍为 A, 故集为开集当且仅当它的余集为闭集. 若 $\mathscr{T}$ 为平庸拓扑, 则 X 的余集和空集的余集为仅有的闭集, 即只有空集和 X 为闭集. 空间 X 和空集既是闭集又是开集总是正确的, 但可能出现, 正如我们已经看到的, 这两个集

---

① 此处原书误为第 7 章, 以下关于原书的印刷错误都由译者加以订正, 而不再一一指明. —— 译者注

是仅有的闭集. 若 $\mathscr{T}$ 为离散拓扑, 则每一个子集都是闭集和开集. 若 X 为实数集, $\mathscr{T}$ 为通常拓扑, 则情况完全不同. 虽然**闭区间**(即形如 $\{x : a \leqslant x \leqslant b\}$ 的集必为闭集, 但开区间就不是闭集, 并且**半开区间**(即形如 $\{x : a < x \leqslant b\}$ 或 $\{x : a \leqslant x < b\}$ 的集, 其中 $a < b$) 既非开集又非闭集. 问题 1.J 还将说明这时整个空间和空集确实就是仅有的既开又闭的集.

根据 De Morgan 公式 (预备知识定理 3), 集族的元的余集的并 (交) 为交 (并) 的余集. 因此, 有限多个闭集的并为闭集, 并且任意一族闭集的交也为闭集. 下面的定理将表明这些性质恰好就是所有闭集的族的特征, 但我们略去它的简单的证明.

定理 4　设 $\mathscr{F}$ 为一个集族, 它具有性质: 有限子族的并和任意非空子族的交仍为其元, 并且 $X = \bigcup\{F : F \in \mathscr{F}\}$ 亦为其元, 则 $\mathscr{F}$ 恰为 X 关于由所有 $\mathscr{F}$ 的元的余集所组成的拓扑的所有闭集的族.

1.3　聚　　点

我们知道拓扑空间的拓扑能够借助于点的邻域来描述, 因此通过邻域也一定能够描述闭集, 这种描述就引出了点的按下述方法的一种新的分类. 集 A 为闭的当且仅当 $X \sim A$ 为开的, 从而当且仅当 $X \sim A$ 的每一个点有一个邻域被包含在 $X \sim A$ 内, 或等价地, 与 A 不相交. 因此 A 为闭集当且仅当对每一个 x, 若 x 的每一个邻域与 A 相交, 则 $x \in A$. 从而导出下面的定义.

我们称点 x 为拓扑空间 $(X, \mathscr{T})$ 的子集 A 的**聚点**(有时叫做凝聚点或极限点), 当且仅当 x 的每一个邻域包含异于 x 的 A 中的点. 于是, 点 x 的每一个邻域与 A 相交当且仅当 x 或者是 A 的点, 或者是 A 的聚点. 由此易知下列定理为真.

定理 5　拓扑空间的子集为闭集当且仅当它包含它的所有聚点.

如果 x 为 A 的聚点, 那么我们有时用这样一种很有启发性的说法来描述它, 即 "存在 A 的点任意接近 x". 当我们采用这种观点时, 就会发现平庸拓扑空间的确是 "完全挤满的", 因为其中每一个点 x 都是每一个异于空集和集 $\{x\}$ 的集的聚点. 另一方面, 在离散拓扑空间中任意点都不是一个集的聚点. 若 X 为具有通常拓扑的实数集, 则可能出现多种情况. 若 A 为开区间 $(0, 1)$, 则闭区间 $[0, 1]$ 的每一点均为 A 的聚点. 若 A 为所有平方小于 2 的非负有理数的集, 则闭区间 $[0, \sqrt{2}]$ 为 A 的所有聚点的集. 若 A 为所有整数的倒数的集, 则 0 为 A 的仅有的聚点, 另外, 所有整数的集没有聚点.

定理 6　任意集与它的所有聚点的集的并恒为闭集.

证明　若 x 既非 A 的点, 又非 A 的聚点, 则有 x 的开邻域 U, 它与 A 不相交. 又从 U 是其内每一点的邻域可推出 U 的每一点都不是 A 的聚点, 故集 A 和它的聚点的集的并为一个开集的余集. ∎

集 A 的一切聚点的集有时叫做 A 的**导集**.

1.4　闭　　包

拓扑空间 $(X,\mathscr{T})$ 的子集 A 的**闭包**($\mathscr{T}$-**闭包**) 是指所有包含 A 的闭集的族的元的交. A 的闭包记为 A^- 或 $\bar{A}$. 集 A^- 恒为闭集, 因为它是闭集的交; 又易见 A^- 包含在每一个包含 A 的闭集内. 因此 A^- 为包含 A 的最小闭集, 从而 A 为闭集当且仅当 $A = A^-$. 下面的定理将利用集的聚点来描述它的闭包.

定理 7　任何集的闭包是该集和它的所有聚点的集的并.

证明　因为集 A 的每一个聚点也是每一个包含 A 的集的聚点, 即为每一个包含 A 的闭集的元, 故 A^- 包含 A 和 A 的所有聚点.

另一方面, 根据上一定理, 由 A 和它的所有聚点所组成的集为闭集, 因而它包含 A^-. ▌

我们把在拓扑空间的每一个子集 A 处取值 A^- 的函数叫做关于拓扑的闭包函数或闭包算子. 这个算子完全决定了拓扑, 因为集 A 为闭集当且仅当 $A = A^-$. 换言之, 闭集仅仅是关于闭包算子不变的集. 现在来考虑如下的富有启发性的问题: 在什么情况下对确定的集 X 的一切子集所定义的算子就是关于 X 的某个拓扑的闭包算子? 为此先考察描述闭包的四个很简单的性质. 首先, 因为空集为闭集, 故空集的闭包也为空集. 其次, 任何集都包含在它的闭包内. 第三, 因为每一个集的闭包皆为闭集, 故任何集的闭包的闭包与该集的闭包相同 (在通常的代数术语下, 这就是说, 闭包算子是幂等的). 最后, 两个集的并的闭包恰为闭包的并, 因为从 $(A\cup B)^-$ 为包含 A 和 B 的闭集可推出它包含 A^- 和 B^-, 故它也包含 $A^-\cup B^-$; 另一方面 $A^-\cup B^-$ 为包含 $A\cup B$ 的闭集, 从而也包含 $(A\cup B)^-$.

所谓 X 上的**闭包算子**就是这样的一个算子, 它变 X 的每一个子集 A 为 X 的子集 A^c 并且满足如下的四个条件, 即 **Kuratowski 的闭包公理**:

(a) 若 0 为空集, 则 $0^c = 0$;

(b) 对每一个 A, $A \subset A^c$;

(c) 对每一个 A, $A^{cc} = A^c$;

(d) 对每一个 A 和 B, $(A\cup B)^c = A^c\cup B^c$.

下面的 Kuratowski 定理证明了这四个条件实际上也就是闭包的特征, 而以下所定义的拓扑就叫做与闭包算子**相关联的拓扑**.

定理 8　设 c 为 X 上的闭包算子, 又设 $\mathscr{F}$ 为所有使得 $A^c = A$ 的 X 的子集 A 组成的族, 再设 $\mathscr{T}$ 为所有 $\mathscr{F}$ 的元的余集的族, 则 $\mathscr{T}$ 为关于 X 的拓扑并且对 X 的每一个子集 A, A^c 为 A 的 $\mathscr{T}$-闭包.

证明　公理 (a) 说明空集属于 $\mathscr{F}$, 而公理 (d) 又说明了 $\mathscr{F}$ 的两个元的并仍为 $\mathscr{F}$ 的元, 因此, $\mathscr{F}$ 的任何有限子族 (空或非空) 的并为 $\mathscr{F}$ 的元. 由于 (b), $X \subset X^c$, 所以 $X = X^c$, 且所有 $\mathscr{F}$ 的元的并恰为 X. 于是根据定理 1.4, 欲证 $\mathscr{T}$ 为关于 X 的拓扑, 只需证 $\mathscr{F}$ 的任何非空子族的元的交也为 $\mathscr{F}$ 的元. 为此, 首先注意若 $B \subset A$, 则 $B^c \subset A^c$, 这是因为 $A^c = [(A \sim B)\bigcup B]^c = (A \sim B)^c \bigcup B^c$. 今设 $\mathscr{A}$ 为 $\mathscr{F}$ 的非空子族, $B = \bigcap\{A : A \in \mathscr{A}\}$, 则因 B 包含在 $\mathscr{A}$ 的每一个元内, 故 $B^c \subset \bigcap\{A^c : A \in \mathscr{A}\} = \bigcap\{A : A \in \mathscr{A}\} = B$, 又 $B \subset B^c$, 从而 $B = B^c$, 即 $B \in \mathscr{F}$. 这就证明了 $\mathscr{T}$ 是一个拓扑.

剩下要证的是 A^c 为 A 的 $\mathscr{T}$- 闭包 A^-. 根据定义 A^- 为所有包含 A 的 $\mathscr{T}$-闭集 (即 $\mathscr{F}$ 的元) 的交, 再根据公理 (c), $A^c \in \mathscr{F}$, 故 $A^- \subset A^c$. 又从 $A^- \in \mathscr{F}$ 和 $A^- \supset A$ 可推出 $A^- \supset A^c$, 总之, $A^- = A^c$. $\blacksquare$

1.5　内部和边界

现在考虑另一个定义在拓扑空间的所有子集的族上的算子, 它与闭包算子有着很密切的联系. 我们称拓扑空间的子集 A 的点 x 为 A 的**内点**, 当且仅当 A 是 x 的一个邻域, 又 A 的所有内点的集叫做 A 的**内部**, 记作 A^0 (按通常的术语关系 "$\cdots$ 是 $\cdots$ 的一个内点" 是关系 "$\cdots$ 是 $\cdots$ 的一个邻域" 的逆关系). 为方便起见, 在考察具体例子之前先列举这个概念和以前的各个概念之间的联系.

定理 9　设 A 为拓扑空间 X 的子集, 则 A 的内部 A^0 为开集并且它是 A 的最大开子集. 又 A 为开集当且仅当 $A = A^0$. A 中所有不是 $X \sim A$ 的聚点的点所组成的集恰为 A^0. $X \sim A$ 的闭包就是 $X \sim A^0$.

证明　若点 x 属于集 A 的内部, 则 x 为 A 的某个开子集 U 的元, 而 U 的每一个元也是 A^0 的元, 故 A^0 包含其内每一点的一个邻域, 即为开集. 若 V 为 A 的开子集, $y \in V$, 则 A 为 y 的邻域, 故 $y \in A^0$, 因而 A^0 包含 A 的每一个开子集, 即它是 A 的最大开子集.

若 A 为开集, 则 A 自然与它的最大开子集相同, 故 A 为开集当且仅当 $A = A^0$.

若 x 为 A 中的点, 而不是 $X \sim A$ 的聚点, 则有 x 的邻域 U, 它与 $X \sim A$ 不相交, 从而是 A 的子集, 故 A 是 x 的邻域, 即 $x \in A^0$. 另一方面, A^0 是其内每一点的邻域并且 A^0 与 $X \sim A$ 不相交, 于是没有 A^0 中的点, 它是 $X \sim A$ 的聚点.

最后, 因为 A^0 是由 A 中不是 $X \sim A$ 的聚点的点所组成, 故它的余集 $X \sim A^0$ 恰好就是所有这样的点的集, 它或者是 $X \sim A$ 的点, 或者是 $X \sim A$ 的聚点, 这表明该余集即为闭包 $(X \sim A)^-$. $\blacksquare$

上一定理的最后一个结论值得作一些更进一步的讨论. 为方便起见, 我们把余集 $X \sim A$ 记为 A'. 此时 A'', 即 A 的余集的余集仍为 A(我们有时称 $'$ 为周期等于 2 的算子). 因此, 前面的这个结果又可以改写成 $A^{0'} = A'^{-}$. 再取余集就得到 $A^0 = A'^{-1}$, 即 A 的内部为 A 的余集的闭包的余集. 若以 A' 代替 A, 则又有 $A^{-} = A'^{0'}$, 故集的闭包为余集的内部的余集①.

若 X 为平庸空间, 则除 X 自己外每一个集的内部为空集. 若 X 为离散空间, 则每一个集既开又闭, 故与它的内部也与它的闭包相同. 若 X 为具有通常拓扑的实数集, 则整数集的内部为空集, 而闭区间的内部为具有相同端点的开区间. 有理数集的内部为空集, 从而它的内部的闭包仍为空集. 另一方面, 有理数集的闭包为实数集 X, 于是它的闭包的内部亦为 X. 因此, 集的闭包的内部可以完全不同于内部的闭包, 即内部算子和闭包算子一般是不可交换的.

还有一个另外的算子, 它时常出现, 以至于需要我们专门去阐述它的定义. 所谓拓扑空间 X 的子集 A 的**边界**就是指所有这样的点的集, 它既不属于 A 的内部, 又不属于 $X \sim A$ 的内部. 等价地, x 为边界的点当且仅当 x 的每一个邻域与 A 和 $X \sim A$ 都相交. 显然, A 的边界与 $X \sim A$ 的边界相同. 若 X 平庸, 并且 A 既不是 X, 又不是空集, 则 A 的边界为 X; 又当 X 离散时每一个子集的边界为空集. 另外, 在通常拓扑下任何实数区间的边界只含有该区间的端点, 并且它与区间是否为开、闭或半开无关, 而有理数集或无理数集的边界就是所有实数的集.

我们容易看出边界、闭包和内部之间的关系. 而下面的略去证明的定理就概括了这些事实.

定理 10 设 A 为拓扑空间 X 的子集, 又设 $b(A)$ 为 A 的边界, 则 $b(A) = A^{-} \bigcap (X \sim A)^{-} = A^{-} \sim A^0, X \sim b(A) = A^0 \bigcup (X \sim A)^0, A^{-} = A \bigcup b(A)$ 并且 $A^0 = A \sim b(A)$.

一个集为闭集当且仅当它包含它的边界, 并且为开集当且仅当它与它的边界不相交.

1.6 基和子基

在定义实数集的通常拓扑时我们是先从所有开区间的族 $\mathscr{B}$ 出发, 然后再由它作出拓扑 $\mathscr{T}$. 同样的方法也可以应用于其他的情形, 现在我们来详细的考察这种做法. 我们称集族 $\mathscr{B}$ 为**拓扑 $\mathscr{T}$ 的基**当且仅当 $\mathscr{B}$ 是 $\mathscr{T}$ 的子族, 并且对空间的每一点 x 和 x 的每一个邻域 U, 有 $\mathscr{B}$ 的元 V 使得 $x \in V \subset U$. 于是, 所有开区间的族为实数集的通常拓扑的基, 这是根据通常拓扑的定义以及开区间恒为该拓扑的开集的事实.

---

① 有一个有趣而又有启发性的问题. 也就是通过任意次序连续运用闭包、余集和内部算子, 从拓扑空间的一个给定的子集 A 能够作出多少个不同的集? 根据上一段的讨论以及 $A^{--} = A^{-}$, 问题又可以化为: 通过交替应用余集和闭包算子, 从 A 能够作出多少个不同的集? 它的意想不到的解答将在问题 1. E 中给出.

基有一个简单的特征, 它常常被当作定义: 拓扑 $\mathscr{T}$ 的子族 $\mathscr{B}$ 为 $\mathscr{T}$ 的基当且仅当 $\mathscr{T}$ 的每一个元为 $\mathscr{B}$ 的元的并. 现在来证明这个事实. 假设 $\mathscr{B}$ 为拓扑 $\mathscr{T}$ 的基, $U \in \mathscr{T}$, 命 V 为 $\mathscr{B}$ 中所有为 U 的子集的元的并, 并设 $x \in U$, 则有 $\mathscr{B}$ 中的 W 使得 $x \in W \subset U$, 即 $x \in V$, 于是 $U \subset V$, 又从 V 的做法可知它是 U 的子集, 故有 $V = U$. 今证其逆, 假设 $\mathscr{B} \subset \mathscr{T}$ 并且 $\mathscr{T}$ 的每一个元为 $\mathscr{B}$ 的元的并. 于是, 若 $U \in \mathscr{T}$, 则它是 $\mathscr{B}$ 的一个子族的元的并, 从而对 U 中的每一个 x 有 $\mathscr{B}$ 中的 V 使得 $x \in V \subset U$, 即 $\mathscr{B}$ 为 $\mathscr{T}$ 的基.

虽然这是构造拓扑的一种很方便的方法, 但谨慎一点是必要的, 因为并非每一个集族都是某个拓扑的基. 例如, 设 X 由整数 0, 1 和 2 组成, 又设 A 与 B 分别由 0 和 1 与 1 和 2 组成, 若命 $\mathscr{S}$ 为这样的族, 它的元是 X, A, B 和空集, 则 $\mathscr{S}$ 不是某个拓扑的基: 因为通过直接计算可知 $\mathscr{S}$ 的元的并仍为它的元, 故若 $\mathscr{S}$ 为某个拓扑的基, 则该拓扑就必定是 $\mathscr{S}$ 它自己; 但 $\mathscr{S}$ 不是一个拓扑, 因为 $A \bigcap B \notin \mathscr{S}$. 下面的定理将清楚地说明出现这种现象的原因.

定理 11 集族 $\mathscr{B}$ 为关于集 $X = \bigcup \{B : B \in \mathscr{B}\}$ 的某个拓扑的基当且仅当对 $\mathscr{B}$ 的每两个元 U 和 V 与 $U \bigcap V$ 中的每一点 x, 有 $\mathscr{B}$ 中的元 W 使得 $x \in W$ 并且 $W \subset U \bigcap V$.

证明 若 $\mathscr{B}$ 为某个拓扑的基, U 和 V 为 $\mathscr{B}$ 的元并且 $x \in U \bigcap V$, 则因 $U \bigcap V$ 为开集, 故有 $\mathscr{B}$ 的元使得 x 属于它并且它还是 $U \bigcap V$ 的子集.

今证其逆, 设 $\mathscr{B}$ 为具有所述性质的族, $\mathscr{T}$ 为所有 $\mathscr{B}$ 的元的并的族. $\mathscr{T}$ 的元的并本身也是 $\mathscr{B}$ 的元的并, 故它亦为 $\mathscr{T}$ 的元, 因此只需证 $\mathscr{T}$ 的两个元 U 和 V 的交仍为 $\mathscr{T}$ 的元. 若 $x \in U \bigcap V$, 则可选出 $\mathscr{B}$ 中的 U' 和 V' 使得 $x \in U' \subset U$ 并且 $x \in V' \subset V$, 此时又有 $\mathscr{B}$ 的元 W 使得 $x \in W \subset U' \bigcap V' \subset U \bigcap V$, 从而 $U \bigcap V$ 为 $\mathscr{B}$ 的元的并, 即 $\mathscr{T}$ 是一个拓扑. ▌

我们已经看到任意的集族 $\mathscr{S}$ 可以不是某个拓扑的基. 因此, 我们把问题加以改变来考虑是否有一个唯一的拓扑, 它在某种意义下由 $\mathscr{S}$ 所生成. 自然, 如此的拓扑应当是关于集 X 的一个拓扑, 其中 X 为 $\mathscr{S}$ 的元的并, 并且 $\mathscr{S}$ 的每一个元应当是关于该拓扑的开集, 即 $\mathscr{S}$ 为这个拓扑的子族. 这样就又把问题转化为: 是否有关于 X 的一个最小拓扑包含 $\mathscr{S}$? 下面的简单结果就给出了这个最小拓扑.

定理 12 若 $\mathscr{S}$ 为任意非空的集族, 则 $\mathscr{S}$ 的元的所有有限交的族是关于集 $X = \bigcup \{S : S \in \mathscr{S}\}$ 的某个拓扑的基.

证明 若 $\mathscr{S}$ 为一个集族, $\mathscr{B}$ 为 $\mathscr{S}$ 的元的所有有限交的族, 则 $\mathscr{B}$ 的两个元的交仍为 $\mathscr{B}$ 的元, 再应用上一定理便知 $\mathscr{B}$ 是某个拓扑的基. ▌

我们称集族 $\mathscr{S}$ 为**拓扑 $\mathscr{T}$ 的子基**当且仅当 $\mathscr{S}$ 的元的所有有限交的族为 $\mathscr{T}$ 的基 (即当且仅当 $\mathscr{T}$ 的每一个元是 $\mathscr{S}$ 的元的有限交的并). 根据上一定理, 每一个非空的族 $\mathscr{S}$ 是某个拓扑的子基, 并且该拓扑自然唯一地由 $\mathscr{S}$ 所决定, 同时它还是包

含 $\mathscr{S}$ 的最小拓扑 (即它是包含 $\mathscr{S}$ 的拓扑并且还是每一个包含 $\mathscr{S}$ 的拓扑的子族).

一般地说, 一个拓扑是有许多不同的基和子基, 但我们可根据所讨论的问题从中选出最适合的一种. 对于实数集的通常拓扑, 最自然的子基是: 所有半无限开区间的族, 即所有形如 $\{x : x > a\}$ 或 $\{x : x < a\}$ 的集组成的族. 因为每一个开区间是两个如此的集的交, 故该族是一个子基. 又带有有理数 a 的所有同上形式的集组成的族是一个并不太明显, 但却更为有趣的子基 (见问题 1. J).

拓扑具有可数基的空间有许多很好的性质. 这样的空间叫做满足**第二可数性公理**(对此, 也可使用**可分**和**完备可分**等术语, 但我们都不准备采用).

定理 13　若 A 为具有可数基的拓扑空间的不可数子集, 则有 A 的某个点为 A 的聚点.

证明　假设 A 的任何点均不为 A 的聚点, 又设 $\mathscr{B}$ 为可数基, 则对 A 中的每一个 x 有一个不包含异于 x 的 A 的点的开集, 故有 $\mathscr{B}$ 中的 B_x 使得 $B_x \bigcap A = \{x\}$, 于是 A 的点和 $\mathscr{B}$ 的某个子族的元之间就建立了一个一一对应的关系, 从而 A 为可数集. ▮

该定理的一个更深刻的形式将陈述于问题 1. H.

我们称集 A 在拓扑空间 X 中**稠密**当且仅当 A 的闭包为 X. 称拓扑空间 X 为**可分**当且仅当存在在 X 中稠密的可数子集. 可分空间可以不满足第二可数性公理. 例如, 设 X 为一个不可数集, 它的拓扑由空集和有限集的余集组成, 则每一个非有限的子集皆稠密, 因为它与每一个非空开集都相交. 另一方面, 假设 X 有可数基 $\mathscr{B}$, 命 x 为 X 的确定的点, 则所有使得 x 属于它的开集的族的交为 $\{x\}$, 因为每一个另外的点的余集必为开集. 由此可见, 所有使得 x 属于它的 $\mathscr{B}$ 的元的交亦为 $\{x\}$, 但该可数多个 $\mathscr{B}$ 的元的交的余集为可数多个有限集的并, 从而为可数集, 于是得到矛盾 (较不平凡的例子以后将会遇到). 至于具有可数基的空间必为可分的事实则是不难证明的.

定理 14　具有可数基的拓扑空间必为可分.

证明　从基的每一个元中选取一个点, 于是得到一个可数集 A. 因为 A 的闭包的余集为开集并且与 A 不相交, 故它不包含基的非空的元, 从而必为空集. ▮

我们称族 $\mathscr{A}$ 为集 B 的**覆盖**当且仅当 B 是并集 $\bigcup\{A : A \in \mathscr{A}\}$ 的子集, 即当且仅当 B 的每一个元属于 $\mathscr{A}$ 的某个元. 称 $\mathscr{A}$ 为 B 的**开覆盖**当且仅当覆盖 $\mathscr{A}$ 的每一个元是开集. 而覆盖 $\mathscr{A}$ 的仍为覆盖的子族叫做 $\mathscr{A}$ 的**子覆盖**.

定理 15(Lindelöf)　具有可数基的拓扑空间的子集的每一个开覆盖恒有可数子覆盖.

证明　假设 A 为一个子集, $\mathscr{A}$ 为 A 的开覆盖, 而 $\mathscr{B}$ 是拓扑的可数基, 则因 $\mathscr{A}$ 的每一个元是 $\mathscr{B}$ 的元的并, 故有 $\mathscr{B}$ 的子族 $\mathscr{C}$, 它也覆盖 A 并且使得 $\mathscr{C}$ 的每一个元是 $\mathscr{A}$ 的某个元的子集. 对 $\mathscr{C}$ 的每一个元, 我们选定一个 $\mathscr{A}$ 的元包含它, 于是

得到 $\mathscr{A}$ 的一个可数子族 $\mathscr{D}$. 这时 $\mathscr{D}$ 仍为 A 的覆盖, 因为 $\mathscr{C}$ 覆盖 A, 从而 $\mathscr{A}$ 有可数子覆盖. |

拓扑空间称为 **Lindelöf 空间**当且仅当空间的每一个开覆盖恒有可数子覆盖.

第二可数性公理前面已经陈述, 现在再来陈述第一可数性公理. 这个公理与基的概念的局部形式有关. 所谓**点 x 的邻域系的基**, 或 x **处的局部基**就是指这样的邻域族, 它使得 x 的每一个邻域包含该族的某个元. 例如, 每一点的所有开邻域的族恒为该点的邻域系的基. 我们称拓扑空间满足**第一可数性公理**, 假如每一点的邻域系都有可数基. 显然, 每一个满足第二可数性公理的拓扑空间也满足第一可数性公理. 另一方面, 任何不可数的离散拓扑空间满足第一可数性公理 (每一点 x 的邻域系有一个基, 它仅由一个邻域 $\{x\}$ 组成), 但不满足第二可数性公理 (由所有 $\{x\}, x \in X$ 组成的覆盖没有可数子覆盖). 因此, 第二可数性公理要比第一可数性公理有更多的限制.

值得注意, 如果 $U_1, U_2, \cdots, U_n, \cdots$ 为 x 处的一个可数局部基, 那么一定可找到一个新的局部基 $V_1, V_2, \cdots, V_n, \cdots$ 使得对每一个 n 有 $V_n \supset V_{n+1}$. 做法很简单, 只需令 $V_n = \bigcap\{U_k : k \leqslant n\}$.

点 x 的邻域系的子基或 x**处的局部子基**是指这样的集族, 使得它的元的所有有限交的族为一个局部基. 若 $U_1, U_2, \cdots, U_n, \cdots$ 为一个可数局部子基, 则 $V_1, V_2, \cdots, V_n, \cdots$ 为一个可数局部基, 其中 $V_n = \bigcap\{U_k : k \leqslant n\}$. 因此, 从每一点处的可数局部子基的存在即可推出第一可数性公理.

1.7 相对化; 分离性

若 $(X, \mathscr{T})$ 为拓扑空间, Y 为 X 的子集, 则我们可作出 Y 的一个拓扑 $\mathscr{U}$, 它叫做 $\mathscr{T}$ 对于 Y 的**相对拓扑**或相对比. 相对拓扑 $\mathscr{U}$ 定义为 $\mathscr{T}$ 的所有元与 Y 的交的族, 即 U 属于相对拓扑 $\mathscr{U}$ 当且仅当对于某个 $\mathscr{T}$- 开集 $V, U = V \bigcap Y$. 不难看出, $\mathscr{U}$ 的确是一个拓扑. 相对拓扑 $\mathscr{U}$ 的每一个元 U 叫做 Y**内开的**集, 而把它的相对余集 $Y \sim U$ 叫做 Y**内闭的**集, 又 Y 的子集的 $\mathscr{U}$- 闭包是指它在 Y 内的闭包. X 的每一个子集 Y 在它自己内既开又闭, 虽然 Y 在 X 内可以既不开又不闭. 我们称拓扑空间 $(Y, \mathscr{U})$ 为空间 $(X, \mathscr{T})$ 的**子空间**. 更正式地说, 我们称拓扑空间 $(Y, \mathscr{U})$ 为另一个空间 $(X, \mathscr{T})$ 的子空间当且仅当 $Y \subset X$ 并且 $\mathscr{U}$ 是 $\mathscr{T}$ 的相对化.

值得注意, 若 $(Y, \mathscr{U})$ 为 $(X, \mathscr{T})$ 的子空间, 而 $(Z, \mathscr{V})$ 为 $(Y, \mathscr{U})$ 的子空间, 则 $(Z, \mathscr{V})$ 为 $(X, \mathscr{T})$ 的子空间. 这个传递关系常常在一些没有明显指出的情况下被利用.

假设 $(Y, \mathscr{U})$ 为 $(X, \mathscr{T})$ 的子空间, 又设 A 为 Y 的子集, 则 A 可以是 $\mathscr{T}$- 闭集, 也可以是 $\mathscr{U}$- 闭集, 点 y 可以是 A 的 $\mathscr{U}$- 聚点, 也可以是 A 的 $\mathscr{T}$- 聚点并且 A 有

一个 $\mathscr{T}$- 闭包和一个 $\mathscr{U}$- 闭包. 显然这些不同概念之间的关系是重要的.

定理 16　设 $(X, \mathscr{T})$ 为拓扑空间, $(Y, \mathscr{U})$ 为其子空间, 又设 A 为 Y 的子集, 则

(a) 集 A 为 $\mathscr{U}$- 闭集当且仅当它是 Y 和一个 $\mathscr{T}$- 闭集的交;

(b) Y 的点 y 为 A 的 $\mathscr{U}$- 聚点当且仅当它为 $\mathscr{T}$- 聚点;

(c) A 的 $\mathscr{U}$- 闭包是 Y 和 A 的 $\mathscr{T}$- 闭包的交.

证明　因为集 A 在 Y 内闭当且仅当 $Y \sim A$ 可表成 $V \bigcap Y$ 的形式, 其中 V 为某个 $\mathscr{T}$- 开集, 而这又当且仅当对某个 $\mathscr{T}$ 中的 V 有 $A = (X \sim V) \bigcap Y$, 故 (a) 获证.

而 (b) 直接由相对拓扑和聚点的定义即可推出.

至于 (c), 则因 A 的 $\mathscr{U}$- 闭包为 A 和它的所有 $\mathscr{U}$- 聚点的集的并, 故再由 (b) 便知它是 y 与 A 的 $\mathscr{T}$- 闭包的交. $\blacksquare$

若 $(Y, \mathscr{U})$ 为 $(X, \mathscr{T})$ 的子空间并且 Y 是 X 的开集, 则每一个在 Y 内开的集也是 X 的开集, 因为它为某个开集和 Y 的交. 显然, 处处以 "闭" 来代替 "开" 所得的相似结论也成立. 然而, 一般地说, 从一个集在某个子空间内开或者闭并不能得出该集在 X 内的情况. 假设 X 是两个集 Y 和 Z 的并, 而 A 为 X 的子集, 它使得 $A \bigcap Y$ 在 Y 内开, 并且 $A \bigcap Z$ 在 Z 内开, 则我们自然期望此时 A 为 X 的开集, 可是这并不成立, 因为如果 Y 为 X 的任意子集并且 $Z = X \sim Y$, 那么 $Y \bigcap Y$ 和 $Y \bigcap Z$ 分别在 Y 和 Z 内开. 但有一种重要的特殊情形, 对于这种情形该结论成立. 我们称两个集 A 和 B 在拓扑空间 X 内**分离**当且仅当 $A^- \bigcap B$ 和 $A \bigcap B^-$ 均为空集. 在这个分离性的定义中, 虽然包含有在 X 内的闭包算子, 然而这并不表明它对空间 X 的依赖性, 因为 A 和 B 在 X 内分离当且仅当 A 和 B 彼此都不含有另一个集的点和聚点. 根据上一定理的 (b), 这个条件还可以通过关于 $A \bigcup B$ 的相对拓扑来描述, 即 A 和 B 在 $A \bigcup B$ 内闭 (这等价于 A(或 B) 在 $A \bigcup B$ 内既开又闭) 并且 A 和 B 互不相交. 作为例子, 开区间 $(0, 1)$ 和 $(1, 2)$ 是带有通常拓扑的实数集的分离子集, 但 $(0, 1)$ 与闭区间 $[1, 2]$ 并不分离, 因为 1 是 $[1, 2]$ 的元, 同时又是 $(0, 1)$ 的聚点.

关于分离性有三个以后需要的定理.

定理 17　若 Y 和 Z 为拓扑空间 X 的子集, 并且 Y 和 Z 同为闭集或同为开集, 则 $Y \sim Z$ 与 $Z \sim Y$ 分离.

证明　假设 Y 和 Z 是 X 的闭子集, 则 Y 和 Z 在 $Y \bigcup Z$ 内闭, 故 $Y \sim Z = ((Y \bigcup Z) \sim Z)$ 和 $Z \sim Y$ 在 $Y \bigcup Z$ 内开, 即 $Y \sim Z$ 和 $Z \sim Y$ 在 $(Y \sim Z) \bigcup (Z \sim Y)$ 内开, 再注意 $Y \sim Z$ 和 $Z \sim Y$ 关于该集互为余集便知它们在 $(Y \sim Z) \bigcup (Z \sim Y)$ 内闭, 从而 $Y \sim Z$ 和 $Z \sim Y$ 分离.

对偶的讨论可以应用于 Y 和 Z 是 X 的开子集的情形. $\blacksquare$

定理 18 设 X 为拓扑空间, 它是子集 Y 和 Z 的并, 并且 $Y \sim Z$ 和 $Z \sim Y$ 分离, 则 X 的子集 A 的闭包为 $A \bigcap Y$ 在 Y 内的闭包和 $A \bigcap Z$ 在 Z 内的闭包的并.

证明 因为两个集的并的闭包为闭包的并, 故 $A^- = (A \bigcap Y)^- \bigcup (A \bigcap Z \sim Y)^-$, 于是 $A^- \bigcap Y = [(A \bigcap Y)^- \bigcap Y] \bigcup [(A \bigcap Z \sim Y)^- \bigcap Y]$. 又从 $(Z \sim Y)^-$ 与 $Y \sim Z$ 不相交可推出 $(Z \sim Y)^- \subset Z$, 即 $(A \bigcap Z \sim Y)^-$ 为 $(A \bigcap Z)^- \bigcap Z$ 的一个子集. 相似地, $A^- \bigcap Z$ 为 $(A \bigcap Z)^- \bigcap Z$ 和 $(A \bigcap Y)^- \bigcap Y$ 的一个子集的并. 从而 $A^- = (A^- \bigcap Y) \bigcup (A^- \bigcap Z) = [(A \bigcap Y)^- \bigcap Y] \bigcup [(A \bigcap Z)^- \bigcap Z]$. ▌

系 19 设 X 为拓扑空间, 它是子集 Y 和 Z 的并, 并且 $Y \sim Z$ 和 $Z \sim Y$ 分离, 则 X 的子集 A 为闭 (开) 集, 只要 $A \bigcap Y$ 在 Y 内闭 (开) 并且 $A \bigcap Z$ 在 Z 内闭 (开).

证明 若 $A \bigcap Y$ 和 $A \bigcap Z$ 分别在 Y 和 Z 内闭, 则由上一定理可知 A 必须与它的闭包相同, 即为闭集.

若 $A \bigcap Y$ 和 $A \bigcap Z$ 分别为 Y 和 Z 内开, 则 $Y \bigcap X \sim A$ 和 $Z \bigcap X \sim A$ 在 Y 和 Z 内闭, 故 $X \sim A$ 为闭集, 即 A 为开集. ▌

1.8 连 通 集

我们称拓扑空间 $(X, \mathscr{T})$ 为**连通**当且仅当 X 不是两个非空分离子集的并. 称 X 的子集 Y 为连通当且仅当带有相对拓扑的拓扑空间 Y 为连通. 等价地, Y 为连通当且仅当 Y 不是两个非空分离子集的并. 从分离性的讨论还可以得到另一种等价形式: Y 为连通当且仅当在 Y 内既开又闭的 Y 的子集只有 Y 和空集. 从这个形式我们立即可推出任何平庸空间为连通, 而包含多于一个点的离散空间为非连通. 又带有通常拓扑的实数集为连通 (问题 1. J). 但有理数集关于实数集的通常拓扑的相对拓扑非连通 (因为对任何无理数 a, 集 $\{x : x < a\}$ 和 $\{x : x > a\}$ 分离).

定理 20 连通集的闭包仍为连通集.

证明 假设 Y 为某个拓扑空间的连通子集并且 $Y^- = A \bigcup B$, 其中 A 和 B 在 Y^- 内既开又闭, 则 $A \bigcap Y$ 和 $B \bigcap Y$ 在 Y 内既开又闭, 故从 Y 为连通可推出这两个集中必有一个为空集. 假设 $B \bigcap Y$ 为空集, 则 Y 为 A 的子集, 因为 A 在 Y^- 内闭, 从而 Y^- 为 A 的子集, 于是 B 为空集, 即 Y^- 连通. ▌

这个定理有一个表面上显得更强的形式, 即若 Y 为 X 的连通子集, 又 Z 满足 $Y \subset Z \subset Y^-$, 则 Z 为连通. 事实上, 它就是上一定理应用于带有相对拓扑的 Z 的一个明显的推论.

定理 21 设 $\mathscr{A}$ 为某个拓扑空间的连通子集的族, 若 $\mathscr{A}$ 中没有两个元为分离, 则 $\bigcup \{A : A \in \mathscr{A}\}$ 为连通.

证明 设 C 为 $\mathscr{A}$ 的所有元的并, 又设 D 在 C 内既开又闭, 则对 $\mathscr{A}$ 的每一

个元 A, $A \bigcap D$ 在 A 内既开又闭, 又因 A 为连通, 故 $A \subset D$ 或 $A \subset C \sim D$. 另外, 若 A 和 B 为 $\mathscr{A}$ 的元, 则不可能有 $A \subset D$ 和 $B \subset C \sim D$, 因为在这种情况下 A 和 B 分别为分离的集 D 和 $C \sim D$ 的子集, 从而也是分离的. 因此, 或者 $\mathscr{A}$ 的每一个元为 $C \sim D$ 的子集并且 D 为空集, 或者 $\mathscr{A}$ 的每一个元为 D 的子集并且 $C \sim D$ 为空集. ▌

拓扑空间的**连通区**指的是极大的连通子集, 即为一个连通子集并且它不真包含在另外的连通子集内. 又子集 A 的连通区是指带有相对拓扑的 A 的连通区, 即为 A 的一个极大的连通子集. 若空间为连通, 则它是它自己仅有的连通区. 若空间离散, 则每一个连通区仅由一个点组成. 自然, 还有许多不是离散的空间, 它的连通区也仅由一个点组成, 譬如带有通常拓扑的相对拓扑的有理数空间就是一个例子.

定理 22　拓扑空间的每一个连通子集包含在某个连通区内并且每一个连通区皆为闭集. 若 A 和 B 为空间的不同连通区, 则 A 和 B 分离.

证明　设 A 为拓扑空间的非空连通子集, C 为包含 A 的所有连通子集的并, 则由上一定理可知 C 也是连通子集. 若 D 为包含 C 的一个连通子集, 则因由 C 的做法有 $D \subset C$, 故 $C = D$, 即 C 为一个连通区 (若 A 为空集并且空间为非空, 则因由一个点组成的集包含在某个连通区内, 故 A 更是如此).

因为每一个连通区 C 均为连通, 故由定理 1.20, 闭包 C^- 也为连通, 从而 C 与 C^- 相同, 即 C 为闭集.

若 A 和 B 为不同的连通区并且不分离, 则由定理 1.21, 它的并也为连通, 于是矛盾. ▌

用一段足以引起注意的话来结束我们对连通区的讨论将是有益的, 若 x 和 y 两点属于拓扑空间的同一个连通区, 则它恒位于该空间的任何分离的同一侧, 即若空间为分离的集 A 和 B 的并, 则 x 和 y 同属于 A, 或同属于 B. 不过其逆不真, 即可能出现: 虽然两点恒位于分离的同一侧, 但属于不同的连通区 (见问题 1. P).

问　　题

A　最大和最小拓扑

(a) X 的任何一族拓扑的交是 X 的拓扑;

(b) X 的两个拓扑的并不必是 X 的拓扑 (除非 X 至多由两个点组成);

(c) 对 X 的任何一族拓扑, 在小于这个族中每个元的拓扑中有唯一一个最大的拓扑, 并且在大于这个族中每个元的拓扑中有唯一一个最小的拓扑.

B　从邻域系导出拓扑

(a) 设 $(X, \mathscr{T})$ 为拓扑空间, 又对 X 中的每一个 x, 命 $\mathscr{U}_x$ 为 x 的所有邻域的族, 则有

(i) 若 $U \in \mathscr{U}_x$, 则 $x \in U$;

(ii) 若 U 和 V 为 $\mathscr{U}_x$ 的元, 则 $U\bigcap V \in \mathscr{U}_x$;

(iii) 若 $U \in \mathscr{U}_x$ 并且 $U \subset V$, 则 $V \in \mathscr{U}_x$;

(iv) 若 $U \in \mathscr{U}_x$, 则有 $\mathscr{U}_x$ 的某个元 V 使得 $V \subset U$, 并且对每一个 V 中的 y 有 $V \in \mathscr{U}_y$(即 V 是它自己的每一个点的邻域).

(b) 若 $\mathscr{U}$ 为一个函数, 它将 X 中的每一个 x 映为一个满足 (i)∼(iii) 的非空族 $\mathscr{U}_x$, 则所有使得当 $x \in U$ 时有 $U \in \mathscr{U}_x$ 的集 U 的族 $\mathscr{T}$ 为 X 的一个拓扑. 如果 (iv) 也满足, 那么 $\mathscr{U}_x$ 恰好就是 x 关于拓扑 $\mathscr{T}$ 的邻域系.

注　关于描述拓扑空间的各种方法已经有充分的研究. Kuratowski 的三个闭包公理可以用一个单一的条件来代替, 这是由 Monteiro [1] 和 Iseki [1] 证明的. 此外可以利用分离概念来作为原始概念 (Wallace[1], Krishna Murti[1] 和 Szymanski[1]), 又导集概念也可以用来作为原始概念 (情况和文献见 Monteiro[2] 和 Ribeiro[3]). 至于各种运算之间的关系已由 Stopher [1] 所研究.

C　从内部算子导出拓扑

设 i 为一个算子, 它变 X 的子集为 X 的子集, 又设 $\mathscr{T}$ 为所有使得 $A^i = A$ 的子集的族, 问在何种条件下 $\mathscr{T}$ 是 X 的拓扑并且 i 是关于该拓扑的内部算子?

D　T_1- 空间内的聚点

拓扑空间叫做 **T_1-空间**, 当且仅当每一个仅由一个点组成的集为闭集 (有时我们不很精确地把它说成 "点是闭的").

(a) 对任何集 X 有唯一一个最小拓扑 $\mathscr{T}$ 使得 $(X, \mathscr{T})$ 是 T_1- 空间;

(b) 若 X 是无限集. $\mathscr{T}$ 是使得 $(X, \mathscr{T})$ 为 T_1- 空间的最小拓扑, 则 $(X, \mathscr{T})$ 为连通;

(c) 若 $(X, \mathscr{T})$ 是 T_1- 空间, 则每一个子集的所有聚点的集为闭集. 一个更为深刻的结果 (Yang) 是: 每一个子集的所有聚点的集为闭集的充要条件为对 X 中的每一个 $x, \{x\}$ 的所有聚点的集为闭集.

注　有一系列依次增强的要求可以加在空间的拓扑上. 我们称拓扑空间为 **T_0-空间** 当且仅当对不同的点 x 与 y, 其中的一个点有邻域使得另一个点不属于它. 一种稍许不同的说法是: 空间为 T_0- 空间当且仅当对不同的点 x 与 y 或者 $x \notin \{y\}^-$ 或者 $y \notin \{x\}^-$.

以后我们还要定义 T_2 和 T_3- 空间. 这一术语是属于 Alexandroff 和 Hopf [1] 的.

E　Kuratowski 的闭包和余集问题

若 A 是拓扑空间的一个子集, 则利用闭包和余集算子从 A 至多可作出 14 个集. 另外, 存在实数 (关于通常拓扑) 的子集, 从它的确可作出 14 个不同的集 (首先注意, 若 A 是开集的闭包, 则 A 是 A 的内部的闭包, 这就是说, 对如此的集, $A = A^{-\prime-}$, 其中 $'$ 表示余集算子.)

F　关于具有可数基的空间的习题

若空间的拓扑具有可数基, 则每一个基含有一个可数子族, 它也是一个基.

G　关于稠密集的习题

若 A 在拓扑空间中稠密, U 是开集, 则 $U \subset (A\bigcap U)^-$.

H　聚点

设 X 为一个空间, 它的每一个子空间是 Lindelöf 空间, 又设 A 为一个不可数子集, B 是由 A 中所有这样的点 x 所组成的子集, 它使得 x 的每一个邻域包含 A 中的不可数多个点, 则

$A \sim B$ 为可数集, 从而 B 的每一个点的邻域包含有 B 的不可数多个点.

注 集 A 的聚点可以按照 A 和该点的邻域的交的最小基数加以分类. 若对拓扑的基也加以基数的限制, 则可得到几个不等式. 定理 1.13, 1.14 和 1.15 都能推广到带有给定基数的基的空间.

I 序拓扑

设 X 为关于反对称 (不可能有 $x < x$) 关系 $<$ 的线性有序集, 则**序拓扑**($<$ 序拓扑) 是指由所有形如 $\{x : x < a\}$ 或 $\{x : a < x\}$ 对某个 $a \in X$ 的集所组成的子基所确定的拓扑.

(a) X 的序拓扑是使得序在下列意义下为连续的最小拓扑：若 a 和 b 是 X 的元并且 $a < b$, 则有 a 的邻域 U 和 b 的邻域 V 使当 $x \in U, y \in V$ 时有 $x < y$;

(b) 设 Y 是关于 $<$ 为线性有序的集 X 的子集, 则 Y 关于 $<$ 也为线性有序集, 但 Y 的 $<$ 序拓扑可以不是 X 的 $<$ 序拓扑的相对拓扑;

(c) 若 X 关于序拓扑为连通, 则 X 是序完备的 (即第一个有上界的非空集必有上确界);

(d) 若有 X 中的 a 和 b 使得 $a < b$, 并且不存在 c 使得 $a < c < b$, 则 X 为非连通. 如此的序叫做**有裂缝的**. 证明：X 关于序拓扑为连通当且仅当 X 是序完备的和无裂缝的.

J 实数的性质

设 R 是带有通常拓扑的实数集.

(a) 包含多于一个元的实数的加法子群或者在 R 中稠密, 或者有一个最小的正元素. 特别地, 有理数集在 R 中稠密.

(b) 实数的通常拓扑与序拓扑一致, 又通常拓扑具有可数基.

(c) R 的闭子群或者为可数集, 或者与 R 相同. 连通子群或者为 $\{0\}$, 或者为 R, 且开子群必与 R 相同.

(d) (Morse A P)**真区间** 是指包含多于一个点的半开、开或闭的区间. 若 $\mathscr{A}$ 是真区间的任意的族, 则有 $\mathscr{A}$ 的可数子族 $\mathscr{B}$ 使得 $\bigcup \{B : B \in \mathscr{B}\} = \bigcup \{A : A \in \mathscr{A}\}$ (注意, 互不相交的真区间的族必为可数, 并且证明除 $\bigcup \{A : A \in \mathscr{A}\}$ 的可数多个点外都是 $\mathscr{A}$ 的元的内点).

(e) 所有真区间的族 $\mathscr{S}$ 是 R 的离散拓扑 $\mathscr{T}$ 的子基. 空间 $(R, \mathscr{T})$ 不是 Lindelöf 空间, 虽然由 $\mathscr{S}$ 的元组成的每一个覆盖有可数子覆盖 (与 Alexander 的定理 5.6 对比).

注 实数的更进一步的性质将陈述于下一问题中.

K 半开区间空间

设 X 为实数集, 又设 $\mathscr{T}$ 为 X 的拓扑, 它具有所有半开区间 $[a, b) = \{x : a \leqslant x < b\}$ 的族 $\mathscr{B}$ 的基, 其中 a 和 b 为实数. 将集的 $\mathscr{T}$- 聚点叫做**右方聚点**, 相似的可以定义左方聚点.

(a) 基 $\mathscr{B}$ 的元是既开又闭的, 又空间 $(X, \mathscr{T})$ 为非连通.

(b) 空间 $(X, \mathscr{T})$ 为可分, 但不具有可数基 (对 X 中的每一个 x 而言, 每一个基必定包含一个以 x 为下确界的集).

(c) $(X, \mathscr{T})$ 的每一个子空间是 Lindelöf 空间 (见问题 1. J(d)).

(d) 若 A 是一个实数的集, 则 A 的所有非右方聚点的点的集为可数集. 更一般地, A 的所有非右方与非左方聚点的点的集为可数集 (见问题 1. H).

(e) $(X, \mathscr{T})$ 的每一个子空间为可分.

L　半开矩形空间

设 Y 为 $X \times X$, 其中 X 为上一问题中的空间, 又设 $\mathscr{U}$ 是具有所有形如 $A \times B$ 的集为基的拓扑, 其中 A 和 B 为上一问题中的拓扑 $\mathscr{T}$ 的元.

(a) 空间 $(Y, \mathscr{U})$ 为可分;

(b) 空间 $(Y, \mathscr{U})$ 包含有不可分的子空间 (例如 $\{(x, y) : x + y = 1\}$);

(c) 空间 $(Y, \mathscr{U})$ 不是 Lindelöf 空间 (若 Y 的每一个开覆盖有可数子覆盖, 则每一个闭子空间具有相同的性质. 再考察 $\{(x, y) : x + y = 1\}$).

注　问题 1. K 和 1. L 所描述的空间是一般拓扑中常见的反例. 我们在问题 4. I 中将再列举其他的病态性质. Halmos 首先注意到 Lindelöf 空间的乘积 (在第 3 章的特定意义下) 可以不再是 Lindelöf 空间.

M　关于第一和第二可数性公理的例子 (序数)

设 Ω' 为所有小于或等于第一个不可数序数 Ω 的序数的集. 设 X 为 $\Omega' \sim \{\Omega\}$, 又设 w 为所有非负整数的集, 并且每一个都带有序拓扑.

(a) w 是离散的并且满足第二可数性公理;

(b) X 满足第一但不满足第二可数性公理;

(c) Ω' 不满足两个可数性公理; 若 U 是 Ω' 的可分子空间, 则 U 自己是可数集.

N　可数链条件

拓扑空间叫做满足**可数链条件**当且仅当每一个互不相交的开集的族为可数. 可分空间必满足可数链条件, 但其逆不真 (考虑一个不可数集, 它的拓扑由空集和可数集的余集组成). 此外, 还存在有更复杂的例子, 它满足第一可数性公理并且可分, 但不满足第二可数性公理 (见问题 5. M 的 Helly 空间).

O　欧几里得平面

欧几里得平面是指所有实数偶的集, 并且它带有以所有笛卡儿乘积 $A \times B$ 为基的拓扑, 即所谓平面上的**通常拓扑**, 其中 A 和 B 是具有有理端点的开区间. 这个基为可数, 因而平面为可分.

(a) 平面的通常拓扑具有由所有开圆 $\{(x, y) : (x - a)^2 + (y - b)^2 < r^2\}$ 所组成的基, 其中 a, b 和 r 为有理数.

(b) 设 X 为平面内所有至少一个坐标为无理数的点的集, X 具有相对拓扑, 则 X 为连通.

P　关于连通区的例子

设 X 为欧几里得平面的如下的子集, 其拓扑为通常拓扑的相对拓扑. 对每一个正整数 n, 命 $A_n = \{1/n\} \times [0, 1]$, 其中 $[0, 1]$ 为闭区间, 再命 X 为所有集 A_n 的并再添加 $(0, 0)$ 和 $(0, 1)$ 两个点, 则 $\{(0, 0)\}$ 和 $\{(0, 1)\}$ 为 X 的连通区, 但对 X 的每一个既开又闭的子集, 或者这两点都不属于它, 或者这两点皆属于它.

Q　关于分离集的定理

若 X 为连通拓扑空间, Y 为连通子集, 并且 $X \sim Y = A \bigcup B$, 其中 A 和 B 是分离的, 则 $A \bigcup Y$ 为连通.

R   关于连通集的有限链定理

设 $\mathscr{A}$ 为拓扑空间的连通子集的族并且满足条件: 若 A 和 B 属于 $\mathscr{A}$, 则有 $\mathscr{A}$ 的元的有限序列 $A_0, A_1, \cdots, A_n$ 使得 $A_0 = A, A_n = B$ 并且对每一个 i, 集 A_i 和 A_{i+1} 都不分离, 则 $\bigcup\{A : A \in \mathscr{A}\}$ 为连通. 另外, 从这一事实又可导出定理 1.21.

S   局部连通空间

拓扑空间叫做**局部连通**当且仅当对每一个 x 和 x 的每一个邻域 U, U 中含 x 的连通区为 x 的一个邻域.

(a) 局部连通空间的开子集的每一个连通区仍为开集;

(b) 拓扑空间为局部连通当且仅当所有连通开子集的族为拓扑的基;

(c) 若局部连通空间 X 的点 x 和 y 属于不同的连通区, 则存在 X 的分离子集 A 和 B 使得 $x \in A, y \in B$ 并且 $X = A \bigcup B$.

注   关于局部连通空间的许多其他性质和推广, 见 Whyburn G T[1] 和 Wilder R L[1].

T   Brouwer 收缩定理

该定理通常陈述如下. 设 X 为满足第二可数性公理的拓扑空间. X 的子集的性质 P 叫做**诱导的**当且仅当可数的闭集套的每一个元具有性质 P 时, 它的交也具有性质 P. 又集合 A 叫做关于 P**不可约**, 当且仅当 A 没有具有性质 P 的真闭子集, 则当 X 的闭子集 A 具有性质 P 时存在 A 的一个不可约闭子集也具有性质 P.

借助于一个集族 (所有具有性质 P 的集的族) 该定理可以得到更形式的陈述.

(a) 在这种形式下陈述并且证明该定理, 假定拓扑空间具有性质: 它的每一个子空间均为 Lindelöf 空间.

(b) 若 $(X, \mathscr{T})$ 为任意的拓扑空间, 则是否能够证实任何这种一般类型的结果 (见预备知识定理 25).

第 2 章　Moore-Smith 收敛

2.1　引　　论

这一章主要讨论 Moore-Smith 收敛. 我们将证明空间的拓扑完全可以通过收敛来描述, 本章的较大篇幅也集中在这个方面. 我们也将对那些能够描述成关于某一个拓扑的收敛性的收敛概念进行刻画. 这个方案在目的上是与 Kuratowski 的闭包算子理论相似的, 它成为确定某些拓扑的一种有用而又直观的自然方法. 然而, 收敛理论的重要性超过了这一特殊的应用, 因为分析的基本结构就是极限过程. 我们有兴趣的是展开这样的一种理论, 它可以应用于序列和重序列的收敛, 并且也可以应用于序列的求和以及微分和积分. 应当指出, 这里我们所展开的理论决不是一种唯一可能的理论, 但无疑它是最自然的.

序列的收敛性给出了我们所要展开的理论的雏形, 因此我们先提出关于序列的一些定义和定理来说明这个雏形, 这实际上是以后所证明的定理的特殊情形.

序列是指在非负整数集 ω 上的函数. 而实数序列为值域是实数集的子集的序列. 又序列 S 在 n 处的值记为 S_n 或 $S(n)$. 我们称 S 在集 A 内当且仅当对每一个非负整数 n 有 $S_n \in A$, 又称 S 基本上在 A 内当且仅当存在整数 m 使得当 $n \geqslant m$ 时有 $S_n \in A$. 而实数序列关于通常拓扑收敛于数 s 当且仅当它基本上在 s 的每一个邻域内. 利用这些定义便知, 若 A 为一个集, 则点 s 属于 A 的闭包当且仅当存在 A 中的序列收敛于 s, 并且 s 为 A 的聚点当且仅当存在 $A \sim \{s\}$ 中的序列收敛于 s.

我们还需要去构造一个序列的子序列. 一个序列 S 可能不收敛于任何点, 但还可以用适当方法由它构造出另一个序列, 后者是收敛的, 即对 ω 中每个 i, 我们希望选取整数 N_i 使得 S_{N_i} 收敛. 也就是说, 希望找出整数序列 N 使得合成 $S \circ N(i) = S_{N_i} = S(N(i))$ 收敛. 如果没有其他的要求, 那么这是容易作出的, 譬如, 若对每一个 i, 命 $N_i = 0$, 则 $S \circ N$ 就收敛于 S_0, 因为对每一个 i 有 $S \circ N(i) = S_0$. 自然, 我们还必须加上另外的条件使得子序列的性态与序列在大整数处的值的性态有关. 通常的条件是 N 严格地单调增加, 即当 $i > j$ 时有 $N_i > N_j$. 这个条件过于苛刻, 我们再把它换成当 i 变大时 N_i 也变大. 更精确地说, T 为序列 S 的子序列当且仅当存在非负整数序列 N 使得 $T = S \circ N$(这等价于对每一个 i 有 $T_i = S_{N_i}$) 并且对每一个整数 m 存在整数 n 使当 $i \geqslant n$ 时 $N_i \geqslant m$.

一个给定序列的一切子序列所收敛的点的集满足一种通过减弱收敛的要求而得到的条件. 我们称序列 S 常常在集 A 内当且仅当对每一个非负整数 m 存在整

数 n 使得 $n \geqslant m$ 并且 $S_n \in A$. 这相当于 S 不是基本上在 A 的余集内. 直观地说, 一个序列常常在 A 内也就是它总能够保持回到 A. 又称点 s 为序列 S 的聚点当且仅当 S 常常在 s 的每一个邻域内. 显然, 若一个实数序列基本上在某个集内, 则它的每一个子序列也基本上在该集内, 从而若一个序列收敛于某个点, 则它的每一个子序列也收敛于该点. 另外, 序列的每一个聚点均为某个子序列的极限点, 并且其逆亦真.

对以上定义与断言加以修改要使它们能适用于任何拓扑空间, 然而不幸的是, 在这种一般情况下有关的定理却并不成立 (附于章后的问题). 注意到在证明关于实数序列的定理时只利用了整数的很少的性质, 这种不愉快的情形就能够得到补救. 几乎明显的是 (虽然我们不给出证明) 我们只需要序的某些性质. 严格地说, 序列的收敛不仅包含非负整数 ω 上的函数 S, 而且包含 ω 的序 $\geqslant$. 因此为方便起见, 在关于收敛的讨论中我们稍微修改一下序列的定义, 认为序列是一个序偶 $(S, \geqslant)$, 其中 S 是整数上的函数, 而我们讨论的则是 $(S, \geqslant)$ 的收敛 ($(S, \leqslant)$ 的收敛也是有意义的, 但完全不同). 又当不会引起误解时, 序的叙述可以略去, 这时序列 S 的收敛就表示 $(S, \geqslant)$ 的收敛.

关于序列概念, 如果再带上一个变化范围, 那么就更为方便, 因此当 S 为非负整数 ω 上的函数时就把 $\{S_n, n \in \omega, \geqslant\}$ 定义为 $(S, \geqslant)$. 又若 A 为 ω 的子集, 则 $\{S_n, n \in A, \geqslant\}$ 的收敛也是有意义的并且它与 $(S, \geqslant)$ 的收敛有关.

在这么一个长篇引言之后, 收敛概念几乎自明, 但还缺少一个这样的事实, 也就是究竟要用到序 $\geqslant$ 的哪些性质? 这些性质下面我们将加以指出, 并且利用它, 关于序列收敛的通常的讨论在稍微修改的情况下即可成立.

注记 1　Moore E H 的序列的无序和的研究[1] 引出了收敛的理论 (Moore 和 Smith[1]). 我们所用的子序列概念的推广也属于 Moore [2]. Garrett Birkhoff [3] 把 Moore-Smith 收敛应用于一般拓扑, 而我们所给出的理论的形式则接近于 Tukey J W[1]. 关于一种非常易读的解说见 Mcshane[1].

在本章最后的问题中包含有另外的收敛理论的一个简单的讨论以及适当的文献.

2.2　有向集和网

我们称关系 $\geqslant$ 使集 D 为有向, 假如 D 为非空并且满足:

(a) 若 m, n 和 p 为 D 的元并且使得 $m \geqslant n, n \geqslant p$, 则 $m \geqslant p$;

(b) 若 $m \in D$, 则 $m \geqslant m$;

(c) 若 m 和 n 为 D 的元, 则有 D 中的 p 使得 $p \geqslant m$ 并且 $p \geqslant n$.

又称在序 $\geqslant$ 中 m 在 n 之后或 n 在 m 之前当且仅当 $m \geqslant n$. 若利用关系的通常术语 (见预备知识), 则条件 (a) 表明 $\geqslant$ 在 D 上为传递, 或使 D 为半序集, 而条

件 (b) 表明 $\geqslant$ 在 D 上为反身. 至于条件 (c) 则是此处所特有的.

下面给出几个通过关系使集为有向的自然的例子. 首先实数集和非负整数集 ω 一样关于 $\geqslant$ 为有向, 而零是 ω 的元, 同时它在序 $\leqslant$ 中在每一个其他的元之后. 特别值得注意的是拓扑空间内每一点的所有邻域的族关于 $\subset$ 为有向 (两个邻域的交仍为一个邻域, 并且它在序 $\subset$ 中同时在这两个邻域之后). 另外, 一个集的一切有限子集的族关于 $\supset$ 为有向. 最后, 任何集关于这样的 $\geqslant$ 为有向, 即 $x \geqslant y$ 对所有元 x 和 y 成立, 此时每一个元同时在它自己和每一个其他的元之后.

有向集是指 $(D, \geqslant)$ 并且 $\geqslant$ 使 D 为有向 (有时这叫做**有向系**). 又**网**指的是 $(S, \geqslant)$, 其中 S 为一个函数并且 $\geqslant$ 使 S 的定义域为有向 (有时这也叫做有向集). 若 S 为一个函数, 它的定义域包含 D 并且 D 关于 $\geqslant$ 为有向集, 则 $\{S_n, n \in D, \geqslant\}$ 表示网 $(S|D, \geqslant)$, 其中 $S|D$ 是 S 在 D 上的限制. 我们称网 $\{S_n, n \in D, \geqslant\}$**在集 A 内**当且仅当对一切 n 有 $S_n \in A$, 又称它**最终地在 A 内**当且仅当存在 D 的元 m 使得当 $n \in D$ 并且 $n \geqslant m$ 时有 $S_n \in A$. 我们再称它**常常在 A 内**当且仅当对每一个 D 中的 m 存在 D 中的 n 使得 $n \geqslant m$ 并且 $S_n \in A$. 若 $\{S_n, n \in D, \geqslant\}$ 常常在 A 内, 则所有使得 $S_n \in A$ 的 D 的元 n 的集 E 具有性质: 对每一个 $m \in D$ 存在 $p \in E$ 使得 $p \geqslant m$. D 的具有如此性质的子集叫做**共尾子集**. 显然, D 的每一个共尾子集 E 也关于 $\geqslant$ 为有向集, 因为对 E 的元 m 和 n 有 D 中的 p 使得 $p \geqslant m, p \geqslant n$, 而此时又有 E 的元 q 在 p 之后. 另外我们有如下的明显的等价性: 网 $\{S_n, n \in D, \geqslant\}$ 常常在集 A 内当且仅当存在 D 的共尾子集映到 A 内, 而这又当且仅当该网不是基本上在 A 的余集内.

我们称网 $(S, \geqslant)$ 在拓扑空间 $(X, \mathscr{T})$ 内关于 $\mathscr{T}$ **收敛于** s 当且仅当它基本上在 s 的每一个 $\mathscr{T}$- 邻域内. 虽然收敛的概念依赖于函数 S、拓扑 $\mathscr{T}$ 和序 $\geqslant$, 但在不会引起误解的情况下我们叙述时将略去 $\mathscr{T}$ 或 $\geqslant$ 或它们两者, 简称为网 S(或网 $\{S_n, n \in D\}$) 收敛于 s. 若 X 为离散空间 (每一个子集皆为开集), 则网 S 收敛于点 s 当且仅当 S 基本上在 $\{s\}$ 内, 即 S 从某个点起都恒等于 s. 另一方面, 若 X 为平庸空间 (X 和空集为仅有的开集), 则 X 中的每一个网都收敛于 X 的每一个点. 因此, 一个网可以同时收敛于几个不同的点.

借助于收敛的概念我们容易描述集的聚点、集的闭包, 因而事实上也就描述了空间的拓扑. 而它的论证则是通常对实数序列的处理的一种简单的变形.

定理 2　设 X 为拓扑空间, 则

(a) 点 s 为 X 的子集 A 的聚点当且仅当存在 $A \sim \{s\}$ 中的网收敛于 s;

(b) 点 s 属于 X 的子集 A 的闭包当且仅当存在 A 中的网收敛于 s;

(c) X 的子集 A 为闭集当且仅当不存在 A 中的网收敛于 $X \sim A$ 的点.

证明　若 s 为 A 的聚点, 则对 s 的每一个邻域 U 存在 A 的点 S_U, 它属于 $U \sim \{s\}$. 因为 s 的所有邻域的族 $\mathscr{U}$ 关于 $\subset$ 为有向集, 并且若 U 和 V 为 s 的邻

域, 同时满足 $V \subset U$, 则 $S_V \in V \subset U$, 故网 $\{S_U, U \in \mathscr{U}, \subset\}$ 收敛于 s. 另一方面, 若有 $A \sim \{s\}$ 中的网收敛于 s, 则该网在 s 的每一个邻域内有值, 即 $A \sim \{s\}$ 确与 s 的每一个邻域相交. 这就证明了命题 (a).

今证 (b), 首先回顾一下: A 的闭包是由 A 和 A 的一切聚点所组成. 因为根据上一段的证明, 对 A 的每一个聚点 s 有 A 中的网收敛于 s, 又对 A 的每一点 s, 显然, 任何在其定义域的每一个元处取值 s 的网都收敛于 s, 故对 A 的闭包的每一点有 A 中的网收敛于它. 反之, 若有 A 中的网收敛于 s, 则 s 的每一个邻域与 A 相交, 即 s 属于 A 的闭包.

命题 (c) 现在则是明显的. |

我们已经看到, 在一般的拓扑空间内, 一个网可以收敛于几个不同的点. 但也有这样的空间, 在其内收敛按下列意义唯一: 若网 S 收敛于点 s 并且也收敛于点 t, 则 $s = t$. 我们称拓扑空间为 **Hausdorff 空间**(T_2- 空间或**分离空间**) 当且仅当 x 和 y 为空间的不同的点时存在 x 和 y 的互不相交的邻域.

定理 3   拓扑空间为 Hausdorff 空间当且仅当空间中的每一个网都至多收敛于一个点.

证明   若 X 为 Hausdorff 空间, s 和 t 为 X 的不同的点, 则有 s 和 t 的互不相交的邻域 U 和 V, 又任意的网都不可能同时基本上在两个互不相交的集内, 故显然不存在 X 中的网同时收敛于 s 和 t.

今证其逆, 假设 X 不是 Hausdorff 空间并且 s 和 t 是不同的点, 它使得 s 的每一个邻域与 t 的每一个邻域相交. 又设 $\mathscr{U}_s$ 为 s 的邻域系, $\mathscr{U}_t$ 为 t 的邻域系, 则 $\mathscr{U}_s$ 和 $\mathscr{U}_t$ 关于 $\subset$ 为有向集. 若我们在笛卡儿乘积 $\mathscr{U}_s \times \mathscr{U}_t$ 内, 规定 $(T, U) \geqslant (V, W)$ 当且仅当 $T \subset V$ 及 $U \subset W$, 则易见 $\mathscr{U}_s \times \mathscr{U}_t$ 关于 $\geqslant$ 为有向集. 因为对 $\mathscr{U}_s \times \mathscr{U}_t$ 中的每一个 (T, U), 交 $T \bigcap U$ 为非空, 故从 $T \bigcap U$ 可选出一个点 $S_{(T,U)}$. 又由于当 $(V, W) \geqslant (T, U)$ 时 $S_{(V,W)} \in V \bigcap W \subset T \bigcap U$, 所以网 $\{S_{(T,U)}, (T, U) \in \mathscr{U}_s \times \mathscr{U}_t, \geqslant\}$ 同时收敛于 s 和 t. |

若 $(X, \mathscr{T})$ 为 Hausdorff 空间并且网 $\{S_n, n \in D, \geqslant\}$ 在 X 中收敛于 s, 则记作 $\mathscr{T}\text{-}\lim\{S_n, n \in D, \geqslant\} = s$, 当不会引起误解时, 又简记为 $\lim\{S_n : n \in D\} = s$ 或 $\lim_n S_n = s$. 一般地说, "极限" 的使用只限于对 Hausdorff 空间中的网, 这样使得等量替换规则仍然成立. 若 $\lim\{S_n : n \in D\} = s$ 且 $\lim\{S_n : n \in D\} = t$, 因为我们总是在恒同意义下使用等式, 就得到 $s = t$. 其实在非 Hausdorff 空间的情况下, 我们也偶尔会应用记号 $\lim_n S_n = s$ 来表示 S 收敛于 s.

在上一定理的证明中所采用的方法是很有用的. 即若 $(D, \geqslant)$ 和 $(E, \succ)$ 为有向集, 则笛卡儿乘积 $D \times E$ 关于 $\gg$ 为有向集, 其中 $(d, e) \gg (f, g)$ 当且仅当 $d \geqslant f$ 及 $e \succ g$. 通常我们把有向集 $(D \times E, \gg)$ 叫做**乘积有向集**. 更一般地, 我们还需要定义一族有向集的乘积. 假设对集 A 中的每一个 a 给定了一个有向集 $(D_a, >_a)$, 则笛卡儿乘积 $\times\{D_a : a \in A\}$ 是所有 A 上的这样的函数 d 的集, 它使得对 A 中的每一个 $a, d_a(= d(a))$ 必为 D_a 的元. 而乘积有向集是指 $(\times\{D_a : a \in A\}, \geqslant)$, 其中对乘积的元 d 和 $e, d \geqslant e$ 当且仅当对 A 中的每一个 a 有 $d_a >_a e_a$, 又**乘积序**指的是 $\geqslant$. 自然, 必须证明乘积有向集确实是一个有向集. 事实上, 若 d 和 e 为笛卡儿乘积 $\times\{D_a : a \in A\}$ 的元, 则对每一个 a 有 D_a 的元 f_a, 它在序 $>_a$ 中同时在 d_a 和 e_a 之后, 因此在 a 处取值 f_a 的函数 f 在序 $\geqslant$ 中同时在 d 和 e 之后. 乘积有向集有一种重要的特殊情形, 即所有的坐标集 D_a 相同并且所有的关系 $>_a$ 也相同. 在这种情况下 $\times\{D : a \in A\}$ 就简单地成为所有从 A 到 D 的函数的集 D^A, 而 d 在 e 之后当且仅当对 A 中的每一个 $a, d(a)$ 在 $e(a)$ 之后. 譬如, 实数集上的一切实值函数的集的通常的序就是一个这样的例子.

关于极限的下一结果是与闭包公理: $A^{--} = A^-$ 有关的. 这很重要, 因为它表明可以通过单重极限来代替累次极限. 详细情况如下: 考察所有这样的函数 S 的类, 它使得当 m 属于有向集 D 并且 n 属于有向集 E_m 时 $S(m, n)$ 有定义. 我们来寻找取值于 S 的定义域的网 R 使得当 S 为到某拓扑空间的函数并且 $\lim_m \lim_n S(m, n)$ 存在时 $S \circ R$ 收敛于该累次极限. 有趣的是, 这个问题的解决就需要 Moore-Smith 收敛, 因为当考虑重序列时就没有值域为 $\omega \times \omega$ 的子集的序列能够具有上述性质. 而解决的方法, 实际上则是对角线方法的一种变形. 设 F 为乘积有向集 $D \times \times\{E_n : n \in D\}$ 并且对 F 中的每一个点 (m, f) 命 $R(m, f) = (m, f(m))$, 则 R 就是所需要的网.

关于累次极限的定理 4　设 D 为有向集, 又设对 D 中的每一个 m, E_m 为有向集, 再设 F 为乘积 $D \times \times\{E_m : m \in D\}$, 并且对 F 中的 (m, f), 命 $R(m, f) = (m, f(m))$. 若对 D 中的每一个 m 和 E_m 中的每一个 $n, S(m, n)$ 为某个拓扑空间的元, 则当累次极限存在时 $S \circ R$ 就收敛于 $\lim_m \lim_n S(m, n)$.

证明　假设 $\lim_m \lim_n S(m, n) = s$ 并且 U 是 s 的开邻域[①], 则我们必须找出 F 的元 (m, f), 使得当 $(p, g) \geqslant (m, f)$ 时有 $S \circ R(p, g) \in U$. 先选 D 中的 m 使得 $\lim_n S(p, n) \in U$ 对每一个在 m 之后的 p 成立, 再对每一个如此的 p 选 E_p 的元 $f(p)$ 使对一切在 $f(p)$ 之后的 n 有 $S(p, n) \in U$. 又当 p 为 D 的元, 而不在 m 之后时, 命 $f(p)$ 为 E_p 的任意元. 于是, 若 $(p, g) \geqslant (m, f)$, 则 $p \geqslant m$, 故 $\lim_n S(p, n) \in U$, 又 $g(p) \geqslant f(p)$, 从而 $S \circ R(p, g) = S(p, g(p)) \in U$. $\blacksquare$

2.3　子网和聚点

现在接着在本章的引论中所讨论的雏形的基础上, 我们来定义子序列的推广并

[①] s 的开邻域的存在是证明的本质. 累次极限定理、点的开邻域系是局部基的事实和闭包公理 "$A^{--} = A^-$" 有着密切的联系. 至于在具有比拓扑限制更少的构造的空间内的收敛也已经被研究, 见 Ribeiro[1].

且证明所期望的定理.

我们称网 $\{T_m, m \in D\}$ 为网 $\{S_n, n \in E\}$ 的**子网**当且仅当存在定义在 D 上并且取值于 E 内的函数 N, 使得

(a) $T = S \circ N$, 这等价于对 D 中的每一个 i 有 $T_i = S_{N_i}$;

(b) 对 E 中的每一个 m 有 D 中的 n 使得若 $P \geqslant n$, 则 $N_P \geqslant m$.

因为似乎没有产生误解的可能, 故我们在子网的记号中略去了序 $\geqslant$. 第二个条件, 直观地说, 就是 "当 p 变大时 N_P 也变大". 从这个条件显然立刻可推出: 若 S 基本上在集 A 内, 则 S 的子网 $S \circ N$ 也基本上在 A 内. 这是一个很重要的事实, 并且这里对子网所采取的定义正是为了得到这个结果. 注意 D 的每一个共尾子集 E 关于同一个序为有向集, 因而 $\{S_n, n \in E\}$ 为 S 的子网 (设 N 为 E 上的恒等函数, 则定义的第二个条件就变成要求 E 为共尾子集). 这是构造子网的一种标准的方法, 然而, 不幸的是这种简单种类的子网并不能满足所有的目的 (问题 2.E).

有一种特殊类型的子网, 它几乎满足所有的目的. 假设 N 是从有向集 E 到有向集 D 的函数并且保序 (即当 $i \geqslant j$ 时有 $N_i \geqslant N_j$), 同时它的值域为 D 的共尾子集, 则易见对每一个网 S, $S \circ N$ 为 S 的子网. 下列引理证明中所作出的子网就属于这种类型 (这由 Smith 指出).

引理 5 设 S 为网, 又设 $\mathscr{A}$ 为集族, 它使得 S 常常在 $\mathscr{A}$ 的每一个元内并且还使得 $\mathscr{A}$ 的两个元的交包含 $\mathscr{A}$ 的一个元, 则有 S 的一个子网, 它基本上在 $\mathscr{A}$ 的每一个元内.

证明 因为 $\mathscr{A}$ 的任何两个元的交包含 $\mathscr{A}$ 的一个元, 故 $\mathscr{A}$ 关于 $\subset$ 为有向集. 设 $\{S_n, n \in D\}$ 为这样的网, 它常常在 $\mathscr{A}$ 的每一个元内, 又设 E 为所有这样的 (m, A) 的集, 它使得 $m \in D$, $A \in \mathscr{A}$ 并且 $S_m \in A$, 则 E 关于 $D \times \mathscr{A}$ 的乘积序为有向集, 因为若 (m, A) 和 (n, B) 为 E 的元, 则有 $\mathscr{A}$ 中的 C 使得 $C \subset A \bigcap B$ 和 D 中的 p 使得 p 同时在 m 与 n 之后并且 $S_p \in C$, 即 $(p, C) \in E$ 并且 (p, C) 同时在 (m, A) 与 (n, B) 之后. 对 E 中的 (m, A), 命 $N(m, A) = m$, 则 N 显然保序并且 N 的值域为 D 的共尾子集 ($\{S_n, n \in D\}$ 常常在 $\mathscr{A}$ 的每一个元内). 因此 $S \circ N$ 为 S 的子网. 最后, 设 A 为 $\mathscr{A}$ 的元, m 为 D 的元, 它使得 $S_m \in A$, 于是, 若 (n, B) 为 E 的元, 它在 (m, A) 之后, 则 $S \circ N(n, B) = S_n \in B \subset A$, 故 $S \circ N$ 基本上在 A 内. ▮

现在我们把这个引理应用于拓扑空间内的收敛. 我们称空间的点 s 为网 S 的**聚点**当且仅当 S 常常在 s 的每一个邻域内. 一个网可以有一个、多个或没有聚点. 例如, 若 ω 为非负整数集, 则 $\{n, n \in \omega\}$ 是一个网, 它关于实数的通常拓扑没有聚点. 还有另一种极端情形, 若 S 是一个序列, 它的值域是有理数集 (如此的序列是存在的, 因为有理数集为可数集), 则易见该序列常常在每一个开区间内, 因而每一个实数都是它的聚点. 若一个网收敛于某个点, 则该点必为聚点, 但可能有这样的网, 它有唯一的聚点, 然而却并不收敛于该点. 例如, 考虑由交替取 -1 和正整数序

列所作出的序列 $-1, 1, -1, 2, -1, 3, -1, \cdots$, 这时 -1 为该序列的唯一的聚点, 但该序列不收敛于 -1.

定理 6　拓扑空间中的点 s 为网 S 的聚点当且仅当有 S 的某个子网收敛于 s.

证明　设 s 为 S 的聚点, 又设 $\mathscr{U}$ 为所有 s 的邻域的族, 则因 $\mathscr{U}$ 的两个元的交仍为 $\mathscr{U}$ 的一个元并且 S 常常在 s 的每一个邻域内, 故应用上一引理有 S 的一个子网, 它基本上在 $\mathscr{U}$ 的每一个元内, 即收敛于 s.

若 s 不是 S 的聚点, 则有 s 的一个邻域 U 使得 S 不常常在 U 内, 故 S 基本上在 U 的余集内, 于是 S 的每一个子网基本上在 U 的余集内, 从而不收敛于 s. |

下面再利用闭包来给出聚点的一种刻画.

定理 7　设 $\{S_n, n \in D\}$ 为拓扑空间中的网并且对 D 中的每一个 n, 命 A_n 为所有使得 $m > n$ 的点 S_m 的集, 则 s 为 $\{S_n, n \in D\}$ 的聚点当且仅当对 D 中的每一个 n, s 属于 A_n 的闭包.

证明　若 s 为 $\{S_n, n \in D\}$ 的聚点, 则对每一个 n, A_n 与 s 的每一个邻域相交, 因为 $\{S_n, n \in D\}$ 常常在每一个邻域内. 故 s 在每一个 A_n 的闭包内.

若 s 不是 $\{S_n, n \in D\}$ 的聚点, 则有 s 的一个邻域 U 使得 $\{S_n, n \in D\}$ 不常常在 U 内, 故对某个 D 中的 n 当 $m \geqslant n$ 时有 $S_m \notin U$, 即 U 与 A_n 不相交. 因而 s 不在 A_n 的闭包内. |

2.4　序列和子序列

我们有兴趣知道在什么情况下拓扑可以只通过序列来描述, 这不仅因为此时有一个对一切网都确定的定义域, 比较方便, 而且因为有些序列的性质不能推广. 这种拓扑空间中最重要的一类就是满足第一可数性公理的空间, 即每一点的邻域系均有可数基, 亦即对空间 X 的每一点 x 有 x 的邻域系的一个可数子族使得 x 的每一个邻域都包含该族的某个元. 在这种情况下, 几乎上面的所有定理都可以用序列来代替网.

应当注意, 序列可以有不是子序列的子网.

定理 8　设 X 为满足第一可数性公理的拓扑空间, 则

(a) 点 s 为集 A 的聚点当且仅当有 $A \sim \{s\}$ 中的序列收敛于 s;

(b) 集 A 为开集当且仅当每一个收敛于 A 中的点的序列都基本上在 A 内;

(c) 若 s 为序列 S 的聚点, 则有 S 的子序列收敛于 s.

证明　假设 s 为 X 的子集 A 的聚点, 并且序列 $U_0, U_1, \cdots, U_n, \cdots$ 是 s 的邻域系的基. 命 $V_n = \bigcap\{U_i : i = 0, 1, \cdots, n\}$, 则序列 $V_0, V_1, \cdots, V_n, \cdots$ 也是 s 的邻域系的基, 而且对每一个 n 有 $V_{n+1} \subset V_n$. 对每一个 n, 选 $V_n \bigcap (A - \{s\})$ 中的一个点

S_n, 于是得到一个序列 $\{S_n, n \in \omega\}$, 显然它收敛于 s. 这样就得到了命题 (a) 的一半, 至于其逆是明显的.

若 A 为 X 的子集, 它不是开集, 则有 $X \sim A$ 的一个序列, 它收敛于 A 中的点, 如此的序列一定不能基本上在 A 内, 从而又得到了定理中的命题 (b).

最后, 假设 s 为序列 S 的聚点, 并且序列 $V_0, V_1, \cdots$ 是使得对每一个 n 有 $V_{n+1} \subset V_n$ 的 s 的邻域系的基. 对每一个非负整数 i, 选 N_i 使得 $N_i \geqslant i$ 并且 S_{N_i} 属于 V_i. 这时 $\{S_{N_i}, i \in \omega\}$ 就是 S 的一个收敛于 s 的子序列. |

2.5* 收 敛 类

我们知道有时通过规定什么样的网才收敛于空间的什么点来定义一个拓扑是方便的. 例如, 若 $\mathscr{F}$ 为从一个确定的集 X 到拓扑空间 Y 的一个函数族, 则自然规定网 $\{f_n, n \in D\}$ 收敛于函数 g 当且仅当对 X 中的每一个 $x, \{f_n(x), n \in D\}$ 收敛于 $g(x)$(这种类型的收敛在第 3 章中将要更详细地讨论), 于是自然地产生这样的问题: 是否有 $\mathscr{F}$ 的一个拓扑使得这种收敛就是关于该拓扑的收敛? 它的肯定的回答就使得我们能够利用对拓扑空间所发展了的工具来研究 $\mathscr{F}$ 的构造.

这个问题可以正式叙述如下: 若 $\mathscr{C}$ 是一个由 (S, s) 组成的类, 其中 S 为 X 中的网, s 为点, 则何时有 X 的一个拓扑 $\mathscr{T}$ 使得 $(S, s) \in \mathscr{C}$ 当且仅当 S 关于拓扑 $\mathscr{T}$ 收敛于 s? 从前面对收敛的讨论中, 我们已经知道当如此的拓扑存在时 $\mathscr{C}$ 所必须具有的几个性质. 我们称 $\mathscr{C}$ 为关于 X 的**收敛类**当且仅当它满足下面所指出的四个条件[1]. 为方便起见, 又称 $S(\mathscr{C})$ 收敛于 s 或 $\lim_n S_n \equiv s(\mathscr{C})$ 当且仅当 $(S, s) \in \mathscr{C}$.

(a) 若 S 是这样的网它使得对每一个 n 有 $S_n = s$, 则 $S(\mathscr{C})$ 收敛于 s;

(b) 若 $S(\mathscr{C})$ 收敛于 s, 则 S 的每一个子网也 $(\mathscr{C})$ 收敛于 s;

(c) 若 S 不 $(\mathscr{C})$ 收敛于 s, 则有 S 的一个子网使得该子网没有收敛于 s 的子网;

(d) (关于累次极限的定理 2.4) 设 D 为有向集, 又设对 D 中的每一个 m, E_m 为有向集, 再设 F 为乘积 $D \times \times \{E_m : m \in D\}$ 并且对 F 中的 (m, f), 命 $R(m, f) = (m, f(m))$, 若 $\lim_m \lim_n S(m, n) \equiv s(\mathscr{C})$, 则 $S \circ R(\mathscr{C})$ 收敛于 s.

前面已经证明在拓扑空间内的收敛一定满足 (a), (b) 和 (d). 至于命题 (c), 通过下面的论证也容易得到: 若网 $\{S_n, n \in D\}$ 不收敛于点 s, 则它常常在 s 的某个邻域的余集内, 故有 D 的共尾子集 E 使得 $\{S_n, n \in E\}$ 在该余集内, 又易见 $\{S_n, n \in E\}$ 是一个子网并且它没有收敛于 s 的子网.

现在我们来证明每一个收敛类实际上是由某个拓扑所导出.

---

[1] 其中, 前三个条件当以 "序列" 代替网时也就是 Kuratowski 对极限空间的 Fréchet 公理的修正形式. 见 Kuratowski [1].

定理 9　设 $\mathscr{C}$ 为关于集 X 的一个收敛类, 又对 X 的每一个子集 A, 命 A^c 为所有这样的点 s 的集, 它使得对 A 中的某个网 S 有 $S(\mathscr{C})$ 收敛于 s, 则 c 为一个闭包算子, 并且 $(S,s) \in \mathscr{C}$ 当且仅当 S 关于与 c 相伴随的拓扑收敛于 s.

证明　首先证明 c 为一个闭包算子 (参看定理 1.8). 因为网是定义在有向集上的函数, 并且由定义可知该有向集为非空, 故 $(0)^c$ 为空集. 根据关于常数网的条件 (a), 对集 A 的每一个元 s 有一个网 S 收敛于 s, 因而 $A \subset A^c$. 若 $s \in A^c$, 则因由算子 c 的定义有 $S \in (A \bigcup B)^c$, 故 $A^c \subset (A \bigcup B)^c$ 对每一个集 B 成立, 即 $A^c \bigcup B^c \subset (A \bigcup B)^c$. 今证反过来的包含关系也成立, 假设 $\{S_n, n \in D\}$ 为 $A \bigcup B$ 中的网并且它 $(\mathscr{C})$ 收敛于 s, 命 $D_A = \{n : n \in D \text{ 且 } S_n \in A\}$, $D_B = \{n : n \in D \text{ 且 } S_n \in B\}$, 则 $D_A \bigcup D_B = D$, 故 D_A 或 D_B 为 D 的共尾子集, 从而 $\{S_n, n \in D_A\}$ 或 $\{S_n, n \in D_B\}$ 为 $\{S_n, n \in D\}$ 的子网并且由条件 (b) 它也 $(\mathscr{C})$ 收敛于 s, 于是 $s \in A^c \bigcup B^c$, 这就证明了 $A^c \bigcup B^c = (A \bigcup B)^c$. 现在还必须证明 $A^{cc} = A^c$, 同时说明条件 (d) 确实是需要的. 若 $\{T_m, m \in D\}$ 为 A^c 中的网并且它 $(\mathscr{C})$ 收敛于 t, 则对 D 中的每一个 m 存在有向集 E_m 和网 $\{S(m,n), n \in E_m\}$, 使得它 $(\mathscr{C})$ 收敛于 T_m, 然后根据条件 (d) 就有一个网 $(\mathscr{C})$ 收敛于 t, 即 $t \in A^c$, 因而 $A^{cc} = A^c$.

定理证明更巧妙的部分是: 证明 $(\mathscr{C})$ 收敛和关于与算子 c 相伴随的拓扑 $\mathscr{T}$ 的收敛一致. 先假设 $\{S_n, n \in D\}(\mathscr{C})$ 收敛于 s 并且关于 $\mathscr{T}$ 不收敛于 s, 则有 s 的开邻域 U 使得 $\{S_n, n \in D\}$ 基本上不在 U 内, 故存在 D 的共尾子集 E 使得对 E 中的所有 n 有 $S_n \in X \sim U$, 从而 $\{S_n, n \in E\}$ 为 $\{S_n, n \in D\}$ 的子网并且由条件 (b) 该子网在 $X \sim U$ 内 $(\mathscr{C})$ 收敛于 s, 于是 $X \sim U \neq (X \sim U)^c$, 即 U 关于 $\mathscr{T}$ 不是开集, 矛盾.

最后, 假设网 P 关于拓扑 $\mathscr{T}$ 收敛于 r 并且不 $(\mathscr{C})$ 收敛于 s, 则由 (c) 有子网 $\{T_m, m \in D\}$ 使得它没有 $(\mathscr{C})$ 收敛于 r 的子网, 如果我们能够再作出一个如此的子网, 那么就得到矛盾. 对 D 中的每一个 m, 命 $B_m = \{n : n \in D \text{ 且 } n \geqslant m\}$, 又命 A_m 为所有使得 $n \in B_m$ 的 T_n 的集, 则因 $\{T_m, m \in D\}$ 关于 $\mathscr{T}$ 收敛于 r, 故 r 必须位于每一个 A_m 的闭包内, 由此可见, 对 D 中的每一个 m, 有有向集 E_m 和 B_m 中的网 $\{U(m,n), n \in E_m\}$ 使得合成 $\{T \circ U(m,n), n \in E_n\}(\mathscr{C})$ 收敛于 r. 于是, 再利用关于收敛类的条件 (d) 便知, 若对 $D \times \times \{E_m, m \in D\}$ 中的每一个 (m,f), 命 $R(m,f) = (m, f(m))$, 则 $T \circ U \circ R(\mathscr{C})$ 收敛于 r, 而且当 $p \geqslant m$ 时有 $U \circ R(p,f) = U(p, f(p)) \in B_m$, 即 $U \circ R(p,f) \geqslant m$, 这表明 $T \circ U \circ R$ 为 T 的子网, 于是定理获证. |

上面定理建立了集 X 的拓扑与在其上的收敛类之间的一一对应. 并且这个对应在下列意义下是反序的: 若 $\mathscr{C}_1$ 和 $\mathscr{C}_2$ 为收敛类, $\mathscr{T}_1$ 和 $\mathscr{T}_2$ 为相伴随的拓扑, 则 $\mathscr{C}_1 \subset \mathscr{C}_2$ 当且仅当 $\mathscr{T}_2 \subset \mathscr{T}_1$(这个事实由收敛的定义立即推出). 另外, 交 $\mathscr{C}_1 \bigcap \mathscr{C}_2$ 仍为收敛类, 这只需根据如此的类的四个特征性质即得, 又易见与 $\mathscr{C}_1 \bigcap \mathscr{C}_2$ 相伴随的

拓扑就是大于 $\mathscr{T}_1$ 和 $\mathscr{T}_2$ 的最小拓扑, 对偶地有 $\mathscr{T}_1 \bigcap \mathscr{T}_2$ 的收敛类是大于 $\mathscr{C}_1$ 和 $\mathscr{C}_2$ 的最小收敛类.

问　题

A　关于序列的习题

设 X 为可数集, 它的拓扑由空集和所有余集为有限的集所组成. 问什么样的序列收敛于什么样的点?

B　例子: 序列是不充分的

设 Ω' 为小于或等于第一个不可数序数 Ω 的序数的集, 又设拓扑为序拓扑, 则 Ω 为 $\Omega' \sim \{\Omega\}$ 的聚点; 但没有 $\Omega' \sim \{\Omega\}$ 中的序列收敛于 Ω.

C　关于 Hausdorff 空间的习题: 门空间

拓扑空间叫做门空间当且仅当每一个子集非开即闭. Hausdorff 门空间至多有一个聚点, 并且若 x 为非聚点的点, 则 $\{x\}$ 为开集 (若 U 是聚点 y 的任意邻域, 则 $U \sim \{y\}$ 为开集).

D　关于子序列的习题

设 N 为非负整数的序列, 它使得任意整数都只能出现有限多次, 即对每一个 m, 集 $\{i : N_i = m\}$ 为有限集, 则当 $\{S_n, n \in \omega\}$ 为任意序列时 $\{S_{N_i}, i \in \omega\}$ 为子序列. 若 $\{S_n, n \in \omega\}$ 为拓扑空间中的序列, 而 N 为非负整数的任意序列, 则 $\{S_{N_i}, i \in \omega\}$ 或者是 $\{S_n, n \in \omega\}$ 的子序列, 或者是它有聚点.

E　例子: 共尾子集是不充分的

设 X 为所有非负整数偶的集, 它的拓扑描述如下: 对每一个异于 $(0, 0)$ 的点 (m, n) 集 $\{(m, n)\}$ 为开集, 又集 U 为 $(0, 0)$ 的邻域, 假如对除有限多个外的所有整数 m, 集 $\{n : (m, n) \notin U\}$ 为有限集 (在欧几里得平面内实现 X, 这时 $(0, 0)$ 的邻域包含除有限多个列外的所有列的除有限多个外的所有的元).

(a) 空间 X 为 Hausdorff 空间;

(b) X 的每一个点是可数多个闭邻域的族的交;

(c) 空间 X 为 Lindelöf 空间, 即每一个开覆盖有可数子覆盖;

(d) 不存在 $X \sim \{(0,0)\}$ 中的序列收敛于 $(0, 0)$(若 $X \sim \{(0,0)\}$ 中的序列 S 收敛于 $(0, 0)$, 则它基本上在每一列的余集内, 并且该序列在每一列内只有有限多个值);

(e) 存在 $X \sim \{(0,0)\}$ 中的序列 S, 它以 $(0, 0)$ 为聚点, 并且它在任意整数的共尾子集上的限制都不收敛.

注　该例子属于 Arens [1].

F　单调网

设 X 为有序完备的链, 即 X 关于关系 $>$ 为线性有序集并且使得 X 的每一个有上界的非空子集有上确界. 又设 X 的拓扑为序拓扑 (问题 1. I). X 中的网 $(S, \succ)$ 叫做单调上升 (下降) 当且仅当对 $m \succ n$ 有 $S_m \geqslant S_n (S_n \geqslant S_m)$ 成立.

(a) X 中每一个值域有界 (存在 $x \in X$ 使得 $x \geqslant S_n$ 对一切 n 成立) 的单调上升的网收敛于它的值域的上确界;

(b) 若 X 为带有通常序的实数集, 或 X 为所有小于第一个不可数序数的序数的集, 则每一个值域有上 (下) 界的单调上升 (下降) 的网收敛于它的值域的上确界 (下确界).

G　积分理论, 初级形式

设 f 为实值函数, 它的定义域包含集 A, 又设 $\mathscr{A}$ 为所有 A 的有限子集组成的族, 并且对 $\mathscr{A}$ 中的每一个 F, 命 $S_F = \Sigma\{f(a) : a \in F\}$, 则 $\mathscr{A}$ 关于 $\supset$ 为有向集并且 $\{S_F, F \in \mathscr{A}, \supset\}$ 为网. 若该网收敛, 则称 f 在 A 上可和, 并且它所收敛的值叫做 f 在 A 上的无序和, 记为 $\Sigma\{f(a) : a \in A\}$, 或简记为 $\Sigma_A f$.

(a) 若 f 非负 (非正), 则 f 可和当且仅当它在 A 的所有有限子集上的和有上界 (下界)(利用关于单调网的上一问题).

(b) 设 $A_+ = \{a : f(a) \geqslant 0\}$ 并且 $A_- = \{a : f(a) < 0\}$, 则 f 在 A 上可和当且仅当 f 在 A_+ 和 A_- 上皆可和. 若 f 在 A 上可和, 则 $\Sigma_A f = \Sigma_{A_+} f + \Sigma_{A_-} f$.

(c) 函数 f 在 A 上可和当且仅当 $|f|$ 在 A 上可和, 其中 $|f|(a) = |f(a)|$.

(d) 若 f 在集 A 上可和, 则 f 在 A 的某个可数子集外为零 (若 f 在某个不可数子集的每一点处异于零, 则对某个正整数 $n, \{a : f(a) \geqslant 1/n\}$ 为不可数集).

(e) 若 f 和 g 在 A 上可和并且 r 和 s 为实数, 则 $rf + sg$ 在 A 上可和并且 $\Sigma_A(rf + sg) = r\Sigma_A f + s\Sigma_A g$.

(f) 若 f 在 A 上可和, 并且 B 和 C 为 A 的互不相交的子集, 则 f 在 B 和 C 的每一个上可和, 并且 $\Sigma_{B \cup C} f = \Sigma_B f + \Sigma_C f$.

(g) 若 x 为实数序列, 则其序和("级数的和") 是指序列 S_n 的极限, 其中 $S_n = \Sigma\{x_i : i = 0, 1, \cdots, n\}$. 换言之, 序和为 $\{S_F, F \in \mathscr{B}\}$ 的极限, 其中 $\mathscr{B}$ 为所有形如 $\{m : m \leqslant n\}$ 的集组成的族. 显然, 该网是定义无序和的网的子网. 又序列 x 叫做绝对可和当且仅当序列 $|x|$ 存在序和, 其中 $|x|_n = |x_n|$. 于是 x 在整数上存在无序和当且仅当该序列为绝对可和, 并且在这种情况下无序和与序和相等.

(h) (Fubinito) 设 f 为笛卡儿乘积 $A \times B$ 上的实值函数, 则

(i) 若 f 在 $A \times B$ 上可和, 则 $\Sigma_{A \times B} f = \Sigma\{\Sigma\{f(a, b) : b \in B\} : a \in A\}$(后者是两个累次和中的一个).

(ii) 若对 A 的每一个元 $a, f(a, b)$ 或者对所有 b 为非负, 或者对所有 b 为非正, 又若 $F(a) = \Sigma\{f(a, b) : b \in B\}$ 并且 F 在 A 上可和, 则 f 在 $A \times B$ 上可和.

(iii) 一般地说, 可能两个累次和同时存在, 而 f 为不可和. 事实上, 若 A 和 B 均为可数无限集并且 F 和 G 分别为 A 和 B 上的任意实函数, 则有 $A \times B$ 上的 f 使得 $\Sigma\{f(a, b) : a \in A\} = G(b)$ 和 $\Sigma\{f(a, b) : b \in B\} = F(a)$ 分别对 B 中的一切 b 和 A 中的一切 a 成立.

注　在该问题中所陈述的结果是利用无序和代替绝对收敛级数来发展测度论所需要的. 所有这些结果除 (d), (g) 和 (h, ii) 外可以在许多更一般的情况下得到证明. 第 7 章我们还要利用完备性概念再来考察这个问题. 以上关于序的理论的处理将有助于更复杂的积分例子的考察.

另外, 在历史上, 无序和是 Moore-Smith 收敛的先驱 (Moore [1]).

H   积分理论, 实用形式

设 f 为实数的闭区间 $[a,b]$ 上的有界实值函数. 规定 $[a,b]$ 的子分划 S 为有限多个闭区间的族, 它覆盖 $[a,b]$ 并且使得任何两个区间至多有一个公共点. 将区间 I 的长度记为 $|I|$, 又对子分划 S 定义网孔 $||S||$ 为 S 中的 I 的 $|I|$ 的最大值. 另外, 我们用两种不同方法使所有子分划的族为有向:

(i) $S \geqslant S'$ 当且仅当 S 是 S' 的加细, 即 S 的每个元都是 S' 某个元的子集;

(ii) $S \gg S'$ 当且仅当 $||S|| \leqslant ||S'||$.

命 $M_f(I)$ 为 f 在 I 上的上确界, $m_f(I)$ 为下确界. 又定义相应于子分划 S 的上与下 Darboux 和为 $D_f(S) = \Sigma\{|I|M_f(I) : I \in S]$ 与 $d_f(S) = \Sigma\{|I|m_f(I) : I \in S\}$. Riemann 和则更为复杂. 规定子分划 S 的选择函数为 S 上的这样的函数 c, 它使得对 S 中的每一个 I 有 $c(I) \in I$. 现在再用两种方法使所有 S 为子分划并且 c 为 S 的选择函数的序偶 (S,c) 的集为有序: $(S,c) \succ (S',c')$ 当且仅当 $S \geqslant S'$ 和 $(S,c) \succ\succ (S,c')$ 当且仅当 $S \gg S'$. 最后定义相应于序偶 (S,c) 的 Riemann 和为 $R_f(S,c) = \Sigma\{|I|f(c(I)) : I \in S\}$.

借助于加细的序即可作出有关的基本运算.

(a) 网 $(D_f, \geqslant)$ 和 $(d_f, \geqslant)$ 分别为单调下降和单调上升, 并且因而收敛.

(b) $d_f(S) \leqslant R_f(S,c) \leqslant D_f(S)$ 对一切子分划 S 和一切选择函数 c 成立.

(c) 对每一个正数 e 存在所有序偶 (S,c) 的集的 $\succ$-共尾子集使得 $R_f(S,c)+e \geqslant D_f(S)$(还有一个对偶的命题).

(d) 网 $(R_f, \succ)$ 收敛当且仅当 $\lim(D_f, \geqslant) = \lim(d_f, \geqslant)$. 若 $(R_f, \succ)$ 收敛, 则 $\lim(R_f, \succ) = \lim(D_f, \geqslant) = \lim(d_f, \geqslant)$.

(e) 网 $(R_f, \succ)$ 为网 $(R_f, \succ\succ)$ 的子网.

(f) 网 $(R_f, \succ\succ)$ 收敛当且仅当 $\lim(D_f, \geqslant) = \lim(d_f, \geqslant)$. 若 $(R_f, \succ\succ)$ 收敛, 则 $\lim(R_f, \succ\succ) = \lim(R_f, \succ)$.

注 f 的 Riemann 积分通常是定义为 $(R_f, \succ\succ)$ 的极限. 考虑加细的序和网孔的序都一样方便, 只是一个技巧的问题. 如果我们代替有限的子分划和区间的长度, 考虑可数的子分划和 I 的 Lebesgue 测度 $|I|$, 那么网 $(R_f, \succ)$ 就收敛到 f 的通常的 Lebesgue 积分, 但 $(R_f, \succ\succ)$ 可以并不如此. 此外, 加细型的定义还可以应用于取值矢量空间的某种函数的积分 (见 Hille [1] 第三章). 又 Darbour 型积分要求被积函数的值域为半序集, 而 Daniell 积分和各种推广 (Bourbaki [2], McShane [2] 和 [3] 以及 Stone [1]) 本质上也都是这种类型. 还有一种引入积分的标准方法, 它是通过关于某种度量的完备化过程的途径, 显然这也带来了许多方便 (Halmos [1]).

I   格内的极大理想

格是指这样的非空集 X, 它带有一个反身的半序 $\geqslant$ 使得对 X 的每一对元 x 与 y 有 (唯一的) 最小元 $x \vee y$, 它大于 x 与 y 和 (唯一的) 最大元 $x \wedge y$ 它小于 x 与 y. 而元 $x \vee y$ 和 $x \wedge y$ 就叫做 x 与 y 的并和交. 格称为分布格当且仅当 $x \wedge (y \vee z) = (x \wedge y) \vee (x \wedge z)$ 与 $x \vee (y \wedge z) = (x \vee y) \wedge (x \vee z)$ 对 X 中的一切 x, y 和 z 成立. 又 X 的子集 A 称为理想 (对偶理想)当且仅当从 $y \geqslant x$ 和 $y \in A$ 可推出 $x \in A$ 并且从 $y \in A$ 和 $z \in A$ 可推出 $y \vee z \in A$(从 $x \geqslant y$ 和 $y \in A$ 可推出 $x \in A$ 并且从 $y \in A$ 和 $z \in A$ 可推出 $y \wedge z \in A$).

设 A 和 B 为分布格 X 的互不相交子集并且 A 为理想, B 为对偶理想, 则有互不相交的集 A' 和 B' 使得 A' 为包含 A 的理想, B' 为包含 B 的对偶理想并且 $A' \bigcup B' = X$.

该命题的证明分解为一系列引理.

(a) 所有包含 A 并且与 B 不相交的理想的族有一个极大元 A' (见预备知识定理 25). 相似地, 有一个对偶理想 B', 它包含 B, 与 A' 不相交, 并且关于这些性质为极大.

(b) 包含 A' 和 X 的元 c 的最小理想为 $\{x : x \leqslant c\ \text{或} x \leqslant c \vee y\ \text{对}\ A'\ \text{中的某个}\ y\ \text{成立}\}$. 因 A' 为极大, 故若 c 不属于 A' 或 B, 则 $c \vee x \in B$ 对 A' 中的某个 x 成立 (若 $z \geqslant x \in B$, 则 $z \in B$).

(c) 若 c 不属于 A' 和 B', 则有 $x \in A'$ 和 $y \in B'$ 使得 $c \vee x \in B'$ 并且 $c \wedge y \in A'$. 此时 $(c \vee x) \wedge y = (c \wedge y) \vee (x \wedge y)$ 属于 A' 和 B'.

注　该定理属于 Stone [2], 它是关于有序集的一个基本事实的最佳形式. 它将应用于以下的两个问题, 并且它还是关于紧性 (第 5 章) 的最重要结果的基础. 而极大原理的某种形式的应用似乎就是其证明的本质所在. 文献中已经陈述过从该定理 (或更精确地说, 问题 2. K 中的定理的一个系) 可推出选择公理, 但我不知道是否确实如此[①]. 最后, 上面所给出的分配性的定义限制是过多了. 其实从这两个等式中的一个即可推出另一个 (Birkhoff [1]).

J　万有网

集 X 中的网叫做万有网当且仅当对 X 的每一个子集 A 该网或者基本上在 A 内, 或者基本上在 $X \sim A$ 内.

(a) 若万有网常常在某个集内, 则它就基本上在该集内. 因此, 拓扑空间中的万有网恒收敛于它的每一个聚点.

(b) 若一个网为万有网, 则它的每一个子网亦为万有网. 若 S 为 X 中的万有网并且 f 是从 X 到 Y 的函数, 则 $f \circ S$ 为 Y 中的万有网.

(c) **引理**　若 S 为 X 中的网, 则有 X 的一族子集 $\mathscr{C}$ 使得 S 常常在 $\mathscr{C}$ 的每一个元内, $\mathscr{C}$ 的两个元的交属于 $\mathscr{C}$ 并且对 X 的每一个子集 A, 或者 A, 或者 $X \sim A$ 属于 $\mathscr{C}$(或者先证存在一族 $\mathscr{C}$ 关于所指出的前两个性质为极大, 再证它具有第三个性质; 或者应用问题 2. I, 命 $\mathscr{A}$ 为所有使得 S 基本上在 $X \sim A$ 内的集 A 的族, $\mathscr{B}$ 为所有使得 S 基本上在 B 内的 B 的族, 而序则取为 $\subset$).

(d) X 中的每一个网都存在万有子网 (利用上一结果和定理 2.5).

K　Boole 环: 存在足够多的同态

Boole 环是指这样的环 $(R, +, \cdot)$, 它使得 $r \cdot r = r$ 和 $r + r = 0$ 对每一个 $r \in R$ 成立. 又将模 2 的整数域记为 I_2.

(a) Boole 环恒为交换环 (注意 $(r + s) \cdot (r + s) = r + s$).

(b) 若 $(R, +, \cdot)$ 为 Boole 环, 则可定义 R 的元与 I_2 的元的乘法, 因而 R 为 I_2 上的一个代数.

[①] 这个问题的答案是肯定的. 这是由于选择公理等价于这样一个定理: 若 B 是一个 Boole 代数且 $S \subset B$ 合于 $0 \notin S$, 则 B 有一个关于与 S 不交的极大的理想 (见 Rubin 与 Rubin 所著 *Equivalents of the Axiom of Choice* 的 p.42 上的 AL_5). 这一定理 (AL_5) 又可被证明与定理 2.11(h) 等价, 而后者的证明又是基于问题 2. I 的定理. —— 校者注

(c) 定义两个集 A 和 B 的对称差 $A\triangle B$ 为 $(A\bigcup B) \sim (A\bigcap B)$. 于是, 若 $\mathscr{A}$ 为集 X 的所有子集的族, 则 $(\mathscr{A}, \triangle, \bigcap)$ 为具有单位元的 Boole 环.

(d) 设 X 为一个集, 又设 I_2^X 为所有从 X 到 I_2 的函数的族. 若定义函数的加法和乘法为点式加法和点式乘法 (即 $(f+g)(x) = f(x)+g(x), (f\cdot g)(x) = f(x)\cdot g(x)$), 则 $(I_2^X, +, \cdot)$ 为具有单位元的 Boole 环并且同构于 $(\mathscr{A}, \triangle, \bigcap)$, 其中 $\mathscr{A}$ 为 X 的所有子集的族.

(e) 若定义 Boole 环的自然序为: $r \geqslant s$ 当且仅当 $r\cdot s = s$, 则在这个半序下, R 中在 r 与 s 之后的最小元是 $r\vee s = r+s-r\cdot s$, 而在 r 与 s 之前的最大元为 $r\wedge s = r\cdot s$. 运算 $\vee$ 和 $\wedge$ 都满足结合律且使得下列分配律成立: $r\wedge(s\vee t) = (r\wedge s)\vee(r\wedge t), r\vee(s\wedge t) = (r\vee s)\wedge(r\vee t)$.

(f) 回顾一下, S 称为 Boole 环 $(R, +, \cdot)$ 的理想当且仅当 S 是一个加法子群并且 $r\cdot s \in S$ 当 $r\in R, s\in S$ 时; 又理想 S 叫做极大理想当且仅当 $R \neq S$ 并且不存在异于 R 的真包含 S 的理想. 存在 R 的极大理想与从 R 到 I_2 内不恒等于零的同态之间的一一对应 (如此的同态的核是一个极大理想).

(g) S 为 Boole 环的理想的充要条件为当 r 和 s 为 S 的元时有 $r\vee s \in S$ 并且当 t 关于自然序在 S 的某个元之前 (即 $t \leqslant S$ 的某个元) 时有 $t\in S$. 回顾一下, R 的子集 T 叫做对偶理想当且仅当 r 和 s 为 T 的元时有 $r\wedge s \in T$ 并且当 t 在 T 的某个元之后时有 $t\in T$. 若 $r\in R$, 则 $\{s: r\geqslant s\}$ 是一个理想并且 $\{s: s\geqslant r\}$ 是一个对偶理想. 又若 S 为理想, T 为不相交的对偶理想并且 $S\bigcup T = R$, 则在 S 上为零并且在 T 上为 1 的函数是从 R 到 I_2 内的一个同态 (在集的 Boole 环内通常把理想叫做 $\bigcap$- 理想, 而把对偶理想叫做 $\bigcup$- 理想).

(h) **定理**　若 S 为 Boole 环的理想, T 为与 S 不相交的对偶理想, 则有从该环到 I_2 内的同态, 它在 S 上为零并且在 T 上为 1. 特别, 若 r 为环的非零元, 则有环的同态 h 使得 $h(r) = 1$(换言之, 存在有足够多的同态来区别环的成员. 该定理的一种证明是基于问题 2.I 的).

(i) 若 X 为拓扑空间, $\mathscr{B}$ 为 X 的所有既开又闭的子集的族, 则 $(\mathscr{B}, \triangle, \bigcap)$ 为 Boole 代数.

(j) 并非一切 Boole 代数都必同构于某个集的所有子集的代数 (证明是通过作出可数的 Boole 代数的例子).

注　这项研究在问题 5H 中将得到完善.

L　滤子

关于收敛理论也还可以建立在滤子概念的基础上. 集 X 中的滤子 $\mathscr{F}$ 是指 X 的一族非空子集并且满足

(i) $\mathscr{F}$ 的两个元的交仍然属于 $\mathscr{F}$;

(ii) 若 $A\in\mathscr{F}$ 并且 $A\subset B\subset X$, 则 $B\in\mathscr{F}$.

根据上一问题的术语, 所谓滤子就是 X 的所有子集的 Boole 环的一个真对偶理想. 又拓扑空间 X 中的滤子 $\mathscr{F}$ 收敛于点 x 当且仅当 x 的每一个邻域均为 $\mathscr{F}$ 的元 (即 x 的邻域系为 $\mathscr{F}$ 的一个子族).

(a) 子集 U 为开集当且仅当 U 属于每一个收敛于 U 内的点的滤子.

(b) 点 x 为集 A 的聚点当且仅当 $A\sim\{x\}$ 属于某个收敛于 x 的滤子.

(c) 设 ϕ_x 为所有收敛于 x 的滤子的全体, 则 $\bigcap\{\mathscr{F}: \mathscr{F}\in\phi_x\}$ 即为 x 的邻域系.

(d) 若 $\mathscr{F}$ 为收敛于 x 的滤子, 而 $\mathscr{G}$ 为包含 $\mathscr{F}$ 的滤子, 则 $\mathscr{G}$ 也收敛于 x.

(e) X 中的滤子叫做超滤子当且仅当它不能真包含在 X 中的任一滤子内. 若 $\mathscr{F}$ 为 X 中的超滤子并且某两个集的并为 $\mathscr{F}$ 的元, 则这两个集之一必属于 $\mathscr{F}$. 特别, 若 A 为 X 的子集, 则或者 A, 或者 $X \sim A$ 属于 $\mathscr{F}$(再一次应用问题 2. I).

(f) 我们可以猜想滤子和网实际上引导出本质上等价的理论. 猜想的基础是如下的事实:

(i) 若 $\{x_n, n \in D\}$ 为 X 中的网, 则所有使得 $\{x_n, n \in D\}$ 基本上在其内的集 A 的全体组成的族 $\mathscr{F}$ 为 X 中的滤子.

(ii) 设 $\mathscr{F}$ 为 X 中的滤子, 又设 D 为所有使得 $x \in F$ 并且 $F \in \mathscr{F}$ 的 (x, F) 的集, 并且规定当 $G \subset F$ 时, $(y, G) \geqslant (x, F)$ 使 D 为有向, 再命 $f(x, F) = x$, 则 $\mathscr{F}$ 恰为所有使得网 $\{f(x, F), (x, F) \in D\}$ 基本上在 A 内的集 A 的族.

注　滤子的定义是属于 Cartan 的, 他对收敛的处理在 Bourbaki [1] 中已详细地给出. 命题 (c) 是 Gottschalk 的一个注记; 而命题 (f) 则是有关这个论题的 "口头文献" 的一部分.

第3章 乘积空间和商空间

本章的目的是研究从给定的空间来构造新的拓扑空间的两种方法. 其中的第一种方法是对空间的笛卡儿乘积指定一种标准拓扑, 于是从给定的一些空间就作出了一个新的空间. 例如, 欧几里得平面是实数 (具有通常拓扑) 和它自己的乘积空间, 而欧几里得 n- 空间是实数的 n 次乘积. 在第 4 章中, 实数的任意多次的笛卡儿乘积还提供了与其他拓扑空间相比较的一类标准空间.

从一个给定的空间构造新的空间的第二种方法是依赖于把所给定的空间 X 分成等价类, 并且此时将每一个等价类看成新构造的空间的一个点. 粗糙地说, 即我们 "叠合" X 的某些子集的点, 得到一个新的点集, 然后再指定 "商" 拓扑. 例如, 实数的所有 mod 整数的等价类对这种拓扑所得到的空间就是平面的单位圆的一个 "模型".

这两种构造空间的方法都是为了使得某些函数连续而引出的. 因此, 我们开始先定义连续性并且证明关于它的一些简单命题.

3.1 连 续 函 数

为方便起见, 先回顾一下关于函数的若干术语和一些初等命题 (预备知识). 我们称函数 ("函数" 与 "映象"、"映射"、"对应"、"算子" 以及 "变换" 是同义的)f 在 X 上当且仅当它的定义域为 X. 又称 f 为到 Y 内当且仅当它的值域为 Y 的子集, 另外称它为到 Y 上, 假如它的值域为 Y. f 在点 x 处的值记为 $f(x)$, 而 $f(x)$ 就叫做 x 关于 f 的象. 若 B 为 Y 的子集, 则 B 关于 f 的逆 $f^{-1}[B]$ 指的是 $\{x : f(x) \in B\}$. 显然, Y 的子集族的元的交 (并) 关于 f 的逆为这些元的逆的交 (并), 即若对集 C 的每一个元 c, Z_c 为 Y 的子集, 则 $f^{-1}[\bigcap\{Z_c : c \in C\}] = \bigcap\{f^{-1}[Z_c] : c \in C\}$ 并且对并有相似的结果成立. 若 $y \in Y$, 则仅含一个元 y 的集的逆 $f^{-1}[\{y\}]$ 简记为 $f^{-1}[y]$. X 的子集 A 的象 $f[A]$ 是指所有使得对 A 中的某个 x 有 $y = f(x)$ 的点 y 的集. 易见, X 的子集族的并的象为象的并, 然而, 一般地说交的象就不是象的交. 最后, 我们称 f 为一对一当且仅当不存在具有相同的象的两个不同的点, 并且这时 f^{-1} 就是 f 的逆函数 (注意, 此处的记号是这样使用的, 粗糙地说, 方括号表示作用到函数的值域或定义域的子集上, 而圆括号表示作用到元上. 例如, 若 f 为一对一, 到 Y 上并且 $y \in Y$, 则 $f^{-1}(y)$ 为使得 $f(x) = y$ 的 X 的唯一的点 x, 而 $f^{-1}[y] = \{x\}$).

从拓扑空间 $(X, \mathscr{T})$ 到拓扑空间 $(Y, \mathscr{U})$ 内的映射 f 称为 **连续** 当且仅当每一个

开集的逆为开集. 更精确地说, f 关于 $\mathscr{T}$ 和 $\mathscr{U}$ 为连续或 $\mathscr{T}$-$\mathscr{U}$ 连续当且仅当对每一个 $\mathscr{U}$ 中的 U 有 $f^{-1}[U] \in \mathscr{T}$. 显然, 这个概念是依赖于值域和定义域空间的拓扑, 但当不会引起误解时我们按习惯略去拓扑的陈述. 有两个关于连续性的命题, 虽然它本身很明显, 但却十分重要. 第一, 若 f 为从 X 到 Y 内的连续函数, g 为从 Y 到 Z 内的连续函数, 则合成 $g\circ f$ 为从 X 到 Z 内的连续函数, 因为对每一个 Z 的子集 V 有 $(g\circ f)^{-1}[V] = f^{-1}[g^{-1}[V]]$, 所以先利用 g, 然后再利用 f 的连续性即可推出若 V 为开集, 则 $(g\circ f)^{-1}[V]$ 也为开集. 第二, 若 f 为从 X 到 Y 内的连续函数, A 为 X 的子集, 则 f 在 A 上的限制 $f|A$ 关于 A 的相对拓扑为连续, 因为若 U 为 Y 中的开集, 则 $(f|A)^{-1}[U] = A \bigcap f^{-1}[U]$ 显然即为 A 中的开集. 又我们称使得 $f|A$ 为连续的函数 f 为**在 A 上连续.** 实际上还可能出现 f 为在 A 上连续, 而不在 X 上连续的情形.

下列的一组条件的每一个都等价于连续性, 因为在证明函数的连续性时常常需要, 所以是有用的.

定理 1　若 X 和 Y 为拓扑空间, f 为从 X 到 Y 的函数, 则下列命题等价:

(a) 函数 f 为连续;

(b) 每一个闭集的逆为闭集;

(c) Y 的拓扑的子基的每一个元的逆为开集;

(d) 对 X 中的每一个 $x, f(x)$ 的每一个邻域的逆为 x 的邻域;

(e) 对 X 中的每一个 x 和 $f(x)$ 的每一个邻域 U 有 x 的邻域 V 使得 $f[V] \subset U$;

(f) 对 X 中的每一个收敛于点 s 的网 S(或 $\{S_n, n \in D\}$), 合成 $f\circ S(\{f(S_n), n \in D\})$ 收敛于 $f(s)$;

(g) 对 X 的每一个子集 A, 闭包的象为象的闭包的子集, 即 $f[A^-] \subset f[A]^-$;

(h) 对 Y 的每一个子集 B 有 $f^{-1}[B]^- \subset f^{-1}[B^-]$.

证明　(a)⇔(b) 这是下列事实的一个简单推论: 函数的逆保持取余集的运算, 即对 Y 的每一个子集 B 有 $f^{-1}[Y \sim B] = X \sim f^{-1}[B]$.

(a)⇔(c) 若 f 为连续, 则子基的元的逆为开集, 因为每一个子基的元均为开集. 反之, 因为 Y 中的每一个开集 V 为子基的元的有限交的并, 故 $f^{-1}[V]$ 为子基的元的逆的有限交的并, 因而, 若每一个子基的元的逆为开集, 则每一个开集的逆亦为开集.

(a)⇔(d) 若 f 为连续, $x \in X, V$ 为 $f(x)$ 的邻域, 则 V 包含 $f(x)$ 的一个开邻域 W 并且 $f^{-1}[W]$ 是 x 的一个开邻域, 但它是 $f^{-1}[V]$ 的子集, 故 $f^{-1}[V]$ 为 x 的邻域.

(d)⇔(e) 假设 (d) 成立, 若 U 为 $f(x)$ 的邻域, 则 $f^{-1}[U]$ 为 x 的邻域并且使得 $f[f^{-1}[U]] \subset U$.

(e)⇔(f) 假设 (e) 成立, 命 S 为 X 中收敛于点 s 的网, 则当 U 为 $f(s)$ 的邻域时有 s 的邻域 V 使得 $f[V] \subset U$, 又因 S 基本上在 V 内, 故 $f \circ S$ 基本上在 U 内.

(f)⇔(g) 假设 (f) 成立, 又设 A 为 X 的子集, s 为 A 的闭包的点, 则有 A 中的网 S, 它收敛于 s 并且 $f \circ S$ 收敛于 $f(s)$, 故 $f(s)$ 为 $f[A]^-$ 中的点. 因而 $f[A^-] \subset f[A]^-$.

(g)⇔(h) 假设 (g) 成立, 若 $A = f^{-1}[B]$, 则 $f[A^-] \subset f[A]^- \subset B^-$, 故 $A^- \subset f^{-1}[B^-]$, 即 $f^{-1}[B]^- \subset f^{-1}[B^-]$.

(h)⇔(b) 假设 (h) 成立, 若 B 为 Y 的闭子集, 则 $f^{-1}[B]^- \subset f^{-1}[B^-] = f^{-1}[B]$, 因而 $f^{-1}[B]$ 亦为闭集. ▌

还有一种连续性的局部形式, 它是有用的[①]. 我们称从拓扑空间 X 到拓扑空间 Y 的函数 f **在点 x 处为连续**当且仅当 $f(x)$ 的每一个邻域关于 f 的逆为 x 的邻域. 容易给出在一点处的连续性的形如定理 3.1(e) 和 (f) 的特征. 显然 f 为连续当且仅当它在它的定义域的每一点处为连续.

同胚或**拓扑变换**指的是从拓扑空间 X 到拓扑空间 Y 上的连续的一对一映射, 并且 f^{-1} 也要求连续. 若存在从一个空间到另一个空间的同胚, 则称这两个空间是**同胚的**并且称其中的每一个**同胚于**另一个. 易见从拓扑空间到它自己上的恒等映射恒为同胚, 并且同胚的逆和两个同胚的合成仍为同胚. 因而, 拓扑空间的全体可以分成等价类使得每一个拓扑空间同胚于它的等价类的第一个元并且仅同胚于这些空间. 又两个拓扑空间叫做**拓扑等价**当且仅当它们为同胚.

两个离散空间 X 和 Y 为同胚当且仅当存在从 X 到 Y 上的一对一函数, 即当且仅当 X 和 Y 有相同的基数. 这是因为定义在离散空间上的每一个函数皆为连续, 而与值域空间的拓扑无关. 同样, 两个平庸空间 (整个空间和开集为仅有的开集) 为同胚当且仅当存在从一个空间到另一个空间的一对一映射. 这是因为取值到平庸空间内的每一个函数皆为连续, 而与定义域空间的拓扑无关. 一般地说, 判断两个拓扑空间是否同胚, 可以说是十分困难. 带有通常拓扑的实数集同胚于带有相对拓扑的开区间 $(0,1)$, 因为容易证明在 $(0,1)$ 的点 x 处的值为 $(2x-1)/x(x-1)$ 的函数是一个同胚. 然而, $(0,1)$ 不同胚于 $(0,1) \bigcup (1,2)$, 因为若 f 为从 $(0,1)$ 到 $(0,1) \bigcup (1,2)$ 上的同胚 (或事实上为连续函数), 则 $f^{-1}[(0,1)]$ 为 $(0,1)$ 的既开又闭的真子集, 而 $(0,1)$ 为连通. 这个简短证明的完成也就是因为空间之一为连通, 另一为非连通, 而连通空间的同胚空间也为连通空间. 若一个性质当它为某个拓扑空间所具有时它也为每一个同胚的空间所具有, 则它就叫做**拓扑不变量**. 两个空间不同胚的证明通常就依赖于找出一个拓扑不变量, 它为其中之一, 而不为其中之另一所具有. 如果一个性质直接由空间的点和其拓扑所定义, 那么它就自然成为一个拓扑不变量, 除连通性外, 拓扑具有可数基, 每一点的邻域系具有可数基, 空间为 T_1-

---

[①] 若 f 定义在拓扑空间的子集 A 上, 则在闭包 A^- 的点的连续性也可以定义 (见问题 3. D), 并且也有几个有用的命题.

空间或为 Hausdorff 空间等性质也都是拓扑不变量. 拓扑学就是有关拓扑不变量的研究[①].

3.2　乘 积 空 间

一族拓扑空间的笛卡儿乘积有一种拓扑化的标准方法, 这种构造极为重要, 因此我们详细地来考察该拓扑的性质. 设 X 和 Y 为拓扑空间, 又设 $\mathscr{B}$ 为所有笛卡儿乘积 $U \times V$ 的族, 其中 U 为 X 中的开集, V 为 Y 中的开集, 则 $\mathscr{B}$ 的两个元的交仍为 $\mathscr{B}$ 的元, 因为 $(U \times V) \bigcap (R \times S) = (U \bigcap R) \times (V \bigcap S)$. 因而根据定理 1.11, $\mathscr{B}$ 是 $X \times Y$ 的某个拓扑的基, 该拓扑就叫做 $X \times Y$ 的**乘积拓扑**. $X \times Y$ 的子集 W 关于乘积拓扑为开集当且仅当对 W 的每一个元 (x,y) 有 x 的开邻域 U 和 y 的开邻域 V 使得 $U \times V \subset W$. 又空间 X 和 Y 称为**坐标空间**, 将 $X \times Y$ 的点 (x,y) 分别对应于 x 和 y 的函数 P_0 和 P_1 称为到坐标空间内的**射影**. 这些射影为连续函数, 因为若 U 为 X 中的开集, 则 $P_0^{-1}[U]$ 为 $X \times Y$, 从而它也是开集. 利用射影的连续性, 我们可给出乘积拓扑在下列意义下的刻画. 假设 $\mathscr{T}$ 是 $X \times Y$ 的拓扑, 它使得每一个射影为连续, 则当 U 为 X 中的开集, V 为 Y 中的开集时, $U \times V$ 为关于 $\mathscr{T}$ 的开集. 因为 $U \times V = P_0^{-1}[U] \bigcap P_1^{-1}[V]$, 又由射影的连续性可知这些集关于 $\mathscr{T}$ 为开集; 因此 $\mathscr{T}$ 大于乘积拓扑, 从而乘积拓扑为使得到坐标空间内的射影为连续的最小拓扑.

没有任何困难, 我们就可以把乘积拓扑的定义推广到任意有限多个坐标空间的笛卡儿乘积. 若 $X_0, X_1, \cdots, X_{n-1}$ 中的每一个为拓扑空间, 则 $X_0 \times X_1 \times \cdots \times X_{n-1}$ 的乘积拓扑的一个基为所有乘积 $U_0 \times U_1 \times \cdots \times U_{n-1}$ 的族, 其中每一个 U_i 为 X_i 中的开集. 特别, 若每一个 X_i 为带有通常拓扑的实数集, 则乘积空间为 n 维欧几里得空间 E_n. E_n 的元为定义在集 $0, 1, \cdots, n-1$ 上的实值函数, 又函数 x 在整数 i 处的值为 $x_i (= x(i))$.

现在来定义任意一族拓扑空间的笛卡儿乘积的乘积拓扑. 假设对指标集 A 的每一个元 a 给定一个集 X_a, 则笛卡儿乘积 $\times \{X_a : a \in A\}$ 定义为所有使得对 A 中的每一个 a 有 $x_a \in X_a$ 的 A 上的函数 x 的集, 集 X_a 叫做第 a 个坐标集, 而从乘积到第 a 个坐标集内的射影 P_a 定义为 $P_a(x) = x_a$. 又假设对每一个坐标集给定一个拓扑 $\mathscr{T}_a$. 乘积拓扑的引出是基于使每一个射影为连续这一考虑的[②]. 为了得到射影的连续性, 必须且只需每一个形如 $P_a^{-1}[U]$ 的集皆为开集, 其中 U 为 X_a 的开子集. 显然, 所有这种形式的集的族为某个拓扑的子基, 并且它还是使得射影为连续的最小拓扑, 该拓扑就叫做**乘积拓扑**. 这个子基的元为形如 $\{x : x_a \in U\}$ 的集,

---

① 一个**拓扑学者**乃是一位不知汽车轮胎与咖啡杯之间的差别的人.
② 乘积拓扑的这种描述方法属于 N. Bourbaki.

其中 U 为 X_a 中的开集, 直观地说, 它们是坐标空间中的开集上的柱, 有时也称子基的元由通过 "限制第 a 个坐标在第 a 个坐标空间的开子集内" 而得到的集所组成. 乘积拓扑的一个基为该子基的所有元的有限交组成的族, 即该基的元 U 为形如 $\bigcap\{P_a^{-1}[U_a] : a \in F\} = \{x : $ 对 F 中的每一个 a 有 $x_a \in U_a\}$ 的集, 其中 F 为 A 的有限子集, U_a 为 X_a 中的开集 (对 F 中的每一个 a). 应该强调的是这里只是有限交. 一般地说, $\times\{U_a : a \in A\}$ 就不是关于乘积拓扑的开集, 其中对每一个 a, U_a 为 X_a 中的开集. 又**乘积空间**指的是带有乘积拓扑的笛卡儿乘积.

从乘积空间到坐标空间内的射影还有另一个很有用的性质. 我们称从拓扑空间 X 到另一个空间 Y 的函数 f 为**开映射**当且仅当每一个开集的象仍为开集, 即若 U 为 X 中的开集, 则 $f[U]$ 为 Y 中的开集.

定理 2　从乘积空间到它的每一个坐标空间内的射影为开映射.

证明　设 P_c 为从 $\times\{X_a : a \in A\}$ 到 X_c 内的射影, 则欲证 P_c 为开映射, 只需证乘积中的点 x 的邻域的像为 $P_c(x)$ 的邻域, 并且还可以假定乘积空间中的邻域为上面所定义的乘积拓扑的基的元.

假设 $x \in V = \{y : $ 对 F 中的 a 有 $y_a \in U_a\}$, 其中 F 是 A 的有限子集并且对 F 中的每一个 a, U_a 是 X_a 中的开集. 我们构造一个 X_c 的 "拷贝", 使它包含点 x 如下: 对 $z \in X_c$, 命 $f(z)_c = z$, 又当 $a \neq c$ 时, 命 $f(z)_a = x_a$, 则 $P_c \circ f(z) = z$. 若 $c \notin F$, 则易见 $f[X_c] \subset V$ 且 $P_c[V] = X_c$ 为开集. 又若 $c \in F$, 则 $f(z) \in V$ 当且仅当 $z \in U_c$ 且 $P_c[V] = U_c$ 也为开集. 定理获证 (事实上, 在证明中所定义的函数 f 为同胚这个事实偶尔也会用到).▌

我们可能猜想乘积空间中的闭集的射影仍为闭集. 然而, 容易看出这是不成立的. 欧几里得平面中的集 $\{(x, y) : xy = 1\}$ 在每一个坐标空间内的射影就不是闭集.

对值域为某个乘积空间的子集的函数, 连续性有一个极为有用的刻画.

定理 3　从某个拓扑空间到乘积空间 $\times\{X_a : a \in A\}$ 的函数 f 为连续当且仅当对每一个射影 P_a, 合成 $P_a \circ f$ 为连续.

证明　若 f 为连续, 则 $P_a \circ f$ 也为连续, 这是因为 P_a 为连续.

若对每一个 $a, P_a \circ f$ 为连续, 则对 X_a 的每一个开集 U, 集 $(P_a \circ f)^{-1}[U] = f^{-1}[P_a^{-1}[U]]$ 为开集, 由此可见, 上面所定义的乘积拓扑的子基的每一个元关于 f 的逆为开集, 因此根据定理 3.1(c), f 为连续. ▌

乘积空间中的收敛, 利用射影也能够得到一种很简单的描述.

定理 4　乘积空间中的网 S 收敛于点 s 当且仅当它在每一个坐标空间内的射影收敛到 s 的射影.

证明　因为在每一个坐标空间内的射影为连续, 故若 $\{S_n, n \in D\}$ 为笛卡儿乘积 $\times\{X_a : a \in A\}$ 中收敛于点 s 的网, 则网 $\{P_a(S_n), n \in D\}$ 必定收敛于 $P_a(s)$.

今证其逆. 设 $\{S_n, n \in D\}$ 为这样的网, 它使得对 A 中的每一个 $a, \{P_a(S_n), n \in$

$D\}$ 收敛于 s_a, 则对 s_a 的每一个开邻域 $U_a, \{P_a(S_n), n \in D\}$ 基本上在 U_a 内, 从而 $\{S_n, n \in D\}$ 基本上在 $P_a^{-1}[U_a]$ 内, 于是 $\{S_n, n \in D\}$ 必定基本上在每一个形如 $P_a^{-1}[U_a]$ 的集的有限交内, 但所有如此的有限交的族关于乘积拓扑为 s 的邻域系的一个基, 故 $\{S_n, n \in D\}$ 收敛于 s. |

我们把关于乘积拓扑的收敛叫做**坐标收敛**或**点式收敛**. 后一种说法, 在所有坐标空间都相同的情况下用得更多. 对于这种重要的特殊情形, 笛卡儿乘积 $\times\{X_a : a \in A\}$ 就简单地成为所有从 A 到 X 的函数的集, 通常把它记作 X^A. 又 X^A 中的网 $\{F_n, n \in D\}$ 关于点式收敛拓扑收敛于 f 当且仅当对 A 中的每一个 a, 网 $\{F_n(a), n \in D\}$ 收敛于 $f(a)$. 这个事实表明我们采用点式收敛的术语似乎是有理由的. 在这种情况下, 乘积拓扑也叫做**简单拓扑**.

我们自然要问拓扑空间的乘积是否能够遗传它的坐标空间所具有的性质. 例如, 可以问在每一个坐标空间为 Hausdorff 空间或满足第一或第二可数性公理的情况下, 乘积空间是否也具有这些性质. 下面的一些定理将要回答这些问题.

定理 5　Hausdorff 空间的乘积仍为 Hausdorff 空间.

证明　若 x 和 y 为 $\times\{X_a : a \in A\}$ 的不同的点, 则对 A 中的某个 a 有 $x_a \neq y_a$, 故当每一个坐标空间为 Hausdorff 空间时存在 x_a 和 y_a 的互不相交的开邻域 U 和 V, 因而 $P_a^{-1}[U]$ 和 $P_a^{-1}[V]$ 为乘积中 x 和 y 的互不相交的邻域. |

回顾一下, 平庸拓扑空间指的是空集和整个空间为仅有的开集的空间.

定理 6　设对指标集 A 的每一个元 a, X_a 为满足第一可数性公理的拓扑空间, 则乘积 $\times\{X_a : a \in A\}$ 满足第一可数性公理当且仅当除可数多个外所有 X_a 为平庸空间.

证明　假设 B 为 A 的可数子集并且当 a 属于 $A \sim B$ 时 X_a 为平庸空间, 又设 x 为乘积空间中的一个点. 对 A 中的每一个 a, 选择 x_a 在 X_a 中的邻域系的一个可数基 $\mathscr{U}_a$, 显然, 当 a 属于 $A \sim B$ 时 $\mathscr{U}_a = \{X_a\}$. 再考虑所有形如 $P_a^{-1}[U]$ 的集的有限交组成的族, 其中 $a \in A, U \in \mathscr{U}_a$. 则它为可数集, 这是因为当 $a \in A \sim B$ 时, $P_a^{-1}[U] = \times\{X_b : b \in A\}$; 又这些有限交的族为 x 的邻域系的一个基, 因而乘积空间满足第一可数性公理.

今证其逆. 假设 B 为 A 的不可数子集, 并且使得对 B 中的每一个 a 存在 x_a 在 X_a 中的一个邻域, 它为 X_a 的真子集, 又设存在 x 的邻域系的一个可数基 $\mathscr{U}$. 因为 $\mathscr{U}$ 的每一个元 U 包含上面所定义的乘积拓扑的基的一个元, 故除有限多个 A 中的元 a 外 $P_a[U] = X_a$, 又 B 为不可数集, 因而有 B 的一个元 a 使得对 $\mathscr{U}$ 中的每一个 U 有 $P_a[U] = X_a$. 但存在 x_a 的开邻域 V, 它为 X_a 的真子集, 从而易见没有 $\mathscr{U}$ 的元, 它为 $P_a^{-1}[V]$ 的子集, 因为 $\mathscr{U}$ 的每一个元都射影到整个 X_a 上, 于是矛盾. |

此外, 坐标空间也可以遗传乘积空间的某些性质. 若乘积空间为 Hausdorff 空间, 则每一个坐标空间亦为 Hausdorff 空间, 又若乘积空间在每一点处有可数局部基, 则每一个坐标空间也如此. 这些命题都很容易得到, 因此我们略去它的证明.

注记 7　Tychonoff 在两篇经典论文 (Tychonoff [1] 和 [2]) 中定义了乘积拓扑并且证明了它的最重要的性质. 他的结果现在是一般拓扑中的标准工具 (参看第 5 章). 在 Tychonoff 的工作之前关于点式收敛拓扑的函数序列的收敛已经有许多研究. 但在这些工作中出现很多困难, 因为拓扑不能完全由序列收敛来描述, 至少对于最有趣的情形是如此 (见问题 3.W).

3.3　商　空　间

首先我们简要地回顾一下引导出乘积拓扑定义的方法. 若 f 是定义在集 X 上并且取值于拓扑空间 Y 内的函数, 则我们恒可指定 X 的拓扑使得 f 为连续. 显然, 离散拓扑就具有该性质, 然而它并不有趣. 一个更为有趣的拓扑是所有形如 $f^{-1}[U]$ 的集组成的族 $\mathscr{T}$, 其中 U 是 Y 中的开集, 它之所以显然为一个拓扑是因为函数的逆保持并的运算. 易见使得 f 为连续的每一个拓扑都包含 $\mathscr{T}$, 因而 $\mathscr{T}$ 是使得 f 为连续的最小拓扑. 若给定的是一族函数, 即对指标集 A 的每一个元 a 都确定了一个函数 f_a, 则子基为所有形如 $f_a^{-1}[U]$ 的集的族的拓扑恰好就具有相同的性质, 其中 a 属于 A, U 为 f_a 的值域中的开集. 这也就是我们定义乘积拓扑所用的方法.

本节的目的是研究反过来的情形. 设 f 是定义在拓扑空间 X 上并且取值于集 Y 上的函数, 问 Y 是否可拓扑化而使得 f 为连续? 若 Y 的子集 U 关于使得 f 为连续的一个拓扑为开, 则 $f^{-1}[U]$ 为 X 中的开集. 另一方面, 所有使得 $f^{-1}[U]$ 为 X 中的开集的 Y 的子集 U 组成的族 $\mathscr{U}$ 是 Y 的一个拓扑, 因为该族的元的交 (或并) 的逆为逆的交 (或并). 因此, 拓扑 $\mathscr{U}$ 是使得 f 为连续的 Y 的最大拓扑, 叫做 Y 的**商拓扑**(关于 f 和 X 的拓扑的商拓扑). Y 的子集 B 关于商拓扑为开集当且仅当 $f^{-1}[Y \sim B] = X \sim f^{-1}[B]$ 为 X 中的开集, 因此 B 为闭集当且仅当 $f^{-1}[B]$ 为闭集.

当 f 没有另外一些严格限制时, 关于商拓扑我们还很难说些什么. 因此我们将只考虑 f 属于以下所给出的两个 "对偶" 的类之一中的函数. 回顾一下, 定义在一个拓扑空间上并且取值于另一个拓扑空间内的函数 f 叫做开的当且仅当每一个开集的象仍为开集. 又我们称函数 f 为闭的当且仅当每一个闭集的象仍为闭集. 上一节我们已经知道从欧几里得平面到它的第一个坐标空间上的射影 $P(x, y) = x$ 为开而非闭的映射, 现在再给出它的这样的子空间的例子, 它使得 P 在其上为闭而非开, 以及为既非开又非闭. 设子空间 $X = \{(x, y) : x = 0 \text{ 或 } y = 0\}$, 即它由两个轴所组成, 将它投射到实轴上, 亦即令 $P(x, y) = x$, 这时 $(0, 1)$ 的小邻域的象为唯一的点 0, 因此 P 不是定义在 X 上的开映射, 但容易证明它是闭的. 若去掉 $(0, 0)$, 而留下

$X \sim \{(0,0)\}$, 则 P 在该子空间上为既非开又非闭 (闭集 $\{(x,y): y=0$ 并且 $x \neq 0\}$ 的象就不是闭集).

从开或闭映射的定义我们容易看出它是依赖于值域空间的拓扑. 然而, 当 f 为连续的开或闭映射时, 值域的拓扑就由映射 f 和定义域的拓扑所完全确定.

定理 8　若 f 是从拓扑空间 $(X, \mathscr{T})$ 到拓扑空间 $(Y, \mathscr{U})$ 上的连续映射并且使得它也是开或闭映射, 则 $\mathscr{U}$ 为商拓扑.

证明　若 f 为开映射并且 U 为 Y 的子集使得 $f^{-1}[U]$ 为开集, 则 $U = f[f^{-1}[U]]$ 为关于 $\mathscr{U}$ 的开集, 因此, 当 f 为开映射时, 每一个关于商拓扑的开集也是关于 $\mathscr{U}$ 的开集, 即商拓扑小于 $\mathscr{U}$. 若 f 为连续的开映射, 则又因商拓扑为使得 f 为连续的最大拓扑, 故 $\mathscr{U}$ 即为商拓扑.

对闭映射来证明本定理时, 只需把上面叙述中的每一处以 "闭" 来代替 "开". ▮

我们知道, 若 f 是从某个拓扑空间到乘积空间的函数, 则 f 为连续当且仅当 f 与每一个射影的合成为连续. 对于商空间也有一个与此相似的命题.

定理 9　设 f 是从空间 X 到空间 Y 上的连续映射, 又设 Y 带有商拓扑. 则从 Y 到空间 Z 的映射 g 为连续当且仅当合成 $g \circ f$ 为连续.

证明　若 U 为 Z 中的开集并且 $g \circ f$ 为连续, 则 $(g \circ f)^{-1}[U] = f^{-1}[g^{-1}[U]]$ 为 X 中的开集, 故由商拓扑的定义便知 $g^{-1}[U]$ 为 Y 中的开集.

其逆显然. ▮

商拓扑和开或闭映射的性质与值域空间的关系很小, 这几乎是明显的. 事实上, 若 f 是从拓扑空间 X 到带有商拓扑的空间 Y 上的连续映射, 则从 X, 它的拓扑和所有形如 $f^{-1}[y](y \in Y)$ 的集组成的族可复制出 Y 的一个拓扑的 "拷贝". 具体做法如下: 设 $\mathscr{D}$ 为所有形如 $f^{-1}[y](y \in Y)$ 的 X 的子集组成的族, 又设 P 为从 X 到 $\mathscr{D}$ 的函数, 它在 x 处的值为 $f^{-1}[f(x)]$, 再对 Y 的每一个 y, 命 $g(y) = f^{-1}(y)$, 则 g 是从 Y 到 $\mathscr{D}$ 上的一对一映射并且 $g \circ f = P, f = g^{-1} \circ P$, 若 $\mathscr{D}$ 指定了商拓扑 (关于 P), 则由定理 3.9 可知 g 为连续 (因为 $g \circ f = P$) 并且 g^{-1} 也为连续 (因为 $g^{-1} \circ P = f$), 因而 g 为一个同胚.

上面的注释表明, 从本质上看值域空间在讨论中是不起什么作用的, 本节剩下所要给出的定理也正是为了进一步显示出这个事实. 作为准备, 我们先简要地讨论一下一个确定的集 X 的子集族的一个性质. 所谓 X 的**分解 (分划)**是指 X 的这样的互不相交的子集族 $\mathscr{D}$, 它使得它的并集为 X, 又从 X 到分解 $\mathscr{D}$ 上的**射影 (商映射)**是指在 x 处的值为使得 x 属于它的 $\mathscr{D}$ 的唯一的元的函数 P. 这时存在描述分解的一种等价方法. 给定 $\mathscr{D}$, 定义 X 上的一个关系: 点 x 与点 y 满足 R 关系当且仅当 x 和 y 属于分解的同一个元. 即定义**分解 $\mathscr{D}$ 的关系** R 为由使得 x 和 y 属于 $\mathscr{D}$ 的同一个元的一切 (x,y) 所组成的 $X \times X$ 的子集, 即有 $R = \bigcup \{D \times D : D \in \mathscr{D}\}$. 若 P 为从 X 到 $\mathscr{D}$ 上的射影, 则 $R = \{(x,y) : P(x) = P(y)\}$. 显然关系 R 为等价关系, 即它为反身、对称并且传递 (见预备知识). 反之, 每一个 X 上的等价关系也定义了一个子集 (等价类) 族, 使得它是 X 的分解. 若 R 为 X 上的等价关系, 则 X/R 定义为所有等价类的族. 又若 A 为 X 的子集, 则 $R[A]$ 为所有与 A 的点满足 R 关系的点组成的集, 即 $R[A] = \{y : $ 对 A 中的某个 x 有 $(x,y) \in R\}$, 等价地有 $R[A] = \bigcup\{D : D \in X/R$ 且 $D \bigcap A$ 为非空$\}$. 当 x 为 X 的点时我们简记 $R[\{x\}]$ 为 $R[x]$, 即集 $R[x]$ 为 x 属于它的等价类, 并且若 P 为从 X 到分解上的射影, 则 $P(x) = R[x]$.

在以下的讨论中, 我们假定 X 为确定的拓扑空间, R 为 X 上的等价关系并且 P 为从 X 到所有等价类的族 X/R 上的射影. 而**商空间**就指的是带有商拓扑 (关于 P) 的族 X/R. 若 $\mathscr{A} \subset X/R$, 则 $P^{-1}[\mathscr{A}] = \bigcup\{A : A \in \mathscr{A}\}$, 因而 $\mathscr{A}$ 为关于商拓扑的开 (闭) 集当且仅当 $\bigcup\{A : A \in \mathscr{A}\}$ 为 X 中的开 (闭) 集.

定理 10　设 P 为从拓扑空间 X 到商空间 X/R 上的射影, 则下列命题等价:

(a) P 为开映射;

(b) 若 A 为 X 的开子集, 则 $R[A]$ 为开集;

(c) 若 A 为 X 的闭子集, 则所有为 A 的子集的 X/R 的元的并为闭集.

在 (a)~(c) 中将 "开" 和 "闭" 互换后所得的结果仍然等价.

证明　先证 (a) 等价于 (b).

先注意对每一个 X 的子集 A, 集 $R[A] = P^{-1}[P[A]]$. 若 P 为开映射并且 A 为开集, 则因 P 为连续, 故 $P^{-1}[P[A]]$ 为开集. 反之, 若对每一个开集 $A, P^{-1}[P[A]]$ 为开集, 则因由商拓扑的定义可知 $P[A]$ 为开集, 故 P 为开映射.

再证 (b) 等价于 (c).

注意所有为 A 的子集的 X/R 的元的并为 $X \sim R[X \sim A]$, 而该集对每一个闭集 A 为闭集当且仅当对于开集 $X \sim A$, 集 $R[X \sim A]$ 是开集.

又对偶命题的证明, 只需自始至终将 "开" 和 "闭" 加以互换.∎

若 X 为 Hausdorff 空间, 或满足可数性公理之一, 则我们自然要问商空间 X/R 是否也必定遗传这些性质. 然而除带有一些严格限制的情形外, 回答是否定的. 例如, 若 X 为带有通常拓扑的实数集, R 为所有使得 $x - y$ 为有理数的 (x,y) 组成的集, 则商空间为平庸空间并且从 X 到 X/R 上的射影 P 为开映射. 因此开映射可以变 Hausdorff 空间为非 Hausdorff 空间. 至于变 Hausdorff 空间为非 Hausdorff 空间, 或变满足第一可数性公理的空间为不满足该公理的空间的闭映射的例子只是稍微更复杂些, 但并不困难 (问题 3.R, 问题 4.G).

有一个另外的假设条件, 它有时也会用到. 这就是假定序偶的集 R 为乘积空间 $X \times X$ 中的闭集. 这个条件还可以再叙述成: 若 x 和 y 为 X 的元, 它不满足 R 关系, 则有 (x,y) 在乘积空间 $X \times X$ 中的邻域 W, 它与 R 互不相交. 但如此的邻域 W 必包含形如 $U \times V$ 的邻域, 其中 U 和 V 分别为 x 和 y 的邻域, 又 $U \times V$ 与

R 互不相交当且仅当没有 U 中的点与 V 中的点满足 R 关系. 因此, R 为 $X \times X$ 中的闭集当且仅当若 x 和 y 为 X 中不满足 R 关系的点, 则分别有 x 和 y 的邻域 U 和 V 使得没有 U 中的点与 V 中的点满足 R 关系. 显然, 这又等价于没有 X/R 的元与 U 和 V 相交.

定理 11　若商空间 X/R 为 Hausdorff 空间, 则 R 为乘积空间 $X \times X$ 中的闭集.

若从空间 X 到商空间 X/R 上的射影 P 为开映射并且 R 为 $X \times X$ 中的闭集, 则 X/R 为 Hausdorff 空间.

证明　若 X/R 为 Hausdorff 空间并且 $(x, y) \notin R$, 则 $P(x) \neq P(y)$ 并且有 $P(x)$ 和 $P(y)$ 的互不相交的开邻域 U 和 V. 因 $P^{-1}[U]$ 和 $P^{-1}[V]$ 为开集, 又因从它关于 P 的象互不相交可推出没有 $P^{-1}[U]$ 的点与 $P^{-1}[V]$ 的点满足 R 关系, 故 $P^{-1}[U] \times P^{-1}[V]$ 为与 R 互不相交的 (x, y) 的邻域, 即 R 为闭集.

今设 P 为开映射, R 为 $X \times X$ 中的闭集, 又设 $P(x)$ 和 $P(y)$ 为 X/R 的两个不同的元, 则 x 和 y 不满足 R 关系. 因 R 为闭集, 故有 x 和 y 的开邻域 U 和 V 使得没有 U 中的点与 V 中的点满足 R 关系, 从而 U 和 V 的象互不相交, 再从 P 为开映射即可推出它又是 $P(x)$ 和 $P(y)$ 的开邻域. |

闭映射在另外一种不同的名称下也已经被广泛地研究. 我们称拓扑空间 X 的分解 $\mathscr{D}$ 为**上半连续**当且仅当对 $\mathscr{D}$ 中的每一个 D 和每一个包含 D 的开集 U 有开集 V 使得 $D \subset V \subset U$ 并且 V 是 $\mathscr{D}$ 的元的并 (上半连续概念的来源见问题 3.F).

定理 12　拓扑空间 X 的分解 $\mathscr{D}$ 为上半连续当且仅当从 X 到 $\mathscr{D}$ 上的射影 P 为闭映射.

证明　根据定理 3.10, P 为闭映射当且仅当对 X 的每一个开子集 U, 所有为 U 的子集的 $\mathscr{D}$ 的元的并 V 为开集. 因此, 若 P 为闭映射, $D \in \mathscr{D}, V$ 为包含 D 的开集, 则 V 即为所需的开集, 故 $\mathscr{D}$ 为上半连续.

今证其逆, 假设 $\mathscr{D}$ 为上半连续, U 为 X 的开子集, V 为所有为 U 的子集的 $\mathscr{D}$ 的元的并. 若 $x \in V$, 则 $x \in D \subset U$ 对 $\mathscr{D}$ 中的某个 D 成立, 故由上半连续性有开集 W, 它是 $\mathscr{D}$ 的元的并, 并且使得 $D \subset W \subset U$, 于是 W 为 V 的子集, 从而 V 为 x 的一个邻域. 这表明 V 是开集, 因为它是它自己的每一点的邻域, 再由定理 3.10 便知 P 为闭映射. |

设 A 和 B 为 X 的互不相交闭子集, 定义 X 的分解 $\mathscr{D}$ 为 A, B 和所有集 $\{x\}$, 其中 x 属于 $X \sim (A \bigcup B)$ 时. 这个分解的商空间有时叫做 "叠合 A 的所有点并且叠合 B 的所有点而得的空间". 容易验证 $\mathscr{D}$ 为上半连续, 并且当 X 为 Hausdorff 空间时关系 $R = \bigcup \{D \times D : D \in \mathscr{D}\}$ 为 $X \times X$ 中的闭集. 我们自然猜想具有这种简单构造的商空间可能遗传空间 X 的有趣性质. 不幸, 就在这种情况下, X 可以是 Hausdorff 或满足第一或第二可数性公理的空间, 而相应的性质对商空间却不成立.

注记 13　上半连续族的概念是 Moore 在 20 世纪 20 年代末期引进的, 而稍后首先由 Aronszajn 对开映射进行了充分的研究 (Aronszajn[2]). 又本节的许多结果均可在 Whyburn[2] 中找到.

问　题

A　连通空间

连通空间关于连续映射的象仍为连通空间.

B　关于连续性的定理

设 A 和 B 为拓扑空间 X 的子集, 它使得 $X = A \bigcup B$ 并且 $A \sim B$ 和 $B \sim A$ 分离. 若 f 为 X 上的函数, 它在 A 上为连续并且也在 B 上为连续, 则 f 在 X 上为连续 (见定理 1.19).

C　关于连续函数的习题

若 f 和 g 为定义在拓扑空间 X 上并取值于 Hausdorff 空间 Y 内的连续函数, 则 X 中所有使得 $f(x) = g(x)$ 的点 x 的集为闭集. 因此, 若 f 和 g 在 X 的一个稠密子集上相同 (对属于 X 的一个稠密子集的 x 有 $f(x) = g(x)$), 则 $f = g$.

D　在一点处的连续性; 连续扩张

设 f 定义在拓扑空间 X 的子集 X_0 上并且取值于 Hausdorff 空间 Y 内, 则 f 在 x 处为连续当且仅当 x 属于 X_0 的闭包并且对值域的某个元 y, 它的每一个邻域的逆为 X_0 与 x 的一个邻域的交.

(a) 函数 f 在 x 处为连续当且仅当 $x \in \bar{X_0}$ 且若 S 和 T 为收敛于 x 的网, 则 $f \circ S$ 和 $f \circ T$ 收敛于 Y 的同一个点.

(b) 设 C 为使 f 在该点处为连续的点的集, 又设 f' 为 C 上的函数, 它在点 x 处的值为在一点处的连续性的定义中所给出的值域空间 Y 的元 y(更精确地说, f' 的图形为 $C \times Y$ 与 f 的图形的闭包的交). 函数 f' 具有性质: 若 U 为 X 的开集, 则 $f'[U] \subset f[U]^-$. 又函数 f' 为连续, 只要 Y 具有性质: Y 的每一点的所有闭邻域的族是该点的邻域系的基 (如此的拓扑空间称为正则空间. 此处关于 Y 为正则的要求是实质的, 这正如 Bourbaki 和 Dieudonné [1] 所指明的那样).

E　关于实值连续函数的习题

设 f 和 g 为拓扑空间上的实值函数, 并且关于实数的通常拓扑为连续, 又设 a 为确定的实数.

(a) 在 x 处的值为 $af(x)$ 的函数 af 为连续 (证明变实数 r 为 ar 的函数为连续, 并且利用连续函数的合成仍为连续函数的事实).

(b) 在 x 处的值为 $|f(x)|$ 的函数 $|f|$ 为连续.

(c) 若 $F(x) = (f(x), g(x))$, 则 F 关于欧几里得平面的通常拓扑为连续 (检验 $P \circ F$ 是连续的, 这里 P 是到某个坐标空间内的射影).

(d) 函数 $f+g, f-g$ 和 $f \cdot g$ 为连续并且若 g 恒不为零, 则 f/g 亦为连续 (首先证明 $+, -$ 和 $\cdot$ 为从欧几里得平面到实数内的连续函数 (也见问题 3.S)).

(e) 函数 $\max[f,g] = (|f+g| + |f-g|)/2$ 和 $\min[f,g] = (|f+g| - |f-g|)/2$ 为连续.

F　　上半连续函数

拓扑空间 X 上的实值函数 f 称为上半连续当且仅当集 $\{x : f(x) \geqslant a\}$ 对每一个实数 a 为闭集. 又实数集 R 的上拓扑 $\mathscr{U}$ 指的是由空集、R 和所有形如 $\{t : t < a\}$ 的集所组成的拓扑, 此处 $a \in R$. 若 $\{S_n, n \in D\}$ 为实数的网, 则定义 $\limsup\{S_n : n \in D\}$ 为 $\lim\{\sup\{S_m : m \in D \text{ 且 } m \geqslant n\} : n \in D\}$, 其中极限是对实数的通常拓扑来取的.

(a) 实数的网 $\{S_n, n \in D\}$ 关于 $\mathscr{U}$ 收敛于 s 当且仅当 $\limsup\{S_n : n \in D\} \geqslant s$.

(b) 若 f 为 X 上的实值函数, 则 f 为上半连续当且仅当 f 关于上拓扑为连续, 又当且仅当 $\limsup\{f(x_n) : n \in D\} \leqslant f(x)$, 只要 $\{x_n, n \in D\}$ 为 X 中收敛于点 x 的网.

(c) 若 f 和 g 为上半连续并且 t 为非负实数, 则 $f+g$ 和 tf 为上半连续.

(d) 若 F 为一族上半连续的函数并且使得 $i(x) = \inf\{f(x) : f \in F\}$ 对 X 中的每一个 x 存在, 则 i 为上半连续 (注意 $\{x : i(x) \geqslant a\} = \bigcap\{\{x : f(x) \geqslant a\} : f \in F\}$).

(e) 若 f 为 X 上的有界实值函数, 则有最小的上半连续函数 f^- 使得 $f^- \geqslant a$. 若 $\mathscr{V}$ 为点 x 的邻域系, 并且 $S_V = \sup\{f(y) : y \in V\}$, 则 $f^-(x) = \lim\{S_V, V \in \mathscr{V}, \subset\}$.

(f) 实值函数 g 称为下半连续当且仅当 $-g$ 为上半连续. 若 f 为有界实值函数, 命 $f_- = -(-f)^-$, 又定义 f 的振幅 Q_f 为 $Q_f(x) = f^-(x) - f_-(x)(x \in X)$, 则 Q_f 为上半连续并且 f 为连续当且仅当对 X 中的一切 x 有 $Q_f(x) = 0$.

(g) 设 f 为 X 上的非负实值函数, 又设 R 带有通常拓扑, $G = \{(x,t) : 0 \leqslant t \leqslant f(x)\}$ 带有 $X \times R$ 的相对乘积拓扑. 命 $\mathscr{D}$ 是由 G 的所有 "垂直条" 组成的分解, 所谓 "垂直条" 是指形如 $(\{x\} \times R) \bigcap G$ 的集. 若分解 $\mathscr{D}$ 为上半连续, 则 f 也为上半连续 (其逆亦真, 但最简单的证明需要定理 5.12).

G　　关于拓扑等价的习题

(a) 任何两个带有实数的通常拓扑的相对拓扑的开区间为同胚;

(b) 任何两个闭区间为同胚, 并且任何两个半开区间为同胚;

(c) 没有开区间同胚于闭区间或半开区间, 也没有闭区间同胚于半开区间;

(d) 欧几里得平面的子空间 $\{(x,y) : x^2 + y^2 = 1\}$ 不同胚于实数空间的子空间.

上述的某些空间有一个或多个点 x 使得 $\{x\}$ 的余集为连通.

H　　同胚与一对一的连续映射

给定两个拓扑空间 X 和 Y, 一个从 Y 到 X 上的一对一连续映射和一个从 X 到 Y 上的一对一连续映射, 这时 X 和 Y 还未必为同胚 (设空间 X 由可数多个互不相交的半开区间和可数多个孤立点(点 x 使得 $\{x\}$ 为开集) 所组成. 又设 Y 由可数多个开区间和可数多个孤立点所组成. 再注意可数多个半开区间可以通过一对一连续的方法映到某个开区间上. 我相信这个例子是属于 Fox 的).

I　　关于两个变量的每一个的连续性

设 X 和 Y 为拓扑空间, $X \times Y$ 为乘积空间, 又设 f 为从 $X \times Y$ 到另一个拓扑空间的函数, 则 $f(x,y)$ 关于 x 连续当且仅当对每一个 y, 函数 $f(,y)$(它在 x 处的值为 $f(x,y)$) 为连续. 相似地, $f(x,y)$ 关于 y 连续当且仅当对每一个 $x \in X$, 函数 $f(x,)(f(x,)(y) = f(x,y))$ 为连续.

若 f 在乘积空间上为连续, 则 f 关于 x 并且关于 y 连续, 但其逆不真 (经典的例子为定义在欧几里得平面上的实值函数 $f(x,y) = xy/(x^2 + y^2)$ 并且 $f(0,0) = 0$).

J 关于 n 维欧几里得空间的习题

n 维欧几里得空间 E_n 的子集 A 称为凸集当且仅当对 A 的每一对点 x 和 y 和每一个满足 $0 \leqslant t \leqslant 1$ 的实数 t, 点 $tx + (1-t)y$ 均为 A 的元 (我们定义 $(tx + (1-t)y)i = tx_i + (1-t)y_i$). 这时 E_n 的任意两个开凸子集必为同胚. 又闭凸子集如何?

K 关于乘积空间中闭包, 内部和边界的习题

设 X 和 Y 为拓扑空间, $X \times Y$ 为乘积空间. 又对每一个集 C, 命 C^b 为 C 的边界, 则当 A 和 B 分别为 X 和 Y 的子集时有

(a) $(A \times B)^- = A^- \times B^-$;

(b) $(A \times B)^0 = A^0 \times B^0$;

(c) $(A \times B)^b = (A \times B)^- \sim (A \times B)^0 = ((A^b \bigcup A^0) \times (B^b \bigcup B^0)) \sim (A^0 \times B^0) = (A^b \times B^b) \bigcup (A^b \times B^0) \bigcup (A^0 \times B^b) = (A^b \times B^-) \bigcup (A^- \times B^b)$.

L 关于乘积空间的习题

假设对指标集 A 的每一个元 a, X_a 为拓扑空间. 又设 B 和 C 为 A 的互不相交子集并且使得 $A = B \bigcup C$, 则乘积空间 $\times \{X_b : b \in B\} \times \times \{X_c : c \in C\}$ 同胚于乘积空间 $\times \{X_a : a \in A\}$. 同时对每一个确定的拓扑空间 X, 乘积 X^A 同胚于 $X^B \times X^C$ 并且 $(X^B)^C$ 同胚于 $X^{B \times C}$, 此时, 所有这些空间内的拓扑都取作为乘积拓扑.

M 具有可数基空间的乘积

乘积拓扑具有可数基当且仅当每一个坐标空间的拓扑具有可数基并且除可数多个外所有坐标空间为平庸的.

N 关于乘积和可分性的例子

设 Q 为闭单位区间, X 为乘积空间 Q^Q. 又设 X 的子集 A 由点的特征函数所组成. 更精确地说, 即 $x \in A$ 当且仅当对 Q 中的某个 q 有 $x(q) = 1$ 并且 x 在 $Q \sim \{q\}$ 上为零.

(a) 空间 X 为可分 (所有 X 内具有有限值域的 x(有时叫做梯形函数) 组成的集在 X 中稠密. 同时还有该集的一个可数子集也在 X 中稠密).

(b) 带有相对拓扑的集 A 为离散并且为不可分.

(c) 存在 A 在 X 中的唯一的聚点 x, 且若 U 为 x 的邻域, 则 $A \sim U$ 为有限集.

O 连通空间的乘积

任意一族连通拓扑空间的乘积仍为连通空间 (取定乘积中的一个点 x, 并且设 A 为所有使得有某个连通子集同时包含 x 和 y 的点 y 的集. 然后证明 A 为稠密).

P 关于 T_1- 空间的习题

T_1- 空间的乘积仍为 T_1- 空间. 若 $\mathscr{D}$ 为拓扑空间的分解, 则商空间为 T_1- 空间当且仅当 $\mathscr{D}$ 的元恒为闭集.

Q 关于商空间的习题

从拓扑空间 X 到商空间 X/R 内的射影为闭映射当且仅当对 X 的每一个子集 A, $R[A]^- \subset R[A^-]$; 又它为开映射当且仅当 $R[A^0] \subset R[A]^0$ 对每一个子集 A 成立 ($^-$ 和 $^\circ$ 分别为闭包和内部算子).

R　关于商空间和对角序列的例子

设 X 为带有通常拓扑的欧几里得平面, A 为所有使得 $y=0$ 的点 (x,y) 的集, 又设分解 $\mathscr{D}$ 由 A 和所有使得 $(x,y)\notin A$ 的集 $\{(x,y)\}$ 所组成, 则带有商拓扑的 $\mathscr{D}$ 有如下的性质:

(a) 从 X 到商空间上的射影为闭映射.

(b) 存在可数多个 A 的邻域使得它的交为 $\{A\}$.

(c) 对每一个非负整数 m, 序列 $\{(m,1/(n+1)),n\in\omega\}$ 在商空间中收敛于 A. 若 $\{N_n,n\in\omega\}$ 为非负整数序列的子序列, 则序列 $\{(n,1/(N_n+1)),n\in\omega\}$ 不收敛于 A(后者可以叫做是原来给定的序列族的对角序列).

(d) 商空间不满足第一可数性公理.

注　这个例子属于 Novosad.

S　拓扑群

$(G,\cdot,\mathscr{T})$ 叫做拓扑群当且仅当 $(G,\cdot)$ 为群, $(G,\mathscr{T})$ 为拓扑空间并且在 $G\times G$ 的元 (x,y) 处取值为 $x\cdot y^{-1}$ 的函数关于 $G\times G$ 的乘积拓扑为连续. 当不会引起误解时我们略去群的运算 $\cdot$ 和拓扑 $\mathscr{T}$, 而简称 "G 为拓扑群". 若 X 和 Y 为 G 的子集, 则 $X\cdot Y$ 为所有 G 中这样的 z 组成的集它使得 $z=x\cdot y$ 对 X 中的某个 x 和 Y 中的某个 y 成立. 若 x 为 G 中的点, 则我们分别把 $\{x\}\cdot Y$ 和 $Y\cdot\{x\}$ 简记为 $x\cdot Y$ 和 $Y\cdot x$, 又定义 Y^{-1} 为 $\{x:x^{-1}\in Y\}$.

(a) 若 X,Y,Z 为 G 的子集, 则 $(X\cdot Y)\cdot Z=X\cdot(Y\cdot Z)$ 并且 $(X\cdot Y)^{-1}=Y^{-1}\cdot X^{-1}$.

(b) 设 $(G,\cdot)$ 为群, $\mathscr{T}$ 为 G 的拓扑, 则 $(G,\cdot,\mathscr{T})$ 为拓扑群当且仅当对 G 中的每一对 x 与 y 及 $x\cdot y^{-1}$ 的每一个邻域 W, 存在 x 的邻域 U 和 y 的邻域 V 使得 $U\cdot V^{-1}\subset W$. 等价地, 有 $(G,\cdot,\mathscr{T})$ 为拓扑群当且仅当 i 和 m 为连续, 其中 $i(x)=x^{-1},m(x,y)=x\cdot y$.

(c) 若 G 为拓扑群, 则 i 为从 G 到 G 上的同胚, 其中 $i(x)=x^{-1}$. 又对 G 中的每一个 a,L_a 和 R_a(叫做关于 a 的左和右平移) 均为同胚, 其中 $L_a(x)=a\cdot x,R_a(x)=x\cdot a$.

注意, 拓扑群的拓扑由该群的一个元的邻域系所决定, 这个事实 (下面有精确的陈述) 是很重要的, 它使得许多概念可以局部化.

(d) 若 G 为拓扑群, $\mathscr{U}$ 为单位元的邻域系, 则 G 的子集 A 为开集当且仅当对 A 中的每一个 x 有 x^{-1}. $A\in\mathscr{U}$, 等价地, 当且仅当对 A 中的每一个 x 有 $A\cdot x^{-1}\in\mathscr{U}$. 又子集 A 的闭包为 $\bigcap\{U\cdot A:U\in\mathscr{U}\}=\bigcap\{A\cdot U:U\in\mathscr{U}\}$(注意 $x\in U\cdot A$ 当且仅当 $(U^{-1}\cdot x)\bigcap A$ 为非空).

(e) 拓扑群的单位元 e 的邻域系 $\mathscr{U}$ 具有性质:

(i) 若 U 和 V 属于 $\mathscr{U}$, 则 $U\bigcap V\in\mathscr{U}$;

(ii) 若 $U\in\mathscr{U}$ 并且 $U\subset V$, 则 $V\in\mathscr{U}$;

(iii) 若 $U\in\mathscr{U}$, 则对某个 $V\in\mathscr{U}$ 有 $V\cdot V^{-1}\subset U$;

(iv) 对 $\mathscr{U}$ 中的每一个 U 和 G 中的每一个 x 有 $x\cdot U\cdot x^{-1}\in\mathscr{U}$.

另一方面, 若给定一个群 G 和一非空族满足这四个条件的非空子集, 则存在唯一的 G 的拓扑 $\mathscr{T}$ 使得 $(G,\cdot,\mathscr{T})$ 为一个拓扑群并且 $\mathscr{U}$ 为单位元的邻域系.

(f) 每一个带有离散拓扑或平庸拓扑的群为拓扑群. 若 G 为实数集, 则 $(G,+,\mathscr{T})$ 为拓扑群, 并且 $(G\sim\{0\},\cdot,\mathscr{T})$ 也为拓扑群, 其中 $\mathscr{T}$ 为通常拓扑. 若 G 为所有整数的集, p 为一个素数, $\mathscr{U}$ 是所有满足后一条件的 G 的子集 U 所构成的集族: 它是由 p^k 的所有倍数组成的集 (k 为某个正整数), 则 $\mathscr{U}$ 为关于使得 $(G, +, \mathscr{T})$ 为拓扑群的一个拓扑 $\mathscr{T}$ 的 0 点邻域系.

(g) 拓扑群为 Hausdorff 空间当它是 T_0-空间时 (即若 x 和 y 为不同的元, 则或者有 x 的邻域使得 y 不属于它, 或者是反过来的情形. 注意, 若 $x \notin U \cdot y$, 则 $x \cdot y^{-1} \notin U$ 并且若 $V^{-1} \cdot V \subset U$, 则 $V \cdot x \bigcap V \cdot y$ 为空集).

(h) 若 U 为开集并且 X 为拓扑群的任意子集, 则 $U \cdot X$ 和 $X \cdot U$ 为开集. 然而, 当 X 和 Y 均为闭集时 $X \cdot Y$ 可以不是闭集 (考虑带有通常加法的欧几里得平面, 又取 $X = Y = \{(x, y) : y = 1/x^2\}$).

(i) 群的笛卡儿乘积 $\times \{G_a : a \in A\}$ 关于运算: $(x \cdot y)_a = x_a \cdot y_a$ 对 A 中的每一个 a, 仍为群. 又该乘积关于乘积拓扑为拓扑群并且到每一个坐标空间内的射影为连续的开同态[①].

注 Bourbaki[1], Pontrjagin[1] 和 Weil[2] 是关于拓扑群的基本参考书, 也可以参阅 Chevalley[1].

T 拓扑群的子群

(a) 拓扑群的子群关于相对拓扑仍为拓扑群;

(b) 子群的闭包仍为子群, 不变子群的闭包仍为不变子群 (不变 = 正规);

(c) 每一个具有非空内部的子群为既开又闭. 子群 H 或者为闭, 或者 $H^- \sim H$ 在 H^- 中稠密;

(d) 包含一个确定开子集的拓扑群的最小子群为既开又闭;

(e) 拓扑群的单位元的连通区为不变子群;

(f) 连通拓扑群的离散 (带有相对拓扑) 正规子群为中心的子集 (对子群 H 的确定的元 h, 考虑变 x 为 $x^{-1} \cdot h \cdot x$ 的从 G 到 H 内的映射).

U 商群和同态

设 G 为拓扑群, H 为子群, G/H 为所有左陪集 (对 G 中的 x 的形如 $x \cdot H$ 的集) 的族, 则 G/H 关于商拓扑为齐次空间. 若 H 为不变子群, 则 G/H 为群, 它叫做商群.

(a) 从拓扑群 G 到齐次商空间 G/H 上的射影为连续的开映射 (证明所有与开集 U 相交的左陪集的并为 $U \cdot H$ 并且应用定理 3.10);

(b) 若 H 为不变子群, 则 G/H 关于商拓扑为拓扑群并且射影为连续的开同态;

(c) 变元 A 为 $a \cdot A$ 的齐次空间的映射为同胚, 其中 a 为 G 的一个确定的元;

(d) 若 f 为从拓扑群 G 到另一个群 H 内的同态, 则 f 为连续当且仅当 H 的单位元的邻域的逆为 G 的单位元的邻域;

(e) 若 f 为从拓扑群 G 到拓扑群 J 内的连续同态, 又设 $f[G]$ 具有商拓扑, 则从 G 到 $f[G]$ 上的映射为连续的开映射, 并且从 $f[G]$ 到 J 内的恒等映射为连续, 因此, 每一个连续同态可以分解成一个连续的开同态和一个连续的一对一同态的合成, 又若 f 为从 G 到 J 上的连续的开同态, 则 J 拓扑同构于 G/K, 其中 K 为 f 的核;

(f) 若 $J \subset H \subset G$ 并且 J 和 H 为 G 的不变子群, 则 H/J 为 G/J 的子群, H/J 的商拓扑为 G/J 的相对商拓扑, 并且变 A 为 $A \cdot H$ 的从 G/J 到 G/H 上的映射为连续的开映射,

---

① 某些作者利用术语 "表示" 来代表连续同态, 术语 "同态" 来代表到它的值域上的连续的开同态.

因而 $(G/J)/(H/J)$ 拓扑同构于 G/H.

V　匣空间

笛卡儿乘积 $\times\{X_a : a \in A\}$ 的匣拓扑指的是以所有集 $\times\{U_a : a \in A\}$ 的族为基的拓扑, 其中 U_a 是 X_a 中的开集 (对 A 中的每一个 a). 因此, 开集的笛卡儿乘积关于匣拓扑仍为开集.

(a) 到每一个坐标空间内的射影关于匣拓扑为连续的开映射.

(b) 设 Y 为实数的无穷多次的乘积, 即 $Y = R^A$, 其中 R 为实数集, A 为一个无限集, 则匣拓扑不满足第一可数性公理, 并且 Y 中包含点 y 的连通区为所有使得 $\{a : x_a \neq y_a\}$ 为有限集的点组成的集 (设 x 和 y 为 Y 的点, 它的坐标在一个 A 的元的无限集 $a_0, a_1, \cdots, a_p, \cdots$ 上为互异, 又设 Z 为所有使得对某个 K 有 $p|z(a_p) - x(a_p)|/|x(a_p) - y(a_p)| < K$ 对所有 p 成立的 Y 中的 z 组成的集, 则 Z 为既开又闭, $x \in Z$ 并且 $y \notin Z$).

(c) 证明 (b) 的结果对每一个至少包含两个点的无限多个连通 Hausdorff 拓扑群的乘积仍然成立. 先证拓扑群的乘积关于匣拓扑仍为拓扑群.

W　实线性空间上的泛函

设 $(X, +, \cdot)$ 为实线性空间, 则 X 上的实值线性函数叫做线性泛函. 所有 X 上的线性泛函的集 Z 在加法和数量乘法的自然定义下仍为实线性空间. 显然, Z 是乘积 $R^X = \times\{R : x \in X\}$ 的子集, 其中 R 是实数集, 而相对乘积拓扑就称为弱 * 或 ω^*- 拓扑 (简单拓扑)(空间 Z 为 R^X 的子群, 并且根据问题 3.S(i) 它是一个拓扑群, 然而下列结果并不需要关于拓扑群的命题).

下列命题给出了 Z 的 ω^*- 稠密子空间和 ω^*- 连续线性泛函的刻画.

(a) 若 $f, g_1, \cdots, g_n$ 为 Z 的元并且当每个 $g_i(x) = 0$ 时必有 $f(x) = 0$, 则存在实数 $a_1, \cdots, a_n$ 使得 $f = \Sigma\{a_i g_i : i = 1, \cdots, n\}$(考虑由 $(G(x))_i = g_i(x)$ 所定义的从 X 到 E^n 内的映射 G. 证明有一个诱导映射 F(见预备知识) 使得 $f = F \circ G$).

(b) **稠密性引理**　设 Y 为 Z 的线性子空间, 它使得对 X 的每一个非零的元 x 有 Y 中的 g 满足 $g(x) \neq 0$, 则 Y 在 Z 中 ω^*- 稠密 (为了证明 $f \in Y^-$, 必须对 X 的每一个有限子集 $x_1, \cdots, x_n$, 证明有一个 Y 的元, 它在 $x_1, \cdots, x_n$ 的每一点处逼近 f. 再证明有 Y 中的 g 使得 $g(x_i) = f(x_i)$ 对每一个 x_i 成立, $i = 1, \cdots, n$).

(c) **计值定理**　Z 上的线性泛函 F 为 ω^*- 连续当且仅当它是一个计值映射, 即对 X 中的某个 x, $F(g) = g(x)$ 对 Z 中的所有 g 成立 (若 F 为 ω^*- 连续, 则对 X 中某些 $x_1, \cdots, x_n$ 和某些正实数 $r_1, \cdots, r_n$ 有 $|F(g)| < 1$, 当 $|g(x_i)| < r_i$ 对每一个 i 成立时. 证明若对每一个 i 有 $g(x) = 0$, 则 $F(g) = 0$).

注　乘积拓扑的概念产生于关于 ω^*- 拓扑的序列收敛的讨论. 后者已有广泛的研究 (例如见 Banach[1]), 但在其研究中出现了一些棘手的情况, 而通过拓扑的进一步发展, 它才有所澄清. 我们可以定义集的序列闭包为该集和所有它的序列极限点的并, 而集为序列闭当且仅当它与它的序列闭包相同. 这时不难看出一个集可以是关于 ω^*- 拓扑的序列闭集, 但却不是 ω^*- 闭集. 这还不是把序列收敛作为研究对象的问题所在. 而真正有影响的事实, 则是一个集的序列闭包可以不再是序列闭集, 即序列闭包不是 Kuratowski 的闭包算子. 因此, 一般拓扑的工具不能应用于序列闭包算子, 并且对每一个结论的专门论证都是需要的. 它的进一步的讨论和例子见 Banach[1; 208 页].

X   实线性拓扑空间

实线性拓扑空间(r.l.t.s) 指的是 $(X, +, \cdot, \mathscr{T})$, 它使得 $(X, +, \cdot)$ 为实线性空间, $(X, +, \mathscr{T})$ 为拓扑群, 并且数量乘法 "·" 为从 $X \times ($实数$)$ 到 X 的连续函数. 回顾一下, 实线性空间的子集 K 为凸集当且仅当若 $0 \leqslant t \leqslant 1$ 并且 x 和 y 为 K 的元, 则 $t \cdot x + (1-t) \cdot y \in K$.

(a) 对确定的实数 $a, a \neq 0$, 变实线性拓扑空间的每一个元 x 为 $a \cdot x$ 的函数是一个同胚.

(b) 实线性拓扑空间的笛卡儿乘积关于点式加法和数量乘法以及乘积拓扑仍为 r.l.t.s..

(c) 若 Y 为 r.l.t.s.X 的线性子空间, 则 Y 关于相对拓扑为 r.l.t.s., 并且 X/Y 关于商拓扑为 r.l.t.s..

(d) 设 K 为 r.l.t.s.X 的凸集, f 为 X 上的线性泛函, 则 f 在 K 上连续当且仅当对每一个实数 t, 集 $f^{-1}[t] \bigcap K$ 为 K 中的闭集 (若 K 中的网 $\{x_n, n \in D\}$ 收敛于 K 的元 x, 但使得 $\{f(x_n), n \in D\}$ 不收敛于 $f(x)$, 则对 D 的某个共尾子集中的 n, 选在 x_n 与 x 的线段上的点 y_n 使得 $f(y_n)$ 与 $f(x)$ 只差一个常数).

(e) 若 f 为 r.l.t.s.X 上的实值线性函数 (即线性泛函), 则 f 为连续当且仅当 $\{x : f(x) = 0\}$ 为闭集.

注   线性拓扑空间概念相对说是较新的 (Kolmogoroff[1] 和 Neumann[1]), 它产生于 Banach 空间与其共轭空间的弱和弱 * 拓扑的研究. 线性拓扑空间的初等理论大部分是拓扑群理论的直接的应用, 而与拓扑群理论相区别的结果全部都依赖于凸性的论证 (这是完全正常的, 因为作为仅有的区别的特征的数量乘法的主要应用就是在凸性的论证中). 又在本书问题中所给出的 r.l.t. 空间的少量结果不能作为该理论的合适的引论, 因为我们没有列入关于凸性的命题, 而这在比较认真的研究中是基本的. 下列书籍可以作为学习的参考书: Bourbaki[3], Nachbin[1] 和 Nakano[1], 其中的第一本包括了关于 (不必交换的) 拓扑体上的线性拓扑空间的研究.

第4章 嵌入和度量化

我们知道一般拓扑学也是按照数学中经常出现的一种发展模式而展开的, 即从表面上似乎没有多少相仿的几种情形中考察它们之间的相似性和反复出现的论证入手. 然后, 再试图把这些不同例子中所共有的概念和方法抽象出来. 如果我们分析得已经足够透彻, 那么我们就能找到一种包含其中大部分乃至全部例子的理论, 这种理论就其自身而言也有研究的价值. 也正是依照这样的方法, 通过多次实践, 拓扑空间的概念才得到了发展. 因此, 它也就是一个不断整理、抽象和扩充过程的必然结果. 如果这些例子包含的抽象方法不止一种, 那么我们就必须检验每一种抽象方法, 看它们是否包含了这些例子的中心思想. 这种检验通常是通过比较我们所抽象出的对象和导出它的那些对象来完成的. 因此, 我们自然也就要问是不是一个拓扑空间, 至少在某些适当的限制下必定是导出这个概念的那些特殊的具体空间中的一个. 而用来作为比较空间的 "标准" 例子是单位区间的笛卡儿乘积和度量空间. 本章我们将给出度量空间和伪度量空间的初等性质, 同时还将给出空间为度量空间或为单位区间的笛卡儿乘积的子空间的充要条件.

最后, 提醒一句：拓扑空间的概念绝不能包含度量空间所具有的一切性质. 另外, 在第 6 章中我们还将引出度量空间概念的另一种与此不同但更为深刻的抽象.

4.1 连续函数的存在

这一节我们证明四个引理, 其目的是为了构造出拓扑空间上的实值连续函数. 现在先来考察与此有关的一类较为特殊的拓扑空间. 我们称空间为**正规的**[①]当且仅当对每一对互不相交的闭集 A 和 B, 有互不相交的开集 U 和 V 使得 $A \subset U$ 并且 $B \subset V$, 又 T_4- **空间**是指这样的正规空间, 它同时又是 T_1- 空间 (对每一个 $x, \{x\}$ 为闭集). 如果规定集 U 为**集 A 的邻域**当且仅当 A 是 U 的内部 U^0 的子集, 那么正规性的定义又可以叙述成：空间为正规当且仅当互不相交的闭集有互不相交的邻域. 我们还可以给出正规条件的另一种叙述形式. 一个集的一些邻域的族叫做**该集的邻域系的一个基**当且仅当这个集的每一个邻域包含有该族的一个元. 于是, 若 W 为正规空间 X 的闭子集 A 的一个邻域, 则有互不相交的开集 U 和 V 使得 $A \subset U$ 并且 $X \sim W^0 \subset V$, 因而 A 的任意邻域 W 包含有闭邻域 U^-. 这表明当空

---

① 这种命名方式是长期沿用的惯例的一个极好例子, 即称我们不能处理的问题为非正规、非正则等. 又正规空间类的非正规性的简要的讨论将在本章最后的问题中给出.

间为正规时, 闭集 A 的所有闭邻域的族是 A 的邻域系的一个基. 今证其逆亦真. 因为若 A 和 B 为互不相交的闭集, 而 W 为 A 的一个闭邻域, 它包含在 $X \sim B$ 内, 则 W^0 和 $X \sim W$ 分别为 A 和 B 的互不相交的开邻域, 故得证.

每一个离散空间和每一个平庸空间均为正规空间, 因此正规空间可以不是 Hausdorff 空间, 也可以不满足第一或第二可数性公理. 但 T_4- 空间 (T_1 并且正规) 必为 Hausdorff 空间. 正规空间的闭子集对于相对拓扑仍为正规空间. 然而, 正规空间的子空间, 乘积空间和商空间未必仍为正规空间 (见问题 4.E, 4.F).

对于 T_1- 空间有一个介于 Hausdorff 和正规性之间的条件, 并且在某些情况下它还可以推出正规性. 我们称拓扑空间为**正则的**当且仅当对每一个点 x 和 x 的每一个邻域 U, 有 x 的一个闭邻域 V 使得 $V \subset U$, 即每一点的所有闭邻域的族为该点邻域系的一个基. 一个等价的说法是: 对每一个点 x 和每一个闭集 A, 若 $x \notin A$, 则有互不相交的开集 U 和 V 使得 $x \in U$ 并且 $A \subset V$. 正则空间同时还是 T_1- 空间, 就叫做 **T_3- 空间**. 再回顾一下, 所谓 Lindelöf 空间, 是指这样的拓扑空间, 它使得每一个开覆盖有可数子覆盖.

引理 1(Tychonoff)   每一个正则的 Lindelöf 空间为正规空间.

证明   假设 A 和 B 为 X 的互不相交的闭子集. 因为 X 为正则空间, 故对 A 的每一个点有一个邻域, 它的闭包与 B 不相交, 从而所有闭包与 B 不相交的开集组成的族 $\mathscr{U}$ 为 A 的一个覆盖. 类似地, 有闭包与 A 不相交的开集组成的族 $\mathscr{V}$ 为 B 的一个覆盖, 并且 $\mathscr{U} \bigcup \mathscr{V} \bigcup \{X \sim (A \bigcup B)\}$ 为 X 的一个覆盖. 因此, 有 $\mathscr{U}$ 的元的序列 $\{U_n, n \in \omega\}$ 覆盖 A 和 $\mathscr{V}$ 的元的序列 $\{V_n, n \in \omega\}$ 覆盖 B. 设 $U'_n = U_n \sim \bigcup \{V^-_p : p \leqslant n\}, V'_n = V_n \sim \bigcup \{U^-_p : p \leqslant n\}$, 则因 $U'_n \bigcap V_m$ 当 $m \leqslant n$ 时为空集, 故 $U'_n \bigcap V'_m$ 当 $m \leqslant n$ 时为空集, 交换 U 和 V 的地位, 再应用同样的讨论便知 $U'_n \bigcap V'_m$ 对所有的 m 和 n 为空集, 于是 $\bigcup \{U'_n : n \in \omega\}$ 与 $\bigcup \{V'_n : n \in \omega\}$ 互不相交. 最后, $V^-_p \bigcap A$ 和 $U^-_p \bigcap B$ 对所有的 p 为空集, 因而, 互不相交的开集 $\bigcup \{U'_n : n \in \omega\}$ 和 $\bigcup \{V'_n : n \in \omega\}$ 分别包含 A 和 B. ▌

特别, 满足第二可数性公理的正则空间必为正规空间.

现在我们开始来构造连续的实值函数. 若 A 和 B 为互不相交的闭集, 我们需要作出这样的连续实值函数, 它取值于 $[0,1]$ 区间而且它在 A 上为 0 并在 B 上为 1. 代替直接构造函数 f, 我们来构造一些集, 它们相应于 (近似地) 形如 $\{x : f(x) < t\}$ 的集. 下面的两个引理说明了一个子集族和一个实值函数之间的关系.

引理 2   假设对正实数的稠密子集 D 的每一个元 t, F_t 为集 X 的一个子集, 它合于

(a) 若 $t < s$, 则 $F_t \subset F_s$ 与

(b) $\bigcup \{F_t : t \in D\} = X$.

对 X 中的 x, 命 $f(x) = \inf\{t : x \in F_t\}$, 则对每一个实数 s 有 $\{x : f(x) < s\} =$

$\bigcup\{F_t: t\in D\text{ 且 }t<s\}$ 并且 $\{x: f(x)\leqslant s\}=\bigcap\{F_t: t\in D\text{ 且 }t>s\}$.

证明　我们来直接计算. 因为集 $\{x: f(x)<s\}=\{x: \inf\{t: x\in F_t\}<s\}$, 又该下确界小于 s 当且仅当 $\{t: x\in F_t\}$ 的某个元小于 s, 故集 $\{x: f(x)<s\}$ 为所有使得对某个 t 有 $t<s$ 和 $x\in F_t$ 的 x 组成的集, 即为 $\bigcup\{F_t: t\in D\text{ 且 }t<s\}$. 这就证明了第一个等式.

今证第二个等式. 注意, 从 $\inf\{t: x\in F_t\}\leqslant s$ 可推出, 对每一个大于 s 的 u 有 $t<u$ 使得 $x\in F_t$. 反之, 若对 D 中满足 $t>s$ 的每一个 t 有 $x\in F_t$, 则因 D 在正实数中稠密, 故 $\inf\{t: x\in F_t\}\leqslant s$. 因此, 所有使得 $f(x)=\inf\{t: x\in F_t\}\leqslant s$ 的 x 组成的集为 $\{x: \text{若 }t\in D\text{ 且 }t>s, \text{则 }x\in F_t\}=\bigcap\{F_t: t\in D\text{ 且 }t>s\}$. ∎

引理 3　假设对正实数的稠密子集 D 的每一个元 t, F_t 为拓扑空间 X 的一个开子集, 它合于

(a) 若 $t<s$, 则 F_t 的闭包为 F_s 的一个子集与

(b) $\bigcup\{F_t: t\in D\}=X$.

命 $f(x)=\inf\{t; x\in F_t\}$, 则函数 f 连续.

证明　按照定理 3.1, 函数为连续, 只要值域空间的拓扑的某个子基的每一个元的逆恒为开集, 又对实数 s, 所有形如 $\{t: t<s\}$ 或 $\{t: t>s\}$ 的集组成的族为实数集的通常拓扑的一个子基, 因此欲证 f 连续, 只需证对每一个实数 s, $\{x: f(x)<s\}$ 为开集并且 $\{x: f(x)\leqslant s\}$ 为闭集.

引用上一引理, $\{x\cdot f(x)<s\}$ 为开集 F_t 的并, 因而亦为开集. 再引用上一引理, $\{x: f(x)\leqslant s\}=\bigcap\{F_t: t\in D\text{ 且 }t>s\}$, 于是, 如果我们能够证明这个集与 $\bigcap\{F_t^-: t\in D\text{ 且 }t>s\}$ 相同, 那么证明就全部完成.

因为对每一个 $t, F_t\subset F_t^-$, 故 $\bigcap\{F_t: t\in D\text{ 且 }t>s\}\subset\bigcap\{F_t^-: t\in D\text{ 且 }t>s\}$. 另一方面, 对 D 中满足 $t>s$ 的每一个 t 有 $r\in D$ 使得 $s<r<t$, 因而 $F_r^-\subset F_t$, 从而又得到反过来的包含关系. ∎

现在, 容易证明这一节的主要结果.

引理 4(Urysohn)　若 A 和 B 为正规空间 X 的互不相交闭子集, 则有从 X 到区间 $[0,1]$ 的连续函数 f 使得 f 在 A 上为 0 并且在 B 上为 1.

证明　设 D 为正二进有理数的集 (即所有形如 $p2^{-q}$ 的数的集, 其中 p 和 q 为正整数). 当 $t\in D$ 并且 $t>1$ 时, 命 $F(t)=X$, 又命 $F(1)=X\sim B, F(0)$ 为一个这样的开集, 它包含 A 并且使得 $F(0)^-$ 与 B 不相交, 又当 $t\in D$ 并且 $0<t<1$ 时, 表 t 为 $t=(2m+1)2^{-n}$ 的形式并且对于 n 归纳地选取 $F(t)$ 为一个这样的开集, 它包含 $F(2m2^{-n})^-$ 同时使得 $F(t)^-\subset F((2m+2)2^{-n})$. 这种选取是可能的, 因为 X 为正规空间. 令 $f(x)=\inf\{t: x\in F(t)\}$, 则由上一引理便知 f 连续. 因为对 D 中的每一个 t 有 $A\subset F(t)$, 函数 f 在 A 上为 0. 又因为对 $t\leqslant 1$ 有 $F(t)\subset X\sim B$ 并且对 $t>1$ 有 $F(t)=X$, 函数 f 在 B 上为 1. ∎

4.2　嵌入到立方体内

我们称带有乘积拓扑的一些闭单位区间的笛卡儿乘积为一个立方体. 也就是说, 立方体是所有从集 A 到闭单位区间 Q 的函数组成的集 Q^A 并且带有点式, 或坐标收敛的拓扑. 若把立方体作为空间的一种标准类型, 则我们需要描述同胚于立方体的子空间的那些拓扑空间. 完成这个目的所应用的方法虽然简单, 但却值得注意, 它在其他问题中还要用到.

假设 F 为一个函数族, 它的每一个元 f 是从拓扑空间 X 到拓扑空间 Y_f(对于族中不同的元值域可以是不同的), 则有从 X 到乘积 $\times\{Y_f : f \in F\}$ 内的一个自然映射, 它由映 X 的点 x 为第 f 个坐标是 $f(x)$ 的乘积中的元所定义. 即**计值映射** e 定义为 $e(x)_f = f(x)$. 现在来说明当 F 的元 f 连续时, e 是连续的, 而且在附加上 F 包含有 "足够多的函数" 之后, e 还是一个同胚. 我们称 X 上的函数族 F 为**分离点**当且仅当对每一对不同的点 x 和 y 有 F 中的 f 使得 $f(x) \neq f(y)$. 又称 F 为**分离点和闭集**当且仅当对 X 的每一个闭子集 A 和 $X \sim A$ 的每一个点 x 有 F 中的 f 使得 $f(x)$ 不属于 $f[A]$ 的闭包.

嵌入引理 5　设 F 为一个连续函数族, 它的每一个元 f 是从拓扑空间 X 到拓扑空间 Y_f, 则

(a) 计值映射 e 是从 X 到乘积空间 $\times\{Y_f : f \in F\}$ 的连续函数;

(b) 函数 e 为从 X 到 $e[X]$ 上的开映射, 假如 F 分离点和闭集;

(c) 函数 e 为一对一当且仅当 F 分离点.

证明　映射 e 与到第 f 个坐标空间内的射影 P_f 的合成为连续, 这是因为 $P_f \circ e(x) = f(x)$. 因而, 由定理 3.3 便知 e 连续.

欲证命题 (b), 只需证点 x 的开邻域 U 关于 e 的象包含乘积中的 $e(x)$ 的一个邻域与 $e[X]$ 的交. 选 F 的一个元 f 使得 $f(x)$ 不属于 $f[X \sim U]$ 的闭包, 此时乘积中所有使得 $y_f \notin f[X \sim U]^-$ 的 y 组成的集为开集, 又易见它与 $e[X]$ 的交为 $e[U]$ 的子集. 因此, e 为从 X 到 $e[X]$ 上的一个开映射.

命题 (c) 是明显的. ∎

上一引理将把空间拓扑地嵌入到立方体内的问题化为寻找定义在该空间上的连续实值函数的一个 "丰富的" 的集的问题. 显然有这样的拓扑空间, 在其上的每一个连续实值函数皆为常数, 例如任何平庸空间就具有这个性质, 也还有非不足道的例子, 正则 Hausdorff 空间上的每一个连续实值函数就恒为常数①. 拓扑空间 X 叫做全正则当且仅当对 X 的每一个元 x 和 x 的每一个邻域 U, 有从 X 到闭单位区间的连续函数 f 使得 $f(x) = 0$ 并且在 $X \sim U$ 上 f 恒等于 1. 显然, 所有从全

---

① 见 Hewitt[1] 和 Novak[1]. 关于分离公理的其他事实见 van Est 和 Freudenthal[1].

正则空间到单位区间 $[0,1]$ 的连续函数的族在上一引理的意义下分离点和闭集 (它的逆命题也成立, 但此处并不需要). 若全正则空间同时又是 T_1- 空间 (对每一个 x, $\{x\}$ 为闭集), 则所有从该空间到 $[0,1]$ 的连续函数的族也分离点. 我们称全正则的 T_1- 空间为 **Tychonoff 空间**. 若 X 为 Tychonoff 空间, F 为所有从 X 到 $[0,1]$ 的连续函数的族, 则嵌入引理 4.5 说明从 X 到立方体 Q^F 内的赋值映射为一个同胚. 于是每一个 Tychonoff 空间都同胚于某个立方体的一个子空间. 这个事实实际上是 Tychonoff 空间的一个特征, 我们现在着手给出它的证明.

由于 Urysohn 的引理 4.4, 每一个正规的 T_1 空间为 Tychonoff 空间. 又每一个全正则空间为正则空间, 因为若 U 为 x 的一个邻域, f 为一个连续函数, 它在 x 处等于 0, 又在 $X \sim U$ 上等于 1, 则 $V = \{y : f(y) < 1/2\}$ 为开集并且它的闭包含在 U 的子集 $\{y : f(x) \leqslant 1/2\}$ 内. 对于 T_1- 空间有一系列所谓的分离公理：Hausdorff、正则、全正则和正规. 除正规性外这些性质在这样的意义下是可遗传的, 即当空间 X 具有某种性质时, X 的每一个子空间也具有该性质. 同样, 除正规性外, 每一种相同类型的空间的乘积仍为同一类型的空间. 这些事实的证明除了现在所需要的下列定理外都作为本章的问题 (问题 4.H).

定理 6　Tychonoff 空间的乘积空间仍为 Tychonoff 空间.

证明　为方便起见, 我们约定从拓扑空间 X 到闭单位区间的连续函数 f 为关于偶 (x,U) 的函数当且仅当 x 为 X 的一个点, U 为 x 的一个邻域并且 $f(x) = 0$, f 在 $X \sim U$ 上恒等于 1. 若 $f_1, \cdots, f_n$ 分别为关于 $(x, U_1), \cdots, (x, U_n)$ 的函数, 其中 n 是正整数, 又若 $g(x) = \sup\{f_i(x) : i = 1, \cdots, n\}$ 则 g 为关于 $(x, \bigcap\{U_i : i = 1, \cdots, n\})$ 的函数. 因此空间为全正则空间, 只要对每一个 x 和 x 的每一个属于拓扑的某个子基的邻域 U 有关于 (x, U) 的函数.

设 X 为 Tychonoff 空间的乘积 $\times\{X_a : a \in A\}$ 并且 $x \in X$, 若 U_a 为 x_a 在 X_a 中的一个邻域, f 为关于 (x_a, U_a) 的函数, 则 $f \circ P_a$ 为关于 $(x, P_a^{-1}[U_a])$ 的函数, 其中 P_a 是到第 a 个坐标空间的射影. 而所有形如 $P_a^{-1}[U_a]$ 的集组成的族为乘积拓扑的一个子基, 故乘积空间为全正则空间. 又 T_1- 空间的乘积仍为 T_1- 空间, 于是定理获证. ∎

嵌入定理 7　为了使得拓扑空间为 Tychonoff 空间必要且充分的条件是它同胚于某个立方体的一个子空间.

证明　因为闭单位区间为 Tychonoff 空间, 故由定理 4.6 便知, 作为闭单位区间乘积的立方体亦为 Tychonoff 空间, 从而立方体的每一个子空间仍为 Tychonoff 空间.

又我们已经知道若 X 为 Tychonoff 空间, F 为所有从 X 到闭单位区间 Q 的连续函数组成的集, 则 (根据嵌入引理 4.5) 赋值映射为从 X 到立方体 Q^F 内的一个同胚. ∎

4.3 度量和伪度量空间

有许多拓扑空间, 它的拓扑是由距离概念引出的. 所谓集 X 的**度量**是指从笛卡儿乘积 $X \times X$ 到非负实数的一个这样的函数 d, 它使得对所有 X 的点 x, y 和 z, 有

(a) $d(x, y) = d(y, x)$;

(b) (三角不等式) $d(x, y) + d(y, z) \geqslant d(x, z)$;

(c) $d(x, y) = 0$, 当 $x = y$ 时;

(d) 若 $d(x, y) = 0$, 则 $x = y$.

其中最后的一个条件对许多目的而言是非本质的. 只满足 (a)~(c) 的函数 d 叫做**伪度量**(有时称为**偏差**, 虽然偏差也在稍微不同的意义下被应用). 这一节的一切定义是对伪度量给出的, 但若以度量来代替伪度量, 则也有相同的定义.

伪度量空间指的是 (X, d), 其中 d 是 X 的伪度量. 对 X 的元 x 和 y, 数 $d(x, y)$ 叫做是从 x 到 y 的**距离**(当可能引起误解时就称为 d- 距离). 若 r 为一个正数, 则称集 $\{y : d(x, y) < r\}$ 为以 x 为心, r 为 d- 半径的**开球**, 或简称为点 x 的开 r- 球, 又 $\{y : d(x, y) \leqslant r\}$ 称为点 x 的闭 r- 球. 虽然两个开球的交可以不是一个开球, 然而, 当 $d(x, y) < r$ 并且 $d(x, z) < s$ 时满足 $d(w, x) < \min[r - d(x, y), s - d(x, z)]$ 的每一个点 w 同时为点 y 的开 r- 球和点 z 的开 s- 球的元 (根据三角不等式), 即两个开球的交包含其内每一点的一个开球. 因此, 所有开球的族为 X 的一个拓扑的基 (见定理 1.11), 这个拓扑就叫做 X 的**伪度量拓扑**. 注意, 这时每一个闭球对于伪度量拓扑为闭集.

设 X 为一个集并且定义当 $x = y$ 时 $d(x, y)$ 是 0, 在别处时是 1, 则 d 为 X 的一个度量并且每一点 x 的开 1- 球为 $\{x\}$, 从而 $\{x\}$ 对于度量拓扑为开集并且空间是离散空间. 此时, 每一点的闭 1- 球恰为 X, 这表明开 r- 球的闭包可以不同于闭 r- 球. 若对所有 $X \times X$ 中的 (x, y), 定义 d 为 0, 则 d 不是一个度量, 而是一个伪度量, 并且每一点的开 r- 球均为整个空间, 于是 X 的伪度量拓扑为平庸拓扑. 又若 X 为实数集并且 $d(x, y) = |x - y|$, 则 d 为一个度量, 它叫做实数的**通常度量**, 并且它所确定的拓扑恰好就是实数的通常拓扑.

对于伪度量 d, 从点 x 到子集 A 的距离定义为 $D(A, x) = \inf\{d(x, y) : y \in A\}$.

定理 8 若 A 为伪度量空间的一个确定子集, 则从点 x 到 A 的距离对于伪度量拓扑为 x 的连续函数.

证明 由 $d(x, z) \leqslant d(x, y) + d(y, z)$ 对 A 中的 z 取下确界即得 $D(A, x) \leqslant d(x, y) + D(A, y)$, 变换 x 与 y 又得到一个相似的不等式, 因而 $|D(A, x) - D(A, y)| < d(x, y)$. 由此可见, 若 y 在点 x 的开 r- 球中, 则 $|D(A, x) - D(A, y)| < r$, 从而推出

$D(A, x)$ 的连续性. ▮

定理 9　在伪度量空间中, 集 A 的闭包恰为所有与 A 距离为 0 的点组成的集.

证明　因为 $D(A, x)$ 对于 x 连续, 故集 $\{x : D(A, x) = 0\}$ 为闭集, 又它包含 A, 从而也包含 A 的闭包 A^-. 另一方面, 若 $y \notin A$, 则有 y 的一个邻域 (可以取它为一个开 r- 球), 它与 A 不相交, 于是 $D(A, y) \geqslant r$, 因而 $\{x : D(A, x) = 0\} \subset A^-$. 总之 $A^- = \{x : D(A, x) = 0\}$. ▮

定理 10　每一个伪度量空间均为正规空间.

证明　设 A 和 B 为伪度量空间 X 的互不相交闭子集, 又设 $D(A, x)$ 和 $D(B, x)$ 分别为从 x 到 A 和从 x 到 B 的距离, 命 $U = \{x : D(A, x) - D(B, x) < 0\}$, $V = \{x : D(A, x) - D(B, x) > 0\}$, 则因函数 $D(A, x) - D(B, x)$ 对于 x 连续, 故 U 和 V 均为开集, 又易见 U 和 V 互不相交, 并且由定理 4.9 即得 $A \subset U$ 和 $B \subset V$. ▮

定理 11　每一个伪度量空间满足第一可数性公理. 它满足第二可数性公理当且仅当空间为可分.

证明　因为一个集对于伪度量拓扑为开集当且仅当它包含有其内每一点的一个开球, 故点 x 的所有开球组成的族为 x 的邻域系的一个基, 又点 x 的每一个开球包含有具有有理半径的开球, 于是就得到 x 的邻域系的一个可数基, 从而空间满足第一可数性公理.

由于任何满足第二可数性公理的空间必为可分, 所以剩下只要证明可分伪度量空间的拓扑具有可数基. 设 Y 为一个可数的稠密子集, 又设 $\mathscr{U}$ 为所有具有有理半径的以 Y 的元为心的开球组成的族, 则 $\mathscr{U}$ 自然是可数集. 若 U 为点 x 的一个邻域, 则对某个正数 r, 有点 x 的开 r- 球, 它包含在 U 内. 设 s 为小于 r 的正有理数, y 为满足 $d(x, y) < s/3$ 的 Y 的点, 又设 V 为点 y 的 $2s/3$- 球, 则 $x \in V \subset U$, 故 $\mathscr{U}$ 为拓扑的一个基. ▮

定理 12　在伪度量空间 (X, d) 中, 网 $\{S_n, n \in D\}$ 收敛于点 s 当且仅当 $\{d(S_n, s), n \in D\}$ 收敛于 0.

证明　注意网 $\{S_n, n \in D\}$ 收敛于 s 当且仅当它最终地在点 s 的每一个开 r- 球内, 而这一点成立又当且仅当 $[d(S_n, s), n \in D]$ 最终地在具有通常度量的实数空间的零点的每一个开 r- 球内. ▮

伪度量空间 (X, d) 的子集 A 的**直径**指的是 $\sup\{d(x, y) : x \in A \text{ 且 } y \in A\}$. 如果该上确界不存在, 那么就称直径为无限. 值得注意的是, 具有有限直径这个性质并不是一个拓扑不变量.

定理 13　设 (X, d) 为一个伪度量空间, 又设 $e(x, y) = \min[1, d(x, y)]$, 则 (X, e) 亦为一个伪度量空间并且它的拓扑与 (X, d) 的拓扑相同.

因此, 任何伪度量空间同胚于一个直径至多为 1 的伪度量空间.

证明   首先证明 e 为一个伪度量, 我们只需证若 a,b 和 c 为满足 $a+b \geqslant c$ 的非负的数, 则 $\min[1,a] + \min[1,b] \geqslant \min[1,c]$, 这是因为取 $a = d(x,y), b = d(y,z)$ 和 $c = d(x,z)$, 上述不等式就变成关于 e 的三角不等式. 若 $\min[1,a]$ 或 $\min[1,b]$ 为 1, 则因 $\min[1,c] \leqslant 1$, 故不等式自然成立; 若它们均不为 1, 则由 $a+b \geqslant c \geqslant \min[1,c]$ 可知不等式也成立. 因此 e 为 X 的一个伪度量.

其次, 因为由所有 r 小于 1 的开 r- 球组成的族为伪度量拓扑的一个基, 而该族不论是对于 d, 还是 e 作为伪度量都完全一样, 故这两个伪度量拓扑相同.

最后, 显然 X 的 e- 直径至多为 1. ∎

我们知道, 不可数多个拓扑空间的乘积一般不满足第一可数性公理 (见定理 3.6), 因此, 不可能指望对于任意多个伪度量空间的乘积, 可以找到一个伪度量使得伪度量拓扑就是乘积拓扑. 但对于可数多个的乘积, 情况是令人满意的. 根据上一定理, 我们可以只限于讨论直径至多为 1 的空间.

定理 14   设 $\{(X_n, d_n), n \in \omega\}$ 为一列每一个直径至多为 1 的伪度量空间, 若定义 d 为 $d(x,y) = \Sigma\{2^{-n} d_n(x_n, y_n) : n \in \omega\}$, 则 d 为笛卡儿乘积的一个伪度量并且伪度量拓扑就是乘积拓扑.

证明   关于 d 为一个伪度量的简单证明此处从略 (有关可和性的问题 2.G 包含有所必须的工具).

今证这两个拓扑相同. 首先注意, 若 V 为乘积中的点 x 的开 2^{-p}- 球, $U = \{y : d_n(x_n, y_n) < 2^{-p-n-2}$ 当 $n \leqslant p+2$ 时$\}$, 则 $U \subset V$, 这是因为当 $y \in U$ 时有 $d(x,y) < \Sigma\{2^{-p-n-2} : n = 0, \cdots, p+2\} + \Sigma\{2^{-n} : n = p+3, \cdots\} < 2^{-p-1} + 2^{-p-1} = 2^{-p}$. 但 U 对于乘积拓扑为 x 的一个邻域, 故每一个关于伪度量拓扑的开集也是关于乘积拓扑的开集.

其次, 考虑乘积拓扑所定义的子基的一个元 U, 这时 U 的形式为 $\{x : x_n \in W\}$, 其中 W 是 X_n 中的开集, 对于 U 中的 x, 则因有点 x_n 的开 r- 球, 它是 W 的子集, 又 $d(x,y) \geqslant 2^{-n} d_n(x_n, y_n)$, 故点 x 的开 $r2^{-n}$- 球为 U 的子集. 这表明乘积拓扑所定义的子基的每一个元, 从而乘积拓扑的每一个元对于伪度量拓扑均为开集. ∎

若 (X,d) 和 (Y,e) 为伪度量空间, f 是从 X 到 Y 上的映射, 则称 f 为等距 ($d-e$ 等距) 当且仅当对 X 的一切点 x 和 y 有 $d(x,y) = e(f(x), f(y))$. 每一个等距均为连续的开映射 (关于这两个伪度量拓扑), 这是因为每一个点 x 的开 r- 球的像是点 $f(x)$ 的开 r- 球. 又两个等距的合成仍为等距并且当等距为一对一时其逆亦为等距. 对于度量空间, 等距必为一对一, 因此, 从度量空间到度量空间上的等距恒为同胚. 所有度量空间的全体可以分成互相等距的空间的等价类. 所谓 **度量不变量** 是指每一个这样的性质, 当它为某个度量空间所具有时它也为每一个等距的度量空间所具有. 显然, 度量不变量可以不是拓扑不变量 (例如考虑直径为无限这个性质).

每一个伪度量空间在一种意义下与度量空间几乎没有差别. 为了便于精确地

加以叙述, 我们规定伪度量空间的**两个子集 A, B 的距离**为 $D(A, B) = \mathrm{dist}(A, B) = \inf\{d(x, y) : x \in A, y \in B\}$. 一般地说, D 不是一个伪度量, 这是因为空间 X 与每一个非空子集的距离为零并且三角不等式不成立. 然而, 对于空间的某种分解的元, D 实际上是一个度量, 这正是下面我们所要讨论的内容. 对伪度量空间 (X, d) 命 $\mathscr{D}$ 为所有形如 $\{x\}^-$ 的集所组成的集族, 则由定理 4.9 便知 $\{x\}^-$ 恰为所有使得 $d(x, y) = 0$ 的点 y 的集, 并且分解 $\mathscr{D}$ 就是商集 X/R, 其中 R 是关系: $\{(x, y) : d(x, y) = 0\}$.

定理 15　设 (X, d) 为一个伪度量空间, 又设 $\mathscr{D}$ 为所有集 $\{x\}^-$ 的族, 其中 $x \in X$, 并且对 $\mathscr{D}$ 的元 A 和 B, 命 $D(A, B) = \mathrm{dist}(A, B)$, 则 $(\mathscr{D}, D)$ 为一个度量空间, 它的拓扑为关于 $\mathscr{D}$ 的商拓扑, 并且从 X 到 $\mathscr{D}$ 上的射影为一个等距.

证明　因为 $u \in \{x\}^-$ 当且仅当 $d(u, x) = 0$, 又当且仅当 $x \in \{u\}^-$, 故若 $u \in \{x\}^-, v \in \{y\}^-$, 则 $d(u, v) \leqslant d(u, x) + d(x, y) + d(y, v) = d(x, y)$, 又此时也有 $x \in \{u\}^-, y \in \{v\}^-$, 因而 $d(u, v) = d(x, y)$. 这表明对 $\mathscr{D}$ 的元 A 和 $B, \mathscr{D}(A, B)$ 与 $d(x, y)$ 对 A 中的每一个 x 和 B 中的每一个 y 都相等. 由此可见 $(\mathscr{D}, D)$ 为一个度量空间, 并且从 X 到 $\mathscr{D}$ 上的射影为一个等距.

若 U 为 X 中的一个开集并且 $x \in U$, 则对某个 $r > 0, U$ 包含点 x 的一个开 r- 球, 从而也包含 $\{x\}^-$, 于是, 由定理 3.10 便知从 X 到 $\mathscr{D}$ 上的射影关于 $\mathscr{D}$ 的商拓扑为一个开映射. 又该射影关于由 D 所导出的度量拓扑亦为一个开映射, 因此, 根据定理 3.8 即得这两个拓扑相同. |

4.4　度　量　化

给定拓扑空间 $(X, \mathscr{T})$, 我们自然要问是否有 X 的一个度量使得 $\mathscr{T}$ 就是度量拓扑. 我们称这样的度量, 它**度量化**了这个拓扑空间, 又称该空间为**可度量化**. 相似地, 拓扑空间叫做**可伪度量化**, 当且仅当有一个伪度量使得拓扑就是伪度量拓扑. 因为一个伪度量为度量当且仅当空间为 T_1- 空间 (即对每一点 $x, \{x\}$ 为闭集), 故空间为可度量化当且仅当它为 T_1- 空间并且可伪度量化. 这一节的一切定理都是对可度量化空间叙述的, 而对可伪度量化空间的相应定理自然就是明显的了.

本节的两个主要定理分别给出了拓扑空间为可度量化且可分和可度量化的充要条件. 其中的第一个是经典的 Urysohn 度量化定理, 它的证明的所有片段都已有用并且证明还是简单的, 也就是把这些有关事实适当地配合在一起. 而第二个定理则是新近才证明的 (它的历史将在本节最后的注中给出). 虽然通过对 Urysohn 方法的适当变形就可以证明条件的充分性, 但必要性还需要一种新的构造. 至于所要引入的这种新的概念的进一步研究将在第 5 章的最后一节进行. 最后, 整个度量化问题在第 6 章中还将从另一种不同的观点来讨论, 然而那里所得到的结果并不包括本节的定理.

空间可度量化证明的模型是很简单的. 根据定理 4.14, 可数多个伪度量空间的乘积仍为伪度量空间. 又根据嵌入引理 4.5, 若 F 为 T_1- 空间 X 上的一个连续函数族, 其中 F 的元 f 映 X 到空间 Y_f 内, 则从 X 到 $\times\{Y_f : f \in F\}$ 内的赋值映射为一个同胚只要 F 分离点和闭集 (即若 A 为 X 的闭子集, x 为 $X \sim A$ 的元, 则对 F 的某个元 f 有 $f(x) \notin f[A]^-$). 于是, 度量化 T_1- 空间的问题就化为寻找从 X 到某个伪度量空间的可数多个连续函数的族 F 使得 F 分离点和闭集 (可伪度量化的 T_1- 空间必为可度量化).

为方便起见, 命 Q^ω 表示闭单位区间和它自己的可数多次乘积, 即 Q^ω 为所有从非负整数到闭单位区间 Q 的函数组成的集并且带有乘积拓扑.

度量化定理 16(Urysohn)   拓扑具有可数基的正则 T_1- 空间恒同胚于立方体 Q^ω 的一个子空间, 因而必为可度量化.

证明   根据定理前面的注记, 我们只需证存在从 X 到 Q 的连续函数的可数族 F, 它分离点和闭集. 设 $\mathscr{B}$ 为 X 的拓扑的一个可数基, 又设 $\mathscr{A}$ 为所有使得 U 和 V 属于 $\mathscr{B}$ 并且 $U^- \subset V$ 的 (U, V) 组成的集, 则 $\mathscr{A}$ 显然为可数集. 对 $\mathscr{A}$ 中的每一个偶 (U, V), 选一个从 X 到 Q 的连续函数 f 使得 f 在 U 上为零并且在 $X \sim V$ 上为 1(因为由 Tychonoff 的引理 4.1 和 Urysohn 的引理 4.4 即知如此的函数必存在), 命 F 为如此所得的函数所组成的族, 则 F 自然也为可数集. 剩下要证的是: F 分离点和闭集. 若 B 为闭集, $x \in X \sim B$, 选 $\mathscr{B}$ 中的元 V 使得 $x \in V \subset X \sim B$, 再选 $\mathscr{B}$ 中的元 U 使得 $x \in U^- \subset V$, 则 $(U, V) \in \mathscr{A}$, 于是, 若取 f 为 F 中相应的元, 则有 $f(x) = 0 \notin \{1\} = f[B]^-$. ∎

我们容易进一步描述出上面的度量化定理所能应用的拓扑空间的类.

定理 17   若 X 为 T_1- 空间, 则下列命题等价:

(a) X 为正则空间并且它的拓扑具有可数基;

(b) X 同胚于立方体 Q^ω 的一个子空间;

(c) X 为可度量化并且可分.

证明   上一定理证明了 (a)⇒(b).

因为由定理 4.14 可知立方体 Q^ω 为可度量化, 再由问题 3.M 又知它满足第二可数性公理, 故它的每一个子空间为可度量化并且满足第二可数性公理, 从而亦为可分, 即有 (b)⇒(c)(注意, 可分空间的子空间未必也恒为可分空间).

最后, 证明 (c)⇒(a). 因为若 X 为可度量化并且可分, 则它必为正则空间, 并且由定理 4.11 它还满足第二可数性公理, 故获证. ∎

对于不可分空间, 度量化定理仍然严重依赖于我们所已经用过的想法. 通过对研究方法的简要讨论, 我们将会看到前面所用的办法还能得到改进. X 的一个度量的作出是通过寻找从 X 到一些伪度量空间内的映射的族. 但要注意, 用来作为值

域空间的空间只是闭单位区间 Q. 我们再用稍微不同的形式加以叙述, 即若 f 为从 X 到 Q 的函数, 则可作出 X 的一个伪度量, 只要命 $d(x,y) = |f(x) - f(y)|$. 而 Urysohn 度量化定理证明的完成就是利用了可数多个这种类型的伪度量, 现在的问题是来推广这种作法. 若 F 为一个从 X 到 Q 的函数族, 则可能选取的一个伪度量为和 $\Sigma\{|f(x) - f(y)| : f \in F\}$, 为了使得从 X 到伪度量空间 (X,d) 内的恒等映射为连续, 这个和必须对于 x 与 y 连续, 有一个比族 F 的有限性要弱得多的条件可以保证这种连续性, 即为了得到这种连续性, 只需对 X 的每一点 x, 有 x 的一个邻域 U 使得除有限多个 F 的元外在 U 上恒为零. 换言之, 某种类型的局部有限性就足够了. 这个局部有限性概念就是我们解决问题的关键.

我们称拓扑空间的子集族 $\mathscr{A}$ 为**局部有限的**, 当且仅当该空间的每一点有一个邻域, 它只与 $\mathscr{A}$ 的有限多个元相交. 由这个定义立即推出一个点为并 $\bigcup\{A : A \in \mathscr{A}\}$ 的一个聚点当且仅当它是 $\mathscr{A}$ 的某个元的一个聚点, 从而并的闭包为闭包的并, 即 $[\bigcup\{A : A \in \mathscr{A}\}]^- = \bigcup\{A^- : A \in \mathscr{A}\}$. 又易见所有 $\mathscr{A}$ 的元的闭包组成的族亦为局部有限. 我们又称族 $\mathscr{A}$ 为**离散的**当且仅当该空间的每一点有一个邻域, 它至多只与 $\mathscr{A}$ 的一个元相交. 显然, 离散的族为局部有限, 并且若 $\mathscr{A}$ 为离散, 则所有 $\mathscr{A}$ 的元的闭包组成的族亦为离散. 最后, 我们称族 $\mathscr{A}$ 为 σ **局部有限**(σ **离散**)当且仅当它是可数多个局部有限 (相应地, 离散) 的子族的并.

现在我们可以叙述如下的度量化定理. 它的证明则包含在其后的一系列引理之中.

度量化定理 18　对于任何拓扑空间下列三个条件等价:

(a) 空间为可度量化;

(b) 空间为 T_1 和正则空间, 并且拓扑有一个 σ 局部有限基;

(c) 空间为 T_1 和正则空间, 并且拓扑有一个 σ 离散基.

因为 (c)$\Rightarrow$(b) 是明显的, 故只需依次证明 (b)$\Rightarrow$(a) 和 (a)$\Rightarrow$(c). 证明的第一步是给出 Tychonoff 的引理 4.1 的一种变形.

引理 19　拓扑有一个 σ 局部有限基的正则空间恒为正规空间.

证明　若 A 和 B 为空间 X 的互不相交闭子集, 则分别有 A 和 B 的开覆盖 $\mathscr{U}$ 和 $\mathscr{V}$ 使得 $\mathscr{U}$ 的每一个元的闭包与 B 不相交, $\mathscr{V}$ 的每一个元的闭包与 A 不相交, 并且 $\mathscr{U}$ 和 $\mathscr{V}$ 是一个 σ 局部有限基 $\mathscr{B}$ 的子族, 故由此即得 $\mathscr{U} = \bigcup\{\mathscr{U}_n : n \in \omega\}$, $\mathscr{V} = \bigcup\{\mathscr{V}_n : n \in \omega\}$, 其中 $\mathscr{U}_n, \mathscr{V}_n$ 均为局部有限的族. 命 $U_n = \bigcup\{W : W \in \mathscr{U}_n\}$, 又命 $V_n = \bigcup\{W : W \in \mathscr{V}_n\}$, 则 $U_n^- = \bigcup\{W^- : W \in \mathscr{U}_n\}$, 故 U_n^- 与 B 不相交, 类似地, 有 V_n^- 与 A 不相交. 这正好就是引理 4.1 证明中所出现的情形, 如同那里一样命 $U_n' = U_n \sim \bigcup\{V_k^- : k \leqslant n\}$, $V_n' = V_n \sim \bigcup\{U_k^- : k \leqslant n\}$ 就完成了证明. 事实上, 所有集 U_n' 的并和所有集 V_n' 的并就分别是 A 和 B 所需的互不相交的邻域. ∎

下面的引理给出了定理 4.18 中所指出的条件为可度量化的充分条件的证明.

引理 20　拓扑有一个 σ 局部有限基的正则 T_1- 空间恒为可度量化.

证明　首先注意, 如果证明了存在空间 X 上的伪度量的一个可数族 D 使得 D 的每一个元在 $X \times X$ 上为连续, 并且对 X 的每一个闭子集 A 和 $X \sim A$ 的每一点 x, 有 D 中的元 d 使得从 x 到 A 的 d- 距离为正, 那么也就证明了 X 为可度量化, 这是因为此时映 X 到每一个伪度量空间 (X, d) 内的映射恒为连续, 并且可以如同 Urysohn 定理一样来应用定理 4.5 和定理 4.14. 因此, 现在的问题是具体作出如此的族 D.

设 $\mathscr{B}$ 为 X 的拓扑的 σ 局部有限基, 又设 $\mathscr{B} = \{\mathscr{B}_n : n \in \omega\}$, 其中每一个 $\mathscr{B}_n$ 均为局部有限. 对整数 m 和 n 的每一个序偶和 $\mathscr{B}_m$ 的每一个元 U, 命 U' 为所有 $\mathscr{B}_n$ 中这样的元的并, 它的闭包包含在 U 内. 因为 $\mathscr{B}_n$ 为局部有限, 故 U' 的闭包为 U 的一个子集, 于是由定理 4.19 和定理 4.4, 有一个从 X 到单位区间的连续函数 f_U 使得它在 U' 上为 1 并且在 $X \sim U$ 上为 0. 命 $d(x, y) = \Sigma\{|f_U(x) - f_U(y)| : U \in \mathscr{B}_m\}$, 则 d 在 $X \times X$ 上的连续性是 $\mathscr{B}_m$ 的局部有限性的一个直接推论. 最后, 命 D 为如此得到的伪度量的族, 则因每一个伪度量由整数的一个序偶所作出, 故 D 为可数集. 此外, 若 A 为 X 的一个闭子集并且 $x \in X \sim A$, 则对某个 m 和 $\mathscr{B}_m$ 中的某个 U 有 $x \in U \subset X \sim A$, 又对某个 n 和 $\mathscr{B}_n$ 中的某个 V 有 $x \in V$ 并且 $V^- \subset U$, 显然, 对于这个序偶所作出的 d, 从 x 到 A 的 d- 距离至少为 1. |

剩下的是度量化定理证明的最有趣的部分, 也就是证明每一个度量空间有一个 σ 离散基. 有一个比它更强的结果, 并且这个更强的定理为以后所需要, 为此我们先引入一个新概念. 我们称集 X 的覆盖 $\mathscr{B}$ 为覆盖 $\mathscr{A}$ 的一个**加细**当且仅当 $\mathscr{B}$ 的每一个元为 $\mathscr{A}$ 的某个元的一个子集. 例如, 在度量空间内, 所有半径为 $1/2$ 的开球组成的族就是所有半径为 1 的开球组成的族的一个加细. 下面的定理表明: 伪度量空间的任何开覆盖有一个 σ 离散的开的加细. 由此即知, 每一个伪度量拓扑有一个 σ 离散基, 这是因为我们可以选取由所有半径为 $1/n$ 的开球所组成的覆盖的一个 σ 离散加细 $\mathscr{B}_n$, 并且所有族 $\mathscr{B}_n$ 的并又是一个 σ 离散基. 这个事实也就完成了度量化定理 4.18 的证明.

定理 21　伪度量空间的每一个开覆盖有一个 σ 离散的开的加细.

证明　设 $\mathscr{U}$ 为伪度量空间 (X, d) 的一个开覆盖. 证明的第一步是把 $\mathscr{U}$ 的每一个元 U 分解成 "同心圆", 对每一个正整数 n 和 $\mathscr{U}$ 的每一个元 U, 命 U_n 为所有使得 $\operatorname{dist}[x, X \sim U] \geqslant 2^{-n}$ 的 U 的元 x 组成的集, 则由三角不等式显然有 $\operatorname{dist}[U_n, X \sim U_{n+1}] \geqslant 2^{-n} - 2^{-n-1} = 2^{-n-1}$. 选一个关系 $<$ 使得族 $\mathscr{U}$ 为良序 (见预备知识定理 25(h)), 并且对每一个正整数 n 和 $\mathscr{U}$ 的每一个元 U, 命 $U_n^* = U_n \sim \bigcup\{V_{n+1} : V \in \mathscr{U} \text{且} V < U\}$, 则对每一对 $\mathscr{U}$ 中的 U 与 V 和每一个正整数 n 有 $U_n^* \subset X \sim V_{n+1}$ 或 $V_n^* \subset X \sim U_{n+1}$, 而这依赖于在序的意义下 U 是在 V 之后, 还是之前, 显然, 在任何一种情况下均有 $\operatorname{dist}[U_n^*, V_n^*] \geqslant 2^{-n-1}$. 由此即知,

若定义 $U_n^{\sim}$ 为所有这样的点 x 组成的集, 它使得从 x 到 U_n^* 的距离小于 2^{-n-3}, 则 dist$[U_n^{\sim}, V_n^{\sim}] \geqslant 2^{-n-2}$, 因而, 对每一个确定的 n, 所有形如 $U_n^{\sim}$ 的集组成的族为离散. 命 $\mathscr{V}$ 为对一切 n 和所有 $\mathscr{U}$ 中的 U 的 $U_n^{\sim}$ 组成的族, 则 $\mathscr{V}$ 为 X 的一个开覆盖, 这是因为若 U 为 $\mathscr{U}$ 中这样的元中的第一个, 它使得 x 属于它, 则对某个 n 有 $x \in U_n^{\sim}$. 又易见 $U_n^{\sim} \subset U$, 因此, $\mathscr{V}$ 为 $\mathscr{U}$ 的一个 σ 离散的开的加细. ▌

注记 22　实际上是有两个度量化问题, 其中的拓扑问题就是我们所已经讨论过的, 而一致度量化问题将在第 6 章再来讨论 (那里给出了它的详细的叙述和历史). 在这两个问题中, 十分奇怪的是后一问题得到圆满解决要比前一问题早得多, 虽然 Urysohn 定理只讨论了一种特殊情形, 但直到不久以前它还是拓扑问题中最满意的定理. 现在的这种令人满意的情况, 它的关键是由两篇文章完成的. Dieudonné [1] 开始了具有这样性质的空间的研究, 即每一个开覆盖有一个局部有限的开的加细 (仿紧空间, 见第 5 章). Stone [1] 证明了每一个可度量化的空间必为仿紧空间 (这个定理的一个特殊情形已由 Dowker [1] 在早些时候证得). 局部有限的刻画由 Nagata [1] 和 Smirnov [1] 独立地发现. 而 σ 离散的刻画则属于 Bing [1]. 可度量化条件的必要性 (定理 4.21) 的证明事实上是 Stone 的仿紧性证明的初始片段.

Smirnov [2] 也证明了从仿紧和局部可度量化蕴含可度量化.

最后给出伪度量空间作用的一个简短陈述. 我们知道在分析学中所出现的空间大多数是伪度量空间, 而不是度量空间, 甚至在度量化问题中通过伪度量的作法也还是方便的. 当然, 通常我们可以用一个和它相联系的度量空间来代替伪度量空间 (定理 4.15), 然而取商空间的方法有些冗繁, 并且对大多数场合来讲要求 $d(x, y) = 0$ 当且仅当 $x = y$ 是完全无关的. 我们还可以试图只使用伪度量, 但这有不便之处, 例如, 当我们去构造拓扑映射时就会如此. 一种可能的出路是把 "拓扑映射" 重新定义为拓扑之间的一种关系, 它诱导出一个一对一保持交和并的映射.

问　题

A　正则空间

(a) 设 X 为正则空间, 又设 $\mathscr{D}$ 为所有形如 $\{x\}^-$ 的子集的族, 其中 x 属于 X, 则 $\mathscr{D}$ 为 X 的一个分解, 从 X 到商空间 $\mathscr{D}$ 上的射影为既开又闭的映射并且该商空间为正则 Hausdorff 空间 (若 A 是 X 的既开又闭的子集, 则当 $x \in A$ 时 $\{x\}^- \subset A$).

(b) 正则空间的乘积仍为正则空间.

B　度量空间上的函数的连续性

从伪度量空间 (X, d) 到伪度量空间 (Y, e) 的函数 f 为连续当且仅当对 X 中的每一个 x 和每一个 $\varepsilon > 0$ 有 $\delta > 0$, 使得当 $d(x, y) < \delta$ 时 $e(f(x), f(y)) < \varepsilon$.

C　关于度量的问题

设 f 为定义在非负实数集上的连续实值函数并且 $f(x) = 0$ 当且仅当 $x = 0$, 又设 f

非降并且对一切非负的 x 与 y 有 $f(x+y) \leqslant f(x)+f(y)$(满足最后这个条件的函数叫做次可加). 若 (X,d) 为度量空间并且 $e(x,y)=f(d(x,y))$, 则 (X,e) 也为度量空间并且空间 (X,e) 的度量拓扑与 (X,d) 的度量拓扑相同 (这个结果的一个特殊情形在文献中时常出现, 即 $f(x)=x/(1+x)$).

D   关于子集的 Hausdorff 度量

设 (X,d) 为具有有限直径的度量空间, 又设 $\mathscr{A}$ 为所有闭子集组成的族. 对 $r>0$ 和 $\mathscr{A}$ 中的 A, 命 $V_r(A)=\{x:\mathrm{dist}(x,A)<r\}$, 并且对 $\mathscr{A}$ 的 A 和 B, 定义 $d'(A,B)=\inf\{r:A\subset V_r(B)$且$B\subset V_r(A)\}$. d' 叫做 Hausdorff 度量, 它不同于正文中所利用的集之间的距离.

(a) $(\mathscr{A},d')$ 为度量空间并且变 X 中的 x 为 $\mathscr{A}$ 中的 $\{x\}$ 的映射为从 X 到 $\mathscr{A}$ 的一个子空间上的等距.

(b) $\mathscr{A}$ 的 Hausdorff 度量的拓扑并不能由 X 的度量拓扑所决定. 例如, 设 X 为正实数集, 又设 $d(x,y)=|x/(1+x)-y/(1+x)|, e(x,y)=\min[1,|x-y|]$, 则 (X,d) 与 (X,e) 的度量拓扑相同, 但 $(\mathscr{A},d')$ 和 $(\mathscr{A},e')$ 却不相同 (在 $(\mathscr{A},d')$ 中正整数集为所有它的有限子集组成的族的一个聚点).

注   关于这个论题的情况和文献见 Michael[2].

E   关于正规空间的乘积的例子 (序数)

一般地说, 正规空间的乘积并不是正规空间[①]. 设 Ω_0 为所有小于第一个不可数序数 Ω 的序数组成的集, 又设 Ω' 为 $\Omega_0\bigcup\{\Omega\}$, 并且每一个都带有序拓扑.

(a) **交错引理**   设 $\{x_n,n\in\omega\}$ 和 $\{y_n,n\in\omega\}$ 为 Ω_0 中的两个序列并且对每一个 n 有 $x_n\leqslant y_n\leqslant x_{n+1}$, 则这两个序列收敛于 Ω_0 中的同一个点.

(b) 若 A 和 B 为 Ω_0 的互不相交闭子集, 则 Ω 不能同时是 A 和 B 的聚点.

(c) Ω_0 和 Ω' 均为正规空间 (若 A 和 B 为互不相交闭子集并且 $A\bigcup B$ 的第一个点属于 A, 则可找到有限序列 $a_0,b_0,a_1,\cdots,a_n$(或 b_n) 使得 $a_i\in A,b_i\in B$ 并且对每一个 i 没有 A 中的点位于 a_i 和 b_i 之间, 也没有 B 中的点位于 b_i 和 a_{i+1} 之间, 此时区间 $(a_i,b_i]$ 为既开又闭).

(d) 若 f 为从 Ω_0 到 Ω_0 的函数, 它使得对每一个 x 有 $f(x)\geqslant x$, 则对某个 Ω_0 中的 x, 点 (x,x) 为 f 的图形的聚点 (归纳地定义序列 $x_{n+1}=f(x_n)$, 注意 $x_n\leqslant f(x_n)\leqslant x_{n+1}$ 并且利用交错引理).

(e) 乘积 $\Omega_0\times\Omega'$ 不是正规空间 (设 A 为所有点 (x,x) 组成的集, 又设 $B=\Omega_0\times\{\Omega\}$. 若 U 为 A 的邻域, 命 $f(x)$ 为大于 x 并且使得 $(x,f(x))\notin U$ 的最小序数, 则 (d) 可以应用).

F   关于正规空间的子空间的例子 (Tychonoff 板)

正规空间的子空间可以不是正规空间. 设 Ω' 为不大于第一个不可数序数 Ω 的序数组成的集, 又设 ω' 为不大于第一个无限序数 ω 的序数组成的集并且每一个都带有序拓扑, 则乘积 $\Omega'\times\omega'$ 叫做 Tychonoff 板. 不难直接证明它是正规空间, 这个事实也是下一章的一个定理的直接推论. 设 X 为 $(\Omega'\times\omega')\sim\{(\Omega,\omega)\}$, 即从 Tychonoff 板中去掉一点, 又设 A 为所有 X 中第一个坐标为 Ω 的点组成的集, B 为所有第二个坐标为 ω 的点组成的集, 则 A 和 B 不存在互

[①] 利用下一章的方法, 这个问题的一部分可以得到稍许加强. 然而, 此处所给出的事实后面将要用到. 我相信该例子独立地属于 Dieudonné 和 Morse.

不相交的邻域 (若 U 是 A 的邻域, 对 ω' 中的 x, 命 $f(x)$ 为使得当 $y > f(x)$ 时有 $(y, x) \in U$ 的第一个序数, 则 f 的值的上确界小于 Ω).

G　商的乘积和非正则的 Hausdorff 空间的例子

设 X 为非正规的正则 Hausdorff 空间, 又设 A 和 B 为互不相交的闭集并且使得 A 的每一个邻域与 B 的每一个邻域相交, 再设 Δ 为所有 (x, x) 组成的集, 其中 $x \in X$ (Δ 为 X 上的恒等关系).

(a) 设 $R = \Delta \bigcup (A \times A)$, 则 R 为 $X \times X$ 中的闭集, 并且商空间 X/R 为非正则的 Hausdorff 空间 (商空间的元为 A 和 $\{x\}$, 其中 $x \in X \sim A$).

(b) 设 $S = \Delta \bigcup (A \times A) \bigcup (B \times B)$, 则 S 为 $X \times X$ 中的闭集, 但 X/S 为非 Hausdorff 空间 (X/S 的元为 A, B 和 $\{x\}$, 其中 $x \in X \sim (A \bigcup B)$).

(c) 存在从 $X \times X$ 到 $(X/S) \times (X/S)$ 上的自然映射, 它映 (x, y) 为 $(S[x], S[y])$. 我们自然要问该映射是否为开映射, 假如 X/S 给定商拓扑并且 $(X/S) \times (X/S)$ 和 $X \times X$ 给定乘积拓扑 (这等价于问商的乘积是否拓扑等价于乘积的商). 若 S 为 (b) 中所定义的关系, 则该映射不是开映射 (考虑 $A \times B$ 的邻域 $X \times X \sim (A \times A \bigcup B \times B \bigcup \Delta)$).

H　可遗传、可乘和可除的性质

空间的性质 P 叫做可遗传当且仅当具有 P 的空间的每一个子空间也具有 P, 叫做可乘当且仅当具有 P 的空间的乘积也具有 P, 叫做可除当且仅当每一个具有 P 的空间的商也具有 P. 若考虑性质: $T_1, H = \text{Hausdorff}, R = $ 正则, $CR = $ 全正则, $T = \text{Tychonoff}, N = $ 正规, $C = $ 连通, $S = $ 可分, $C_{\text{I}} = $ 第一可数性公理, $C_{\text{II}} = $ 第二可数性公理, $M = $ 可度量化以及 $L = \text{Lindelöf}$, 则下列的表可由 $+$ 或 $-$ 所填满, 它是根据每列上端的性质是否为左端所指出的类型来填的. 请通过反例 (多数必须的例子已经在各个问题中叙述过) 或推证 (当成立时) 来证明.

	T_1	H	R	CR	T	N	C	S	C_{I}	C_{II}	M	L
可遗传	+	+	+	+	+	−	−	−	+	+	+	−
可乘	+	+	+	+	+	−	+	−	−	−	−	−
可除	−	−	−	−	−	−	+	+	−	−	−	+

若改变该问题, 而只考虑闭子空间或开映射, 则得到完全不同的结果.

I　半开区间空间

设 X 为具有半开区间拓扑的实数集 (所有半开区间 $[a, b)$ 的族为一个基, 见问题 1.K 和 1.L), 则

(a) X 为正则空间.

(b) X 为正规空间 (回顾一下, x 的每一个开覆盖有可数子覆盖).

(c) 乘积空间 $X \times X$ 为非正规空间 (设 $Y = \{(x, y) : x + y = 1\}$, 又设 A 为所有第一个坐标为无理数的 Y 的元的集, $B = X \sim A$. 假定 U 和 V 为 A 和 B 的互不相交的邻域, 又对 A 中的 x, 命 $f(x) = \sup\{e : [x, e) \times [1 - x, e) \subset U\}$, 则 f 为所有无理数的集上的函数并且恒不为零. 这时, 矛盾的导出是依赖于如下的事实, 即对某个正整数 n, 有一个有理数, 它是 $\{x : f(x) \geqslant 1/n\}$ 的聚点. 而这个事实则是实数空间 (带有通常拓扑) 为第二范畴定理 (见第 7

章) 的一个明显推论, 但要给出它的直接证明似乎还有困难).

    注   这个例子属于 Sorgenfrey [1].

J   实连续函数零点的集

    拓扑空间的子集叫做一个 G_δ 当且仅当它是一个可数开集族的元的交.

    (a) 若 f 为 X 上的连续实值函数, 则 $f^{-1}[0]$ 为一个 G_δ(集 $\{0\}$ 为实数空间的一个 G_δ).

    (b) 若 A 为正规空间 X 中的一个 G_δ, 则存在连续实值函数 f 使得 $A = f^{-1}[0]$.

K   完备正规空间

    拓扑空间叫做**完备正规**当且仅当它为正规空间并且每一个闭子集为一个 G_δ.

    (a) 每一个伪度量空间为完备正规空间.

    (b) 不可数多个单位区间的乘积不是完备正规空间 (在这种空间内, G_δ 不能由一个单独的点组成).

L   全正则空间的刻画

    拓扑空间为全正则空间当且仅当它同胚于伪度量空间乘积的一个子空间.

M   正规空间的上半连续分解

    正规拓扑空间关于闭连续映射的象仍为正规空间.

第 5 章 紧 空 间

紧拓扑空间的概念 (和本书所研究的每一个概念一样) 是实数集的某种重要性质的一种抽象. 古典的 Heine-Borel-Lebesgue 定理表明实数空间的闭有界子集的每一个开覆盖有有限子覆盖. 这个定理具有非常深远的影响, 因此和一些最佳的定理一样, 它的结论就变成了定义. 我们称拓扑空间为**紧 (重紧) 的**当且仅当每一个开覆盖有有限子覆盖[①]. 拓扑空间的子集 A 叫做**紧集**当且仅当它关于相对拓扑为紧, 等价地说, A 为紧集当且仅当 A 的每一个由 X 的开集组成的覆盖有有限子覆盖.

5.1 等 价 性

本节主要利用闭集、收敛、基和子基来给出紧性的刻画.

我们称集族 $\mathscr{A}$ 具有**有限交性质**当且仅当 $\mathscr{A}$ 的每一个有限子族的元的交为非空. 通过 De Morgan 公式 (预备知识定理 2), 我们容易建立这个概念和紧性之间的联系.

定理 1 拓扑空间为紧当且仅当每一个具有有限交性质的闭集族有非空的交.

证明 若 $\mathscr{A}$ 为拓扑空间 X 的一个子集族, 则由 De Morgan 公式, $X \sim \bigcup\{A : A \in \mathscr{A}\} = \bigcap\{X \sim A : A \in \mathscr{A}\}$, 故 $\mathscr{A}$ 为 X 的一个覆盖当且仅当所有 $\mathscr{A}$ 的元的余集的交为空集. 但空间 X 为紧当且仅当每一个不存在任何有限子族能够覆盖 X 的开集族都不是 X 的一个覆盖, 因而又当且仅当每一个具有有限交性质的闭集族有非空的交. ∎

定理 2 拓扑空间 X 为紧当且仅当 X 中的每一个网都有聚点.

因而, X 为紧当且仅当 X 中的每一个网有收敛于 X 中的点的子网.

证明 设 $\{S_n, n \in D\}$ 为紧拓扑空间 X 中的一个网, 又对 D 中的每一个 n, 命 A_n 为所有 S_m 组成的集, 其中 $m \geqslant n$, 则因 D 关于 $\geqslant$ 为有向集, 故所有集 A_n 的族具有有限交性质, 从而所有闭包 A_n^- 组成的族也具有有限交性质. 由于 X 为紧, 所以有一点 s 属于每一个 A_n^-, 于是由定理 2.7 便知, 这样的点 s 就是网 $\{S_n, n \in D\}$ 的聚点.

今证其逆. 设 X 为一个拓扑空间并且其内的每一个网均有聚点, 又设 $\mathscr{A}$ 为 X 的一个闭子集族并且具有有限交性质. 定义 $\mathscr{B}$ 为所有 $\mathscr{A}$ 的元的有限交的族, 则 $\mathscr{B}$

---

① "紧" 一词也用来表示 "列紧" 和 "可数紧"(本章最后的问题中的术语). 而 Bourbaki 和他的同事们则是对紧 Hausdorff 空间才使用该词的.

也具有有限交性质, 并且从 $\mathscr{A} \subset \mathscr{B}$ 可推出我们只需证 $\bigcap \{B : B \in \mathscr{B}\}$ 为非空. 因为 $\mathscr{B}$ 的两个元的交仍为 $\mathscr{B}$ 的元, 故 $\mathscr{B}$ 关于 $\subset$ 为有向集. 如果我们对每一个 $\mathscr{B}$ 中的 B 选一个元 S_B, 那么 $\{S_B, B \in \mathscr{B}\}$ 即为 X 中的网, 从而有聚点 s. 若 B 和 C 为 $\mathscr{B}$ 的元并且 $C \subset B$, 则 $S_c \in C \subset B$, 故网 $\{S_B, B \in \mathscr{B}\}$ 最终地在闭集 B 内, 于是聚点 s 属于 B. 这表明 s 属于 $\mathscr{B}$ 的每一个元, 即所有 $\mathscr{B}$ 的元的交为非空.

最后, 定理的第二个结论由定理 2.6(点 s 为网 S 的聚点当且仅当 S 有某个子网收敛于 s) 即可推出. ▌

在某些情况下, 我们可以通过子集的聚点的存在性来给出紧性的刻画. 下面的一系列引理及其随后的定理就指出了这种情况. 本章最后的问题又将证明这里所加的限制还是必要的. 为方便起见, 我们在叙述结果时将利用聚点概念的一种变形. 我们称点 x 为集 A 的 ω **聚点**当且仅当 x 的每一个邻域都包含无限多个 A 的点. 显然, 一个集的每一个 ω 聚点也是该集的聚点, 并且当空间为 T_1 空间时其逆亦真.

引理 3   拓扑空间的每一个序列有聚点当且仅当每一个无限集有 ω 聚点.

证明   假设每一个序列有聚点, 并且 A 为无限子集, 则 A 中必有一个不同的点的序列 (一个一对一的序列), 而这样的序列的每一个聚点显然就是 A 的 ω 聚点.

反之, 若拓扑空间的每一个无限子集有 ω 聚点, 并且 $\{S_n, n \in \omega\}$ 为空间中的一个序列, 则必定出现下列两种情形之一: 或者序列的值域为无限, 或者序列的值域为有限, 在前一种情况下, 该无限集的每一个 ω 聚点就是这个序列的聚点, 而在后一种情况下, 存在空间的某个点 x 使得对无限多个非负整数 n 有 $S_n = x$, 即 x 为该序列的聚点. ▌

引理 4   若 X 为 Lindelöf 空间并且 X 中的每一个序列都有聚点, 则 X 为紧.

证明   按照定义, 我们必须证明 X 的每一个开覆盖有有限子覆盖. 但根据假设, 我们又不妨假定该开覆盖由集 $A_0, A_1, \cdots, A_n, \cdots$ 所组成, 其中 n 属于 ω. 现在, 按照归纳方法进行, 命 $B_0 = A_0$, 并且对每一个 ω 中的 p, 命 B_p 为 A 的序列中第一个不能由 $B_0 \bigcup B_1 \bigcup \cdots \bigcup B_{p-1}$ 覆盖的元. 如果这种选法到某一步成为不可能, 那么已选出的集就是所需的有限子覆盖. 否则, 对每一个 ω 中的 p, 可以选取 B_p 中的一点 b_p 使得当 $i < p$ 时 $b_p \notin B_i$. 设 x 为该序列的聚点, 则对某个 p 有 $x \in B_p$, 再从 x 为聚点即可推出有某个 $q > p$ 使得 $b_q \in B_p$, 故矛盾. ▌

下一定理概述了关于序列、子序列、聚点和紧性之间的联系.

定理 5   若 X 为拓扑空间, 则下面的条件有如下的关系. 对所有的空间有 (a) 等价于 (b) 并且 (d) 可推出 (a). 若 X 满足第一可数性公理, 则 (a), (b) 和 (c) 等价. 若 X 满足第二可数性公理, 则四个条件都等价. 若 X 为伪度量空间, 则这四个条件中的每一个都蕴含 X 满足第二可数性公理并且四个条件等价.

(a) X 的每一个无限子集有 ω 聚点;

(b) X 中的每一个序列有聚点;

(c) 对 X 中的每一个序列存在子序列收敛于 X 中的点;

(d) 空间 X 为紧.

证明 引理 5.3 表明 (a) 等价于 (b). 因为序列是网的特殊情形, 故由定理 5.2 即得 (d) 蕴含 (b).

若 X 满足第一可数性公理, 则由定理 2.8 便知 (b) 和 (c) 等价.

若 X 满足第二可数性公理, 则每一个开覆盖有可数子覆盖, 因而再利用引理 5.4, 这四个命题就都等价.

若 X 为伪度量空间, 则 X 满足第一可数性公理, 从而前三个条件等价并且其中的每一个均可由紧性推出, 于是, 欲证本定理, 只需证每一个无限子集都有聚点的伪度量空间必为可分, 因为这时该空间就自然满足第二可数性公理. 假设 X 为具有上述性质的伪度量空间, 对正数 r, 考虑所有这样的集 A 组成的族, 它使得 A 中任意两个不同的点的距离至少为 r, 根据预备知识定理 25 易见, 该集族有一个极大元 A_r. 这个集 A_r 一定是有限集, 因为以 X 的每一点为球心的 $r/2$ 球至多包含 A_r 的一个元, 即 A_r 没有聚点. 同时以 X 的每一点 x 为球心的 r 球一定与 A_r 相交, 因为 A_r 为极大, 否则就可以把 x 添加到 A_r 内. 最后, 命 A 为所有集 A_r 的并, 其中 r 取遍所有正整数的倒数, 则 A 为可数集并且它显然在 X 中稠密. ▮

显然, 若 $\mathcal{B}$ 是紧空间 X 的拓扑的一个基并且 $\mathcal{A}$ 是由 $\mathcal{B}$ 的元组成的 X 的一个覆盖, 则 $\mathcal{A}$ 有有限子覆盖. 反之, 假设 $\mathcal{B}$ 为拓扑的一个基并且由 $\mathcal{B}$ 的元组成的每一个覆盖有有限子覆盖, 此时若 $\mathcal{C}$ 为 X 的任意开覆盖, 命 $\mathcal{A}$ 为所有满足后一条件的 $\mathcal{B}$ 的元所构成的族: 它是 $\mathcal{C}$ 中某个元的子集, 则因 $\mathcal{B}$ 是一个基, 故族 $\mathcal{A}$ 是 X 的一个覆盖, 从而 $\mathcal{A}$ 有有限子覆盖 $\mathcal{A}'$, 再对 $\mathcal{A}'$ 的每一个元, 选 $\mathcal{C}$ 的一个元包含它, 即得 $\mathcal{C}$ 的一个有限子覆盖. 这就证明了若 "拓扑的一个基为紧", 则空间亦为紧. 这是一个有用, 但不很深刻的结果. 关于子基的相应定理则既深刻又有用.

定理 6(Alexander) 若 $\mathcal{S}$ 为空间 X 的拓扑的一个子基, 并且由 $\mathcal{S}$ 的元所组成的 X 的每一个覆盖有有限子覆盖, 则 X 为紧.

证明 为简洁起见, 我们规定 X 的子集族为不充分的当且仅当它不能覆盖 X, 又规定它为有限不充分的, 当且仅当它没有任何有限子族能够覆盖 X. 于是, X 的紧性的定义又可叙述成: 每一个有限不充分的开集族是不充分的. 注意到有限不充分的开集族的类有有限特征, 因此由 Tukey 引理 (预备知识定理 25(c)) 便知每一个有限不充分的族包含在一个极大族内. 这样的极大有限不充分的族 $\mathcal{A}$ 有一个特殊性质, 它可以如下确定[①]: 若 $C \notin \mathcal{A}$ 并且 C 为开集, 则由极大性有 $\mathcal{A}$ 的有限子族 $A_1, \cdots, A_m$ 使得 $C \bigcup A_1 \bigcup \cdots \bigcup A_m = X$, 故没有包含 C 的开集能够属于 $\mathcal{A}$, 又若 D 为另一个开集并且 $D \notin \mathcal{A}$, 则有 $\mathcal{A}$ 中的 $B_1, \cdots, B_n$ 使得 $D \bigcup B_1 \bigcup \cdots \bigcup B_n =$

---

① 问题 2.1 恰好就是此处所需要的结果.

X, 从而由简单的集论运算就有 $(C \bigcap D) \bigcup A_1 \bigcup \cdots \bigcup A_m \bigcup B_1 \bigcup \cdots \bigcup B_n = X$, 即 $C \bigcap D \notin \mathscr{A}$. 因此, 若一个有限的开集族不存在属于 $\mathscr{A}$ 的元, 则也不存在包含该有限族的交的开集能够属于 $\mathscr{A}$, 换言之, 若 $\mathscr{A}$ 的一个元包含一个由开集组成的有限交 $C_1 \bigcap C_2 \bigcap \cdots \bigcap C_p$, 则必有某个 $C_i \in \mathscr{A}$.

现在转向定理的证明. 假设 $\mathscr{S}$ 为一个子基并且由 $\mathscr{S}$ 的元所组成的每一个开覆盖有有限子覆盖 (即每一个有限不充分的子族是不充分的), 又假设 $\mathscr{B}$ 为一个由 X 的开子集组成的有限不充分的集族, 则有一个包含 $\mathscr{B}$ 而又和它同样类型的极大族 $\mathscr{A}$, 并且这时我们只需证 $\mathscr{A}$ 是不充分的. 因为所有属于 $\mathscr{S}$ 的 $\mathscr{A}$ 的元的族 $\mathscr{S} \bigcap \mathscr{A}$ 为有限不充分的. 故 $\mathscr{S} \bigcap \mathscr{A}$ 不能覆盖 X, 于是欲证本定理又只需证 $\bigcup \{A : A \in \mathscr{A}\}$ 中的每一点都属于 $\bigcup \{A : A \in \mathscr{S} \bigcap \mathscr{A}\}$. 由于 $\mathscr{S}$ 为一个子基, 所以 $\mathscr{A}$ 的元 A 的每一点 x 属于某个包含在 A 内的 $\mathscr{S}$ 的元的有限交, 再根据上一段的讨论便知该有限族的某个元属于 $\mathscr{A}$, 因而 $\bigcup \{A : A \in \mathscr{A}\} = \bigcup \{A : A \in \mathscr{S} \bigcap \mathscr{A}\}$, 即定理获证. |

5.2 紧性和分离性

本节我们来考察紧性与所谓的分离公理相联系的一些结论, 并且在每一种情况下所证明的定理都假定以 "紧集" 代替 "点" 的分离公理 (Hausdorff, 正则, 全正则). 另外还导出了关于从紧空间到 Hausdorff 空间内的连续映射的一个简单而重要的推论. 最后就证明了 Wallace 的一个分离定理, 它包括在它前面的大多数定理.

不难看出, 紧空间 X 的闭子集 A 必为紧集, 因为从 A 为闭集可推出对 A 中的每一个网有子网收敛于 A 中的点 (一个在紧性定义基础上的直接证明几乎也同样简单). 其逆不真, 因为若 A 为平庸空间 X(只有 X 和空集为开集) 的非空真子集, 则 A 为紧集, 但不是闭的. 然而, 当 X 为 Hausdorff 空间时这种情况不可能出现.

定理 7 若 A 为 Hausdorff 空间 X 的紧子集, 又 x 为 $X \sim A$ 的点, 则有 x 和 A 的互不相交的邻域.

因而, Hausdorff 空间的每一个紧子集必为闭集.

证明 因为 X 为 Hausdorff 空间, 故对 A 的每一点 y 有一个邻域 U 使得 x 不属于闭包 U^-, 但 A 为紧集, 于是有覆盖 A 的有限开集族 $U_0, U_1, \cdots, U_n$ 使得当 $i = 0, 1, \cdots, n$ 时 $x \notin U_i^-$, 从而, 若命 $V = \bigcup \{U_i : i = 0, 1, \cdots, n\}$, 则 $A \subset V$ 并且 $x \notin V^-$, 因此 $X \sim V^-$ 和 V 是 x 和 A 的互不相交的邻域. |

定理 8 设 f 为映紧拓扑空间 X 到拓扑空间 Y 上的连续函数, 则 Y 为紧, 并且当 Y 为 Hausdorff 空间, f 为一对一映射时 f 为一个同胚.

证明 若 $\mathscr{A}$ 为 Y 的开覆盖, 则所有由形如 $f^{-1}[A]$ 的集组成的集族为 X 的开覆盖, 其中 A 属于 $\mathscr{A}$, 从而它有有限子覆盖, 显然, 所有该子覆盖的元的象组成

的族为 $\mathscr{A}$ 的有限子族并且它覆盖 Y, 于是 Y 为紧.

假设 Y 为 Hausdorff 空间并且 f 为一对一映射, 若 A 为 X 的闭子集, 则 A 为紧集, 故它的象 $f[A]$ 亦为紧集, 从而必为闭集, 这表明对每一个闭集 A, $(f^{-1})^{-1}[A]$ 恒为闭集, 即 f^{-1} 为连续. $\blacksquare$

定理 9　若 A 和 B 为 Hausdorff 空间 X 的互不相交的紧子集, 则有 A 和 B 的互不相交的邻域.

因而, 每一个紧 Haudorff 空间必为正规空间.

证明　因为对 A 中的每一个 x, 由定理 5.7 有 x 的一个邻域和 B 的一个邻域, 它们互不相交, 即有 x 的邻域 U, 它的闭包与 B 不相交, 又因 A 为紧集, 故有一个有限子族 $U_0, U_1, \cdots, U_n$ 使得 U_i^- 与 B 都不相交 $(i = 0, 1, \cdots, n)$ 并且 $A \subset V = \bigcup\{U_i : i = 0, 1, \cdots, n\}$. 于是 V 为 A 的邻域, 并且 $X \sim V^-$ 为 B 的邻域, 同时它与 V 不相交. $\blacksquare$

定理 10　若 X 为正则拓扑空间, A 为紧子集, U 为 A 的邻域, 则有 A 的闭邻域 V 使得 $V \subset U$.

因而, 每一个紧正则空间必为正规空间.

证明　因为 X 为正则空间, 故对每一个 A 中的 x, 有一个开邻域 W 使得 $W^- \subset U$, 从而再由紧性便知有 A 的一个有限开覆盖 $W_0, W_1, \cdots, W_n$ 使得对每一个 i 都有 $W_i^- \subset U$, 于是 $V = \bigcup\{W_i^- : i = 0, 1, \cdots, n\}$ 即为所需要的 A 的邻域. $\blacksquare$

定理 11　若 X 为完全正则空间, A 为紧子集, U 为 A 的邻域, 则有从 X 到闭区间 $[0,1]$ 的连续函数 f 使得 f 在 A 上为 1 并且在 $X \sim U$ 上为 0.

证明　因为对 A 中的每一个 x 有一个连续函数 g, 它在 x 处为 1 并且在 $X \sim U$ 上为 0, 又集 $\{y : g(y) > 1/2\}$ 为 X 中的开集, 故若定义 h 为 $h(y) = \min[2g(y), 1]$, 则 h 为取值于 $[0,1]$ 的连续函数, 并且在 $X \sim U$ 上为 0, 在 x 的某个邻域上为 1. 从而根据 A 为紧集便知有有限多个从 X 到 $[0,1]$ 的连续函数 $h_0, h_1, \cdots, h_n$ 使得 $A \subset \bigcup\{h_i^{-1}[1] : i = 0, 1, \cdots, n\}$ 并且每一个 h_i 在 $X \sim U$ 上为 0. 于是, 在 x 处的值为 $\max\{h_i(x) : i = 0, 1, \cdots, n\}$ 的函数 f 即为所需要的函数. $\blacksquare$

上述两个定理的每一个都有一种表面上不同的另外叙述方式, 即把条件中的 "A 为紧集并且 U 为 A 的邻域" 换成 "A 为紧集并且 B 为与 A 不相交的闭集", 同时也把结论换成相应的形式.

本节的大多数结果都是下一定理的直接推论.

定理 12(Wallace)　若 X 和 Y 为拓扑空间, A 和 B 分别为 X 和 Y 的紧子集, W 为 $A \times B$ 在乘积空间 $X \times Y$ 中的邻域, 则有 A 的邻域 U 和 B 的邻域 V 使得 $U \times V \subset W$.

证明　因为对 $A \times B$ 的每一个元 (x, y) 有 x 的开邻域 R 和 y 的开邻域 S 使得 $R \times S \subset W$, 又 B 为紧集, 故对 A 中一个确定的 x 有 x 的邻域 R_i 和相应的

开集 S_i, 其中 $i = 0, 1, \cdots, n$, 使得 $B \subset Q = \bigcup\{S_i : i = 0, 1, \cdots, n\}$, 于是, 若命 $P = \bigcap\{R_i : i = 0, 1, \cdots, n\}$, 则 P 为 x 的邻域并且与 B 的邻域 Q 满足 $P \times Q \subset W$. 再由于 A 为紧集, 从而有 X 中的开集 P_i 和 Y 中的开集 Q_i, 其中 $i = 0, 1 \cdots, m$, 使得每一个 Q_i 均为 B 的邻域, $P_i \times Q_i \subset W$ 并且 $A \subset \bigcup\{P_i : i = 0, 1, \cdots, m\} = U$, 由此可见, U 和 $V = \bigcap\{Q_i : i = 0, 1, \cdots, m\}$ 分别为 A 和 B 的邻域并且 $U \times V$ 是 W 的子集, 即定理获证. |

5.3 紧空间的乘积

关于紧空间乘积的经典的 Tychonoff 定理无疑是有关紧性的最有用的定理, 并且就单个定理而论, 也可以说, 它是一般拓扑学中最重要的定理. 本节集中讨论 Tychonoff 定理和它的一些推论.

定理 13(Tychonoff)   一族紧拓扑空间的笛卡儿乘积关于乘积拓扑仍为紧.

证明   设 $Q = \times\{X_a : a \in A\}$, 其中每一个 X_a 为紧拓扑空间, 并且 Q 具有乘积拓扑, 又设 $\mathscr{S}$ 为由所有形如 $P_a^{-1}[U]$ 的集所组成的乘积拓扑的子基, 其中 P_a 为到第 a 个坐标空间内的射影并且 U 为 X_a 中的开集, 则由定理 5.6 可知空间 Q 为紧, 只需每一个不存在任何有限子族能够覆盖 Q 的 $\mathscr{S}$ 的子族 $\mathscr{A}$ 都不能覆盖 Q. 对每一个指标 a, 命 $\mathscr{B}_a$ 为所有使得 $P_a^{-1}[U] \in \mathscr{A}$ 的 X 的开集 U 组成的集族, 则 $\mathscr{B}_a$ 的任何有限子族都不能覆盖 X_a, 因此由紧性便知存在点 x_a 使得对每一个 $\mathscr{B}_a$ 中的 U 都有 $x_a \in X_a \sim U$, 于是第 a 个坐标为 x_a 的点 x 就不能属于 $\mathscr{A}$ 的任何元, 从而 $\mathscr{A}$ 不是 Q 的覆盖. |

现在我们给出 Tychnoff 定理的另一种证明, 这种证明并不依据 Alexander 的定理 5.6.

另一种证明(Bourbaki)   显然我们只需证若 $\mathscr{B}$ 为乘积中的子集族并且具有有限交性质, 则 $\bigcap\{B^- : B \in \mathscr{B}\}$ 为非空. 因为所有具有有限交性质的族组成的类具有有限特征, 故由 Tukey 引理 (预备知识定理 25(c)), 我们可以假定 $\mathscr{B}$ 关于该性质为极大. 由于 $\mathscr{B}$ 为极大, 所以每一个包含 $\mathscr{B}$ 的一个元的集属于 $\mathscr{B}$ 并且 $\mathscr{B}$ 的两个元的交属于 $\mathscr{B}$. 而且若 C 与 $\mathscr{B}$ 的每一个元相交, 则由极大性 $C \in \mathscr{B}$[①]. 最后, 因为所有 $\mathscr{B}$ 的元到坐标空间 X_a 内的射影组成的族具有有限交性质, 故可选出一个点 x_a, 它属于 $\bigcap\{P_a[B]^- : B \in \mathscr{B}\}$, 显然, 第 a 个坐标为 x_a 的点 x 具有性质: x_a 的每一个邻域 U 与每一个 $P_a[B]$ 相交, 其中 $B \in \mathscr{B}$, 即对 x_a 的每一个邻域 U 有 $P_a^{-1}[U] \in \mathscr{B}$, 亦即这种类型的集的有限交也属于 $\mathscr{B}$, 于是 x 的每一个属于乘积拓扑所定义的基的邻域恒属于 $\mathscr{B}$, 从而与 $\mathscr{B}$ 的每一个元相交, 这表明对每一个 $\mathscr{B}$ 中的 B 有 x 属于 B^-, 因而定理获证. |

---

① 显然我们是重复证明了问题 2.1 的一部分.

关于 Tychonoff 定理的一些重要应用, 我们将在函数空间那一章来讨论. 现在只给出一个很简单的推论. 我们称伪度量空间的子集为**有界的**当且仅当它具有有限的直径. 于是, 实数空间的子集为有界当且仅当它同时有上界和下界. 下面的定理就是古典的 Heine-Borel-Lebesgue 定理.

定理 14　n 维欧几里得空间的子集为紧集当且仅当它为闭的有界集.

证明　设 A 为 E_n 的紧子集, 则因 E_n 为 Hausdorff 空间, 故 A 为闭集. 由于紧性, A 可以由一个半径为 1 的开球组成的有限族所覆盖, 而每一个这样的开球又都有界, 所以 A 也有界.

今证其逆, 假设 A 为 E_n 的闭的有界子集, 命 B_i 为 A 关于到第 i 个坐标空间内的射影的像, 则因射影要缩小距离, 故每一个 B_i 也都有界. 注意 $A \subset \times \{B_i : i = 0, 1, \cdots, n-1\}$, 并且该集又是实数的闭有界区间的某个乘积的子集, 即 A 亦为该乘积的闭子集, 又因紧空间的乘积仍为紧空间, 故只需证闭区间 $[a,b]$ 关于通常拓扑为紧. 设 $\mathscr{C}$ 为 $[a,b]$ 的一个开覆盖, 又设 c 为所有 $[a,b]$ 中这样的元 x 的上确界, 它使得有 $\mathscr{C}$ 的某有限子族覆盖 $[a,x]$(该集为非空, 因为 a 显然是它的一个元), 选 $\mathscr{C}$ 中的 U 使得 $c \in U$, 又选开区间 (a,c) 中的元 d 使得 $[d,c] \subset U$, 因为有 $\mathscr{C}$ 的一个有限子族覆盖 $[a,d]$, 故该族再加上 U 就覆盖了 $[a,c]$. 若 $c=b$ 不成立, 则这个有限子族也就覆盖了 c 的右方的某个区间, 这与 c 的取法矛盾. 定理获证. |

因为闭单位区间为紧, 故每一个立方体 (闭单位区间的乘积) 也为紧. 于是, Tychonoff 空间 (全正则的 T_1- 空间) 的如下刻画几乎就成为明显的了.

定理 15　拓扑空间为 Tychonoff 空间当且仅当它同胚于某个紧 Haudorff 空间的一个子空间.

证明　由定理 4.7, 每一个 Tychonoff 空间同胚于某个立方体的一个子集, 而我们又已知任何立方体均为紧 Hausdorff 空间.

反之, 每一个紧 Hausdorff 空间为正规空间, 因而 (Urysohn 的引理 4.4) 为 Tychonoff 空间, 于是它的每一个子空间亦为 Tychonoff 空间. |

多于有限多个非紧空间的乘积是在一种有点奇特的状态下不再为紧. 我们称拓扑空间的一个子集在该空间中为**无处稠密**[①]当且仅当它有空的内部.

定理 16　若有无限多个坐标空间为非紧, 则乘积中的每一个紧子集有空的内部.

证明　假设 $\times \{X_a : a \in A\}$ 有一个紧子集 B, 它有一个内点 x, 则 B 包含有 x

---

① 校注. 本书作者在书内对 "无处稠密" 给了两个不等价的定义, 一个在原书 145 页上 (即这里陈述的定义), 另一个在原书的 201 页上. 前一定义比后一定义弱, 但后一定义是常用的. 为了避免同一本书内一个名词有两个不同的含义起见, 我们可把前者叫做弱无处稠密, 后者叫无处稠密. 由于仅在定理 5.16 中和定理 5.19 的证明中出现, 我们也可以直接用 "内部为空的集" 去代替它, 这样便可根本不在这里引进无处稠密的概念, 而把这一术语留给后者.

的一个邻域 U, 它是乘积拓扑所定义的基的一个元, 即为形如 $\bigcap\{P_a^{-1}[V_a] : a \in F\}$, 其中 F 为 A 的有限子集并且 V_a 为 X_a 的开集. 若 $b \in A \sim F$, 则 $P_b[B] = X_b$, 因为 X_b 是一个紧空间的连续象, 故 X_b 为紧. 因而, 除有很多个外所有的坐标空间均为紧. ∎

5.4 局部紧空间

我们称拓扑空间为**局部紧**当且仅当它的每一点至少有一个紧邻域. 显然, 紧空间为局部紧, 每一个离散空间为局部紧, 并且局部紧空间的闭子空间也为局部紧 (注意, 闭集与紧集的交为该紧集的闭子集, 因而亦为紧集). 局部紧空间同样也具有紧空间的许多良好性质. 下面的命题是研究这种空间的一种方便工具.

定理 17 若 X 为局部紧拓扑空间并且它为 Hausdorff 或正则空间, 则每一点的所有闭的紧邻域组成的集族为该点邻域系的一个基.

证明 设 x 为 X 的一个点, C 为 x 的一个紧邻域, U 为 x 的任意邻域. 若 X 为正则空间, 则有 x 的一个闭邻域 V, 它是 U 和 C 的内部的子集, 并且易见 V 为闭的紧集.

若 X 为 Hausdorff 空间, W 为 $U \bigcap C$ 的内部, 则因 W^- 为紧 Hausdorff 空间, 故由定理 5.9, W 包含有一个闭的紧集, 它是 x 在 W^- 中的邻域, 但它也是 x 在 W 中的邻域 (即关于对 W 的相对拓扑), 从而也就是 x 在 X 中的一个邻域. ∎

特别, 由此得到每一个局部紧 Hausdorff 空间恒为正则空间. 实际上, 还有一个更强的命题成立.

定理 18 若 U 为正则局部紧拓扑空间 X 的闭的紧子集 A 的邻域, 则有 A 的闭的紧邻域 V 使得 $A \subset V \subset U$.

而且, 存在从 X 到闭单位区间的连续函数 f 使得 f 在 A 上为 0 并且在 $X \sim V$ 上为 1.

证明 因为对 A 中的每一点 x 都有一个邻域 W, 它是 U 的闭的紧子集, 但 A 为紧集, 故 A 可由这样的邻域的一个有限族所覆盖, 从而它的并 V 即为 A 的一个闭的紧邻域.

由于 V 关于相对拓扑为紧正则空间, 所以亦为正规空间 (定理 5.10), 从而有从 V 到闭单位区间的连续函数 g 使得 g 在 A 上为零并且在 $V \sim V^0$ (V^0 为 V 的内部) 上为 1, 于是, 若命 f 在 V 上等于 g 并且在 $X \sim V$ 上等于 1, 则因 V^0 与 $X \sim V$ 分离并且 f 在 V 和 $X \sim V^0$ 上为连续, 故 f 为连续 (问题 3.B). ∎

由此即得每一个局部紧正则拓扑空间恒为全正则空间, 并且每一个局部紧 Hausdorff 空间恒为 Tychonoff 空间.

一般地说, 局部紧空间的连续象未必为局部紧, 这只需注意每一个离散空间为局部紧, 而每一个拓扑空间又必为某个离散空间的一对一的连续象 (利用同一个集的离散拓扑和恒等函数). 若一个函数为连续的开映射, 则一个点的紧邻域的象为象点的一个紧邻域, 因而, 局部紧空间的象为局部紧. 这个简单事实和以前的一个结果也就给出了局部紧的乘积空间的一种确切的描述.

定理 19　若乘积空间为局部紧, 则每一个坐标空间为局部紧并且除有限多个外所有的坐标空间均为紧.

证明　若乘积空间为局部紧, 则因它到坐标空间内的射影为开映射, 故每一个坐标空间为局部紧.

若有无限多个坐标空间为非紧, 则由定理 5.16, 该乘积的每一个紧子集的内部为空, 故不存在具有紧邻域的点. |

5.5　商　空　间

这一节继续从事在第 3 章中所开始的关于商空间的研究. 我们有兴趣的是有关紧性的结论, 并且本节唯一的一条定理就概括了在附加另外假设下所推出的若干很好性质. 前面我们已经看到紧空间的连续象仍为紧空间, 然而在不附加另外假设的情况下象空间仍然可以完全不引人注目. 例如, 若 X 为具有通常拓扑的闭单位区间, $\mathscr{D}$ 为由所有形如 $\{x : x - a\text{为有理数}\}$ 的子集所组成的分解, 则商空间为紧并且在商空间上的射影为开映射, 但商拓扑为平庸拓扑 (只有空间和空集为开集). 我们所得到的结果是: 若 $\mathscr{D}$ 的元为紧集, 并且该分解为上半连续, 则商空间可以遗传 X 的许多性质.

定理 20　设 X 为拓扑空间, $\mathscr{D}$ 为 X 的上半连续分解, 并且它的元为紧集同时 $\mathscr{D}$ 具有商拓扑, 则 $\mathscr{D}$ 分别为 Hausdorff, 正则、局部紧, 或满足第二可数性公理的空间, 只要 X 具有相应的性质.

证明　为方便起见, 我们规定 X 的子集是容许的当且仅当它是 $\mathscr{D}$ 的元的并. 根据上半连续性的定义, $\mathscr{D}$ 的元 A 在 X 中的每一个邻域都包含一个容许的邻域, 因而, A 在 X 中的邻域关于射影的象是 A 在 $\mathscr{D}$ 中的邻域. 此外, 由定理 3.12 射影还变闭集为闭集.

假设 X 为 Hausdorff 空间, A 和 B 为 $\mathscr{D}$ 的不同的元, 则由定理 5.9, 存在 A 和 B 在 X 中的互不相交的邻域, 而它又包含有互不相交的容许的邻域, 故该容许的邻域关于射影的象即为所需 A 和 B 在 $\mathscr{D}$ 中的互不相交的邻域.

若 X 为正则空间, $A \in \mathscr{D}$ 并且 $\mathscr{U}$ 是 A 在 $\mathscr{D}$ 中的一个邻域, 则所有 $\mathscr{U}$ 的元的并 U 是 A 在 X 中的一个邻域, 根据定理 5.10 存在 A 在 X 中的一个闭邻域, 它包含在 U 内, 显然, 该邻域关于射影的象就是 A 在 $\mathscr{D}$ 中所需的邻域.

若 X 为局部紧, 则易见 $\mathscr{D}$ 的每一个元在 X 中有一个紧邻域, 并且它关于射影的象即为在 $\mathscr{D}$ 中的一个紧邻域.

最后, 假设 X 的拓扑有一个可数基 $\mathscr{B}$, 则由所有 $\mathscr{B}$ 的有限子族的并所组成的集族 $\mathscr{U}$ 仍为可数集. 对 $\mathscr{U}$ 的每一个元 U, 命 U' 为所有是 U 的子集的 $\mathscr{D}$ 的元的并, 又命 $\mathscr{T}$ 为当 U 属于 $\mathscr{U}$ 时所有集 U' 组成的族, 则 $\mathscr{T}$ 的元的象为开集并且可以证明这些象的集就是商拓扑的一个基. 事实上, 这只需证对每一个 $\mathscr{D}$ 中的 A 和每一个 A 的邻域 V, 有 $\mathscr{T}$ 中的 U 使得 $A \subset U \subset V$. 因为 A 可以由有限多个 $\mathscr{B}$ 的元所覆盖, 并且还可以使得这些元的并 W(是 $\mathscr{U}$ 的一个元) 包含在 V 内, 故若命 $U = W'$, 则 $U \in \mathscr{T}$ 并且 $A \subset U \subset V$, 于是定理获证. |

这个定理有一个有趣的推论. 若 X 为可分度量空间并且它的一个上半连续分解的元恒为紧集, 则该商空间为 Hausdorff, 正规并且满足第二可数性公理的空间, 从而亦为可度量化的空间.

5.6 紧 扩 张

在研究非紧拓扑空间 X 时, 作出一个本身为紧并且包含 X 作为子空间的空间通常是方便的. 例如, 对实数空间添加 $+\infty$ 和 $-\infty$ 两点就常常有用. 这样所得到的空间有时叫做扩张了的实数, 当规定 $+\infty$ 为最大元, $-\infty$ 为最小元时它是线性有序集. 对于这种序 (通常序的一种推广), 扩张了的实数的每一个非空子集都有下确界和上确界, 并且该空间关于它的序拓扑为紧 (问题 5.C). 这种扩张了的实数, 在现在将要精确给出的一种意义下是实数空间的一个紧扩张. 当然, 这种作法首先是为了方便. 它并没有为我们增添关于实数的知识. 然而使我们能够运用典型的紧性推理方法且简化了许多证明.

拓扑空间的一种最简单的紧扩张是通过添加一个单独的点而得到的. 它的步骤与分析学里相似, 我们知道在函数论中复数球面就是通过对欧几里得平面添加一个单独的点 ∞ 而作出的, 并且规定 ∞ 的邻域为该平面的有界子集的余集. 这种作法可以移植到任意的拓扑空间; 而在扩张空间内引入拓扑的思路就是依靠在复数球面中 ∞ 的开邻域的余集必为紧集这个事实. 拓扑空间 X 的**单点紧扩张**①是指具有这样的拓扑的集 $X^* = X \bigcup \{\infty\}$, 它的元为 X 的开子集和 X^* 的所有这样的子集 U, 它使得 $X^* \sim U$ 为 X 的闭紧子集. 自然, 我们必须证明它的确给出 X^* 的一个拓扑, 这在下列命题的证明中可得到实现.

定理 21(Alexandroff) 拓扑空间 X 的单点紧扩张 X^* 为紧并且 X 是它的子空间. 空间 X^* 为 Hausdorff 空间当且仅当 X 为局部紧 Hausdorff 空间.

---

① 这个定义实际上直到 ∞ 被定义之前是不完备的. 事实上, 任何元只要它不是 X 的元, 例如 X 就均可取作 ∞.

证明　因为集 U 为 X^* 中的开集当且仅当有 (a) $U \bigcap X$ 为 X 中的开集与 (b) 当 $\infty \in U$ 时 $X \sim U$ 为紧集, 故 X^* 的开集的有限交和任意并与 X 的交仍为开集. 若 ∞ 为 X^* 的两个开子集的交的元, 则这个交的余集为 X 的两个闭紧子集的并, 从而也为闭、紧集. 又若 ∞ 属于 X^* 的一族开子集的元的并, 则 ∞ 属于该族的某个元 U 并且这个并的余集为紧集 $X \sim U$ 的闭子集, 于是亦为闭、紧集. 总之, X^* 为拓扑空间并且 X 是它的子空间. 再注意, 若 $\mathscr{U}$ 为 X^* 的开覆盖, 则从 ∞ 必为 $\mathscr{U}$ 中某个 U 的元以及 $X \sim U$ 为紧集即可推出 $\mathscr{U}$ 有有限的子覆盖, 于是便知 X^* 为紧.

若 X^* 为 Hausdorff 空间, 则它的开子空间 X 自然是局部紧 Hausdorff 空间. 最后, 需要证明当 X 为局部紧 Hausdorff 空间时 X^* 为 Hausdorff 空间, 这又只需证若 $x \in X$, 则 x 和 ∞ 有互不相交的邻域. 因为 X 为局部紧 Hausdorff 空间, 故 x 在 X 中有一个闭、紧邻域 U, 并且 $X^* \sim U$ 即为所需的 ∞ 的邻域. ▌

若 X 为紧拓扑空间, 则 ∞ 为单点紧扩张的一个孤立点 (即 $\{\infty\}$ 为既开又闭). 反之, 若 ∞ 为 X^* 的一个孤立点, 则 X 为 X^* 中的闭集, 从而亦为紧集.

单点紧扩张是一种类型很特殊的紧扩张, 因此我们需要考虑将拓扑空间嵌到某个紧空间的其他方法. 为方便起见, 显然, 与其坚持原始空间必须是所作出的紧空间的真子空间, 还不如只要求它能够拓扑地嵌入. 根据这种想法, 我们定义拓扑空间 X 的**紧扩张**为 (f, Y), 其中 Y 为紧拓扑空间, f 为从 X 到 Y 的一个稠密子空间上的一个同胚 (这时, X 的单点紧扩张即为 (i, X^*), 其中 i 为恒等映射). 又称紧扩张 (f, Y) 为 Hausdorff 紧扩张, 当且仅当 Y 为 Hausdorff 空间. 对空间 X 的所有紧扩张组成的族, 我们定义关系 $(f, Y) \geqslant (g, Z)$ 当且仅当存在从 Y 到 Z 上的连续映射 h 使得 $h \circ f = g$. 等价地, $(f, Y) \geqslant (g, Z)$ 当且仅当从 $f[X]$ 到 Z 的函数 $g \circ f^{-1}$ 有映 Y 到 Z 内的连续扩张 h. 若函数 h 可以取为同胚, 则称 (f, Y) 和 (g, Z) 为**拓扑等价**. 在这种情况下关系 $(f, Y) \geqslant (g, Z)$ 和 $(g, Z) \geqslant (f, Y)$ 同时成立, 因为 h^{-1} 为从 Z 到 Y 上的连续映射并且使得 $f = h^{-1} \circ g$.

定理 22　拓扑空间的所有紧扩张组成的族关于 $\geqslant$ 为半序集. 若 (f, Y) 和 (g, Z) 为某个空间的 Hausdorff 紧扩张并且 $(f, Y) \geqslant (g, Z) \geqslant (f, Y)$, 则 (f, Y) 和 (g, Z) 为拓扑等价.

证明　若 $(f, Y) \geqslant (g, Z) \geqslant (h, U)$, 并且其中的每一个均为空间 X 的紧扩张, 则分别有从 Y 到 Z 和从 Z 到 U 的连续函数 j 和 k 使得 $g = j \circ f$ 和 $h = k \circ g$ 成立, 从而 $h = k \circ j \circ f$, 并且有 $(f, Y) \geqslant (h, U)$. 因而 X 的所有紧扩张组成的族关于 $\geqslant$ 为半序集.

若 (f, Y) 和 (g, Z) 为 Hausdorff 紧扩张, 并且其中的每一个关于序 $\geqslant$ 在另一个之后, 则 $f \circ g^{-1}$ 和 $g \circ f^{-1}$ 分别有到整个 Z 和 Y 的连续扩张 j 和 k. 因 $k \circ j$ 为 Z 的稠密子集 $g[X]$ 上的恒等映射, Z 为 Hausdorff 空间. 故 $k \circ j$ 为从 Z 到它自己上

的恒等映射, 类似地, $j \circ k$ 为从 Y 到它自己上的恒等映射, 于是 (f, Y) 和 (g, Z) 为拓扑等价. |

显然, 紧 Hausdorff 空间 X 的最小紧扩张就是 X 它自己 (更精确地说应该是 (i, X), 其中 i 为 X 上的恒等映射). 我们自然期望非紧空间的单点紧扩张关于序 $\geqslant$ 为最小紧扩张. 当我们限制注意力于 Hausdorff 紧扩张时, 这确实成立 (问题 5.G 的一个推论). 虽容易看出, 一般并不存在这样的紧扩张, 它能够更小于每一个其他的紧扩张. 另一方面, 若 X 为具有 Hausdorff 紧扩张的空间 (根据定理 5.15, 如此的空间为 Tychonoff 空间), 则它有一个最大的紧扩张, 这就是下面我们所要讨论的内容.

对每一个拓扑空间 X, 命 $F(X)$ 为所有从 X 到闭单位区间 Q 的连续函数组成的族, 则由 Tychonoff 定理便知立方体 $Q^{F(X)}$ (单位区间 Q 的 $F(X)$ 次乘积) 为紧. 再命 e 为变 X 的元 x 为 $Q^{F(X)}$ 的元 $e(x)$ 的计值映射, 其中 $e(x)$ 的第 f 个坐标为 $f(x)(f \in F(X))$, 则 e 为从 X 到立方体 $Q^{F(X)}$ 内的连续映射, 并且当 X 为 Tychonoff 空间时, e 为从 X 到 $Q^{F(X)}$ 的某个子空间上的一个同胚 (这些事实由嵌入引理 4.5 即得). 所谓 **Stone-Čech** 紧扩张就是指 $(e, \beta(X))$, 其中 $\beta(X)$ 为 $e[X]$ 在立方体 $Q^{F(X)}$ 内的闭包. 在证明这个紧扩张的重要性质之前, 我们先给出一个引理.

引理 23　若 f 为从集 A 到集 B 内的函数, f^* 为从 Q^B 到 Q^A 内的这样的映射, 它对一切 Q^B 中的 y 由 $f^*(y) = y \circ f$ 确定, 则 f^* 为连续.

证明　因为由定理 3.3 可知, 映到乘积空间内的映射为连续当且仅当该映射与每一个射影的合成为连续, 又若 a 为 A 的一个元, 则 $P_a \circ f^*(y) = P_a(y \circ f) = y(f(a))$, 但 $y(f(a))$ 为 y 到 Q^B 的第 $f(a)$ 个坐标空间内的射影, 即 $P_a \circ f^*$ 为连续映射. |

在该引理中所提到的作法是值得注意的, 因为当讨论函数空间时, 它有系统的应用. 注意, 由 f 所诱导的函数 f^*, 在 f 变 A 到 B 内, 而 f^* 变 Q^B 到 Q^A 内的意义下, 与 f 的方向相反.

借助于这个引理, Stone-Čech 紧扩张的主要定理的导出就变成通过并不繁杂计算的一种惯用手法.

定理 24(Stone-Čech)　若 X 为 Tychonoff 空间, f 为从 X 到紧 Hausdorff 空间 Y 的连续函数, 则有 f 的一个连续扩张, 它变紧扩张 $\beta(X)$ 到 Y 内 (更精确地说, 若 $(e, \beta(X))$ 为 Stone-Cech 紧扩张, 则 $f \circ e^{-1}$ 可以扩张成从 $\beta(X)$ 到 Y 的连续函数).

证明　给定一个 f, 我们通过对每一个 $F(Y)$ 中的 a, 命 $f^*(a) = a \circ f$ 来定义从 $F(Y)$ 到 $F(X)$ 的 f^*, 又通过对每一个 $Q^{F(X)}$ 中的 q, 命 $f^{**}(q) = q \circ f^*$ 来定义从 $Q^{F(X)}$ 到 $Q^{F(Y)}$ 的 f^{**}. 再命 e 为从 X 到 $Q^{F(X)}$ 内的计值映射, g 为从 Y 到 $Q^{F(Y)}$ 内的计值映射. 于是, 利用下列的图解式即可说明我们所要证明的结果.

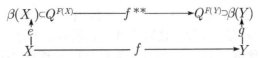

因为映射 e 为一个同胚, 又从 Y 为紧 Hausdorff 空间可推出映射 g 为从 Y 到 $\beta(Y)$ 上的一个同胚, 再由引理 5.23 可知映射 f^{**} 为连续, 故若能证得 $f^{**}\circ e = g\circ f$, 则 $g^{-1}\circ f^{**}$ 即为 $f\circ e^{-1}$ 所需的连续扩张.

事实上, 若 x 为 X 的一个元, h 为 $F(Y)$ 的一个元, 则分别由 f^{**}, f^{*}, e 和 g 的定义即得 $(f^{**}\circ e)(x)(h) = (e(x)\circ f^{*})(h) = e(x)(h\circ f) = h\circ f(x) = g(f(x))(h) = (g\circ f)(x)(h).$ ▮

上述定理的扩张性质表明 Stone-Čech 紧扩张 $(e, \beta(X))$ 关于序 $\geqslant$ 在每一个其他的 Hausdorff 紧扩张之后, 即为最大的 Hausdorff 紧扩张, 又若 (f, Y) 也具有这个扩张性质, 则 $(f, Y) \geqslant (e, \beta(X))$, 从而由定理 5.22, 它拓扑等价于 $(e, \beta(X))$. 因此, 定理 5.24 的扩张性质给出了紧扩张 $(e, \beta(X))$ (精确到拓扑等价) 的一种刻画.

注记 25 上述结果 (Stone[6] 和 Čech[1]) 提供了一种极大紧扩张. 为了各种不同的目的, 许多其他较小的紧扩张也已经被作出. 关于这个主题有很大数量的文献, 我们只可能引用一些作为范例的著作. 最古老紧扩张理论之一 (Carathéodory 的素端点理论) 的新近著作可参阅 Ursell 与 Young[1]. Freudenthal[1] 考察了一种紧扩张, 它在比由 $\beta(X)$ 所拥有更多限制的类中为极大. 紧扩张的一种一般讨论是由 Myškis([1],[2] 和 [3]) 给出的. 他区分了紧扩张的 "外部" 描述 (例如 $\beta(X)$ 以及问题 7.T 所梗概介绍的群的殆周期紧扩张) 和 "内部" 描述 (例如 Alexandroff 的单点紧扩张与问题 5.R 的 Wallman 紧扩张). 紧扩张的内部和外部描述之间的关系常常又是这种概念的有效性之关键所在. $\beta(X)$ 内部构造的某些部分已被讨论 (见 Nagata[2], Smirnov[3] 和 Wallace[2]). 紧扩张 $\beta(X)$ 与绝对闭包概念也有联系, 例如参看 Stone[6], Alexandroff[1], Katětov[1] 和 Ramanathan[1].

5.7 Lebesgue 覆盖引理

我们知道有一个极为有用的 Lebesgue 引理, 即若 $\mathscr{U}$ 为实数集的闭区间的开覆盖, 则有正数 r 使得当 $|x-y| < r$ 时 x 和 y 同属于该覆盖的某个元. 也就是说, 在某种意义下每一个开覆盖 "一致地" 覆盖了该区间的点. 本节就来证明这个引理以及它的一种可以应用于任意紧空间的拓扑的变形. 后一结果也可以看成是下一节关于仿紧性概念的一种准备.

定理 26 若 $\mathscr{U}$ 为伪度量空间 (X, d) 的紧子集 A 的开覆盖, 则有正数 r 使得每一个以 A 的点为心的开 r- 球都包含在 $\mathscr{U}$ 的某个元内.

证明 设 $U_1, \cdots, U_n$ 为 A 的开覆盖 $\mathscr{U}$ 的有限子覆盖, $f_i(x) = \mathrm{dist}[x, X - U_i], f(x) = \max[f_i(x) : i = 1, \cdots, n]$, 则每一个 f_i 为连续, 从而 f 为连续. 因为 A 的

每一点属于某个 U_i, 故对 A 中的每一个 x 有 $f(x) \geqslant f_i(x) > 0$, 又集 $f[A]$ 为正实数集的紧子集, 于是有正实数 r 使得对 A 中的所有 x 有 $f(x) > r$. 这表明对 A 中的每一个 x 有 i 使得 $f_i(x) > r$, 即以 x 为心的开 r- 球包含在 U_i 内. |

上一定理有一个有用的推论. 若 A 为伪度量空间的紧子集, U 为 A 的邻域, 则有正数 r 使得 U 包含每一个以 A 的点为心的开 r- 球, 即 A 与 $X \sim U$ 的距离为正.

定理 5.26 还有一种富有启发性的陈述方法. 因为若 V 为所有使得 $d(x,y) < r$ 的 X 的点偶组成的集, 则 $V[x] = \{y : (x,y) \in V\}$ 就是以 x 为心的开 r- 球, 又集 V 为 $X \times X$ 的开子集并且包含对角线 Δ(所有 (x,x) 的集, 其中 x 属于 X), 故由上一定理可推出如下的拓扑的结果: 若 $\mathscr{U}$ 为紧伪度量空间的开覆盖, 则有 $X \times X$ 的对角线的邻域 V 使得对每一点 x, 集 $V[x]$ 包含在 $\mathscr{U}$ 的某个元内. Lebesgue 引理的这种变形可以转到任意的紧正则空间.

我们称拓扑空间的覆盖 $\mathscr{U}$ 为齐–覆盖当且仅当有 $X \times X$ 的对角线的邻域 V 使得对每一点 x, 集 $V[x]$ 包含在 $\mathscr{U}$ 的某个元内. 换言之, 由所有形如 $V[x]$ 的集组成的集族将 $\mathscr{U}$ 加细了. 再回忆一下, 覆盖 $\mathscr{A}$ 叫做是 $\mathscr{U}$ 的加细当且仅当 $\mathscr{A}$ 的每一个元是 $\mathscr{U}$ 的某个元的子集. 另外, 集族 $\mathscr{B}$ 叫做局部有限当且仅当空间的每一点有一个邻域, 它只与有限多个 $\mathscr{B}$ 的元相交. 又我们称集族为闭当且仅当它的每一个元均为闭集.

定理 27 若空间的开覆盖有闭且局部有限的加细, 则它为齐–覆盖.

因而, 紧正则空间的每一个开覆盖为齐–覆盖.

证明 设 $\mathscr{U}$ 为拓扑空间 X 的开覆盖, $\mathscr{A}$ 为它的一个闭且局部有限的加细, 则对 $\mathscr{A}$ 中的每一个 A 有 $\mathscr{U}$ 的元 U_A 使得 $A \subset U_A$. 命 $V_A = (U_A \times U_A) \bigcup ((X \sim A) \times (X \sim A))$, 则易见 V_A 为 $X \times X$ 的对角线的一个开邻域并且当 $x \in A$ 时 $V_A[x] = U_A$. 于是, 若命 $V = \bigcap \{V_A : A \in \mathscr{A}\}$, 则对每一点 x, 集 $V[x] \subset V_A[x] = U_A$, 从而由所有形如 $V[x]$ 的集组成的集族为 $\mathscr{U}$ 的一个加细. 剩下要证的是: V 为 $X \times X$ 的对角线的一个邻域. 对对角线的每一点 (x,x), 选 x 的邻域 W 使得 W 只与有限多个 $\mathscr{A}$ 的元相交, 若 $W \bigcap A$ 为空集, 则 $W \subset X \sim A$ 并且 $W \times W \subset V_A$, 这样就推出了 V 包含 $W \times W$ 与有限多个集 V_A 的交, 即为 (x,x) 的一个邻域.

最后, 若 X 为紧正则空间, 则每一个开覆盖 $\mathscr{U}$ 有闭且有限的加细 (借助这样的开子集覆盖 X, 它的闭包加细了 $\mathscr{U}$), 因而每一个开覆盖为齐–覆盖. |

5.8* 仿 紧 性

我们称拓扑空间为仿紧当且仅当它为正则[①]并且每一个开覆盖有开且局部有

[①] 仿紧的通常定义是以 "Hausdorff" 来代替 "正则". 然而我们不难证明当每一个开覆盖有开且局部有限的加细时, Hausdorff 空间必为正则空间.

限的加细. 本节目的是证明仿紧性和一些其他条件的等价性. 所用方法与第 6 章有密切联系.

回忆一下, 拓扑空间的子集族 $\mathscr{A}$ 叫做离散当且仅当该空间的每一点都有一个邻域, 它至多与这个族的一个元相交, 又族 $\mathscr{A}$ 叫做 σ 离散 (σ 局部有限) 当且仅当它是可数多个离散 (局部有限) 的子族的并. 现在, 我们可以来陈述这一节的主要定理, 它的证明由随后的一系列引理给出.

定理 28　若 X 为正则拓扑空间, 则下列命题等价:

(a) 空间 X 为仿紧;

(b) X 的每一个开覆盖有局部有限的加细;

(c) X 的每一个开覆盖有闭且局部有限的加细;

(d) X 的每一个开覆盖为齐–覆盖;

(e) X 的每一个开覆盖有开且 σ 离散的加细;

(f) X 的每一个开覆盖有开且 σ 局部有限的加细.

证明的步骤是: (a)$\Rightarrow$(b)$\Rightarrow$(c)$\Rightarrow$(d)$\Rightarrow$(e)$\Rightarrow$(f)$\Rightarrow$(b)$\Rightarrow$(a). 其中第一步是明显的, 下面的引理证明了第二步.

引理 29　若 X 为正则空间并且每一个开覆盖有局部有限的加细, 则每一个开覆盖有闭且局部有限的加细.

证明　若 $\mathscr{U}$ 为 X 的开覆盖, 则因 X 为正则空间, 故有一个开覆盖 $\mathscr{V}$ 使得由 $\mathscr{V}$ 的所有元的闭包组成的集族为 $\mathscr{U}$ 的加细 (对每一个 x, 若 $x \in U$, 则有 x 的开邻域 V 使得 $V^- \subset U$). 从而, 命 $\mathscr{A}$ 为 $\mathscr{V}$ 的局部有限的加细, 则由 $\mathscr{A}$ 的所有元的闭包组成的集族 $\mathscr{B}$ 亦为局部有限, 并且 $\mathscr{B}$ 的每一个元为 $\mathscr{V}$ 中某个元 V 的闭包 V^- 的子集, 于是 $\mathscr{B}$ 即为 $\mathscr{U}$ 所需要的闭且局部有限的加细. |

根据定理 5.27, 对任何拓扑空间, 每一个有闭且局部有限的加细的开覆盖为齐–覆盖. 因而, 从定理中的 (c) 可推出 (d). 在证明下一步之前, 我们先证明两个引理, 它本身也有一定的兴趣, 为方便起见, 再回顾一下为此所需要的一些事实 (见预备知识关于关系的那一节). 若 U 为 $X \times X$ 的子集并且 $x \in X$, 则 $U[x]$ 是指由所有使得 $(x, y) \in U$ 的点 y 组成的集. 若 A 为 X 的子集, 则 $U[A] = \{y :$ 对 A 中的某个 x 有 $(x, y) \in U\}$. 显然 $U[A]$ 为所有集 $U[x]$ 的并, 其中 x 属于 X. 集 $\{(x, y) : (y, x) \in U\}$ 记为 U^{-1}, 又 U 叫做是对称的, 假如 $U = U^{-1}$. 易见 $U \bigcap U^{-1}$ 恒为对称. 若 U 和 V 为 $X \times X$ 的子集, 则 $U \circ V$ 是指由所有使得对 X 中的某个 y 有 $(x, y) \in V$ 和 $(y, z) \in U$ 成立的 (x, z) 组成的集. 换言之, $(x, z) \in U \circ V$ 当且仅当对某个 y 有 $(x, z) \in V^{-1}[y] \times U[y]$, 从而 $U \circ V$ 为所有集 $V^{-1}[y] \times U[y]$ 的并, 其中 y 属于 X. 特别, 若 V 为对称, 则 $V \circ V = \bigcup\{V[y] \times V[y] : y \in X\}$. 最后, 对 X 的每一个子集 A 有 $U \circ V[A] = U[V[A]]$ 成立.

引理 30 设 X 为使得每一个开覆盖为齐-覆盖的拓扑空间, 若 U 为 $X \times X$ 的对角线的邻域, 则有该对角线的对称邻域 V 使得 $V {\circ} V \subset U$.

证明 因为 U 为对角线的邻域, 故对 X 的每一个点 x 有邻域 $W(x)$ 使得 $W(x) \times W(x) \subset U$, 从而由所有形如 $W(x)$ 的集组成的集族 $\mathcal{W}$ 为 X 的一个开覆盖, 于是, 由假设有对角线的邻域 R 使得由所有集 $R[x]$ 组成的集族为 $\mathcal{W}$ 的一个加细, 因而对每一个 x 有 $R[x] \times R[x] \subset U$. 最后, 命 $V = R \bigcap R^{-1}$, 则 V 为对角线的一个对称邻域并且对一切 x 有 $V[x] \times V[x] \subset U$, 但 $V {\circ} V$ 为所有集 $V[x] \times V[x]$ 的并, 这样就推出了 $V {\circ} V \subset U$. ∎

上一引理有这样一种直观说法. 即若我们称两点 x 和 y 至多相隔 U- 距离, 假如 $(x, y) \in U$, 则存在 V 使得当 x 和 y, y 和 z 至多相隔 V- 距离时 x 和 z 至多相隔 U- 距离.

下一引理将证明仿紧空间满足一种很强的正规性条件.

引理 31 设 X 为使得每一个开覆盖为齐-覆盖的拓扑空间, 又设 $\mathcal{A}$ 为局部有限 (或离散) 的 X 的子集族. 则有 $X \times X$ 的对角线的邻域 V 使得由所有集 $V[A]$ 组成的集族为局部有限 (相应地离散), 其中 A 属于 $\mathcal{A}$.

证明 若 $\mathcal{A}$ 为局部有限的子集族, 则有 X 的开覆盖 $\mathcal{U}$ 使得 $\mathcal{U}$ 的每一个元只与族 $\mathcal{A}$ 的有限多个元相交. 又命 U 为对角线的一个邻域, 它使得由所有集 $U[x]$ 组成的集族为 $\mathcal{U}$ 的一个加细, 则由上一引理有对角线的一个邻域 V 使得 $V {\circ} V \subset U$, 并且还可以假定 $V = V^{-1}$. 此时, 若 $V {\circ} V[x] \bigcap A$ 为空集, 则 $V[x]$ 必定不与 $V[A]$ 相交, 这是因为若 $y \in V[x] \bigcap V[A]$, 则 $(y, x) \in V^{-1} = V$ 并且对 A 中的某个 z 有 $(z, y) \in V$, 即 $(z, x) \in V {\circ} V$, 亦即 $z \in V {\circ} V[x]$, 于是得到矛盾. 因而, 若 $V[x]$ 与 $V[A]$ 相交, 则 $V {\circ} V[x]$ 与 A 相交, 并且由此即可推出由所有集 $V[A]$ 组成的集族为局部有限, 其中 A 属于 $\mathcal{A}$.

若将 "有限多个" 换成 "至多一个", 则得对离散的族相应命题的证明. ∎

因为 $V[x]$ 是 V 在映 X 的第一点 y 为 (x, y) 的连续映射下的逆象, 故若 V 为 $X \times X$ 的开子集, 则对 X 的每一点 x, $V[x]$ 为开集. 于是, 若 A 为 X 的子集, 则 $V[A]$ 为开集, 这是因为它是所有集 $V[x]$ 的并, 其中 x 属于 A. 从而上一引理表明, 我们可以将局部有限或离散的族的每一个元扩张为开集并且仍然保存该族的特征. 特别, 若正则空间的每一个开覆盖 $\mathcal{U}$ 有局部有限的加细 $\mathcal{A}$, 则该引理可以应用 (我们已经证明了定理 5.28 中的 (b)⇒(c)⇒(d)), 于是有对角线的开邻域 V 使得所有集 $V[A]$ 组成的族为局部有限, 其中 A 属于 $\mathcal{A}$. 虽然这样所得到的族可以不是 $\mathcal{U}$ 的加细, 但这一点容易补救, 只需选 $\mathcal{U}$ 中的 U_A 使得 $A \subset U_A$, 然后命 $W_A = U_A \bigcap V[A]$. 显然, 按这种方式所作出的集族就是 $\mathcal{U}$ 的一个开且局部有限的加细, 这样也就推出了空间为仿紧, 即定理 5.28 中的 (b)⇒(a) 成立.

引理 5.31 有一个明显推论. 因为由两个互不相交的闭子集所组成的集族显然

为离散, 故得

系 32 任何仿紧空间皆为正规空间.

由此可见, 如果我们再得到如下的两个事实, 那么定理 5.28 的证明就全部完成, 即只需证若 X 为正则空间并且每一个开覆盖为齐–覆盖, 则每一个开覆盖有开且 σ 离散的加细, 以及若 X 的每一个开覆盖有开且 σ 局部有限的加细, 则每一个开覆盖有局部有限的加细 (定理 5.28 中的 (e)$\Rightarrow$(f) 是明显的).

引理 33 若 X 为使得每一个开覆盖为齐–覆盖的空间, 则 X 的每一个开覆盖有开且 σ 离散的加细.

证明 如同定理 4.21, 它的证明是应用 Stone 的一种技巧 (该引理从定理 4.21 和第 6 章的结果亦可导出). 根据引理 5.31, 我们只需找出开覆盖 $\mathscr{U}$ 的一个 σ 离散的加细, 这是因为这样的 σ 离散的加细可以 "扩张" 成一个开且 σ 离散的加细.

设 V 为对角线的开邻域, 它使得由所有集 $V[x]$ 组成的集族为 $\mathscr{U}$ 的一个加细, 其中 x 属于 X, 命 $V_0 = V$ 并且对每一个正整数 h, 按照归纳方法, 选对角线的一个开的对称邻域 V_n 使得 $V_n \circ V_n \subset V_{n-1}$. 再命 $U_1 = V_1$ 并且按照归纳方法, 命 $U_{n+1} = V_{n+1} \circ U_n$, 则易见对每一个 n 有 $U_n \subset V_0$, 并且由此可推出对每一个 n 所有 $U_n[x]$ 组成的族为 $\mathscr{U}$ 的一个加细, 其中 x 属于 X.

选关系 $<$ 使得 X 为良序集 (见预备知识定理 25), 并且对每一个 n 和每一个 x, 命 $U_n^*(x) = U_n[x] \sim \bigcup \{U_{n+1}[y] : y < x\}$, 则对每一个确定的 n, 由所有集 $U_n^*(x)$ 组成的集族 $\mathscr{U}_n$ 为离散, 这可以证明如下: 若对 X 中的某个 z, 邻域 $V_{n+1}[z]$ 与 $U_n^*(y)$ 相交, 则 $z \in V_{n+1}[U_n^*(y)]$, 即 $V_{n+1}[U_n^*(y)]$ 为 z 的邻域, 又由作法易知当 $x \neq y$ 时 $U_n^*(x)$ 与 $V_{n+1}[U_n^*(y)]$ 互不相交.

剩下要证的是 X 的每一个点都属于某个 $\mathscr{U}_n$ 的某个元. 对 X 中的 x, 选 y 为 X 中这样的点中的第一个, 它使得对某个 n 有 x 属于 $U_n[y]$, 显然, 这时对某个 n 有 $x \in U_n^*(y)$. ∎

引理 34 若空间的每一个开覆盖有开且 σ 局部有限的加细, 则每一个开覆盖有局部有限的加细.

证明 设 $\mathscr{U}$ 为一个开覆盖, 又设 $\mathscr{V}$ 为它的开且 σ 局部有限的加细, 并且 $\mathscr{V} = \bigcup \{\mathscr{V}_n : n \in \omega\}$, 其中每一个 $\mathscr{V}_n$ 皆为局部有限的开集族. 若对每一个 n 和 $\mathscr{V}_n$ 的每一个元 V, 命 $V^* = V \sim \bigcup \{U : 对某个 k < n 有 U \in \mathscr{V}_k\}$, 又命 $\mathscr{W}$ 为所有形如 V^* 的集组成的集族, 则 $\mathscr{W}$ 为 $\mathscr{U}$ 的一个加细, 最后, 对 X 中的 x, 命 n 为使得 x 属于 $\mathscr{V}_n$ 的某个元 V 的第一个整数, 此时 V 为 x 的一个邻域并且与 $\mathscr{W}$ 的每一个这样的元都不相交, 它不是由族 $\mathscr{V}_k$ 所作出的, 其中 $k \leq n$, 即 $\mathscr{W}$ 为局部有限. ∎

定理 4.21 表明伪度量空间的每一个开覆盖有开且 σ 离散的加细. 根据这个事实和本节的定理 5.28 即得

系 35 每一个伪度量空间皆为仿紧空间.

　　最后, 我们指出仿紧空间的子空间, 商空间和乘积空间一般不再是仿紧空间. 而且, 局部可度量化、局部紧、Hausdorff、正规并且满足第一可数性公理的空间仍然可以不是仿紧空间. 所需要的例子在本章最后的问题中给出.

　　注记 36　　仿紧性还有另外的刻画可以添加到定理 5.28. 这就是正则空间为仿紧当且仅当它为完满正规 (见问题 5.V). 这种刻画属于 Stone [1]. 定理 5.28 中的 (b), (c), (e) 和 (f) 的等价性是属于 Michael [1] 的. 此外, 就我所知, (d) 的等价性是首先由 Griffin 和我本人给出的.

　　仿紧性用 σ 离散的刻画可以看成是可数维数的一种定义 (见 Hurewicz 和 Wallman[1;32] 与 Eilenberg[1]). 还有一个 F_σ 定理 (也见 Michael[1]), 它在维数理论中也有所应用.

问　　题

A　关于紧空间上的实函数的习题

　　(a) 若 A 为实数空间的非空紧子集, 则 A 的上确界和下确界皆属于 A.

　　(b) 紧空间 X 上的每一个连续实值函数 f 恒有最大值和最小值, 即存在 X 的点 x 和 y 使得 $f(x)$ 和 $f(y)$ 分别为 f 在 X 上的上确界和下确界.

　　(c) 设 f 为紧空间 X 上的连续实值函数, 若 f 恒为正, 则 f 在这样意义下偏离零点, 即存在 $e > 0$ 使得对 X 中的 x 恒有 $f(x) > e$.

B　紧子集

　　(a) 拓扑空间的两个紧子集的交可以不是紧集. 然而, 任意一族闭的紧子集的元的交仍为闭的紧集 (显然, 具有非紧的交的两个紧子集必须是某个非 Hausdorff 空间的子集. 又设 X 为实数空间和具有两个元的平庸空间的乘积).

　　(b) 拓扑空间的紧子集的闭包可以不是紧集. 然而, 正则空间的紧子集的闭包仍为紧集.

　　(c) 若 A 和 B 为伪度量空间的互不相交闭子集且 A 为紧集, 则有 A 的元 x 使得 $\operatorname{dist}(A, B)$ $= \operatorname{dist}(x, B) > 0$(函数 $\operatorname{dist}(x, B)$ 关于 x 为连续并且对 A 中的 x 为正).

　　(d) 若 A 和 B 为伪度量空间的互不相交闭的紧子集, 则有 A 的元 x 和 B 的元 y 使得 $d(x, y) = \operatorname{dist}(A, B)$.

C　关于序拓扑的紧性

　　设 X 为一个集, 它关于关系 $<$ 为线性有序, 又设 X 具有序拓扑 (见问题 1.1), 则 X 的每一个闭, 序有界子集为紧集当且仅当 X 关于 $<$ 为有序完备 (X 的所有形如 $\{x ; a < x\}$ 或 $\{x : x < a\}$ 的子集组成的集族为关于 X 的序拓扑的一个子基, 并且应用 Alexander 的子基定理 5.6. 根据定理 5.14 中所使用的论证方法, 我们也可以给出一种不利用定理 5.6 的证明).

D　紧度量空间的等距映射

　　设 X 和 Y 为度量空间, 并且 X 为紧, 又设 f 为从 X 到 Y 的一个子空间上的等距映射, g 为从 Y 到 X 的一个子空间上的距映射, 则 f 映 X 到 Y 上 (设 h 为从 X 到它自己的一个真子集上的等距映射, 并且 $x \in X \sim h[X]$, 命 $a = \mathrm{dist}(x, h[X])$, 再按照归纳方法, 命 $x_0 = x, x_{n+1} = h(x_n)$, 然后证明若 $m \neq n$, 则 $d(x_m, x_n) \geqslant a$).

E　可数紧和列紧空间

拓扑空间叫做可数紧当且仅当每一个可数开覆盖有有限子覆盖, 又叫做列紧当且仅当每一个序列有收敛子序列.

(a) 空间为可数紧当且仅当每一个序列都有聚点.

(b) T_1- 空间为可数紧当且仅当每一个无限集都有聚点 (见引理 5.3).

(c) T_1- 空间为可数紧当且仅当每一个无限开覆盖都有真子覆盖 (若 A 为没有聚点的无限集, 则 A 的每一个子集皆为闭集. 作开覆盖 $\mathscr{U}$: 对 A 的每一点选一个这样的开邻域, 它不包含 A 的其他点, 另外, 当有必要时再加上开集 $X \sim A$, 则 $\mathscr{U}$ 就没有真子覆盖. 另一方面, 若 $\mathscr{V}$ 为没有真子覆盖的开覆盖, 则 $\mathscr{V}$ 的每一个元包含有一个这样的点, 它不属于 $\mathscr{V}$ 的其他元).

(d) 满足第一可数性公理的空间为可数紧当且仅当它为列紧 (定理 5.5).

(e) 具有序拓扑的所有小于第一个不可数序数 Ω 的序数的集 Ω_0 为局部紧、Hausdorff、满足第一可数性公理并且列紧的空间, 但不是紧空间.

注　命题 (c) 属于 Arens 和 Dugundji[1].

F　紧性; 紧连通集的交

(a) 设 $\mathscr{A}$ 为一个闭、紧集的族并且使得 $\bigcap\{A : A \in \mathscr{A}\}$ 为某个开集 U 的子集, 则有 $\mathscr{A}$ 的有限子族 $\mathscr{F}$ 使得 $\bigcap\{A : A \in \mathscr{F}\} \subset U$.

(b) 若 $\mathscr{A}$ 为 Hausdorff 空间 X 的一个紧子集的族并且使得 $\mathscr{A}$ 的元的有限交为连通, 则 $\bigcap\{A : A \in \mathscr{A}\}$ 亦为连通.

G　关于局部紧性的问题

若 X 为 Hausdorff 空间, Y 为稠密的局部紧子空间, 则 Y 为开集.

H　紧性的套的特征

拓扑空间 X 为紧当且仅当每一个非空闭集套有一个非空的交 (回顾一下, 所谓套乃是指这样的集族, 它关于包含关系为线性有序. 若每一个非空闭集套有一个非空的交并且 $\mathscr{A}$ 为一个具有有限交性质的闭集族, 命 $\mathscr{B}$ 为包含 $\mathscr{A}$ 并且具有有限交性质的一个极大闭集族, 又命 $\mathfrak{N}$ 为 $\mathscr{B}$ 中的一个极大套. 考察 $\mathscr{B}$ 和 $\mathfrak{N}$ 的性质即可导出它的一个证明. 另一个完全不同的证明可以建立在良序的基础上, 这要利用下一问题中所提到的方法的部分).

I　完全聚点

点 x 叫做拓扑空间的子集 A 的一个完全聚点, 当且仅当对 x 的每一个邻域 U, 集 A 和 $A \bigcap U$ 有相同的基数. 拓扑空间为紧当且仅当每一个无限子集都有完全聚点 (若 X 为非紧, 则可选出没有有限子覆盖的开覆盖 $\mathscr{A}$ 使得 $\mathscr{A}$ 的基数 c 尽可能的小. 设 C 为基数 c 的良序集, 它使得每一个元的所有前趋元的集的基数小于 c(在附录中证明了 C 就是一个这样的集). 又设 f 为从 C 到 $\mathscr{A}$ 上的一对一映射, 则对 C 的每一个元 b, 并 $\bigcup\{f(a) : a < b\}$ 不能覆盖 X, 事实上, 该并的余集的基数至少和 c 一样大. 因而可从该余集选出 x_b 使得当 $a < b$ 时 $x_a \neq x_b$. 然后再考虑所有 x_b 的集).

J　例子: 带有字典序的单位方形

设 X 为闭单位区间 Q 和它自己的笛卡儿乘积并且按字典序使其成为有序集 (即 $(a, b) <$ (c, d) 当且仅当 $a < c$, 或 $a = c$ 并且 $b < d$), 则带有序拓扑 X 的为紧的连通 Hausdorff 空间. 它满足第一可数性公理, 但不可分, 因而也不可度量化.

K   关于正规性和乘积的例子 (序数)

局部紧的正规 Hausdorff 空间和紧 Hausdorff 空间的乘积可以不是正规空间 (困难的部分已经在问题 4.E 中得到, 现在只需证 Ω' 和 Ω_0 分别为紧和局部紧的 Hausdorff 空间, 其中 Ω' 为所有小于或等于 Ω 的序数的空间, Ω_0 为所有小于 Ω 的序数的集, 并且每一个都带有序拓扑).

L   超穷线

设 A 为一个良序集, 又设半开区间 $[0, 1)$ 带有通常序, 再设 $A \times [0, 1)$ 带有字典序和序拓扑. 讨论该空间的性质.

M   例子: Helly 空间

Helly 空间是指定义在闭单位区间 Q 上并且取值于 Q 内的所有非降函数组成的族. 它是乘积空间 Q^Q 的一个子集并且它的拓扑是相对乘积拓扑. 该空间 H 具有如下性质:

(a) H 为紧 Hausdorff 空间 (它是 Q^Q 的一个闭子空间).

(b) H 满足第一可数性公理, 因而为列紧 (H 的每一个元的所有不连续点的集为可数集. 利用这一点以及 Q 为可分的事实可作出 H 的一个点 h 的邻域系的一个可数基).

(c) H 可分 (利用有理数, 即可作出一个可数稠密集).

(d) H 不是度量空间 (对 Q 中的 t, 命 $f_t(x)$ 当 $x < t$ 时为 0, 当 $x > t$ 时为 1, 并且命 $f_t(t) = 1/2$, 则所有形如 f_t 的函数组成的族 A 为不可数集并且任何 A 的元都不是 A 的聚点. 然而, 紧度量空间的每一个子空间又必为可分).

N   关于闭映射和局部紧性的例子

(a) 设 X 为带有通常拓扑的实数空间, 又设 I 为整数集, 再设 $\mathscr{D}$ 为这样的分解, 它的元为 I 和所有集 $\{x\}$, 其中 x 属于 $X \sim I$, 则 X 到商空间上的射影为闭连续映射, 但商空间非局部紧并且也不满足第一可数性公理.

(b) 设 Ω_0 为所有小于 Ω 的序数组成的集并且带有序拓扑, 又设 A 为闭的不可数集并且它的余集也不可数, 再设 $\mathscr{D}$ 为这样的分解, 它的元为 A 和所有集 $\{x\}$, 其中 x 属于 $\Omega_0 \sim A$, 则 Ω_0 到商空间上的射影为闭连续映射, 并且商空间为紧, 但不满足第一可数性公理 (利用问题 4.E 的交错引理).

O   Cantor 空间

Cantor 不连续统 (三分集) 是指闭单位区间的所有这样的元组成的集, 在它的三进展式中不出现数字 1 (为方便起见, 以下我们只利用无理的三进展式, 即在展式中不能从某一位起都恒等于 0. 正如预备知识定理 14 所指出的, 每一个实数都有一个唯一的无理展式). 这个不连续统之所以叫做三分集, 是因为三等分区间 $[0, 1)$ 所得的 (开) 中间部分恰为所有这样的数组成的集, 它的三进展式在小数点后的第一位为 1. 又三等分每一个剩余区间, 所得的中间部分是由这样的点组成, 它的展式的第二位小数为 1, 而第一位不为 1. 继续下去, 显然便知该不连续统通过连续删去三等分后的中间部分即可得到.

又乘积空间 2^A (即所有从集 A 到仅有 0 和 1 两个元的离散空间的函数组成的族并且具有乘积拓扑) 叫做 Cantor 空间.

　　(a) Cantor 不连续统同胚于 2^ω (对 2^ω 中的 x, 命 $f(x)$ 为 $[0,1)$ 中这样的元, 它的三进展式在第 p 位为 $2x(p)$).

　　(b) 该不连续统的每一点均为聚点, 并且该不连续统的余集为实数的一个稠密开子集.

　　(c) 若 A 为 2^ω 的一个非空闭子集, 则有从 2^ω 到 A 的连续函数 r 使得对 A 中的 x 有 $r(x) = x$ (如果我们着眼于作为 2^ω 的同胚象的 Cantor 不连续统, 那么它的证明就更容易看出一些).

　　(d) 每一个紧 Hausdorff 空间为某个 Cantor 它间的一个闭子集的连续象 (设 F 为所有 I_2 上这样的函数 f 组成的族, 它使得 $f(0)$ 和 $f(1)$ 为紧 Hausdorff 空间 X 的闭子集并且 $f(0) \bigcup f(1) = X$. 若 x 为 2^F 的一个元, $f \in F$, 则 $f(x_f)$ 为 X 的闭子集. 这时交 $\bigcap \{f(x_f) : f \in F\}$ 为空集或由单个点组成, 在后一种情况下就定义这个点为 $\phi(x)$. 我们能够证明 ϕ 的定义域为 2^F 的一个闭子集; 并且若 U 为 X 的一个子集, 则 $\phi^{-1}[U] = \{x : x \text{ 为 } \phi \text{ 的定义域的一个元并且 } \bigcap \{f(x_f) : f \in F\} \subset U\}$).

　　(e) 每一个紧度量空间 X 为 2^ω 的连续象 (代替上面证明中的族 F, 我们作一个更小的族, 它起着相同的作用. 若 $U_0, \cdots, U_n, \cdots$ 为 X 的拓扑的一个基, 则命 $f_n(0) = U_n^-, f_n(1) = X \sim U_n$).

　　(f) 每一个 Cantor 空间 2^A 满足可数链条件, 即每一个互不相交的开集族必可数 (若 $\mathscr{U}$ 是 2^A 的一个互不相交的开子集族, 则我们可以假定 $\mathscr{U}$ 的元恒属于乘积拓扑所定义的基, 即每一个元都在一种自然意义下是有限多个半空间的交. 这时, 对某个整数 n 有一个无限 (事实上不可数) 的互不相交的族, 它的每一个元恰为 n 个半空间的交. 再通过对于互不相交性的简单论证也就完成了它的证明).

　　有一个较短但更牵强附会的证明. 一个具有按坐标 mod 2 加法的 Cantor 空间必为紧拓扑群, 从而存在一个 Haar 测度 (见 Halmos[1;254]). 因为该测度为有限并且对开集为正, 故可数链条件显然成立.

　　(g) 并非每一个紧 Hausdorff 空间均为某个 Cantor 空间的连续象 (不可数的离散空间的单点紧扩张就不满足可数链条件).

　　注　命题 (b) 属于 Cantor, (e) 属于 Alexandroff 和 Urysohn, 而 (f) 和 (g) 属于 Tukey. 又命题 (g) 是 Szpilrajn [1] 的某些结果的一个推论.

P　Stone-Čech 紧扩张的刻画

　　设 (f, Y) 为拓扑空间 X 的一个 Hausdorff 紧扩张并且使得对于 X 上的每一个有界连续的实值函数 g, 函数 $g \circ f^{-1}$ 恒有连续扩张, 则 (f, Y) 拓扑等价于 Stone-Čech 紧扩张 $(e, \beta(X))$ (考虑 $\beta(X)$ 的定义.)

Q　关于紧扩张的例子 (序数)

　　设 Ω' 为所有小于或等于 Ω 的序数组成的集, 又设 $\Omega_0 = \Omega' \sim \{\Omega\}$, 并且每一个都具有序拓扑, 则 Stone-Čech 紧扩张 $\beta(\Omega_0)$ 同胚于 Ω' (这从上一问题即可推出, 只要我们证明 Ω_0 上的每一个有界实值连续函数 f 都在下列意义下最终为常数[①], 即对某个 Ω_0 中的 x, 当 $y > x$

　　[①] Ω_0 的这个精细的性质, Hewitt [1] 在构造一个正则 Hausdorff 空间 X 使得 X 上的每一个连续实值函数为常数时就已经用到.

时有 $f(y) = f(x)$. 若 f 为一个有界连续实值函数, 又 r 和 s 为满足 $r > s$ 的实数, 则由问题 4.E 的交错引理即可证得集 $\{x : f(x) \geqslant r\}$ 和 $\{x : f(x) \leqslant s\}$ 中之一必为可数集. 利用这个事实就不难看出 f 最终地为常数. 实际上, f 为有界的假设是非本质的).

注   这个结果属于 Tong [1].

R Wallman 紧扩张

设 X 为一个 T_1 空间, 又设 $\mathscr{F}$ 为 X 的所有闭子集组成的族, 再设 $w(X)$ 为 $\mathscr{F}$ 的所有这样的子族 $\mathscr{A}$ 的全体, 它具有有限交性质并且在 $\mathscr{F}$ 中关于该性质为极大.

(a) 若 $\mathscr{A} \in w(X)$, 则 $\mathscr{A}$ 的两个元的交仍为 $\mathscr{A}$ 的一个元; 对偶地, 若 A 和 B 为 $\mathscr{F} \sim \mathscr{A}$ 的元, 则 $A \bigcup B$ 仍为 $\mathscr{F} \sim \mathscr{A}$ 的元 (见问题 2.1).

(b) 对 X 的每一点 x, 命 $\phi(x) = \{A : A \in \mathscr{A} 且 x \in \mathscr{A}\}$, 则 ϕ 是从 X 到 $w(X)$ 内的一对一映射.

(c) 对 X 的每一个开子集 U, 命 $U^* = \{\mathscr{A} : \mathscr{A} \in w(X) 且对 \mathscr{A} 中的某个 A 有 A \subset U\}$, 则 $w(X) \sim U^* = \{\mathscr{A} : X \sim U \in \mathscr{A}\}$. 若 U 和 V 为 X 的开子集, 则 $(U \bigcap V)^* = U^* \bigcap V^*$ 并且 $(U \bigcup V)^* = U^* \bigcup V^*$.

(d) 设 $w(X)$ 具有这样的拓扑, 它的一个基为所有形如 U^* 的集组成的族, 其中 U 为 X 中的开集, 则 $w(X)$ 为紧, 映射 ϕ 连续并且 $\phi(X)$ 在 $w(X)$ 中稠密 (证明紧性是通过对这个基的元的余集的有限交性质的论证).

(e) 若 X 为正规空间, 则 $w(X)$ 为 Hausdorff 空间.

(f) 若 f 为 X 上的一个有界连续实值函数, 则 $f \circ \phi^{-1}$ 可以连续地扩张到整个 $w(X)$ (若不可能有这样的连续扩张, 则通过一些论证可以说明存在实数的互不相交闭子集 R 和 S 使得 $f^{-1}[R]$ 和 $f^{-1}[S]$ 互不相交, 而这些集关于 ϕ 的像的闭包却相交. 另一方面, 若 A 和 B 为 X 的互不相交闭子集, 则 $\{\mathscr{A} : A \in \mathscr{A}\}$ 和 $\{\mathscr{A} : B \in \mathscr{A}\}$ 互不相交并且为 $w(X)$ 中的闭集).

(g) 若 $w(X)$ 为 Hausdorff 空间, 则 Wallman 紧扩张拓扑等价于 Stone-Čech 紧扩张 (见问题 5.P).

注   Wallman 紧扩张 (Wallman[1]) 的主要价值在于: 变 U 为 U^* 的对应保持有限交和并的运算. 另外, 通过该对应 X 的拓扑变为 $w(X)$ 的拓扑的一个基, 并且从这个事实可推出 X 的维数 (在覆盖意义下) 和 $w(X)$ 的维数相等, 以及 X 和 $w(X)$ 有同构的 Čech 同调群. 还有一种有关的构造见 Samuel[1].

S Boole 环: Stone 表示定理

设 $(R, +, \cdot)$ 为 Boole 环 (见问题 2.K), 又设 S' 为所有从 R 到 $I_2 (= \mod 2$ 的整数) 内的环同态组成的集, 再设 $S = S' \sim \{0\}$, 其中 0 是恒等于零的同态, 则 S' 是乘积 I_2^R 的一个子集. 另外, 环 R 的 Stone 空间是指具有相对乘积拓扑的 $S(I_2$ 指定了离散拓扑).

Boole空间 是指这样的 Hausdorff 空间, 它使得所有紧、开集组成的族为拓扑的一个基. Boole 空间自然为局部紧. 又 Boole 空间的特征环是指所有取值于 I_2 的这样的连续函数 f 组成的环. 它使得 $f^{-1}[1]$ 为紧 (即所有在某个紧集外为零的取值于 I_2 的函数, 有时也叫做具有紧支集的函数).

(a) Boole 环 R 的 Stone 空间为 Boole 空间并且当 R 有单位元时它还是紧的 (在这种情况下 $S = \{h : h \in S' 且 h(1) = 1\}$).

(b) Stone-Weierstrass mod 2. 设 $\mathscr{F}$ 为 Boole 空间 X 的特征环, 又设 $\mathscr{G}$ 为 $\mathscr{F}$ 的子环, 它具有两点性质 (即对 X 中不同的点 x 和 y 与 I_2 中的 a 和 b 有 $\mathscr{G}$ 中的 g 使得 $g(x) = a$ 并且 $g(y) = b$), 则 $\mathscr{F} = \mathscr{G}$.

(若 X 为紧, 则 $\mathscr{G}$ 具有两点性质, 当 $1 \in \mathscr{G}$ 并且 $\mathscr{G}$ 在这样的意义下分离点时, 即对 X 中不同的点 x 和 y 有 $\mathscr{G}$ 中的 g 使得 $g(x) \neq g(y)$. 通过一种惯用而又有益的紧性论证方法我们即可得到 (b). 开始我们先证明对 X 的紧子集 Y 和 $X \sim Y$ 的点 x, 有 $\mathscr{G}$ 中的 g 使得 $g(x) = 0$, 并且 g 在 Y 上为 1).

(c) **表示定理** 每一个 Boole 环同构于 (关于计值映射) 它的 Stone 空间的特征环 (对 R 中的 r, 在 r 处的计值 $e(r)$ 为 S 上的这样的函数, 它在 S 的元 s 处的值为 $s(r)$. 这个定理的成立是依赖于有足够多同态的存在 (问题 2.K) 和上一命题 (b)).

(d) 若 X 为 Boole 空间, $\mathscr{F}$ 为它的特征环并且 $\mathscr{T}$ 为 $\mathscr{F}$ 中的一个极大真理想, 则对 X 中的某个 x 有 $\mathscr{T} = \{f : f(x) = 0\}$(首先证明如果没有一个点使得 $\mathscr{T}$ 的一切元在其上为零, 那么 $\mathscr{T} = \mathscr{F}$).

(e) **对偶表示定理** 若 X 为 Boole 空间, 则 X 同胚于 (关于计值映射) 它的特征环的 Stone 空间 (每一个极大理想为一个到 I_2 内的唯一同态的零点的集, 并且每一个如此的零点的集为一个极大理想. 上一命题 (d) 实质上证明了计值映射映 X 到 Stone 空间上).

注 上述结果属于 Stone [3].

表示 Boole 空间的方法有一种有趣的变形. 若 X 为 Boole 空间. 命 $\mathscr{F}$ 为所有从 X 到 I_2 的连续函数的环 (去掉了 $f^{-1}[1]$ 为紧集的要求), 则从 X 到 $\mathscr{F}$ 的 Stone 空间 S 的计值映射仍为一个同胚, 但 S 为紧并且事实上它是同胚于 Stone-Čech 紧扩张 $\beta(X)$. 我们略去这个事实以及 Boole 环的理想和子环的借助 Stone 空间来刻画的证明.

最后, 我们对这个问题的安排是使它能够转到局部紧 Hausdorff 空间 X 上的所有使得对 $e > 0$, 集 $\{x : |f(x)| \geqslant e\}$ 为紧集的连续实值函数的代数上去. 最困难的步骤为问题 7.R 的 Stone-Weierstrass 定理, 而上述的 (b) 是它的一种缩影. 另外, 它还可以转到一种与上一段极为相似的情况, 即若 X 为 Tychonoff 空间, 则 X 上的有界连续函数代数的所有实同态空间同胚于 $\beta(X)$.

T　紧连通空间 (链推理)

设 (X, d) 为紧的伪度量空间. 对每一个正数 e, 定义从 X 的点 x 到 X 的点 y 的 e-链为一个有限的点列, 它的起点为 x, 终点为 y 并且相邻两点之间的距离小于 e. 另外, 对 X 的每一个子集 $A, C_e(A)$ 定义为所有能够通过一个 e- 链与 A 的点相链接的点组成的集, 又 $C(A)$ 定义为 $\bigcap \{C_e(A) : e > 0\}$. 一个等价的定义是: 命 $V_0(A) = A, V_1(A) = \{x : \mathrm{dist}(x, A) < e\}$, 再归纳地命 $V_{n+1}(A) = V_1(V_n(A))$, 则集 $C_e(A) = \bigcup \{V_n(A) : n \in \omega\}$.

(a) 对每一个 $e > 0$ 和每一个集 A, 集 $C_e(A)$ 为既开又闭.

(b) 若 A 为 X 的连通子集, 则 $C(A)$ 为连通. 因此对每一点 x, $C(\{x\})$ 为 X 关于 x 的连通区 C_x(若 $C(A)$ 为互不相交闭子集 B 和 D 的并, 则命 $f = [\mathrm{dist}(B, D)]/3$, 并且利用问题 5.G 证明对某个正的 e 有 $C_e(A) \subset \{x : \mathrm{dist}(x, B \bigcup D) < f\}$).

(c) 若 A 为 X 的子集, 则 $C(A) = \bigcup \{C_x : x \in A^-\}$(若 $x \notin C(A)$, 则对某个正的 e 有 $x \notin C_e(A)$).

(d) 将 X 分成连通区的分解为上半连续.

(e) 若 X 为连通, U 为点 x 的一个开邻域, 则存在 U 的某个连通区使得它的闭包与 $X \sim U$ 相交 (若不然, 则有连通区闭包的一个紧邻域 V, 它包含在 U 内. 又 V 关于 x 的连通区包含在 V 的内部 V^0 内, 并且利用 (c) 可证得存在 V 的开和闭子集分别包含 $V \sim V^0$ 和 x).

(f) 不存在多于一个点的 X 的闭连通子集是可数多个互不相交闭子集的并 (命题 (e) 在这个证明中起着一种鉴别的作用. 若集 $\bigcup\{A_n : n \in \omega\}$ 为闭连通集, 而集 A_n 为闭集并且互不相交, 则可找到一个闭连通集, 它与 A_1 不相交, 但与不止一个的 A_n 相交).

(g) 设 X 为具有通常度量的欧几里得平面的子集 $\{(x, y) : x^2 y^2 = 1\}$, 则 X 为局部紧并且对每一个 $e > 0$, 任何两点可以通过一个 e- 链相连接, 但 X 不连通.

注 这个问题的结果可以很自然地推广到紧 Hausdorff(或紧正则) 空间. 而齐–覆盖定理 5.27 就提供了必要的工具.

为了避免命题(e)造成对连通集性质过于乐观的印象, 我们再陈述Knaster和Kuratowski[1] 的经典例子, 即存在欧几里得平面的连通子空间 X 和 X 的点 x 使得 $X \sim \{x\}$ 不包含连通集.

U 完满正规空间

若 $\mathscr{U}$ 为集 X 的一个子集族, x 为 X 的一个点, 则 $\mathscr{U}$ 在 x 处的星形是指所有使得 x 属于其内的 $\mathscr{U}$ 中这样的元的并. 我们称覆盖 $\mathscr{V}$ 为 $\mathscr{U}$ 的星形加细当且仅当所有 $\mathscr{V}$ 在 X 的点处的星形组成的族为 $\mathscr{U}$ 的一个加细. 又称拓扑空间为完满正规当且仅当每一个开覆盖有开的星形加细. 这时有正则拓扑空间为完满正规当且仅当它为仿紧 (若 X 为仿紧, 则由齐–覆盖性质和引理 5.30 即可给出完满正规性的一种容易的证明. 另一方面, 若 X 为完满正规, $\mathscr{U}$ 为一个开覆盖, 而 $\mathscr{V}$ 为 $\mathscr{U}$ 的一个开的星形加细, 则 $\bigcup\{V \times V : V \in \mathscr{V}\}$ 为对角线的一个邻域).

注 完满正规性的定义属于 Tukey[1], 他证明了许多有用的性质. 至于它与仿紧性的等价, 则是由 Stone[1] 证明的.

V 点有限覆盖与亚紧空间

我们称 X 的子集族为点有限当且仅当 X 的每一点都属于有限多个该族的元. 又称拓扑空间为亚紧当且仅当每一个开覆盖有点有限的加细.

(a) 设 $\mathscr{U}$ 为正规空间 X 的一个点有限开覆盖, 则对 $\mathscr{U}$ 中的每一个 U 可选到一个开集 $G(U)$ 使得 $G(U)^- \subset U$ 并且所有集 $G(U)$ 组成的族为 X 的一个覆盖 (选满足下列条件的所有函数 F 组成的类中的一个极大元: F 的定义域为 $\mathscr{U}$ 的一个子族, 并且对 F 的定义域中的每一个 $U, F(U)$ 为开集并且它的闭包包含在 U 内, 同时 $\bigcup\{F(U) : U \in F$的定义域$\} \bigcup \bigcup\{V : V \in \mathscr{U}$且$V \notin F$的定义域$\} = X$. 而从 $\mathscr{U}$ 的点有限性即可推出如此的极大元 F 必定存在).

(b) 一个集的点有限覆盖恒有一个极小子覆盖 (即一个这样的子覆盖, 它不存在仍为覆盖的真子族).

(c) 亚紧 T_1- 空间为可数紧 (见问题 5.E) 当且仅当它为紧.

注 命题 (b) 和 (c) 直接取之于 Arens 和 Dugundji[1].

W 单位分解

拓扑空间 X 上的单位分解指的是从 X 到非负实数的所有这样的连续函数组成的族 F, 它使得对 X 中的每一个 x 有 $\Sigma\{f(x) : f \in F\} = 1$ 并且除有限多个外, 所有 F 的元在 X 的每一点的某个邻域外为零. 又单位分解 F 叫做从属于 X 的覆盖 $\mathscr{U}$ 当且仅当 F 的每一个元在 $\mathscr{U}$ 的某个元外为零, 则对正规空间的每一个局部有限的开覆盖 $\mathscr{U}$ 有从属于 $\mathscr{U}$ 的单位分解. 还可以证明一个稍微更强的结果: 若 $\mathscr{U}$ 为正规空间的一个局部有限开覆盖, 则对 $\mathscr{U}$ 中的每一个 U 可选到一个非负连续函数 f_U 使得 f_U 在 U 外为 0 并且处处小于或等于 1, 同时对一切 x 有 $\Sigma\{f_U(x) : U \in \mathscr{U}\} = 1$(见上面的问题 5.V(a)).

　　注　就我所知, 这个结果 (近似的形式) 是独立地属于 Hurewicz, Bochner 和 Dieudonnéz 的.

X　关于半连续函数的中间定理

　　设 g 和 h 分别为仿紧空间 X 上的下半和上半连续的实值函数, 又设对 X 中的所有 x 有 $h(x) < g(x)$, 则有 X 上的连续实值函数 p 使得对每一个 x 有 $h(x) < p(x) < g(x)$(设 $\mathscr{U}$ 为 X 的所有这样开子集 U 组成的族, 它使得 h 在 U 上的上确界小于 g 在 U 上的下确界, 又设 F 为从属于 $\mathscr{U}$ 的单位分解. 若对 F 中的每一个 f, 选 k_f 使得当 $f(x) \neq 0$ 时有 $h(x) < k_f < g(x)$, 并且命 $p(x) = \Sigma\{k_f f(x) : f \in F\}$, 则 p 在点 x 处的值为位于 $h(x)$ 和 $g(x)$ 之间的数的平均).

　　注　通过先寻找族 $\mathscr{U}$ 的一个可数加细, 上述结果可以得到改进. 这时该命题对可数仿紧空间 (即每一个可数开覆盖都有局部有限的加细) 也成立. 而且这个定理的这种加强形式的逆也还是成立的. Dowker [2] 已经证明了下列命题的等价性: (1) X 为可数仿紧并且正规的空间; (2) X 和闭单位区间的乘积为正规空间; (3) 上述命题. Dowker 还证明了完备正规空间 (正规并且每一个闭子集为一个 G_δ) 恒为可数仿紧空间. 但我们还不知道正规 Hausdorff 空间是否必定为可数仿紧空间[①].

Y　仿紧空间

　　(a) 每一个正则 Lindelöf 空间为仿紧空间.

　　(b) 若定义拓扑空间为 σ 紧当且仅当它是可数多个紧子集的并, 则每一个 σ 紧空间为 Lindelöf 空间.

　　(c) 若正则空间为 Lindelöf 子空间的一个开离散族的元之并, 则它为仿紧空间. 因而, 每一个局部紧群必为仿紧 (考察所有这样的陪集组成的族, 它是以包含单位元的一个确定紧邻域的最小子群为模的).

　　(d) 问题 1.K 和 4.I 中的半开区间空间为正则 Lindelöf 空间, 因而为仿紧. 这个空间和它自己的笛卡儿乘积为非正规空间, 从而为非仿紧.

　　(e) 具有序拓扑的所有小于第一个不可数序数的序数组成的集为非仿紧 (考察由所有形如 $\{x : x < a\}$ 的集所组成的覆盖. 该覆盖的任何一个加细的每一个元的上确界小于 Ω).

　　注　上述的命题 (a) 属于 Morita [1]. 关于仿紧性更进一步的情况 (F_σ 定理, 乘积等) 见 Michael [1]. Bing [1] 研究了介于正规性和仿紧性之间的一种正规性条件. 从这种联系的角度, 还应当强调引理 5.31 说明了仿紧空间的一种值得注意的正规性的性质.

---

　　① 这个问题因在 1951 年由 Dowker 正式提出而命名为 Dowker 问题. 它的答案是否定的, 因为在 1971 年 Rudin 巧妙地作出了一个反例, 即她作出了一个非可数仿紧的正规 Hausdorff 空间 (详见 Rudin. A normal space X for which $X \times I$ is not normal. *Fund. Math*, 1971, 73: 179-186). —— 校者注

第6章 一致空间

度量空间有几条非拓扑的性质, 但与拓扑的性质有着密切的联系. 现在我们给出所考虑的这种联系的例子, 而将定义和证明留到以后. Cauchy 序列的性质不是一个拓扑不变量, 因为由 $f(x) = 1/x$ 所确定的从正实数空间到它自己上的同胚 f 变 Cauchy 序列 $\{1/(n+1): n \in \omega\}$ 为非 Cauchy 序列 $\{n+1: n \in \omega\}$. 但从关于 Cauchy 序列的命题可能导出拓扑的结果, 例如所有实数的空间的子集 A 为闭集当且仅当每一个 A 中的 Cauchy 序列收敛于 A 中的某个点. 另外, 反过来的情况也可能出现, 例如紧度量空间上的每一个连续函数为一致连续. 这时我们从一个拓扑的前提 (空间为紧) 导出了一个非拓扑的结论 (函数为一致连续). 本章就着重研究这种类型的拟拓扑结果.

在研究一致性性质时, 我们所使用的数学构造通常叫做一致空间. 一个简短的讨论将说明这个属于 Weil[1] 的概念如何适用.

我们称伪度量空间 (X, d) 中的序列 $\{x_n, n \in \omega\}$ 为 Cauchy 序列当且仅当 m 和 $n \to \infty$ 时 $d(x_m, x_n)$ 收敛于零. 这个概念在任意拓扑空间内是没有意义的. 为了定义 Cauchy 序列, 必须知道在某种意义下什么样的点偶 (x, y) 的距离 $d(x, y)$ 为任意小. 这一陈述可以按下列方式使它精确化. 若命 $V_{d,r} = \{(x, y): \ d(x, y) < r\}$, 则 $\{x_n, n \in \omega\}$ 为 Cauchy 序列当且仅当对每一个正的 r 当 m 和 n 充分大时 (x_m, x_n) 为 $V_{d,r}$ 的元. 另外, 一致连续的概念也可以通过所有形如 $V_{d,r}$ 的集所构成的集族来加以描述. 这样, 就启发我们对集 X 和 $X \times X$ 的一个特殊的子集族的考虑.

若 X 为拓扑群, 则我们称序列 $\{x_n, n \in \omega\}$ 为 Cauchy 序列当且仅当 m 和 n 充分大时 $x_m x_n^{-1}$ 接近于群的单元 e. 而且, 在叙述这一定义时所需要的知识仍是关于点偶的知识. 这表明我们必须知道什么样的点偶 (x, y) 才能使得 xy^{-1} 接近于单元 e. 若对 e 的每一个邻域 U, 命 $V_U = \{(x, y): \ xy^{-1} \in U\}$, 则易见所有形如 V_U 的集所组成的集族就决定了什么样的序列为 Cauchy 序列.

我们定义一致空间为一个集 X 与 $X \times X$ 的一个满足某些自然条件的子集族. 显然, 这是来自上面两个例子所提供的模型. 然而应当强调指出, 这决不是研究一致结构的仅有的框架. 我们也可以研究集 X 和由 X 上的伪度量所组成的一个特殊族, 或标出 X 的一类一致覆盖 (粗糙地说, 即在 Lebesgue 覆盖引理 5.26 的意义下) 的那种覆盖. 我们还可以讨论取值于比实数限制更少的一种结构的 "度量". 所有这些概念本质上是等价的, 这将在本章末的问题中给出.

最后, 还必须指出度量空间有一些一致性质不能推广到限制更少的情形. 最末一节将针对其中某些性质进行研究.

6.1　一致结构和一致拓扑

现在我们开始从事一个集 X 和它自己的笛卡儿乘积 $X \times X$ 的子集的研究. 这些子集都是在预备知识意义下的关系. 为方便起见, 我们先回顾一下在预备知识中已给出的一些定义和有关的结果. 一个关系就是序偶的一个集, 并且若 U 为一关系, 则其逆关系 U^{-1} 是指所有使得 $(y, x) \in U$ 的 (x, y) 的集. 取逆的运算在 $(U^{-1})^{-1}$ 恒为 U 的意义下是对合的. 另外, 若 $U = U^{-1}$, 则称 U 为对称的. 若 U 和 V 为关系, 则合成 $U \circ V$ 指的是所有满足后一条件的 (x, z) 所组成的集: 存在某个 y 使 $(x, y) \in V$ 和 $(y, z) \in U$ 成立. 易见合成运算满足结合律, 即 $U \circ (V \circ W) = (U \circ V) \circ W$, 并且恒有 $(U \circ V)^{-1} = V^{-1} \circ U^{-1}$ 成立. 对 X 中的 x, 所有的 (x, x) 所组成的集叫做恒等关系或对角线, 并且记为 $\Delta(X)$, 或简记为 Δ. 对 X 的每一个子集 A, 集 $U[A]$ 定义为 $\{y : 对 A 中的某个 x 有 (x, y) \in U\}$, 若 x 为 X 的一个点, 则 $U[x]$ 就是指 $U[\{x\}]$. 对每一个 U, V 和每一个 A 有 $U \circ V[A] = U[V[A]]$ 成立. 最后还需要一个简单的引理.

引理 1　若 V 为对称的, 则 $V \circ U \circ V = \bigcup\{V[x] \times V[y] : (x, y) \in U\}$.

证明　因为由定义 $V \circ U \circ V$ 是所有满足后一条件的 (u, v) 的集: 对某个 x 和某个 y 有 $(u, x) \in V, (x, y) \in U$ 和 $(y, v) \in V$ 成立, 又由于 V 为对称的, 故它就是所有满足后一条件的 (u, v) 的集, 对 U 中的某个 (x, y) 有 $u \in V[x]$ 和 $v \in V[y]$ 成立. 但 $u \in V[x]$ 和 $v \in V[y]$ 当且仅当 $(u, v) \in V[x] \times V[y]$, 从而 $V \circ U \circ V = \{(u, v) : 对 U 中的某个 (x, y) 有 (u, v) \in V[x] \times V[y]\} = \bigcup\{V[x] \times V[y] : (x, y) \in U\}$. ▌

集 X 的一个**一致结构**是 $X \times X$ 的一个非空子集族 $\mathscr{U}$ 并且它满足:

(a) $\mathscr{U}$ 的每一个元包含对角线 Δ;

(b) 若 $U \in \mathscr{U}$, 则 $U^{-1} \in \mathscr{U}$;

(c) 若 $U \in \mathscr{U}$, 则对 $\mathscr{U}$ 中的某个 V 有 $V \circ V \subset U$;

(d) 若 U, V 为 $\mathscr{U}$ 的元, 则 $U \bigcap V \in \mathscr{U}$;

(e) 若 $U \in \mathscr{U}$ 并且 $U \subset V \subset X \times X$, 则 $V \in \mathscr{U}$.

又 $(X, \mathscr{U})$ 叫做**一致空间**.

根据度量的概念, 我们不难看清上述的各个条件的度量根源. 其中的第一条是从条件 $d(x, x) = 0$ 导出的, 而第二条则是从对称条件 $d(x, y) = d(y, x)$ 导出的. 第三条是三角不等式的一种退化的形式 —— 粗糙地说, 即对 r- 球恒有 $r/2$- 球. 第四条和第五条相似于一点邻域系的公理, 并且它将要用来导出关于后面所要定义的一种拓扑的邻域系的相应性质.

对于一个集 X 可以有许多不同的一致结构. 其中的最大者是所有包含 Δ 的 $X \times X$ 的子集所组成的集族, 而最小者是 $X \times X$ 为仅有的元的集族. 若 X 为实数集, 则 X 的**通常一致结构**是指所有满足后一条件的子集 U 所组成的集族 $\mathscr{U}$, 对某个正数 r 有 $\{(x,y): |x-y| < r\} \subset U$. $\mathscr{U}$ 的每一个元都是对角线 Δ(方程为 $y = x$ 的直线) 的邻域, 然而, 对角线的每一个邻域并不都是 $\mathscr{U}$ 的元. 例如, 集 $\{(x,y): |x-y| < 1/(1+|y|)\}$ 是 Δ 的邻域, 但就不是 $\mathscr{U}$ 的元.

虽然 X 的两个一致结构的并或交仍为一个一致结构的结论并不普遍成立, 但一族一致结构的并可以在一种相当自然的意义下生成一个一致结构. 我们称一致结构 $\mathscr{U}$ 的子族 $\mathscr{B}$ 为 $\mathscr{U}$ 的**基**当且仅当 $\mathscr{U}$ 的每一个元都包含有 $\mathscr{B}$ 的一个元. 若 $\mathscr{B}$ 为 $\mathscr{U}$ 的一个基, 则 $\mathscr{B}$ 就完全决定了 $\mathscr{U}$, 因为 $X \times X$ 的子集 U 属于 $\mathscr{U}$ 当且仅当 U 包含有 $\mathscr{B}$ 的一个元. 称子族 $\mathscr{S}$ 为 $\mathscr{U}$ 的**子基**当且仅当 $\mathscr{S}$ 的元的所有有限交的族为 $\mathscr{U}$ 的基. 这些定义完全相似于拓扑的基和子基的定义.

定理 2　$X \times X$ 的子集族 $\mathscr{B}$ 为 X 的某个一致结构的基当且仅当

(a) $\mathscr{B}$ 的每一个元包含对角线 Δ;

(b) 若 $U \in \mathscr{B}$, 则 U^{-1} 包含有 $\mathscr{B}$ 的一个元;

(c) 若 $U \in \mathscr{B}$, 则对 $\mathscr{B}$ 中的某个 V 有 $V \circ V \subset U$;

(d) $\mathscr{B}$ 的两个元的交包含 $\mathscr{B}$ 的一个元.

我们略去这个命题的直接的证明.

作为某个一致结构的子基的刻画并不能也这样容易地给出. 然而, 下列的简单结果可以满足我们的需要.

定理 3　$X \times X$ 的子集族 $\mathscr{S}$ 为 X 的某个一致结构的子基, 假如

(a) $\mathscr{S}$ 的每一个元包含对角线 Δ;

(b) 对 $\mathscr{S}$ 中的每一个 U, 集 U^{-1} 包含有 $\mathscr{S}$ 的一个元;

(c) 对 $\mathscr{S}$ 中的每一个 U 有 $\mathscr{S}$ 中的 V 使得 $V \circ V \subset U$.

特别, 任意一族 X 的一致结构的并是 X 的某个一致结构的子基.

证明　显然, 我们只需证 $\mathscr{S}$ 的元的所有有限交组成的族 $\mathscr{B}$ 满足定理 6.2 的条件. 而这一点从下列事实容易推得: 若 $U_1, \cdots, U_n$ 和 $V_1, \cdots, V_n$ 是 $X \times X$ 的子集, 并设 $U = \bigcap\{U_i: i = 1, \cdots, n\}$, $V = \bigcap\{V_i: i = 1, \cdots, n\}$, 则当 $V_i \subset U_i^{-1}$(相应地 $V_i \circ V_i \subset U_i$) 对每一个 i 都成立时, 有 $V \subset U^{-1}$(相应地 $V \circ V \subset U$.)|

若 $(X, \mathscr{U})$ 为一致空间, 则**一致结构 $\mathscr{U}$ 的拓扑**或**一致拓扑** $\mathscr{T}$ 是指所有满足后一条件的 X 的子集 T 所构成的集族: 对 T 中每一个 x 有 $\mathscr{U}$ 中一个元 U 满足 $U[x] \subset T$ (这恰好是度量拓扑的推广, 度量拓扑就是所有包含以其内每一点为球心的一个球的那种集所组成的集族). 我们必须证明 $\mathscr{T}$ 的确是一个拓扑, 但这是不难的. 根据定义 $\mathscr{T}$ 的元的并确实也是 $\mathscr{T}$ 的元; 若 T 和 S 为 $\mathscr{T}$ 的元, $x \in T \bigcap S$, 则

有 $\mathscr{U}$ 中的 U 和 V 使得 $U[x] \subset T$ 并且 $V[x] \subset S$, 从而 $(U \bigcap V)[x] \subset T \bigcap S$, 于是 $T \bigcap S \in \mathscr{T}$, 即 $\mathscr{T}$ 为一个拓扑.

现在我们来考察一致结构和一致拓扑之间的关系.

定理 4　X 的子集 A 关于一致拓扑的内部是所有符合条件: 对 $\mathscr{U}$ 中的某个 U 有 $U[x] \subset A$ 的点 x 的集.

证明　我们只需证集 $B = \{x: 对 \mathscr{U} 中的某个 U 有 U[x] \subset A\}$ 关于一致拓扑为开集, 因为 B 必定包含 A 的每一个开子集, 故若 B 为开集, 则它必定就是 A 的内部. 若 $x \in B$, 则有 $\mathscr{U}$ 的元 U 使得 $U[x] \subset A$, 同时还有 $\mathscr{U}$ 中的 V 使得 $V \circ V \subset U$. 于是, 若 $y \in V[x]$, 则 $V[y] \subset V \circ V[x] \subset U[x] \subset A$, 即 $y \in B$. 从而 $V[x] \subset B$, 亦即 B 为开集.∎

因为显然对一致结构 $\mathscr{U}$ 中的每一个 U, $U[x]$ 是 x 的邻域, 故所有集 $U[x]$, $U \in \mathscr{U}$ 的族是 x 的邻域系的一个基 (实际上该族与邻域系相同, 但这一点不很重要). 于是下列命题是明显的.

定理 5　若 $\mathscr{B}$ 为一致结构 $\mathscr{U}$ 的一个基 (相应地子基), 则对每一个 x 和 U 属于 $\mathscr{B}$ 所有集 $U[x]$ 的族是 x 的邻域系的一个基 (相应地子基).

X 的一致拓扑可以用来作出 $X \times X$ 的一个乘积拓扑. 正如我们所期望的那样, 一致结构的元关于乘积拓扑有一种特殊的结构.

定理 6　若 U 为一致结构 $\mathscr{U}$ 的一个元, 则 U 的内部亦为 $\mathscr{U}$ 的一个元. 因而, $\mathscr{U}$ 的所有开对称的元所组成的集族为 $\mathscr{U}$ 的一个基.

证明　因为 $X \times X$ 的子集 M 的内部为所有符合条件: 对 $\mathscr{U}$ 中的某对 U 和 V, 有 $U[x] \times V[y] \subset M$ 的 (x, y) 的集, 又因 $U \bigcap V \in \mathscr{U}$, 故 M 的内部为 $\{(x, y): 对 \mathscr{U} 中的某个 V, 有 V[x] \times V[y] \subset M\}$. 若 $U \in \mathscr{U}$, 则有 $\mathscr{U}$ 的对称的元 V 使得 $V \circ V \circ V \subset U$, 再根据引理 6.1 有 $V \circ V \circ V = \bigcup\{V[x] \times V[y]: (x, y) \in V\}$. 因此, V 的每一点都是 U 的内点, 即 U 的内部包含 V, 从而为 $\mathscr{U}$ 的一个元.∎

根据上一定理, 一致结构的每一个元都是对角线的邻域. 但应该强调指出, 该命题的逆并不成立. 实际上, X 可以有许多很不相同的一致结构, 而它却具有相同的拓扑, 因而对角线也具有相同的邻域系.

定理 7　X 的子集 A 关于一致拓扑的闭包为 $\bigcap\{U[A]: U \in \mathscr{U}\}$. $X \times X$ 的子集 M 的闭包为 $\bigcap\{U \circ M \circ U: U \in \mathscr{U}\}$.

证明　因为点 x 属于 X 的子集 A 的闭包当且仅当对 $\mathscr{U}$ 中的每一个 U, $U[x]$ 与 A 相交, 但 $U[x]$ 与 A 相交当且仅当 $x \in U[A]$, 又 $\mathscr{U}$ 的每一个元包含有一个对称的元, 故 $x \in A^-$ 当且仅当对 $\mathscr{U}$ 中的每一个 U, 有 $x \in U[A]$. 从而第一个命题获证.

类似地, 若 U 为 $\mathscr{U}$ 的一个对称的元, 则 $U[x] \times U[y]$ 与 $X \times X$ 的子集 M 相交当且仅当对 M 中的某个 (u, v) 有 $(x, y) \in U[u] \times U[v]$, 即当且仅当 $(x, y) \in$

$\bigcup\{U[u] \times U[v] : (u,v) \in M\}$. 因为由引理 6.1, 最后的一个集为 $U \circ M \circ U$, 故得 $(x,y) \in M^-$ 当且仅当 $(x,y) \in \bigcap\{U \circ M \circ U : U \in \mathscr{U}\}$.∣

定理 8　一致结构 $\mathscr{U}$ 的所有闭对称的元所构成的集族为 $\mathscr{U}$ 的一个基.

证明　若 $U \in \mathscr{U}$, 则 $\mathscr{U}$ 有一个元 V 使得 $V \circ V \circ V \subset U$, 故由上一定理便知 $V \circ V \circ V$ 包含 V 的闭包. 从而 U 包含 $\mathscr{U}$ 的一个闭的元 W, 同时 $W \bigcap W^{-1}$ 即为 $\mathscr{U}$ 的一个闭对称的元.∣

稍后, 我们将要证明一致空间 (更精确地说, 就是带有一致拓扑的空间) 恒为全正则空间. 而目前容易看出这样的空间必为正则空间, 因为点 x 的每一个邻域包含一个邻域 $V[x]$ 便得 V 为 $\mathscr{U}$ 的一个闭元, 从而 $V[x]$ 为闭集. 因此, 具有一致拓扑的空间为 Hausdorff 空间当且仅当每一个由单个点所组成的集为闭集. 又由于集 $\{x\}$ 的闭包为 $\bigcap\{U[x] : U \in \mathscr{U}\}$, 所以该空间为 Hausdorff 空间当且仅当 $\bigcap\{U : U \in \mathscr{U}\}$ 为对角线 Δ. 在这种情况下 $(X, \mathscr{U})$ 就叫做 **Hausdorff** 或**分离一致空间**.

6.2　一致连续性; 乘积一致结构

若 f 为定义在一致空间 $(X, \mathscr{U})$ 上并且取值于一致空间 $(Y, \mathscr{V})$ 内的函数, 则称 f 关于 $\mathscr{U}$ 和 $\mathscr{V}$ 为**一致连续**当且仅当对 $\mathscr{V}$ 中的每一个 V, 集 $\{(x,y) : (f(x), f(y)) \in V\}$ 为 $\mathscr{U}$ 的一个元. 这个条件还可以叙述成另外的几种形式. 对每一个从 X 到 Y 的函数 f, 命 f_2 为由 $f_2(x,y) = (f(x), f(y))$ 所定义的从 $X \times Y$ 到 $X \times Y$ 的函数, 则 f 为一致连续当且仅当对 $\mathscr{V}$ 中的每一个 V 有 $\mathscr{U}$ 中的 U 使得 $f_2[U] \subset V$. 我们还有: 若 $\mathscr{S}$ 为 $\mathscr{V}$ 的一个子基, 则 f 为一致连续当且仅当对 $\mathscr{S}$ 中的每一个 V 有 $f_2^{-1}[V] \in \mathscr{U}$ (注意, f_2^{-1} 保存并与交). 若 Y 为实数集并且 $\mathscr{V}$ 为通常一致结构, 则可推出: f 为一致连续当且仅当对每一个正数 r 有 $\mathscr{U}$ 中的 U 使得当 $(x,y) \in U$ 时有 $|f(x) - f(y)| < r$. 若 X 也是带有通常一致结构的实数空间, 则 f 为一致连续当且仅当对每一个正数 r 有正数 s 使得当 $|x-y| < s$ 有 $|f(x) - f(y)| < r$.

显然, 若 f 为从 X 到 Y 的函数, g 为 Y 上的函数, 则 $(g \circ f)_2 = g_2 \circ f_2$, 并且由此可推出两个一致连续函数的合成也为一致连续函数. 若 f 为从 X 到 Y 上的一对一映射并且 f 和 f^{-1} 为一致连续, 则称 f 为**一致同构**并且空间 X 和 Y(更精确地说, 是 $(X, \mathscr{U})$ 和 $(Y, \mathscr{V})$) 叫做**一致等价**. 不难看出, 两个一致同构的合成, 一个一致同构的逆以及从一个空间到它自己上的恒等映射均为一致同构. 因而所有一致空间的全体可以分成由一致等价空间所组成的等价类. 一个性质, 如果当它为一个一致空间所具有时, 也为每一个一致等价空间所具有. 那么就叫做是一个**一致不变性 (量)**. 而本章除一些个别情形外所研究的性质都是一致不变性 (量).

我们可以预料一致连续性蕴涵关于一致拓扑的连续性. 这就是

定理 9　每一个一致连续函数关于一致拓扑为连续, 因而每一个一致同构为一个同胚.

证明　设 f 为从 $(X, \mathscr{U})$ 到 $(Y, \mathscr{V})$ 的一个一致连续函数, U 为 $f(x)$ 的邻域, 则有 $\mathscr{V}$ 中的 V 使得 $V[f(x)] \subset U$, 并且 $f^{-1}[V[f(x)]] = \{y : f(y) \in V[f(x)]\} = \{y : (f(x), f(y)) \in V\} = f_2^{-1}[V](x)$, 而这是 x 的一个邻域. 故 $f^{-1}[U]$ 是 x 的邻域, 从而连续性获证.∎

若 f 是从集 X 到一致空间 $(Y, \mathscr{V})$ 的函数, 则所有集 $f_2^{-1}[V]$, 其中 V 属于 $\mathscr{V}$ 的族为 X 的一个一致结构的结论并不成立. 困难在于可以有 $X \times X$ 的子集, 它包含某个集 $f_2^{-1}[V]$, 但不是 $Y \times Y$ 的任何子集的逆. 然而这个困难并不很大. 我们能够证明所有 $f_2^{-1}[V]$ 的族是 X 的某个一致结构 $\mathscr{U}$ 的基. 显然, f_2^{-1} 保存包含关系, 交和逆 (即 $f_2^{-1}[V^{-1}] = [f_2^{-1}[V]]^{-1}$) 的运算, 因而, 只需证明对 $\mathscr{V}$ 的每一个元 U 有 $\mathscr{V}$ 中的 V 使得 $f_2^{-1}[V] \circ f_2^{-1}[V] \subset f_2^{-1}[U]$. 但若 $V \circ V \subset U$ 并且 (x, y) 和 (y, z) 属于 $f_2^{-1}[V]$, 则 $(f(x), f(y))$ 和 $(f(y), f(z))$ 都属于 V, 故 $(f(x), f(z)) \in V \circ V$. 这样就推出了所有 $\mathscr{V}$ 的元的逆所构成的族的确是 X 的一个一致结构 $\mathscr{U}$ 的基. 易见 f 关于 $\mathscr{U}$ 和 $\mathscr{V}$ 为一致连续, 并且事实上 $\mathscr{U}$ 还小于每一个使得 f 为一致连续的其他的一致结构.

若 $(X, \mathscr{U})$ 为一致空间, Y 为 X 的一个子集, 则由上述讨论便知有一个最小的一致结构 $\mathscr{V}$ 使得从 Y 到 X 内的恒等映射为一致连续. 显然, $\mathscr{V}$ 的元就是 $\mathscr{U}$ 的元与 $Y \times Y$ 的交 (有时叫做 $\mathscr{U}$ 在 $Y \times Y$ 上的迹). 上述的一致结构 $\mathscr{V}$ 叫做 $\mathscr{U}$ 对 Y 的**相对化**, 或 Y 上的**相对一致结构**, 而 $(Y, \mathscr{V})$ 就叫做空间 $(X, \mathscr{U})$ 的一致子空间. 在这里我们略去相对一致结构 $\mathscr{V}$ 的拓扑恰为 $\mathscr{U}$ 的拓扑的相对化这个事实的简单证明.

上面我们已经看到, 总有一个唯一的最小一致结构, 它使得从集 X 到某个一致空间内的一个映射为一致连续. 这个命题也可以推广到函数族 F 的情形, 其中 F 的每一个元 f 映 X 到一致空间 $(Y_f, \mathscr{U}_f)$ 内, 即所有形如 $f_2^{-1}[U] = \{(x, y) : (f(x), f(y)) \in U\}$ 的集, 其中 $f \in F$, $U \in \mathscr{U}_f$ 的族是 X 的某个一致结构 $\mathscr{U}$ 的子基, 同时 $\mathscr{U}$ 也就是使得每一个映射 f 为一致连续的最小一致结构 (定理 6.3 证明了所有形如 $f_2^{-1}[U]$ 的集, 其中 $f \in F$, $U \in \mathscr{U}_f$ 的族是某个一致结构的子基, 又易见 $\mathscr{U}$ 使得每一个 f 为一致连续并且还小于每一个具有这个性质的一致结构). 按照这个方法, 我们就可以定义出乘积一致结构. 若对指标集 A 的每一个元 $a, (X_a, \mathscr{U}_a)$ 为一致空间, 则 $\times \{X_a : a \in A\}$ 的**乘积一致结构**是指使得到每一个坐标空间内的射影为一致连续的最小一致结构. 这时所有形如 $\{(x, y) : (x_a, y_a) \in U\}$ 的集, 其中 a 属于 A, U 属于 $\mathscr{U}_a$ 的族是乘积一致结构的一个子基. 因为若 x 为乘积空间的一个元, 则 x 的邻域系 (关于一致拓扑) 的一个子基可从乘积一致结构的上述子基作出, 故所有形如 $\{y : (x_a, y_a) \in U\}$ 的集组成的族是 x 的邻域系的一个子基. 这就推出了 x 关于乘积一致结构的拓扑的邻域系的一个基为所有形如 $\{y : y_a \in U[x_a]\}$ 的集的有限交组成的族, 其中 a 属于 A, U 属于 $\mathscr{U}_a$. 但该族也是 x 关于乘积拓扑的邻域系的一个基, 因而乘积拓扑就是乘积一致结构的拓扑. 这也就是下面定理的第一部分.

定理 10   乘积一致结构的拓扑为乘积拓扑.

从一个一致空间到一族一致空间的乘积空间的函数 f 为一致连续当且仅当 f 与每一个到坐标空间内的射影的合成为一致连续.

证明   若取值于乘积 $\times\{X_a : a \in A\}$ 的 f 为一致连续, 则每一个射影 P_a 为一致连续, 故合成 $P_a \circ f$ 也为一致连续.

若对每一个 A 中的 a, $P_a \circ f$ 为一致连续并且 U 为 X_a 的一致结构的元, 则 $\{(u,v) : (P_a \circ f(u), P_a \circ f(v)) \in U\}$ 为 f 的定义域的一致结构 $\mathscr{V}$ 的元, 但该集可写成 $f_2^{-1}[\{(x,y) : (x_a, y_a) \in U\}]$ 的形式, 故乘积一致结构的一个子基的每一个元关于 f_2 的逆属于 $\mathscr{V}$, 即 f 为一致连续. |

从下一命题起, 我们开始讨论关于 X 的一致结构和伪度量之间的关系.

定理 11   设 $(X, \mathscr{U})$ 为一致空间, d 为 X 的伪度量, 则 d 在 $X \times X$ 上关于乘积一致结构为一致连续当且仅当对每一个正数 r, 集 $\{(x,y) : d(x,y) < r\}$ 是 $\mathscr{U}$ 的一个元.

证明   命 $V_{d,r} = \{(x,y) : d(x,y) < r\}$, 则只需证对每一个正的 r 有 $V_{d,r} \in \mathscr{U}$ 当且仅当 d 关于 $X \times X$ 的乘积一致结构为一致连续.

若 U 为 $\mathscr{U}$ 的元, 则集 $\{((x,y),(u,v)) : (x,u) \in U\}$ 和 $\{((x,y),(u,v)) : (y,v) \in U\}$ 属于乘积一致结构, 并且容易看出所有形如 $\{((x,y),(u,v)) : (x,u) \in U \text{且} (y,v) \in U\}$ 的集组成的族是乘积一致结构的一个基. 故若 d 为一致连续, 则对每一个正的 r 有 $\mathscr{U}$ 中的 U 使得当 (x,u) 和 (y,v) 属于 U 时有 $|d(x,y) - d(u,v)| < r$. 特别取 $(u,v) = (y,y)$, 便知当 $(x,y) \in U$ 时有 $d(x,y) < r$, 即 $U \subset V_{d,r}$, 因而 $V_{d,r} \in \mathscr{U}$.

今证其逆, 注意, 若 (x,u) 和 (y,v) 均属于 $V_{d,r}$, 则 $|d(x,y) - d(u,v)| < 2r$, 这是因为 $d(x,y) \leqslant d(x,u) + d(u,v) + d(y,v), d(u,v) \leqslant d(x,u) + d(x,y) + d(y,v)$. 由此即可推出, 若对每一个 r 有 $V_{d,r} \in \mathscr{U}$, 则 d 为一致连续. |

6.3   度 量 化

本节的目的是比较一致空间和伪度量空间. 这种比较是检验一种推广的有效性的典型方法的一个例子. 将推广对象与被推广的数学对象进行对比, 以期发现这些基本概念被分离的程度. 在此情形 (和许多其他的情形一样), 从比较就可得到推广了的对象用它的原始对象的一种表示. 集 X 的每一个伪度量的族都确定一个一致结构. 这一节的主要结果是每一个一致结构均可按这种方式从它的一致连续伪度量的族导出. 另外还将证明一个一致结构能够由单个的伪度量所导出的充要条件为该一致结构有可数基.

集 X 的每一个伪度量 d 按照下面方法都生成一个一致结构. 对每一个正数 r, 命 $V_{d,r} = \{(x,y) : d(x,y) < r\}$, 则易见 $(V_{d,r})^{-1} = V_{d,r}$, $V_{d,r} \bigcap V_{d,s} = V_{d,t}$, 其中 $t = \min[r,s]$, 并且 $V_{d,r} \circ V_{d,r} \subset V_{d,2r}$, 这就推出了所有形如 $V_{d,r}$ 的集的族是 X 的某个一致结构的基, 这一致结构叫做**伪度量一致结构**或**由 d 所生成的一致结构**. 我们称一致空间 $(x, \mathscr{U})$ 为**可伪度量化的**(或**可度量化的**) 当且仅当有伪度量 (或度量) d 使得 $\mathscr{U}$ 为由 d 所生成的一致结构. 由伪度量 d 所生成的一致结构也可按另外的方法加以描述. 根据定理 6.11, 伪度量 d 关于一致结构 $\mathscr{V}$(更精确地说, 关于由 $\mathscr{V}$ 所作出的乘积一致结构) 为一致连续当且仅当对每一个正的 r 有 $V_{d,r} \in \mathscr{V}$, 于是由 d 所生成的一致结构 $\mathscr{U}$ 可以刻画为: 使得 d 在 $X \times X$ 上一致连续的最小一致结构. 我们应注意到伪度量拓扑与 $\mathscr{U}$ 的一致拓扑相同, 因为 $V_{d,r}[x]$ 是以 x 为心的开 r- 球并且所有这种形式的集组成的族同时是关于这两个拓扑的 x 的邻域系的基.

下面的引理给出了一致空间度量化定理的决定性的一步.

度量化引理 12　设 $\{U_n, n \in \omega\}$ 为 $X \times X$ 的子集的序列, 合于: $U_0 = X \times X$, 每一个 U_n 都包含对角线, 并且对每一个 n 有 $U_{n+1} \circ U_{n+1} \circ U_{n+1} \subset U_n$, 则有 $X \times X$ 上的一个非负实值函数 d 使得

(a) 对一切 x, y 和 z 有 $d(x,y) + d(y,z) \geqslant d(x,z)$;

(b) 对每一个正整数有 $U_n \subset \{(x,y) : d(x,y) < 2^{-n}\} \subset U_{n-1}$.

若每一个 U_n 为对称, 则有一个伪度量 d 满足条件 (b) .

证明　若命 $f(x,y) = 2^{-n}$, 当 $(x,y) \in U_{n-1} \sim U_n$ 时; $f(x,y) = 0$, 当 (x,y) 属于每一个 U_n 时, 则 f 为 $X \times X$ 上的一个实值函数. 所需的函数 d 可借助于链推理从它的 "第一次近似" f 作出. 对 X 中的每一个 x 和每一个 y, 命 $d(x,y)$ 为 $\sum\{f(x_i, x_{i+1}) : i = 0, \cdots, n\}$ 在所有使得 $x = x_0$ 且 $y = x_{n+1}$ 的有限序列 $x_0, x_1, \cdots, x_{n+1}$ 上的下确界. 显然, d 满足三角不等式并且从 $d(x,y) \leqslant f(x,y)$ 可推出 $U_n \subset \{(x,y) : d(x,y) < 2^{-n}\}$. 若每一个 U_n 为对称, 则对每一对 (x,y) 有 $f(x,y) = f(y,x)$, 因而在这种情况下 d 为一个伪度量.

今证 $f(x_0, x_{n+1}) \leqslant 2\sum\{f(x_i, x_{i+1}) : i = 0, \cdots, n\}$, 从而就完成了证明. 事实上, 从它可推出若 $d(x,y) < 2^{-n}$, 则 $f(x,y) < 2^{-n+1}$, 即 $(x,y) \in U_{n-1}$, 故 $\{(x,y) : d(x,y) < 2^{-n}\} \subset U_{n-1}$. 而这个事实的证明则是通过关于 n 的归纳法, 并且注意当 $n = 0$ 时不等式显然成立. 为方便起见, 我们称数 $\sum\{f(x_i, x_{i+1}) : i = r, \cdots, s\}$ 为链从 r 到 $s+1$ 的长度, 并且以 a 表示链从 0 到 $n+1$ 的长度. 设 k 为使得链从 0 到 k 的长度至多为 $a/2$ 的最大整数, 并且注意此时链从 $k+1$ 到 $n+1$ 的长度也至多为 $a/2$, 则由归纳假设可知 $f(x_0, x_k)$ 和 $f(x_{k+1}, x_{n+1})$ 的每一个都至多为 $2(a/2) = a$, 又 $f(x_k, x_{k+1})$ 也至多为 a, 故若命 m 为使得 $2^{-m} \leqslant a$ 的最小整数, 则 (x_0, x_k), (x_k, x_{k+1}) 和 (x_{k+1}, x_{n+1}) 都属于 U_m, 从而 $(x_0, x_{n+1}) \in U_{m-1}$, 即 $f(x_0, x_{n+1}) \leqslant 2^{-m+1} \leqslant 2a$, 于是引理获证. ∎

若 X 的一致结构 $\mathscr{U}$ 有可数基 $V_0, V_1, \cdots, V_n, \cdots$，则用归纳法可作出 $U_0, U_1, \cdots, U_n, \cdots$ 使得每一个 U_n 为对称，$U_n \circ U_n \circ U_n \subset U_{n-1}$ 并且对每一个正整数 n 有 $U_n \subset V_n$. 所有集 U_n 的族为 $\mathscr{U}$ 的一个基，并且应用度量化引理可推出一致空间 $(X, \mathscr{U})$ 为可伪度量化的. 因而有

度量化定理 13　一致空间为可伪度量化当且仅当它的一致结构有可数基.

这个定理显然蕴涵一致空间为度量化当且仅当它为 Hausdorff 空间并且它的一致结构有可数基.

注记 14　据我所知，这个定理首先出现于 Alexandroff 和 Urysohn[2]. 这两位作者的目的是寻找拓扑度量化问题的解决 (定理 4.18)，并且他们的结果可 (近似地) 陈述为：Hausdorff 空间 $(X, \mathscr{T})$ 为可度量化的当且仅当存在一个具有可数基的一致结构使得 $\mathscr{T}$ 为一致拓扑. 这对拓扑度量化问题虽然是一种不够满意的解决，但 (带有稍许加强的结论) 却恰好是一致空间的度量化定理. Chittenden[1] 首先证明了定理 6.13 的一种 "一致" 形式，并且他的证明后来由 Frink[1] 以及 Aronszajn[1] 大大地简化. 上面的证明则是 Bourbaki 对 Frink 的证明所作的一种整理. 定理 6.13 的上述形式首先出现于 André Weil 的经典著作 [1]，在其中他引进了一致空间的概念.

又集 X 的每一个伪度量的族 P 按照下面方法也都生成一个一致结构. 命 $V_{p,r} = \{(x, y) : p(x, y) < r\}$，则所有形如 $V_{p,r}$ 的集的族是 X 的某个一致结构 $\mathscr{U}$ 的子基，其中 p 属于 P，r 为正数. 该一致结构 $\mathscr{U}$ 就叫做**由 P 所生成的一致结构**. 它还可以用几种别的有益的方法来加以描述. 根据定理 6.11，伪度量 p 在 $X \times X$ 上关于由 $\mathscr{V}$ 所生成的乘积一致结构为一致连续当且仅当对每一个正的 r 有 $V_{p,r} \in \mathscr{V}$，因而由 P 所生成的一致结构就是使得 P 的每一个元 p 在 $X \times X$ 上为一致连续的最小一致结构. 现在再给出它的一种描述. 因为对 P 的确定的元 p，所有集 $V_{p,r}$ 的族是伪度量空间 (X, p) 的一致结构的一个基，其中 r 为正数，故若 $\mathscr{V}$ 为 X 的一个一致结构，则从 $(X, \mathscr{V})$ 到 (X, p) 内的恒等映射为一致连续当且仅当对每一个正的 r 有 $V_{p,r} \in \mathscr{V}$，由此便知一致结构 $\mathscr{U}$ 即为使得对 P 中的每一个 p，从 X 到 (X, p) 内的恒等映射为一致连续的最小一致结构. 从这个事实我们又可引出它的另一种描述. 设 Z 为乘积 $\times \{X : p \in P\}$ (即 X 和它自己的与 P 的元一样多次的乘积)，并且 f 为由 $f(x)_p = x$ 所定义的从 X 到 Z 内的映射，其中 x 属于 X，p 属于 P，设该乘积的第 p 个坐标空间带有伪度量 p 的一致结构并且 Z 具有乘积一致结构，则从 Z 到第 p 个坐标空间内的射影为从 X 到伪度量空间 (X, p) 上的恒等映射，故由定理 6.10 可推出，由 P 所生成的一致结构使从 X 到 Z 内的映射为一致连续的最小一致结构，但 f 为一对一，从而为从 X 到伪度量空间乘积的某个子空间上的一致同构.

显然，知道什么样的一致结构是由伪度量的族所生成，有一定的重要性，这也可以称为关于一致空间的广义度量化问题. 而它的解决则是上面的一些结果的一种

应用. 设 $(X,\mathscr{U})$ 为一致空间, P 为所有在 $X \times X$ 上为一致连续的 X 的伪度量的族, 则由定理 6.11 可知由 P 所生成的一致结构小于 $\mathscr{U}$, 但度量化引理 6.12 证明了对 $\mathscr{U}$ 的每一个 U 有 P 的元 p 使得 $\{(x,y) : p(x,y) < 1/4\}$ 包含在 U 内, 即 $\mathscr{U}$ 小于由 P 所生成的一致结构. 于是有

定理 15　X 的每一个一致结构由所有在 $X \times X$ 上为一致连续的伪度量的族所生成.

上一定理有一个有趣的系. 我们已经知道若 X 的一致结构 $\mathscr{U}$ 由伪度量的族 P 所生成, 则该空间一致同构于伪度量空间的乘积的某个子空间, 并且当 $(X,\mathscr{U})$ 为 Hausdorff 空间时这个结果还可以得到加强. 因为一致结构 $\mathscr{U}$ 是使得对 P 中的每一个 p, 从 X 到伪度量空间 (X,p) 的恒等映射为一致连续的最小一致结构, 又由定理 4.15, 空间 (X,p) 关于某个映射 h_p 等距于度量空间 (X_p, p^*), 故 $\mathscr{U}$ 是使得每一个映射 h_p 为一致连续的最小一致结构, 从而若通过 $h(x)_p = h_p(x)$ 定义一个从 X 到 $\times \{X_p : p \in P\}$ 内的映射 h, 则由定理 6.10 便知 $\mathscr{U}$ 是使得 h 为一致连续的最小一致结构. 特别, 当 $(X,\mathscr{U})$ 为 Hausdorff 空间时 h 必为一对一, 于是, 在这种情况下 h 就是一个一致同构. 因而从上一定理也就推出了下面的结果 (Weil[1]).

定理 16　每一个一致空间都一致同构于伪度量空间的乘积的一个子空间, 又每一个一致 Hausdorff 空间都一致同构于度量空间的乘积的一个子空间.

上一定理给出了能够是某个一致结构的一致拓扑的那些拓扑的一种刻画, 因为拓扑空间为全正则空间当且仅当它同胚于伪度量空间的乘积的一个子空间 (问题 4.L).

系 17　集 X 的拓扑 $\mathscr{T}$ 为 X 的某个一致结构的一致拓扑当且仅当拓扑空间 $(X,\mathscr{T})$ 为全正则空间.

在这一节剩下的部分, 我们来澄清一致结构和伪度量之间的关系. 我们称集 X 的一个伪度量的族 P 为一个**格集**(或规范族) 当且仅当有 X 的一个一致结构 $\mathscr{U}$ 使得 P 恰好就是所有在 $X \times X$ 上关于由 $\mathscr{U}$ 所导出的乘积一致结构为一致连续的伪度量的族. 族 P 叫做一致结构 $\mathscr{U}$ 的格集, 而 $\mathscr{U}$ 则叫做 P 的一致结构 (按照定理 6.15, $\mathscr{U}$ 由 P 所生成). 每一个伪度量的族都生成一个一致结构, 也说成生成该一致结构的格集. 我们还可以给出由一族伪度量 P 所生成的格集的一种直接的描述. 因为所有形如 $V_{p,r}$ 的集的族是该格集的一致结构的子基, 其中 p 属于 P, r 为正数, 故伪度量 q 在乘积上为一致连续当且仅当对每一个正数 s, 集 $V_{q,s}$ 包含集 $V_{p,r}$ 的某个有限交, 其中 p 属于 P. 通过这段说明建立了下面的命题.

定理 18　设 P 为集 X 的一族伪度量, 又设 Q 为由 P 所生成的格集, 则伪度量 q 属于 Q 当且仅当对每一个正数 s 有正数 r 和 P 的一个有限子族 $\{p_1, \cdots, p_n\}$ 使得 $\bigcap \{V_{p_i,r} : i = 1, \cdots, n\} \subset V_{q,s}$.

注意, 每一个在一致结构概念的基础上的概念均可借助于一个格集加以描述,

因为每一个一致结构由它的格集所完全确定. 而下面的定理就是这样的描述的一种汇集. 回忆一下: $p\text{-dist}(x, A) = \inf\{p(x, y) : y \in A\}$ 是从点 x 到集 A 的 p - 距离.

定理 19   设 $(X, \mathscr{U})$ 为一致空间, P 为 $\mathscr{U}$ 的格集, 则

(a) 所有集 $V_{p,r}$ 的族为一致结构 $\mathscr{U}$ 的一个基, 其中 p 属于 P, r 为正数.

(b) X 的子集 A 关于一致拓扑的闭包为所有使得对 P 中的每一个 p 有 $p\text{-dist}(x, A) = 0$ 的 x 的集.

(c) 集 A 的内部为所有使得对 P 中的某一个 p 和某一个正数 r 有球 $V_{p,r}[x] \subset A$ 的点 x 的集.

(d) 假设 P' 为 P 的一个子族它生成 P, 则 X 中的网 $\{S_n, n \in D\}$ 收敛于点 s 当且仅当对每一个 P' 中的 p, $\{p(S_n, s), n \in D\}$ 收敛于零.

(e) 从 X 到一致空间 $(Y, \mathscr{V})$ 的函数 f 为一致连续当且仅当对 $\mathscr{V}$ 的格集 Q 的每一个元 q 有 $q \circ f_2 \in P$ (回忆一下, $f_2(x, y) = (f(x), f(y))$).

等价地, f 为一致连续当且仅当对 Q 中的每一个 q 和每一个正数 s 有 P 中的 p 和正数 r 使得当 $P(x, y) < r$ 时 $q(f(x), f(y)) < s$.

(f) 若对指标集 A 的每一个元 a, $(X_a \mathscr{U}_a)$ 为一致空间, P_a 为 $\mathscr{U}_a$ 的格集, 则 $\times\{X_a : a \in A\}$ 的乘积一致结构的格集是由所有形如 $q(x, y) = p_a(x_a, y_a)$ 的伪度量所生成, 其中 a 属于 A, p_a 属于 P_a.

证明从略. 它是以前结果的一种直接应用.

6.4   完 备 性

本节着重讨论建立在 Cauchy 网概念的基础上的一些初等定理. 我们称一致空间为完备当且仅当该空间的每一个 Cauchy 网都收敛于某个点. 这一节的两个最有用的结果是: 完备空间的乘积仍为完备空间, 以及取值于完备的 Hausdorff 空间的一致连续函数 f 必有定义域为 f 的定义域的闭包的一致连续扩张.

以下恒假定 X 是一个集, $\mathscr{U}$ 是 X 的一个一致结构, P 是 $\mathscr{U}$ 的格集 (即 P 是所有在 $X \times X$ 上为一致连续的 X 的伪度量的族). 所有定义都同时利用 $\mathscr{U}$ 和 P 两种方式给出, 而证明则利用对所论问题最为方便的形式. 以 $V_{p,r}$ 表示集 $\{(x, y) : p(x, y) < r\}$.

我们称一致空间 $(X, \mathscr{U})$ 中的网 $\{S_n, n \in D\}$ 为 **Cauchy 网**当且仅当对 $\mathscr{U}$ 的每一个元 U, 有 D 中的 N 使得当 m 和 n 关于 D 的序都在 N 之后时, 有 $(S_m, S_n) \in U$. 该定义也可借助于 $X \times X$ 中的网来加以描述. 在这种方式下, 它可陈述为: 网 $\{S_n, n \in D\}$ 为 Cauchy 网当且仅当网 $\{(S_m, S_n), (m, n) \in D \times D\}$ 最终地在 $\mathscr{U}$ 的每一个元内 (在 $D \times D$ 内具有乘积序). 因为所有形如 $V_{p,r}$ 的集的族是一致结构 $\mathscr{U}$ 的一个基, 其中 p 属于格集 P, r 为正数, 故又可推出: $\{S_n, n \in D\}$ 为

Cauchy 网当且仅当 $\{(S_m, S_n), (m, n) \in D \times D\}$ 最终地在每一个形如 $V_{p,r}$ 的集内. 换言之, $\{S_n, n \in D\}$ 为 Cauchy 网当且仅当对每一个属于格集 P 的伪度量 p, 有 $\{p(S_m, S_n), (m, n) \in D \times D\}$ 收敛于零.

有一个关于 Cauchy 网的简单的引理, 由于它时常被应用, 值得给予一个正式的陈述.

引理 20　一致空间 $(X, \mathscr{U})$ 中的网 $\{S_n, n \in D\}$ 为 Cauchy 网当且仅当下列结论中任一个成立:

(a) 网 $\{(S_m, S_n), (m, n) \in D \times D\}$ 最终地在一致结构 $\mathscr{U}$ 的某个子基的每一个元内;

(b) 对于生成格集 P 的某个伪度量族的每一个元 p, 网 $\{p(S_m, S_n), (m, n) \in D \times D\}$ 收敛于零.

证明　若伪度量族 Q 生成 P, 则所有 $V_{p,r}$ 的族是该一致结构的一个子基, 其中 p 属于 Q, r 为正数, 故 (b) 的证明可归结到 (a) 的证明.

为了证明 (a), 只需注意, 若一个网 (例如 $\{(S_m, S_n), (m, n) \in D \times D\}$) 最终地在有限多个集中的每一个内, 则它也最终地在它们的交内.∎

下面命题阐明了 Cauchy 网和关于一致拓扑的收敛性之间的关系.

定理 21　每一个关于一致拓扑收敛于某个点的网恒为 Cauchy 网. Cauchy 网恒收敛于它的每一个聚点.

证明　若 $\{S_n, n \in D\}$ 收敛于点 s, 则对于格集 P 的每一个元 d, $\{d(S_n, s), n \in D\}$ 收敛于零, 但从 $d(S_m, S_n) \leqslant d(S_m, s) + d(S_n, s)$ 可推出 $\{d(S_m, S_n), (m, n) \in D \times D\}$ 收敛于零, 故该网为 Cauchy 网.

假如 $\{S_n, n \in D\}$ 为 Cauchy 网, s 为它的一个聚点, 则对 P 中的 d 和正数 r, 有 D 中的 N 使得当 $m \geqslant N$ 且 $n \geqslant N$ 时, 有 $d(S_m, S_n) < r/2$, 又从 s 为聚点可推出有 D 中的 p 使得 $d(S_p, s) \leqslant r/2$ 并且 $p \geqslant N$, 故当 $n \geqslant p$ 时有 $d(S_n, s) \leqslant d(S_n, S_p) + d(S_p, s) < r$, 即该网收敛于 s.∎

我们称一致空间为**完备的**当且仅当空间中的每一个 Cauchy 网都收敛于该空间的一个点. 显然, 完备空间的每一个闭子空间仍为完备空间. 又若 $(X, \mathscr{U})$ 为 Hausdorff 空间并且 $(Y, \mathscr{V})$ 为其完备子空间, 则 Y 为 X 中的闭集, 因为 Y 中收敛于 X 的点 x 的网必为 Cauchy 网并且 x 是它的唯一的极限点. 这个明显的结果是关于完备性的最有用的事实中的一个.

定理 22　完备空间的闭子空间仍为完备空间, 并且 Hausdorff 一致空间的完备子空间必为闭子空间.

在继续进行空间的完备性研究之前有必要先陈述完备空间的几个例子. 若 $\mathscr{U}$ 是 X 的最大一致结构 (即由所有包含对角线的 $X \times X$ 的子集所组成), 则 $(X, \mathscr{U})$ 为完备. X 的最小一致结构同样也产生一个完备空间. 若一致空间 $(X, \mathscr{U})$ 关于一致拓扑为紧, 则它为完备, 因为每一个网都有一个聚点, 从而由定理 6.21 可知每一个 Cauchy 网恒收敛于某个点. 实数空间关于通常一致结构为完备, 这可通过证明下列事实而得到: 每一个 Cauchy 网最终地在实数空间的某个有界子集 A 内, 从而最终地在紧集 A^- 内.

有一个完备性的刻画, 它是由紧性的一个刻画而引起的. 回忆一下, 集族叫做具有有限交性质当且仅当该族任意有限多个元的交均不为空集, 又拓扑空间为紧当且仅当每一个具有有限交性质的闭集族的一切元的交为非空. 为了描述完备性, 我们对这集族加上另外一个限制. 一致空间 $(X, \mathscr{U})$ 的子集族 $\mathscr{A}$ 叫做含有**小集**当且仅当对 $\mathscr{U}$ 中的每一个 U, 有 $\mathscr{A}$ 的一个元 A 使得对于某个点 x, A 是 $U[x]$ 的子集. 它的另一表达形式为: 对 $\mathscr{U}$ 中的每一个 U, 有 $\mathscr{A}$ 中的一个 A 使得 $A \times A \subset U$. 借助于一致空间的格集 P 可得, 族 $\mathscr{A}$ 含有小集当且仅当对每一个正的 r 和 P 中的每一个 d, 有 $\mathscr{A}$ 中的一个 A 使得 A 的 d- 直径小于 r. 在这里我们略去这三个命题等价的证明.

定理 23[①]   一致空间为完备当且仅当每一个具有有限交性质并且含有小集的闭集族有一个非空的交.

证明   设 $(X, \mathscr{U})$ 为一致空间, 又设 $\mathscr{A}$ 为具有有限交性质并且含有小集的闭集族. 命 $\mathscr{F}$ 为所有 $\mathscr{A}$ 的元的有限交的族, 则易见 $\mathscr{F}$ 关于 $\subset$ 为有向集, 再对 $\mathscr{F}$ 中的每一个 F, 选 F 中的一个点 x_F, 则网 $\{x_F, F \in \mathscr{F}\}$ 为 Cauchy 网, 因为若 A 和 B 关于序 $\subset$ 在 $\mathscr{F}$ 的元 F 之后 (即 $A \subset F$, $B \subset F$), 则 x_A 和 x_B 属于 F, 并且 $\mathscr{F}$ 含有小集. 由此可见 $\{x_F, F \in \mathscr{F}\}$ 收敛于某个点, 又从该网最终地在 $\mathscr{F}$ 的每一个元内可推出该点必须属于 $\mathscr{F}$ 的每一个元. 因而交 $\bigcap\{A : A \in \mathscr{A}\}$ 为非空.

今证其逆. 设 $\{x_n, n \in D\}$ 为 Cauchy 网, 又对 D 中的每一个 n, 命 A_n 为所有使得 $m \geqslant n$ 的点 x_m 的集, 则所有形如 A_n 的集的族 $\mathscr{A}$ 具有有限交性质, 因为该网为 Cauchy 网, 族 $\mathscr{A}$ 含有小集, 故有一个点 y 属于所有闭包的交 $\bigcap\{A_n^- : n \in D\}$, 再根据定理 2.7, y 为网 $\{x_n, n \in D\}$ 的聚点. 因 $\{x_n, n \in D\}$ 为一个 Cauchy 网, 因而它收敛于 y.|

有人可能会猜疑满足第一可数性公理的一致空间会是完备的, 假如空间中的每一个 Cauchy 序列都收敛于空间的某个点. 不幸, 这个猜疑是没有根据的, 然而下面的较弱的结果确实成立.

定理 24   可伪度量化的一致空间为完备当且仅当空间中的每一个 Cauchy 序列都收敛于一个点.

证明   若一致空间为完备, 则每一个 X 中的 Cauchy 网, 特别 X 中的每一个 Cauchy 序列都收敛于某个点.

————————
[①]若称含有小集的滤子为 Cauchy 滤子, 则该定理可陈述成: 空间为完备当且仅当每一个 Cauchy 滤子都收敛于某个点.

另一方面, 假设 (X, d) 为使得每一个 Cauchy 序列都收敛于某个点的伪度量空间, 又设 $\mathscr{A}$ 为具有有限交性质并且含有小集的 X 的闭子集族. 对每一个非负整数 n, 选 $\mathscr{A}$ 的一个元 A_n 使得它的直径小于 2^{-n}, 又选点 x_n 属于 A_n, 则当 m 和 n 充分大时 $d(x_m, x_n)$ 充分小, 因为 x_m 和 x_n 分别属于 A_m 和 A_n, 而这两个集相交并且其中的每一个都有充分小的直径. 故 $\{x_n, n \in \omega\}$ 为 Cauchy 序列, 从而收敛于 X 的某个点 y. 若 B 为 $\mathscr{A}$ 的任意的一个元, 则因 B 与 A_n 相交, $\mathrm{dist}(x_n, B) < 2^{-n}$, 故 y 属于 B 的闭包. 因 $\mathscr{A}$ 为闭集的族, y 就属于 $\mathscr{A}$ 的每一个元.∎

证明完备性的通常方法是先证明所考虑的空间一致同构于完备空间的乘积的某个闭子空间, 然后再利用下列定理. 至于这个定理的证明则需要 Cauchy 网关于一致连续映射的象仍为 Cauchy 网这一事实 —— 一个由定义即为明显的事实.

定理 25　一致空间族的乘积为完备当且仅当每一个坐标空间皆为完备.

乘积中的网为 Cauchy 网当且仅当它到每一个坐标空间内的射影皆为 Cauchy 网.

证明　假设对指标集 A 的每一个元 $a, (Y_a, \mathscr{U}_a)$ 为完备一致空间, 则因对每一个 a, Cauchy 网在 Y_a 内的射影仍为 Cauchy 网, 从而收敛于某个点, 譬如是 y_a, 故该网在乘积中收敛于第 a 个坐标为 y_a 的点 y, 于是该乘积为完备. 至于其逆的简单的证明则从略.

若 $\{x_n, n \in D\}$ 为乘积中的网并且它在每一个坐标空间内的射影为 Cauchy 网, 则对 $\mathscr{U}_a$ 的每一个元 U, 网 $\{(x_m, x_n), (m, n) \in (D \times D)\}$ 最终地在 U 对射影的逆象内, 即 $\{(x_m, x_n), (m, n) \in (D \times D)\}$ 最终地在 $\{(x, z) : (x_a, z_a) \in U\}$ 内, 但所有这种形式的集的族是乘积一致结构的一个子基, 故由定理 6.20 便知 $\{x_n, n \in D\}$ 为 Cauchy 网. 至于其逆则是明显的.∎

我们称函数 f **在一致空间 $(X, \mathscr{U})$ 的子集 A 上为一致连续**当且仅当它在 A 上的限制 $f|A$ 关于相对一致结构为一致连续. 若值域为一个完备的 Hausdorff 空间[①], f 在它的定义域 A 上为一致连续, 则有一个唯一的一致连续扩张, 它的定义域为 A 的闭包.

定理 26　设 f 为一个函数, 它的定义域为一致空间 $(X, \mathscr{U})$ 的子集 A, 并且它取值于完备的 Hausdorff 一致空间 $(Y, \mathscr{V})$. 若 f 为在 A 上一致连续, 则 f 有一个唯一的一致连续扩张 f^-, 它的定义域为 A 的闭包.

证明　函数 f 为 $X \times Y$ 的子集 (我们对函数和它的图形不加区分), 要求的扩张就是 f 在 $X \times Y$ 内的闭包 f^- ((x, y) 属于 f^- 当且仅当 A 中有一个收敛于 x 的网使得它的象网收敛于 y). 显然 f^- 的定义域为 A 的闭包. 今证: 若 W 为 $\mathscr{V}$ 的一个元, 则有 $\mathscr{U}$ 中的 U 使得当 (x, y) 和 (u, v) 为 f^- 的元并且 $x \in U[u]$ 时有

[①] 这个要求对扩张的存在性并不必要, 然而对唯一性却是必须的.

$y \in W[v]$. 由于 Y 为 Hausdorff 空间, 这就将证明 f^- 为一个函数并且 f^- 为一致连续.

选 $\mathcal{V}$ 的一个元 V, 它为闭、对称并且使得 $V \circ V \subset W$, 再选 $\mathcal{U}$ 的一个元 U, 它为开、对称并且使得对 A 中的每一个 x 有 $f[U[x]] \subset V[f(x)]$. 假设 (x,y) 和 (u,v) 属于 f^- 并且 $x \in U[u]$. 因为 $U[x]$ 和 $U[u]$ 的交为开集, 故有 A 中的 z 使得 x 和 u 都属于 $U[z]$, 从而由 f^- 的定义便知 y 和 v 属于 $f[U[z]]$ 的闭包, 于是 y 和 v 都属于 $V[f(z)]$, 因此 $(y,v) \in V \circ V \subset W$, 即 $y \in W[v]$. ∎

6.5 完 备 扩 张

本节的目的是证明每一个一致空间都一致同构于某个完备一致空间的稠密子空间. 因此, 我们有可能对一致空间添加"理想元素"而得到一个完备一致空间. 这种处理是受第 5 章的紧扩张方法的启发. 但有一个重要的不同之点: 一致空间的完备扩张是 (本质上) 唯一的.

首先证明对度量空间 X, 我们能够找到一个完备度量空间 X^* 使得 X 等距于 X^* 的某个稠密子空间 (不恰好是一致同构). 然后在这个预备性结果的基础上, 我们就可以进一步作出一个一致空间的完备扩张.

定理 27 每一个度量 (或伪度量) 空间均可通过一对一的等距映射映到一个完备度量 (相应地, 伪度量) 空间的一个稠密子集上.

证明 我们只需对伪度量空间 (X, d) 证明该定理, 因为对度量空间的相应结果, 再由定理 4.15 即可推得.

设 X^* 为所有 X 中的 Cauchy 序列的类, 并且对 X^* 的元 S 和 T, 命 $d^*(S,T)$ 为 $d(S_m, T_m)$ 当 $m \to \infty$ 时的极限 (更精确地说, 就是 $\{d(S_m, T_m), m \in \omega\}$ 的极限), 则易证 d^* 为 X^* 的伪度量. 命 F 为映 X 的每一点 x 为恒等于 x 的序列的映射, 即对一切 n 有 $F(x)_n = x$, 则易见 F 为一对一的等距映射, 于是剩下要证的是 $F[X]$ 在 X^* 中稠密并且 X^* 为完备.

这两个结论中的第一个几乎是明显的, 因为若 $S \in X^*$ 并且 n 增大, 则 $F(S_n)$ 接近于 S. 今证 X^* 为完备, 首先, 注意只需证 $F[X]$ 中的每一个 Cauchy 序列收敛于 X^* 的某个点, 因为 $F[X]$ 在 X^* 中稠密. 最后, $F[X]$ 中的每一个 Cauchy 序列必定形如 $F \circ S = \{F(S_n), n \in \omega\}$, 其中 S 为 X 中的 Cauchy 序列, 而 $F \circ S$ 在 X^* 中收敛于 X^* 的元 S. ∎

由定理 6.16 可知每一个一致空间一致同构于伪度量空间的乘积的一个子空间, 而每一个 Hausdorff 一致空间一致同构于度量空间的乘积的一个子空间. 上一定理蕴涵: 度量或伪度量空间一致同构于同一类型的完备空间的一个子空间, 于是不难得到

定理 28 每一个一致空间都一致同构于一个完备一致空间的一个稠密子空间. 每一个 Hausdorff 一致空间都一致同构于一个完备 Hausdorff 一致空间的一个稠密子空间.

一致空间 $(X, \mathscr{U})$ 的一个**完备扩张**是一个偶 $(f, (X^*, \mathscr{U}^*))$, 其中 $(X^*, \mathscr{U}^*)$ 是一个完备一致空间, f 是从 X 到 X^* 的一个稠密子空间内的一个一致同构. 一个完备扩张叫做 Hausdorff 的当且仅当 $(X^*, \mathscr{U}^*)$ 是一个 Hausdorff 一致空间. 于是上一定理可以陈述为: 每一个 (Hausdorff) 一致空间有一个 (Hausdorff) 完备扩张.

注意 Hausdorff 完备扩张具有唯一性. 若 f 和 g 分别为从 X 到完备 Hausdorff 一致空间 X^* 和 X^{**} 的某个稠密子空间上的一致同构, 则由定理 6.26 可知 $g \circ f^{-1}$ 和 $f \circ g^{-1}$ 分别有一个一致连续扩张, 它们的定义域分别为 X^* 和 X^{**}, 这就推出了 $g \circ f^{-1}$ 的扩张是从 X^* 到 X^{**} 上的一个一致同构. 于是粗糙地可陈述成: Hausdorff 一致空间的 Hausdorff 完备扩张关于一个一致同构是唯一的.

6.6 紧 空 间

我们已经知道集 X 的每一个全正则拓扑 $\mathscr{T}$ 必为某个一致结构 $\mathscr{U}$ 的一致拓扑, 但该一致结构通常是不唯一的. 然而当 $(X, \mathscr{T})$ 为紧正则空间时, 我们可导出拓扑为 $\mathscr{T}$ 的一致结构恰好只有一个. 在这种情况下, 拓扑就决定了一致结构, 拓扑不变量也就是一致不变量, 于是我们的理论也就成为一种特别简单的形式. 本节就是要着重讨论这个唯一性定理的证明以及两个其他的命题. 和以前一样, 我们将根据方便的原则, 或者用空间的一致结构, 或者用相应的一致连续伪度量的格集.

定理 29 若 $(X, \mathscr{U})$ 为紧一致空间, 则对角线 Δ 在 $X \times X$ 中的每一个邻域均为 $\mathscr{U}$ 的元, 并且每一个在 $X \times X$ 上为连续的伪度量均为 $\mathscr{U}$ 的格集的一个元.

证明 设 $\mathscr{B}$ 为 $\mathscr{U}$ 的所有闭元的族, V 为 Δ 的任意开邻域. 若 $(x, y) \in \bigcap \{U : U \in \mathscr{B}\}$, 则因 $\mathscr{B}$ 为 $\mathscr{U}$ 的一个基, 故 y 属于 x 的每一个邻域, 从而 (x, y) 属于 Δ 的每一个邻域. 这就推出了 $\bigcap \{U : U \in \mathscr{B}\}$ 为 V 的子集. 因为 $\mathscr{B}$ 的每一个元 U 为紧集并且 V 为开集, 故 $\mathscr{B}$ 的某个有限子族的交亦为 V 的子集, 从而 $V \in \mathscr{U}$.

若 X 的伪度量 d 在 $X \times X$ 上为连续, 则对每一个正数 r, 集 $\{(x, y) : d(x, y) < r\}$ 为对角线的一个邻域, 故 d 为一致连续, 因而属于 $\mathscr{U}$ 的格集. ∎

因为每一个紧正则拓扑空间为全正则空间, 故它的拓扑是某个一致结构的一致拓扑. 这个一致结构刚由上述定理所证实, 从而有

系 30 若 $(X, \mathscr{T})$ 为紧正则拓扑空间, 则对角线 Δ 的所有邻域的族为 X 的一致结构并且 $\mathscr{T}$ 是它的一致拓扑.

还有另外的一个系.

定理 31 从紧一致空间到一致空间的每一个连续函数为一致连续.

证明   若 f 为从 X 到 Y 的连续函数, 则 f_2 为从 $X \times X$ 到 $Y \times Y$ 的连续函数, 其中 $f_2(x, y) = (f(x), f(y))$, 故若 d 属于 Y 的格集, 则合成 $d \circ f_2$ 在 $X \times X$ 上为连续, 从而由定理 6.29 可知 $d \circ f_2$ 属于 X 的格集, 于是函数 f 为一致连续.∎

每一个紧一致空间 $(X, \mathscr{U})$ 可在下述意义下表成有限多个小集的并, 即对于每一个属于 $\mathscr{U}$ 的格集的伪度量 d 和每一个正数 r, X 有一个由 d- 直径小于 r 的集所组成的有限覆盖. 事实上这是紧性的一个直接推论, 因为 X 可由有限多个它的点为心的 $r/3$ 球所覆盖, 而其中的每一个球的直径自然都小于 r. 一致空间 $(X, \mathscr{U})$ 称为**全有界**(或**预紧**) 当且仅当对 $\mathscr{U}$ 的格集中的每一个伪度量 d 和每一个正的 r, X 为有限多个 d- 直径小于 r 的集的并. 借助于 $\mathscr{U}$, 还可以陈述成: 对 $\mathscr{U}$ 中的每一个 U, 集 X 为有限多个满足 $B \times B \subset U$ 的集 B 的并, 或再等价地陈述成: 对 $\mathscr{U}$ 中的每一个 U 有 X 的一个有限子集 F 使得 $U[F] = X$. 一致空间的子集 Y 叫做全有界, 当且仅当具有相对一致结构的 Y 为全有界.

紧性和全有界性之间有一个简单而很有用的关系.

定理 32   一致空间 $(X, \mathscr{U})$ 为全有界的当且仅当 X 中的每一个网均有 Cauchy 子网.

因此, 一致空间为紧的当且仅当它为全有界的和完备的.

证明   假设 S 为全有界一致空间 $(X, \mathscr{U})$ 中的一个网, 则它的 Cauchy 子网的存在, 实际上就是问题 2.J 的一个明显推论, 但我们还可以给出一个不用这个结果的直接证明. 设 $\mathscr{A}$ 为所有使得 S 常常在 A 内的 X 的子集 A 的族, 则 $\{X\} \subset \mathscr{A}$ 并且由极大原理 (预备知识定理 25) 有 $\mathscr{A}$ 的一个极大子族 $\mathscr{B}$, 它包含 $\{X\}$ 并且具有有限交性质. 因为根据 $\mathscr{B}$ 的极大性可知, 若有限多个 $\mathscr{A}$ 的元 $B_1, \cdots, B_n$ 之并属于 $\mathscr{B}$, 则对某个 i 有 $B_i \in \mathscr{B}$ (详细情形见问题 2.I), 从 X 为全有界可推出它可由有限多个小集所覆盖, 故 $\mathscr{B}$ 含有小集. 最后, 从定理 2.5 可推出有 S 的一个子网它最终地在 $\mathscr{B}$ 的每一个元内, 并且易见这个子网为一个 Cauchy 子网.

若 $(X, \mathscr{U})$ 不是全有界, 则对某个 $\mathscr{U}$ 中的 U 和每一个 X 的有限子集 F 有 $U[F] \neq X$, 于是利用归纳法可找到一个序列 $\{x_n, n \in \omega\}$ 使得当 $p < n$ 时有 $x_n \overline{\in} U[x_p]$, 显然该序列没有 Cauchy 子网.

最后, 若 $(X, \mathscr{U})$ 为完备的和全有界的, 则每一个网有一个子网收敛于 X 的某个点, 因而该空间为紧. 我们已经知道任何紧空间必为完备的.∎

关于紧空间还有另一个很有用的引理. 该命题是 Lebesgue 覆盖引理 (定理 5.26) 的一种推广.

一致空间 $(X, \mathscr{U})$ 的子集 A 的一个覆盖称为**一致覆盖**当且仅当有 $\mathscr{U}$ 的一个元 U 使得对 A 中的每一个 x, 集 $U[x]$ 为该覆盖的某个元的子集 (即所有 $U[x]$ 的族为该覆盖的一个加细, 其中 x 属于 A). 借助于一致结构 $\mathscr{U}$ 的格集可知 A 的一个覆盖为一致覆盖当且仅当有该格集的一个元 p 和一个正数 r 使得以 A 的每一点为心

的 d- 半径 r 的开球包含在该覆盖的某个元内.

定理 33　一致空间的紧子集的每一个开覆盖为一致覆盖.

特别, 紧子集 A 的每一个邻域含有形如 $U[A]$ 的一个邻域, 其中 U 为一致结构的元.

证明　设 $\mathscr{A}$ 为一致空间 $(X, \mathscr{U})$ 的紧子集 A 的一个开覆盖, 则对每一个 A 中的 x 有 $\mathscr{U}$ 中的 U 使得 $U[x]$ 为 $\mathscr{A}$ 的某个元的子集, 因而有 $\mathscr{U}$ 中的 V 使得 $V \circ V[x]$ 为 $\mathscr{A}$ 的某个元的子集. 选有限多个 A 的元 $x_1, \cdots, x_n$ 和 $\mathscr{U}$ 的元 $V_1, \cdots, V_n$ 使得集 $V_i[x_i]$ 覆盖 A, 并且对每一个 i, $V_i \circ V_i[x_i]$ 为 $\mathscr{A}$ 的某个元的子集. 从而, 若命 $W = \bigcap\{V_i : i = 1, \cdots, n\}$, 则对每一个 A 中的 y 有某个 i 使得 y 属于 $V_i[x_i]$, 故 $W[y] \subset W \circ V_i[x_i] \subset V_i \circ V_i[x_i]$, 即 $W[y]$ 为 $\mathscr{A}$ 的某个元的子集. ∎

6.7　度量空间特有的性质

本节着重讨论关于完备度量空间的两个命题, 它们是完备性的最有用的结论中的两个结果, 然而, 似乎不可能把它们推广到完备一致空间. 其中的第一个命题是关于范畴的经典的 Baire 定理, 这个定理以及一两个与此有关的结果就占了这一节的大部分篇幅. 本节的最后一个定理是: 完备度量空间关于连续一致开映射的象仍为完备空间, 假如值域空间为 Hausdorff 空间. 而它的证明则依赖于一个引理, 这个引理在讨论中我们将叙述成对证明该命题所需要的更为一般的形式. 另外, 从该引理 (本质上是 Banach 的一种论证的形式化) 还直接导出了线性赋范空间理论的闭图像定理和开映射定理 (见问题 6.R).

定理 34(Baire)　设 X 为完备伪度量空间, 或为局部紧正则空间, 则 X 的可数多个开稠密子集的交也在 X 中稠密.

证明　我们对局部紧正则空间来证明这个定理, 而把对完备伪度量空间所应作的修改放在括弧内.

假设 $\{G_n, n \in \omega\}$ 为 X 的开稠密子集的序列并且 U 为 X 的任意非空开子集, 则只需证 $U \bigcap \bigcap\{G_n, n \in \omega\}$ 为非空. 为此, 选开集 V_0 使得 V_0^- 为 $U \bigcap G_0$ 的紧子集 (使得 V_0^- 为 $U \bigcap G_0$ 的子集并且它的直径小于 1), 然后对每一个正整数 n, 归纳地选 V_n 使得 V_n^- 为 $V_{n-1} \bigcap G_n$ 的子集 (并且 V_n 的直径小于 $1/n$). 这种选取是可能的, 因为 G_n 为开稠密子集. 因为所有集 A_n^- 的族具有有限交性质, 其中 n 为非负整数, 并且 A_0^- 为紧集 (该族含有小集), 故 $\bigcap\{A_n^-, n \in \omega\}$ 为非空, 从而由 $A_{n+1}^- \subset U \bigcap G_n$ 可推出 $U \bigcap \bigcap\{G_n, n \in \omega\}$ 为非空. ∎

值得注意, Baire 定理是从一个非拓扑的前提 (空间为完备伪度量空间) 导出了一个拓扑的结论 (可数多个开稠密集的交仍为稠密集). 还有一个与此相等价的纯拓扑的命题. 若 $(X, \mathscr{T})$ 为拓扑空间并且使得对 X 的某个伪度量 d, 空间 (X, d) 为完备, 同时 $\mathscr{T}$ 为伪度量拓扑, 则相同的结论成立 (存在这样的完备度量的拓扑空间业已用另一种不同方式所刻画. 见问题 6.K).

在讨论关于 Baire 定理的问题中有一个很方便的术语. 拓扑空间的子集 A 叫做在 X 中**无处稠密**, 当且仅当 A 的闭包的内部为空集. 它的另外的陈述方法是: A 在 X 中为无处稠密当且仅当开集 $X \sim A^-$ 在 X 中稠密. 显然, 有限多个无处稠密集的并仍为无处稠密集. X 的子集 A 叫做在 X 中为**稀疏**, 或在 X 中为**第一范畴**当且仅当 A 为可数多个无处稠密集的并. 于是 Baire 定理又可以陈述成: 完备度量空间的稀疏子集的余集为稠密集 (稀疏集的余集有时叫做**剩余集**).

集 A 叫做**非稀疏的**, 或在 X 中为**第二范畴**当且仅当它在 X 中不是稀疏的集. 下面的结果是一种局部化定理. 从集 A 为非稀疏, 我们可推出存在点 x 使得 A 与 x 的每一个邻域的交为非稀疏集. 有时也称 A 在这些点上为第二范畴.

定理 35 设 A 为拓扑空间 X 的一个子集, 又设 $M(A)$ 为所有使得 $V \bigcap A$ 在 X 中为稀疏的开集 V 的并, 则 $A \bigcap M(A)^-$ 在 X 中为稀疏的.

证明 设 $\mathscr{U}$ 为关于下列性质为极大的互不相交的开集族: 若 $U \in \mathscr{U}$, 则 $U \bigcap A$ 为稀疏. 由极大原理 (预备知识定理 25) 这样的族 $\mathscr{U}$ 必存在. 命 $W = \bigcup \{U : U \in \mathscr{U}\}$, 则本定理的证明归结为证明 $W \bigcap A$ 为稀疏. 因为假如这件事成立, 则由 $W^- \sim W$ 为无处稠密便知 $A \bigcap W^-$ 为稀疏, 于是从 $\mathscr{U}$ 的极大性可推出 W^- 包含每一个使得 $V \bigcap A$ 为稀疏的开集 V. 现在证明 $W \bigcap A$ 为稀疏. 对每一个 $\mathscr{U}$ 中的 U, 将 $U \bigcap A$ 写成 $\bigcup \{U_n : n \in \omega\}$ 的形式, 其中 U_n 为无处稠密, 则因族 $\mathscr{U}$ 为互不相交, 故对每一个非负整数 n, 集 $\bigcup \{U_n : U \in \mathscr{U}\}$ 为无处稠密, 而 $W \bigcap A$ 为稀疏.∣

上一定理的一个重要推论是: 若拓扑空间的子集 A 为非稀疏, 则有一个非空开集 V 使得 A 与 V^- 的每一点的每一个邻域的交为非稀疏.

本章的最后一个定理是证明完备性在某种映射作用下能够得到保持. 从一致空间 $(X, \mathscr{U})$ 到一致空间 $(Y, \mathscr{V})$ 内的映射 f 叫做**一致开**当且仅当对 $\mathscr{U}$ 中的每一个 U 有 $\mathscr{V}$ 中的 V 使得对于 X 中的每一个 x 有 $f[U[x]] \supset V[f(x)]$. 一致开映射并不对任意一致空间都保持完备性. Köthe[1] 已经给出一个使得商空间不完备的完备线性拓扑空间和闭子空间的例子. 这个定理与 Baire 定理一样, 也为伪度量空间所特有.

这里所给出的这个定理的证明是依赖于一条它本身还有其他深刻结论 (见问题 6.R) 的引理. 这个引理是关于伪度量空间 (X, d) 和一致空间 $(Y, \mathscr{V})$ 的点之间的一个关系 R(即 R 是 $X \times Y$ 的子集). 设 $U_r = \{(x, y) : d(x, y) < r\}$, 则 $U_r[x]$ 就表示关于 x 的 r- 球.

引理 36 设 R 为完备伪度量空间 (X, d) 与一致空间 $(Y, \mathscr{V})$ 的乘积的闭子集, 又设对每一个正的 r 有 $\mathscr{V}$ 中的 V 使得对 R 中的每一个 (x, y) 有 $R[U_r[x]]^-$ 包含 $V[y]$, 则对每一个 r 和每一个正的 e 有 $R[U_{r+e}[x]] \supset R[U_r[x]]^- \supset V[y]$ 成立.

证明　在证明中我们需要一个关键性的事实: 若 A 为 X 的子集, $v \in R[A]^-$, 则有任意小直径的集 B 使得 $v \in R[B]^-$ 并且 $A \cap B$ 为非空. 而它的成立则是因为: 若 r 为任意数, V 为 $\mathscr{V}$ 的对称的元, 合于: 对 R 的每一个元 (x, y) 有 $R[U_r[x]]^- \supset V[y]$, 又如 v' 为使得 $v' \in V[v]$ 的 $R[A]$ 的点, u 为使得 $(u, v') \in R$ 的 A 的点, 则 $v \in V[v'] \subset R[U_r[u]]^-$ 并且 $U_r[u]$ 的直径至多为 $2r$.

现在来证明本引理. 设 $v \in R[U_r[x]]^-$, 则只需证 $v \in R[U_{r+e}[x]]$. 设 $A_0 = U_r[x]$, 并且对每一个正整数 n, 归纳地选 X 的子集 A_n 使得 $v \in R[A_n]^-$, $A_n \cap A_{n+1}$ 为非空并且 A_n 的直径小于 $e2^{-n}$. 因为 X 为完备, 易见存在点 u 使得 u 的每一个邻域 W 都含有某一个 A_n (从而 $v \in R[W]^-$), 显然 $d(x, u) < r + e$. 对于 u 的每一个邻域 W 和 v 的每一个邻域 Z 有 $R[W]$ 与 Z 相交, 因而有 R 中的 (u', v') 使得 u' 属于 W 并且 v' 属于 Z, 即 $R \cap (W \times Z)$ 为非空. 但 R 为闭, 于是 $(u, v) \in R$, 因而就完成了证明. ▋

现在假设 f 为一致开的连续映射, X 为完备伪度量空间, Y 为 Hausdorff 空间并且 Y^* 为 Y 的 Hausdorff 完备扩张, 则因 f 为连续, f (的图形) 为 $X \times Y^*$ 的闭子集, 并且满足上一引理的条件, 因为它是从 X 到 Y 内的一致开映射. 于是从前引理可推出 f 为从 X 到 Y^* 内的一致开映射. 最后, 因为对于 $\mathscr{V}$ 中的某个 V, $f[X]$ 包含 $V[f[X]]$, 故 $f[X]$ 为 Y^* 的闭 (并且开) 的子集, 从而 $f[X]$ 为完备.

系 37　设 f 为从完备伪度量空间到 Hausdorff 一致空间内的连续一致开映射, 则映射 f 的值域为完备的.

问　　题

A　关于闭关系的习题

设 X 和 Y 为拓扑空间, R 为 $X \times Y$ 的闭子集. 若 A 为 X 的紧子集, 则 $R[A]$ 为 Y 的闭子集 (若 $y \notin R[A]$, 则 $A \times \{y\}$ 包含在开集 $(X \times Y) \sim R$ 内, 从而定理 5.12 可以应用).

B　关于两个一致空间的乘积的习题

设 $(X, \mathscr{U})$ 和 $(Y, \mathscr{V})$ 为一致空间, 并且对 $\mathscr{U}$ 中的每一个 U 和 $\mathscr{V}$ 中的每一个 V, 命 $W(U, V) = \{((x, y), (u, v)) : (x, u) \in U \text{ 且 } (y, v) \in V\}$.

(a) 所有形如 $W(U, V)$ 的集组成的族是 $X \times Y$ 的乘积一致结构的一个基.

(b) 若 R 为 $X \times Y$ 的子集, 则 $W(U, V)[R] = V \circ R \circ U^{-1} = \bigcup \{U[x] \times V[y] : (x, y) \in R\}$.

(c) $X \times Y$ 的子集 R 的闭包为 $\bigcap \{V \circ R \circ U^{-1} : U \in \mathscr{U} \text{ 且 } V \in \mathscr{V}\}$.

C　一个离散不可度量化的一致空间

注意一致空间 $(X, \mathscr{U})$ 可以为不可度量化, 即使 $\mathscr{U}$ 的拓扑为可度量化. 设 Ω_0 为所有小于第一个不可数序数 Ω 的序数的集, 并且对 Ω_0 的每一个元 a, 命 $U_a = \{(x, y) : x = y$ 或 $x \leqslant a$ 且 $y \leqslant a\}$, 则所有形如 U_a 的集组成的族是 Ω_0 的一致结构 $\mathscr{U}$ 的一个基 (注意

$U_a = U_a \circ U_a = U_a^{-1}$). 该一致结构的拓扑为离散拓扑, 因而为可度量化, 但一致空间 $(\Omega_0, \mathscr{U})$ 为不可度量化.

D 具有套状基的一致空间的习题

设 $(X, \mathscr{U})$ 为 Hausdorff 一致空间, 并且假定 $\mathscr{U}$ 的一个基 $\mathscr{B}$ 关于包含关系为线性有序集, 则或者 $(X, \mathscr{U})$ 为可度量化, 或者每一个 X 的开子集的可数族的交均匀开集.

E 例子: 一个很不完备的空间 (序数)

设 Ω_0 为所有小于第一个不可数序数 Ω 的序数的集, $\mathscr{T}$ 为 Ω_0 的序拓扑, 则 Ω_0 有一个唯一的一致结构使得它的拓扑为 $\mathscr{T}$ 并且 Ω_0 关于该一致结构为不完备 (先利用问题 4.E 的方法证明, 若 U 为 $\Omega_0 \times \Omega_0$ 中包含对角线的一个开子集, 则对某个 x, 当 $y > x$ 和 $z > x$ 时有 $(y, z) \in U$ 成立. 然后再证明拓扑为 $\mathscr{T}$ 的一致结构必定与紧空间 $\Omega' = \{x : x \leqslant \Omega\}$ 的相对一致结构相同).

注 Ω_0 的这个性质是由 Dieudonné[5] 发现的. Doss[1] 对于好像 Ω_0 那样具有一个唯一的一致结构的拓扑空间进行了刻画.

F 关于全有界性的子基定理

在一致空间内, 与紧空间的子基的 Alexander 定理 (定理 5.6) 相似的定理是: 设 $(X, \mathscr{U})$ 为一致空间, 它使得对于 $\mathscr{U}$ 的某个子基的每一个元 U, 有 X 的一个有限覆盖 $A_1, \cdots, A_n$ 使得对每一个 i 满足 $A_i \times A_i \subset U$, 则空间 $(X, \mathscr{U})$ 为全有界.

因此, 一致空间的乘积为全有界当且仅当每一个坐标空间为全有界.

又 Tychonoff 乘积定理 (定理 5.13) 对全正则空间的相应形式可从上一命题和定理 6.32 推出.

G 某些极端的一致结构

(a) 若 $(X, \mathscr{T})$ 为 Tychonoff, 空间, 则 X 的 Stone-Čech 紧扩张的一致结构对 X 的相对一致结构是使得每一个有界实值连续函数为一致连续的最小一致结构.

(b) 若 $(X, \mathscr{T})$ 为全正则空间, 则 X 有一个最大一致结构 $\mathscr{V}$, 其拓扑为 $\mathscr{T}$. 这个一致结构也可以描述成使得每一个到度量空间内的连续映射, 或每一个到一致空间内的连续映射为一致连续的最小一致结构. 显然, V 是 $\mathscr{V}$ 的元当且仅当 V 是 $X \times X$ 中的对角线的邻域, 并且有该对角线的对称邻域的序列 $\{V_n, n \in \omega\}$ 使得 $V_0 \subset V$ 同时 $V_{n+1} \circ V_{n+1} \subset V_n$ 对每一个 ω 中的 n 成立.

注 这两种构造都是以前已经用过的一种方法的例子. 若 F 为任意一个 X 上的函数族, 它的每一个元 f 映 X 到一致空间 Y_f 内, 则有使得每一个 f 为一致连续 (或等价地, 到 $\times\{Y_f : f \in F\}$ 内的自然映射为一致连续) 的最小一致结构.

关于某些极端的一致结构的进一步知识见 Shirota[1].

H 一致邻域系

集 X 的**一致邻域系**是指满足下列条件的对应 V 和序 $\geqslant$:

(i) 对指标集 A 的每一个元 a 和 X 的每一点 x, $V_a(x)$ 是使得 x 属于它的 X 的子集;

(ii) 关系 $\geqslant$ 使指标集 A 为有向集;

(iii) 若 $a \geqslant b$, 则对一切 x 有 $V_a(x) \subset V_b(x)$;

(iv) 对 A 的每一个元 a, 有 A 中的 b 使得 $y \in V_a(x)$, 当 $x \in V_b(y)$ 时;

(v) 对 A 的每一个元 a, 有 A 中的 b 使得 $z \in V_a(x)$, 当 $y \in V_b(x)$ 且 $z \in V_b(y)$ 时.

(a) 若 $(V, \geqslant)$ 为 X 的一致邻域系, 则所有形如 $\{(x, y) : y \in V_a(x)\}$ 的集组成的族是 X 的某个一致结构 $\mathscr{U}$ 的基, 其中 a 是 A 的任意元. 称该一致结构为这个一致邻域系的一致结构. 这个一致结构具有性质: 对 A 中的每一个 a 和 $\mathscr{U}$ 中的某个 U, 有 $U[x] \subset V_a(x)$ 对一切 x 成立, 又对 $\mathscr{U}$ 中的每一个 U 和 A 中的某个 a, 有 $V_a(x) \subset U[x]$ 对一切 x 成立.

(b) 设 $\mathscr{U}$ 为 X 的一致结构, 并且对 $\mathscr{U}$ 的每一个元 U 和 X 的每一个元 x, 命 $V_U(x) = U[x]$, 则 $\mathscr{U}$ 关于 $\subset$ 为有向集并且 $(V, \subset)$ 为使得一致结构为 $\mathscr{U}$ 的 X 的一个一致邻域系.

(c) 设 P 为 X 的一致结构 $\mathscr{U}$ 的格集, 又设 A 为 P 和正实数集的笛卡儿乘积. 且规定 $(p, r) \geqslant (q, s)$ 当且仅当 $r \leqslant s$, 并且对 X 中的一切 x 和 y 有 $p(x, y) \geqslant q(x, y)$. A 为有向集. 若 $V_{p,r}(x) = \{y : p(x, y) < r\}$, 则 $(V, \geqslant)$ 为使得其一致结构为 $\mathscr{U}$ 的 X 的一个一致邻域系.

注　由上易见, "附加指标" 的邻域也可以用来讨论一致结构, 并且所得到的理论与一致空间理论相等同. 这些事实都属于 Weil[1].

I　偏差和度量

集 X 的偏差是 $X \times X$ 上的非负实值函数 e 并且满足:

(i) $e(x, y) = 0$ 当且仅当 $x = y$;

(ii) 对每一个正数 s 有正数 r 使当 $e(x, y)$ 和 $e(y, z)$ 都小于 r 时有 $e(x, z) < s$.

若 e 是 X 的偏差, 则有 $X \times X$ 上的非负函数 p 使得

(i) $p(x, y) = 0$ 当且仅当 $x = y$;

(ii) 对一切 X 中的 x, y 和 z 有 $p(x, y) + p(y, z) \geqslant p(x, z)$;

(iii) 对每一个正数 s 有正数 r 使当 $e(x, y) < r$ 时有 $p(x, y) < s$, 相似地, 当 $p(x, y) < r$ 时有 $e(x, y) < s$.

若 $e(x, y) = e(y, x)$ 对一切 x 和 y 成立, 则 p 可以取成度量.

注　这本质上是 Chittenden 的度量化定理 (见定理 6.14). 拓扑空间关于满足度量除 "$d(y, x) = d(x, y)$" 外的一切要求的函数 d 的 "度量化" 问题已经由 Ribeiro[2] 和 Balanzat[1] 研究过.

另外, 某些作者是将术语偏差用来表示取值于比实数限制更少的一种结构 (例如半序集) 的度量函数. 关于在这种概念的基础上的一致结构的讨论见 Appert[1], Colmez[1], Cohen 和 Goffman[1], Gomes[1], Kalisch[1] 和 Lasalle[1].

J　一致覆盖系

设 Φ 为集 X 的一个覆盖的族, 它满足:

(i) 若 $\mathscr{A}$ 和 $\mathscr{B}$ 为 Φ 的元, 则有 Φ 的一个元, 它同时是 $\mathscr{A}$ 和 $\mathscr{B}$ 的加细;

(ii) 若 $\mathscr{A} \in \Phi$, 则有 Φ 的一个元, 它是 $\mathscr{A}$ 的星形加细;

(iii) 若 $\mathscr{A}$ 为 X 的覆盖并且 $\mathscr{A}$ 的某个加细属于 Φ, 则 $\mathscr{A}$ 属于 Φ.

设 $\mathscr{U}$ 为 X 的一致结构使得所有形如 $\bigcup \{A \times A : A \in \mathscr{A}\}$ 的集的族是 $\mathscr{U}$ 的一个基, 其中 $\mathscr{A}$ 属于 Φ, 则 Φ 恰为 X 的所有关于 $\mathscr{U}$ 的一致覆盖的族.

注　一致结构借助于覆盖的描述方式. 已由 Tukey[1] 很有效地使用了, 更早就使用这种普遍形式的是 Alexandroff 和 Urysohn[2].

K　拓扑完备空间: 可度量化空间

拓扑空间 $(X, \mathscr{T})$ 叫做度量化地拓扑完备当且仅当有 X 的一个度量 d 使得 (x, d) 为完备并且 $\mathscr{T}$ 就是度量拓扑. 拓扑空间 $(X, \mathscr{T})$ 叫做一个绝对 G_δ 当且仅当它可度量化并且在每一个它所拓扑嵌入的度量空间内为一个 G_δ (可数多个开集的交). 于是, 拓扑空间为度量化地拓扑完备当且仅当它是一个绝对 G_δ. 它的证明依赖于一系列引理.

(a) 设 (X, d) 为完备度量空间, 又设 U 为 X 的开子集, 对 U 中的 x, 命 $f(x) = 1/\mathrm{dist}(x, X \sim U)$, 再命 $d^*(x, y) = d(x, y) + |f(x) - f(y)|$, 则 d^* 为一个度量, U 对于 d^* 为完备并且对于 U, d 和 d^* 的拓扑相同.

(b) 完备度量空间中的 G_δ 同胚于一个完备度量空间(设 $U = \bigcap\{U_n : n \in \omega\}$, 考虑从 U 到完备度量空间 (U_n, d_n^*) 的乘积内的映射, 其中 d_n^* 是如同(a)中的从 d 和 U_n 所作出的度量).

(c) 若存在从 Hausdorff 空间 X 的稠密子集 Y 到完备度量空间 Z 上的一个同胚, 则 Y 为 X 中的一个 G_δ (对每一个整数 n, 命 U_n 为所有使得 x 的某个邻域的象的直径小于 $1/n$ 的 X 的点 x 组成的集, 则该同胚可连续扩张成从 $\bigcap\{U_n : n \in \omega\}$ 到 Z 上的连续映射 $f^{\frown}$ 并且 $f^{\frown} \circ f^{\frown}$ 为恒等映射).

注 这些都是古典的结果. (b) 属于Alexandroff[1] 和Hausdorff[2], 而 (c)属于Sierpinski[2].

L 拓扑完备空间: 可一致化空间

拓扑空间 $(X, \mathscr{T})$ 叫做拓扑完备当且仅当有 X 的一致结构 $\mathscr{U}$ 使得 $(X, \mathscr{U})$ 为完备并且 $\mathscr{T}$ 为一致拓扑.

(a) 若 $\mathscr{U}$ 和 $\mathscr{V}$ 为 X 的一致结构, 满足 $\mathscr{U} \subset \mathscr{V}$, 又若 $(X, \mathscr{U})$ 为完备并且 $\mathscr{U}$ 的拓扑与 $\mathscr{V}$ 的拓扑相同, 则 $(X, \mathscr{V})$ 为完备. 因此, 全正则空间为拓扑完备当且仅当它关于其拓扑为 $\mathscr{T}$ 的最大一致结构为完备.

(b) 设 $(X, \mathscr{U})$ 为完备一致空间, 又设 F 为一个 F_σ (可数多个闭集的并), 再设 $x \in X \sim F$, 则存在 X 上的连续实值函数, 它在 F 上为正并且在 x 处为零. 因而存在开集 V 和 V 的一致结构 $\mathscr{V}$ 使得 V 包含 F, $x \notin V$, $(V, \mathscr{V})$ 为完备并且 $\mathscr{V}$ 的拓扑与 $\mathscr{U}$ 的相对拓扑相同 (回顾一下问题 6.K(a) 中所使用的方法).

(c) 若 $(X, \mathscr{U})$ 为完备一致空间, Y 为 X 的一个子集并且它是一族 F_σ 的元的交, 则具有相对一致拓扑的 Y 为拓扑完备 (见问题 6.K).

(d) 每一个仿紧空间 X 为拓扑完备 (考虑由对角线的一切邻域所组成的一致结构. 注意不收敛于 X 的点的 Cauchy 网必定对于每一点 x 都最终地在 x 的某个邻域的余集内, 再应用仿紧空间的齐 - 覆盖性即导致一个矛盾).

注 拓扑完备性的问题在 Dieudonné[6] 中已经被研究. 特别是, 他证明了每一个可度量化空间为拓扑完备 (这是上面的 (c) 或 (d) 的推论). Shirota[2] 在与 Hewitt[2] 的工作相联系的一个方向上证明了拓扑完备性的一些有趣并且深刻的定理. 也可参看 Umegaki[1].

我猜测[①]全正则空间 X 为仿紧当且仅当

(i) 对角线的所有邻域的族为一个一致结构;

(ii) X 为拓扑完备.

注意, (i) 或 (ii) 本身都推不出仿紧性. 满足 (i) 的非仿紧空间在问题 6.E 中已经给出. 从

---

① Issac Namioka 已经证明了这个猜测是不成立的.—— 译者注

条件 (i) 可推出正规性 (设 A 和 B 为互不相交的闭集, 选一个对称的 U 使得 $U \circ U \subset (X \sim A) \times (X \sim A) \bigcup (X \sim B) \times (X \sim B)$, 并且考虑 $U[A]$ 和 $U[B]$, 用类似的推理 (如同 Cohen[1] 所证明的) 可以得到一种更强的正规性条件). 然而, 不可数多个实数空间的乘积为完备, 但却不是正规的 (Stone[1]).

在上面 (c) 中出现的 F_σ 条件是 Smirnov[3] 关于正规性的工作所示的.

M　离散子空间推理; 可数紧性

(a) 若一致空间 $(X, \mathscr{U})$ 的一个子集 A 不是全有界的, 则有 $\mathscr{U}$ 的一个元 U 和 A 的一个无限子集 B 使得对于 B 的每一对不同的点 x, y, $U[x]$ 与 $U[y]$ 互不相交. 等价地, $\mathscr{U}$ 的格集有一个伪度量 d 使得对 B 的不同的点 x 和 y 有 $d(x,y) \geqslant 1$ (如同 B, 这样的集叫做一致离散).

(b) 拓扑空间 $(X, \mathscr{T})$ 的子集 A 叫做相对可数紧, 当且仅当 A 中的每一个序列在 X 中有一个聚点. 全正则空间 $(X, \mathscr{T})$ 的每一个相对可数紧子集对于使得其拓扑为 $\mathscr{T}$ 的最大一致结构为全有界. 若 $(X, \mathscr{T})$ 为拓扑完备, 则一个子集为相对可数紧当且仅当它的闭包为紧, 闭子集为紧当且仅当它为可数紧.

N　不变度量

集 X 的伪度量 p 称为在某个从 X 到它自己上的一对一映射的族 F 的元的作用下不变, 或简称为 F-不变当且仅当对于 X 中的一切 x 与 y 和 F 中的一切 f, $p(x,y) = p(f(x), f(y))$.

X 的一致结构 $\mathscr{U}$ 的元 U 叫做 F-不变, 假如 $(x,y) \in U$ 当且仅当对于 F 中的一切 f, $(f(x), f(y)) \in U$. 于是, 所有在 $X \times X$ 上为一致连续的 F- 不变伪度量的族生成一致结构 $\mathscr{U}$ 当且仅当 $\mathscr{U}$ 的所有 F- 不变元的族为一个基 (见定理 6.12).

注　这是下一问题所陈述的关于拓扑群的度量化定理的一个直接推广.

O　拓扑群: 一致结构和度量化

设 $(G, \mathscr{T})$ 为拓扑群, 对于单位元的每一个邻域 U, 命 $U_L = \{(x,y) : x^{-1}y \in U\}$ 和 $U_R = \{(x,y) : xy^{-1} \in U\}$. 考虑 G 的如下的一致结构: 以所有集 U_L 的族为基的左一致结构 $\mathscr{L}$, 其中 U 为单位元的邻域, 以所有的 U_R 为基的右一致结构 $\mathscr{R}$ 和以 $\mathscr{L} \bigcup \mathscr{R}$ 为子基的双边一致结构 $\mathscr{U}$.

(a) 拓扑 $\mathscr{T}$ 是 $\mathscr{L}, \mathscr{R}$ 和 $\mathscr{U}$ 中的每一个的拓扑.

(b) 一致结构 $\mathscr{L}(\mathscr{R})$ 由所有在 $G \times G$ 上连续的左不变 (相应地, 右不变) 的伪度量所生成 (见问题 6.N).

(c) 设 I 为单位元 e 的所有在内自同构作用下不变的邻域的族, 则 I 为 e 的邻域系的一个基当且仅当所有在 $G \times G$ 上连续, 并且同时为左和右不变的伪度量的族所生成的一致结构的拓扑为 $\mathscr{T}$ (若 U 为 e 的不变邻域, 则 $U_L = U_R$, 并且该集同时在左和右平移作用下为不变. 若 p 为左和右不变, 则 $p(e,y) = p(x^{-1}ex, x^{-1}yx)$).

(d) 设 G 为所有形如 $g(x) = ax + b$ 的实值函数组成的集, 其中 $a \neq 0$, 则 G 以合成为运算, 构成一个群, 并且可以这样拓扑化, 即规定 g 接近于单位元当且仅当 a 接近于 1 同时 $|b|$ 接近于零. 对于这个群, $\mathscr{L} \neq \mathscr{R}$ 并且不存在双边不变度量 ($\mathscr{L} \neq \mathscr{R}$ 的事实可直接从所定义的基推出. 为了说明不存在不变度量, 证明对每一个 g, 若 $a \neq 1$, 则有 G 中的 f 使得 $f^{-1} \circ g \circ f$ 的常数项为任意大).

注 G 的左、右或双边不变度量的存在, 在 e 的邻域系具有可数基的附加假设下可从前面所述的事实推出. 左不变度量的存在属于 Birkhoff[2] 和 Kakutani[1]. 双边不变定理属于 Klee[1].

应当注意, 具有双边不变度量的拓扑群为可度量化的要求是很苛刻的. 特别, 这种类型的局部紧群有一个 Haar 测度, 它同时在左和右平移作用下均为不变.

P 拓扑群的几乎开子集

拓扑空间 X 的子集 A 叫做在 X 中几乎开, 或满足 Baire 条件当且仅当有稀疏集 B 使得对称差 $(A \sim B) \bigcup (B \sim A)$ 为开集.

(a) 子集 A 为在 X 中几乎开当且仅当有稀疏集 B 和 C 使得 $(A \sim B) \bigcup C$ 为开集. 几乎开的集的可数并和余集仍为几乎开. 每一个 Borel 集恒为几乎开 (Borel 集族是具有下列性质的最小集族 $\mathscr{B}$: $\mathscr{B}$ 包含所有的开集并且 $\mathscr{B}$ 的元的可数并和余集仍属于 $\mathscr{B}$).

(b) **Banach–Kuratowski–Pettis 定理** 若 A 包含拓扑群 X 的一个非稀疏的几乎开子集, 则 AA^{-1} 为单位元的一个邻域 (若 A 为非稀疏, 则 X 也为非稀疏, 又因 X 为拓扑群, 故每一个非空开子集亦为非稀疏. 对 X 的每一个几乎开子集 B, 命 B^* 为所有使得 $U \bigcap (X \sim B)$ 为稀疏的开集 U 的并, 则 $(xB)^* = xB^*$ 并且当 C 也为几乎开时 $(B \bigcap C)^* = B^* \bigcap C^*$. 故 $xA^* \bigcap A^* = (xA \bigcap A)^*$ 并且若 $xA^* \bigcap A^*$ 为非空, 则 $xA \bigcap A$ 也为非空. 于是 $A^*(A^*)^{-1} = \{x : xA^* \bigcap A^* 为非空\} \subset \{x : xA \bigcap A 为非空\} = AA^{-1}$).

(c) 非稀疏的拓扑群 X 的几乎开子群或者在 X 中为稀疏, 或者在 X 中为既开又闭.

(d) 几乎开的要求从定理中不能删去. 存在实数群 X 的子群 Y 使得商群 X/Y 为可数无限, 并且因为对于 X/Y 的每一个元 Z 有从 X 到它自己上的一个同胚变 Y 到 Z 上, 从而可推出 Y 在 X 中为非稀疏 (设 B 为 X 对于有理数的 Hamel 基, C 为 B 的可数无限子集并且 Y 为所有 $B \sim C$ 的元的有限线性有理组合的集).

注 关于定理 (b) 的历史和文献见 Pettis[1]. (d) 中的作法并不为实数所特有; 有关现象也出现于许多更一般的情形. 这个问题的基本思想属于 Hausdorff; 在此方向上最深刻的已知结果可在 Pettis[2] 中找到, 其中也给出了历史和进一步的文献.

Q 拓扑群的完备扩张

设 $(G, \cdot, \mathscr{T})$ 为拓扑群, 又设 $\mathscr{L}$ 为它的左一致结构, $\mathscr{R}$ 为它的右一致结构, 并且 $\mathscr{U}$ 为它的双边一致结构 ($\mathscr{U}$ 是大于 $\mathscr{L}$ 和 $\mathscr{R}$ 的每一个的最小一致结构). 问题 6.O 已经指出 $\mathscr{T}$ 是 $\mathscr{L}, \mathscr{R}$ 和 $\mathscr{U}$ 的每一个的拓扑.

(a) $(G, \mathscr{L})$ 为完备当且仅当 $(G, \mathscr{R})$ 为完备. 又一个网关于 $\mathscr{U}$ 为 Cauchy 网当且仅当它关于 $\mathscr{L}$ 和 $\mathscr{R}$ 的每一个为 Cauchy 网. 于是, 若 $(G, \mathscr{L})$ 为完备, 则 $(G, \mathscr{U})$ 也为完备. 另一方面, 一致空间 $(G, \mathscr{L})$ 为完备, 假如 $(G, \mathscr{U})$ 为完备并且该群具有性质: 若 $\{x_n, n \in D\}$ 为关于 $\mathscr{L}$ 的 Cauchy 网, 则 $\{x_n^{-1}, n \in D\}$ 亦为关于 $\mathscr{L}$ 的 Cauchy 网 (等价地, $\mathscr{L}$ 和 $\mathscr{R}$ 有相同的 Cauchy 网). 此外, 关于该群的确定的元的左平移为 $\mathscr{L}$ 一致连续, 右平移为 $\mathscr{R}$ 一致连续, 反演(从 x 变成 x^{-1} 的映射)为 $\mathscr{U}$ 一致连续. 而乘法(从 (x,y) 变到 xy 的映射)通常为不一致连续.

(b) **定理** 设 $(G, \cdot, \mathscr{T})$ 为 Hausdorff 拓扑群, 又设 $(H, \mathscr{V})$ 为一致空间 $(G, \mathscr{U})$ 的 Hausdorff 完备扩张, $\mathscr{L}$ 为 $\mathscr{V}$ 的拓扑, 则群的运算 $\cdot$ 可以按一种唯一的方法扩张到 H 上使得 $(H, \cdot, \mathscr{L})$ 成为拓扑群, 并且 $\mathscr{V}$ 成为它的双边一致结构.

(c) 上述定理给出了拓扑群关于右一致结构的完备扩张, 假如 $\mathscr{L}$ 和 $\mathscr{R}$ 有相同的 Cauchy

网. 又由 (a) 可知这个条件对于右完备扩张的存在是必要的. 但该条件并不经常满足. 例如, 设 G 为所有从闭单位区间 $[0,1]$ 到它自己上的同胚的群, 又群的运算为合成并且群的拓扑由 (右不变) 度量: $d(f,g)=\sup\{|f(x)-g(x)|:x\in[0,1]\}$ 所确定, 则有 G 中的序列 $\{f_n,n\in\omega\}$, 它一致收敛于一个非一对一的函数, 因而序列 $\{(f_n)^{-1},n\in\omega\}$ 关于左一致结构不是 Cauchy 序列. 然而群 G 关于双边一致结构 $\mathscr{U}$ 为完备, 因为 $\mathscr{U}$ 是度量: $d(x,y)+d(x^{-1},y^{-1})$ 的一致结构.

(d) **定理**　设 $(G,\cdot,\mathscr{T})$ 为可度量化的拓扑群, d 为度量化 G 的右不变度量, 又设 $d^*(x,y)=d(x,y)+d(x^{-1},y^{-1})$, 则双边一致结构 $\mathscr{U}$ 为度量 d^* 的一致结构. 又一致空间 $(G,\mathscr{U})$ 为完备当且仅当 G 对于某个其拓扑为 $\mathscr{T}$ 的度量为完备 (等价地, 当且仅当 G 为每一个它所拓扑地嵌入的度量空间中的一个 G_δ). 此外, 若 $\mathscr{L}$ 和 $\mathscr{R}$ 有相同的 Cauchy 序列并且 G 对于某个其拓扑为 $\mathscr{T}$ 的度量为完备, 则 G 对于每一个其拓扑为 $\mathscr{T}$ 的右不变度量为完备 (见问题 6.K 和 6.P).

注　有两种重要的特殊情况, 对于它们可达到右完备扩张的目的. 若群的单位元有全有界的邻域, 或反演 (变 x 为 x^{-1} 的映射) 在单位元的某个邻域上为一致连续, 则每一个左 Cauchy 网也是右 Cauchy 网并且双边完备扩张就产生了右完备扩张. 这些结果都可以直接证明, 而没有很大的困难. 它们在 Bourbaki[1] 和 Weil[2] 中给出. (c) 的例属于 Dieudonné[3], 而 (d) 属于 Klee[1].

(d) 的结果 —— 从度量拓扑的完备性导出完备性 —— 不能推广到不可度量化的群 (见问题 7.M).

R　同态的连续性和开性: 闭图形定理

在整个问题中, 假设 G 和 H 为 Hausdorff 拓扑群, $\mathscr{U}$ 为 G 中单位元的一切邻域的族, $\mathscr{V}$ 为 H 中相应的族.

(a) **闭图形定理**　设 G 为拓扑群, H 为可度量化的拓扑群并且关于它的右一致结构为完备, 又设 f 为从 G 到 H 内的一个同态, 合于:

(i) f 的图形为 $G\times H$ 的闭子集;

(ii) 当 $V\in\mathscr{V}$ 时有 $f^{-1}[V]$ 的闭包属于 $\mathscr{U}$.

那么 f 为连续.

对偶地, 从 H 到 G 内的一个同态 g 为开的, 假如

(i) *g 的图形为 $H\times G$ 的闭子集;

(ii) * 当 $V\in\mathscr{V}$ 时, 有 $g[A]$ 的闭包属于 $\mathscr{U}$.

(定理证明是分别对关系 f^{-1} 和 g 应用引理 6.36 而得到的. 对于 H 用一个右不变度量; H 对于每一个使它度量化的右不变度量为完备).

(b) 若在上述定理中, 假定 H 为 Lindelöf 空间 (每一个开覆盖有一个可数子覆盖) 并且 G 为非稀疏, 则条件 (ii) 自然满足; 如果还有 $g(H)=G$, 那么 (ii)* 也自然满足. 若 G 和 H 为线性拓扑空间, f 和 g 为线性函数, $g(H)=G$ 并且 G 为非稀疏, 则 (ii) 和 (ii)* 都自然满足 (若 $V\in\mathscr{V}$, 则 $f[G]^-\subset Vf[G]$, 又若 H 为 Lindelöf 空间, 则 $f[G]$ 可用由 $f[G]$ 的元对 V 所作的平移中的可数多个所覆盖. 注意这些 V 的平移关于 f 的逆的闭包互相同胚并且当 G 为非稀疏时有非空的内部. 因而 $f^{-1}[V]^-$ 含有开集并且 $(f^{-1}[V^{-1}V])^-\supset (f^{-1}[V^{-1}]f^{-1}[V])^-\supset f^{-1}[V^{-1}]^-f^{-1}[V]^-=(f^{-1}[V]^-)^{-1}(f^{-1}[V]^-)$. 这就推出了对每一个

$\mathscr{V}$ 中的 V 有 $f^{-1}[V^-]^- \in \mathscr{U}$, 一种类似的推理对 g 也适用. 在线性拓扑空间的情况下我们可以利用数量积来代替 $\mathscr{V}$ 的元的平移).

(c) 若 H 为局部紧拓扑群, 则闭图形定理成立, 即从 (a) 的 (i) 和 (ii) 可推出连续性, 以及对偶的命题 (这是一个比上面更为简单的结果. 它依赖于引理 6.1).

注 对于完备线性赋范空间, 闭图形定理属于 Banach[1,41]. 该定理的每一种已知的形式都需要对 H 加上很强的可数性或紧性的假定. 许多引人注目的猜测的一个反例可如下作出. 设 G 为一个任意的无限维完备线性赋范空间, 又设 H 为 G 并且带有这样的拓扑, 它使得所有在每一个方向上都含有一个线段的凸集所构成的族为零点的邻域基, 则从 H 到 G 上的恒等映射 g 为连续并且满足上述的 (i)* 和 (ii)* (见问题 6.U(a)). 空间 H 具有许多有趣的性质: 例如它为完备, 并且一致有界性定理 (问题 6.U(b)) 对它成立. 然而 g 显然不是开映射.

S 可和性

设 f 为一个函数, 它的定义域包含集 A 并且值域包含在完备 Abel 的 Hausdorff 拓扑群 G 内, 又设 $\mathscr{A}$ 为 A 的所有有限子集的族, 并且对 $\mathscr{A}$ 中的 F, 命 S_F 为 $f(a)$ 的和, 其中 a 属于 F, 则族 $\mathscr{A}$ 关于 $\supset$ 为有向集, 并且 $\{S_F, F \in \mathscr{A}, \supset\}$ 为 G 中的网. 若该网收敛于 G 的一个元 s, 则称 f 为在 A 上可和, 并且定义 s 为 f 在 A 上的和, 记作 $s = \Sigma\{f(a) : a \in A\} = \Sigma_A f$.

(a) **关于可和性的 Cauchy 判别法.** 函数 f 为在 A 上可和当且仅当对 G 的零点的每一个邻域 U 有 A 的有限子集 B, 使得对于 $A \sim B$ 的每一个有限子集 C 有 $\Sigma_C f \in U$. 因而, 在 A 上可和的函数也在 A 的每一个子集上可和.

(b) 若 f 和 g 为在 A 上可和, 则 $f + g$ (其中 $(f + g)(x) = f(x) + g(x)$) 也为在 A 上可和并且 $\Sigma_A(f + g) = \Sigma_A f + \Sigma_A g$.

(c) 若 f 在 A 上定义并且为可和, $\mathscr{B}$ 为 A 的这样的互不相交子集族, 它覆盖 A, 则 $\Sigma_A f = \Sigma\{\Sigma\{f(b) : b \in B\} : B \in \mathscr{B}\}$. 然而, 从累次和的存在并不能推出在 A 上的可和性 (对于一种特殊情况, 从累次和的存在可推出在 A 上的可和性, 见问题 2.G).

T 一致局部紧空间

一致空间 $(X, \mathscr{U})$ 叫做一致局部紧当且仅当有 $\mathscr{U}$ 的一个元 U 使得对 X 中的每一个 x, $U[x]$ 为紧. 特别, 每一个局部紧拓扑群关于它的左和右一致结构为一致局部紧.

(a) 设 $(X, \mathscr{U})$ 为一致空间, U 为 $\mathscr{U}$ 的一个元, 又设 $U_0 = U$ 并且对每一个正整数 $n, U_n = U \circ U_{n-1}$, 则对 X 的每一个子集 A, 集 $\bigcup\{U_n[A] : n \in \omega\}$ 为既开又闭.

(b) 若 U 为 $X \times X$ 的对角线的一个闭邻域, A 为 X 的一个紧子集, 并且对 A 中的每一个 x, $U \circ U[x]$ 为紧, 则 $U[A]$ 为紧集 (由问题 6.A 可知 $U[A]$ 为闭集).

(c) 连通一致局部紧空间 $(X, \mathscr{U})$ 为 σ- 紧 (即 X 为可数多个紧子集的并).

(d) 每一个一致局部紧空间为一个互不相交的开 σ- 紧子空间的族的并. 因而, 每一个这样的空间为仿紧.

(e) 设 $(X, \mathscr{T})$ 为拓扑空间, 则有其拓扑为 $\mathscr{T}$ 的一致结构 $\mathscr{U}$ 使得 $(X, \mathscr{U})$ 为一致局部紧当且仅当 $(X, \mathscr{T})$ 为局部紧和仿紧 (见定理 5.28).

注 (a) 本质上是问题 5.T 的链推理. 应注意到, 问题 5.T 的关于连通区和连通集的命题不能推广到一致局部紧空间.

U　一致有界性定理

(a) 设 X 为实线性拓扑空间, 它在自己内为非稀疏, 又设 K 为 X 的一个闭凸子集, 满足 $K = -K$ 并且在每一个方向上都含有一个线段 (即对每一个 X 中的 x 有正实数 t 使得当 $0 \leqslant s \leqslant t$ 时有 $sx \in K$), 则 K 为 0 点的邻域 (证明 K 在 X 中为非稀疏. 然后由问题 6.P 可知 K-K 为 0 点的邻域并且由凸性可推出 $2K$ 为 0 点的邻域).

(b) **定理**　设 F 为一族从非稀疏线性拓扑空间 X 到线性赋范空间 Y 的连续线性函数, 并且假定对 X 的每一点 $x, \sup\{\| f(x) \|: f \in F\}$ 为有限, 则对于 X 的 0 点的某个邻域 U, $\sup\{\| f(x) \|: x \in U$ 且 $f \in F\}$ 为有限 (利用上述命题来证明, 若 S 为 Y 的 0 点的单位球, 则 $\bigcap\{f^{-1}[S] : f \in F\}$ 为 X 的 0 点的邻域).

注　命题 (b) 是经典的 Banach–Steinhaus 定理 (Banach[1;80]). 它的这种叙述形式显然可得到某种推广, 而这样推广的基本思想则是命题 (a). 利用下一章的术语, (b) 的结论还可以叙述成: F 在 0 点处为同等连续.

V　Boole σ- 环

一个 Boole 环 $(B, +, \cdot)$ 叫做 Boole σ-环当且仅当每一个可数子集对于 B 的自然序有一个上确界 (见问题 2.K). Boole σ- 环的自然例子是:

(i) 环 $(\mathscr{L}, \Delta, \bigcap)$, 其中 $\mathscr{L}$ 为所有 [0,1] 的 Lebesgue 可测子集的族, 或环 $\mathscr{L}$ 关于所有测度为零的集所组成的族 $\mathfrak{N}$ 的商为 σ- 环 (此处 Δ 为对称差. 族 $\mathfrak{N}$ 在一种明显的意义下实际上为 σ- 理想).

(ii) 环 $(\mathscr{A}/\mathfrak{m}, \Delta, \bigcap)$, 其中 $\mathscr{A}$ 为所有 [0,1] 的 Borel 子集的族, $\mathfrak{m}$ 为由稀疏的 Borel 集所组成的子族.

这个问题的目的是给出任意 Boole σ- 环的型 (ii) 的一种表示定理. 在整个问题中, 假定 $\mathscr{B}$ 为一个局部紧 Boole 空间 X 的一切紧开子集的族. 不失普遍性, 我们可以只限于考察型如 $(\mathscr{B}, \Delta, \bigcap)$ 的环 (参看 Stone 表示定理 5.S).

(a) 若 $(\mathscr{B}, \Delta, \bigcap)$ 为一个 Boole σ- 环, 则可数多个 $\mathscr{B}$ 的元的并的闭包仍为 $\mathscr{B}$ 的元 (即可数多个 X 的紧开子集的并的闭包仍为紧开子集).

(b) 设 $\mathscr{A}$ 为 X 的子集族, 它在这样意义下为最小, 即 $\mathscr{B} \subset \mathscr{A}$ 并且 $\mathscr{A}$ 的元的可数并和对称差仍属于 $\mathscr{A}$, 又设 $\mathfrak{m}$ 为所有 X 的稀疏子集的族, 则对每一个 $\mathscr{A}$ 的元 A 有唯一的 $\mathscr{B}$ 的元 B 使得 $A \Delta B \in \mathfrak{m}$ (见问题 6.P(a)).

(c) **定理**　Boole σ- 环 $\mathscr{A}$(可加地) 为 $\mathscr{B}$ 和 σ- 理想 $\mathscr{A} \bigcap \mathfrak{m}$ 的直接和. 因而 $\mathscr{B}$ 同构于 Boole σ- 环 $\mathscr{A}$ 关于 σ- 理想 $\mathscr{A} \bigcap \mathfrak{m}$ 的商.

注　这个问题的结果属于 Loomis[1]. 又具有性质: 开集的闭包仍为开集的空间 (满足可数链条件的 Boole σ- 环的 Stone 空间就是这样的空间), 有时叫做极不连通空间. 在这种类型的紧空间上的实值有界 Borel 函数的空间, 关于一种类似于命题 (c) 的方法可以分解成连续函数和在某个稀疏集外为零的函数. 这个事实以及其他结果均可参阅 Stone[4], 亦可参阅 Dixmier[1].

第 7 章   函 数 空 间

本章主要讨论函数空间, 即空间的元为从一个确定的集 X 到一个确定的拓扑空间或一致空间 Y 的函数. 下面几乎都是考虑关于 X 的拓扑为连续的函数所作成的空间. 简要地说, 我们研究的目的是定义连续函数集的拓扑和一致结构, 并且证明所得到的空间的紧性、完备性以及连续性的性质.

这一章结果的大部分在以前的实变数函数理论中有它的原始形式. 但关于联合连续性和紧开拓扑的定理则是新近的, 它最初属于 Fox[1]. 至于函数空间的更进一步的情况可在 Arens[2], Bourbaki[1], Myers[2] 以及 Tukey[1] 中找到.

7.1   点 式 收 敛

关于函数空间的一种拓扑以前就已经有过一些广泛的研究. 设 F 为一个函数族, 其中的每一个函数从集 X 到拓扑空间 Y, 则 F 包含在乘积 $Y^X = \times \{Y : x \in X\}$ 内. F 的点式收敛 (坐标收敛, 简单收敛) 拓扑或简称为**点式拓扑** $\mathscr{P}$ 是指相对乘积拓扑. 于是网 $\{f_n, n \in D\}$ 收敛于 g 当且仅当对 X 中的每一个 x 有 $\{f_n(x), n \in D\}$ 收敛于 $g(x)$(见定理 3.4). 又所有形如 $\{f : f(x) \in U\}$ 的子集的族为 $\mathscr{P}$ 的一个子基, 其中 x 为 X 中的点, U 为 Y 内的开集. 另外, 对 X 的每一个点 x, 有一个 F 上的函数 e_x, 它对 F 中的一切 f 由 $e_x(f) = f(x)$ 所定义, 该函数叫做在 x 处的计值映射 (或在第 x 个坐标空间内的射影). 在 x 处的计值映射关于 $\mathscr{P}$ 为连续的开映射 (定理 3.2), 并且 $\mathscr{P}$ 为使得每一个计值映射为连续的 F 的最小拓扑. 又从某个拓扑空间到 F 的函数 g 关于 $\mathscr{P}$ 为连续当且仅当对 X 的每一个点 x, $e_x \circ g$ 为连续 (定理 3.3). 显然, 点式拓扑只依赖于函数族和 Y 的拓扑. 因此, 就是 X 给定了拓扑, 我们也不需要把它写在定义或定理之中. 若 Y 为 Hausdorff 或正则空间, 则空间 F 遗传了相同的性质 (定理 3.5 和问题 4.A), 但当 Y 为局部紧或满足第一或第二可数性公理的空间时 F 可以不具有这些性质 (定理 3.6 和 5.19).

函数空间关于点式拓扑为紧的特征是关于紧空间乘积的 Tychonoff 定理 (定理 5.13) 的一个明显推论. 在陈述这个结果之前, 为方便起见, 我们规定从集 X 到拓扑空间 Y 的函数族 F 为**点式闭**当且仅当 F 为乘积空间 Y^X 的闭子集. 若 A 为 X 的子集, 则 $F[A]$ 定义为所有点 $f(x)$ 的集, 其中 $x \in A$, $f \in F$. 特别, 当 $x \in X$ 时 $F[\{x\}]$ 简记为 $F[x]$. 若 e_x 为在 x 处的计值映射, 则易见 $e_x[F] = F[x]$.

定理 1   为了使得从集 X 到拓扑空间 Y 的函数族 F 关于点式收敛拓扑为紧,

只需

(a) F 在 Y^X 中为点式闭;

(b) 对 X 的每一个点 x, 集 $F[x]$ 有紧的闭包.

若 Y 为 Hausdorff 空间, 则条件 (a), (b) 也是必要的.

证明　因为族 F 不仅为 Y^X 的子族, 而且包含在 $\times\{F[x]^- : x \in X\}$ 内, 故若条件 (b) 满足, 则由 Tychonoff 乘积定理可知该乘积为 Y^X 的紧子集, 又若 F 为点式闭, 则 F 为紧. 从而证明了 (a) 和 (b) 的充分性.

若 Y 为 Hausdorff 空间并且 F 关于点式拓扑为紧, 则由定理 5.7, F 为闭集, 又集 $F[x]$ 为闭紧集, 因为在每一点 x 处的计值映射为从 F 到 Hausdorff 空间 Y 的连续映射.∎

应当指出, 上一定理比关于点式收敛拓扑的一些讨论更为重要. 点式拓扑在许多情况下并不自然. 例如, 设 X 为一个集, 又对 X 的每一个有限子集 A, 命 C_A 为 A 的特征函数 (即当 $x \in A$ 时 $C_A(x) = 1$, 又当 $x \notin A$ 时 $C_A(x) = 0$), 则因 X 的所有有限子集的族 $\mathscr{A}$ 关于 $\supset$ 为有向集, 故 $\{C_A, A \in \mathscr{A}\}$ 为从 X 到闭单位区间的函数的网, 这时该网收敛于恒等于 1 的函数 e, 因为对每一点 x 有 $\{x\} \in \mathscr{A}$, 并且当 $A \supset \{x\}$ 时有 $C_A(x) = 1$. 显然, 使得有限集的特征函数"接近"于单位函数的拓扑对于许多目的来说是不适宜的. 更有趣的拓扑是使得收敛带有更强的限制, 即更大的拓扑. 注意, 若 $(F, \mathscr{T})$ 为紧并且 $\mathscr{T}$ 大于点式收敛拓扑 $\mathscr{P}$, 则从 $(F, \mathscr{T})$ 到 $(F, \mathscr{P})$ 上的恒等映射 i 为连续, 并且当 $(F, \mathscr{P})$ 为 Hausdorff 空间时 i 必为同胚. 因而, 若 $(F, \mathscr{T})$ 为紧 Hausdorff 空间并且 $\mathscr{T}$ 大于点式拓扑, 则 $\mathscr{T}$ 与点式收敛拓扑相同. 这个简单的注记就指出了证明函数空间 F 关于拓扑 $\mathscr{T}$ 为紧的一种典型方法. 我们首先证明 F 关于点式收敛拓扑为紧, 然后再证明 F 中 $\mathscr{P}$ 收敛的网亦必为 $\mathscr{T}$ 收敛. 若 Y 为 Hausdorff 空间, 则只需集中注意力于这两个命题, 因为当其中有一不成立时 F 关于 $\mathscr{T}$ 为非紧.

有时我们还需要考察关于定义域空间的某个子集的点的点式收敛. 假设 F 为一个函数族, 其中的每一个函数从集 X 到拓扑空间 Y, 又设 A 为 X 的子集, 则有从 F 到乘积空间 Y^A 内的一个自然映射 R, 它由映 F 的每一个元 f 为它在 A 上的限制所定义, 即对 F 中的每一个 f 有 $R(f) = f|A$. 显然, 使得 R 为连续的 F 的最小拓扑 $\mathscr{P}_A$ 由所有 Y^A 的开子集关于 R 的逆象组成. 该拓扑叫做**在 A 上点式收敛的拓扑**. 又所有形如 $\{f : f(x) \in U\}$ 的集的族是 $\mathscr{P}_A$ 的一个子基, 其中 x 属于 A, U 为 Y 中的开集, 并且 F 中的网 $\{f_n, n \in D\}$ 关于 $\mathscr{P}_A$ 收敛于 g 当且仅当对 A 中的每一个 x, $\{f_n(x), n \in D\}$ 收敛于 $g(x)$. 另外, 映射 R 为一对一当且仅当对 F 的不同的元 f 与 g, 有 A 的某个点 x 使得 $f(x) \neq g(x)$. 若 X 的子集 A 具有这个性质, 则称它为**可分离族 F 的元**.

定理 2　设 F 为一个函数族, 其中的每一个函数从集 X 到 Hausdorff 空间 Y,

又设 A 为 X 的子集, 则带有在 A 上点式收敛的拓扑 $\mathscr{P}_A$ 的族 F 为 Hausdorff 空间当且仅当 A 可分离 F 的元. 若 F 关于在 X 上点式收敛的拓扑为紧, 并且 A 可分离 F 的元, 则 $\mathscr{P}$ 与 $\mathscr{P}_A$ 一致.

证明 因为乘积空间 Y^A 为 Hausdorff 空间, 故由 $\mathscr{P}_A$ 的定义可知, 具有该拓扑的 F 为 Hausdorff 空间当且仅当限制映射 R 为一对一, 即当且仅当 A 可分离 F 的元.

因为 $\mathscr{P}_A \subset \mathscr{P}$, 故从 $(F, \mathscr{P})$ 到 $(F, \mathscr{P}_A)$ 上的恒等映射 i 为连续, 从而, 若 $(F, \mathscr{P})$ 为紧并且 $(F, \mathscr{P}_A)$ 为 Hausdorff 空间, 则 i 必为同胚, 即 $\mathscr{P} = \mathscr{P}_A$. |

若值域空间为一致空间, 则点式收敛拓扑为某个一致结构的拓扑.

若 F 为从集 X 到一致空间 $(Y, \mathscr{V})$ 的函数族, 则 F 为乘积 $\times \{Y : x \in X\}$ 的子集, 并且我们称相对一致结构为**点式收敛**(或简单收敛) **的一致结构**, 有时还简记为 $\mathscr{P}$ 一致结构. 至于它的性质, 以前就已经研究过了 (例如定理 6.25).

若 A 为 X 的子集, 则在 A 上的点式收敛的一致结构, 或简记为 $\mathscr{P}_A$ 一致结构, 是指使得从 F 到所有从 A 到 Y 的函数的族内的限制映射 R 为一致连续的最小一致结构. 在这里我们不加证明地指出该一致结构的如下简单事实.

定理 3 设 F 为从集 X 到一致空间 $(Y, \mathscr{V})$ 的函数族, 又设 A 为 X 的子集, 则在 A 上点式收敛的一致结构具有性质:

(a) 所有形如 $\{(f, g) : (f(x), g(x)) \in V\}$ 的集组成的族为 $\mathscr{P}_A$ 一致结构的一个子基, 其中 V 属于 $\mathscr{V}$, x 属于 A;

(b) $\mathscr{P}_A$ 一致结构的拓扑为在 A 上点式收敛的拓扑;

(c) 网 $\{f_n, n \in D\}$ 为 Cauchy 网当且仅当对 A 中的每一个 $x, \{f_n(x), n \in D\}$ 为 Cauchy 网;

(d) 若 $(Y, \mathscr{V})$ 为完备并且 $R[F]$ 在 Y^A 中关于在 A 上的点式收敛为闭, 则 F 关于 $\mathscr{P}_A$ 一致结构为完备.

7.2   紧开拓扑和联合连续性

给定从拓扑空间 X 到拓扑空间 Y 的函数族 F 的一种拓扑, 我们自然要问 $f(x)$ 是否关于 f 和关于 x 为联合连续. 稍微更精确地说, 也就是对于 F 的什么样拓扑才能使得当 $F \times X$ 给定乘积拓扑时变 (f, x) 为 $f(x)$ 的从 $F \times X$ 到 Y 的映射为连续? 本节就来进行对这个问题的研究. 结果, 我们知道函数空间有一种特殊的拓扑, 它与该问题有关, 同时我们也就从定义这个拓扑并且推得它的若干初等性质开始. 这一节完全着眼于拓扑问题, 而与此相联系的函数空间的一种一致结构将在以后再来讨论. 另外, 在本节中我们恒假定 F 为一个函数族, 并且其中的每一个函数从拓扑空间 X 到拓扑空间 Y.

为方便起见, 对 X 的每一个子集 K 和 Y 的每一个子集 U, 定义 $W(K, U)$ 为所有映 K 到 U 内的 F 的元的集, 即 $W(K, U) = \{f : f[K] \subset U\}$. 于是 F 的**紧开拓扑**就是指以所有形如 $W(K, U)$ 的集组成的族为一个子基的拓扑, 其中 K 为 X 的紧子集, U 为 Y 的开集. 这时, 所有形如 $W(K, U)$ 的集的有限交的族也就是紧开拓扑的一个基, 即该基的每一个元为形如 $\bigcap \{W(K_i, U_i) : i = 0, 1, \cdots, n\}$ 的集, 其中每一个 K_i 为 X 的紧子集, 而每一个 U_i 为 Y 的开子集. 由于由单个点所组成的集为紧集, 所以紧开拓扑与点式拓扑是可比较的.

定理 4　紧开拓扑 $\mathscr{C}$ 包含点式收敛拓扑 $\mathscr{P}$. 空间 $(F, \mathscr{C})$ 为 Hausdorff 空间, 假如值域空间 Y 为 Hausdorff 空间, 又为正则空间, 假如 Y 为正则空间并且 F 的每一个元为连续.

证明　显然, 对 X 中的每一个 x 和 Y 的每一个开子集 U, 集 $W(\{x\}, U) = \{f : f(x) \in U\}$ 属于 $\mathscr{C}$, 因为 $\{x\}$ 为紧集. 于是 $\mathscr{P} \subset \mathscr{C}$, 因为所有这种形式的集的族为点式拓扑的一个子基.

因为若 Y 为 Hausdorff 空间, 则由定理 3.5 可知 $(F, \mathscr{P})$ 亦为 Hausdorff 空间, 又因若 U 和 V 为 F 的元的互不相交 $\mathscr{P}$ 邻域, 则它亦为 $\mathscr{C}$ 邻域, 故 $(F, \mathscr{C})$ 为 Hausdorff 空间.

最后, 假定 Y 为正则空间, 则需要证明 F 的每一个元 f 的每一个邻域都含有闭邻域. 显然这又只需证 f 的每一个属于 $\mathscr{C}$ 的一个子基的邻域含有闭邻域, 因为 f 的每一个邻域含有一个属于该子基的邻域的有限交. 今设 $f \in W(K, U)$, 其中 K 为 X 的紧子集, U 为 Y 的开子集, 则因 $f[K]$ 为紧集, 又 Y 为正则空间, 故从定理 5.10 可推出有 $f[K]$ 的闭邻域 V 使得 $V \subset U$. 由于 $f \in W(K, V) \subset W(K, U)$, 并且易见 $W(K, V)$ 确为 f 的邻域, 所以剩下要证的是 $W(K, V)$ 为闭集. 而这只需注意 $W(K, V)$ 为所有集 $W(\{x\}, V)$ 的交, 其中 x 属于 K, 同时每一个集 $W(\{x\}, V)$ 必为 $\mathscr{P}$ 闭集, 从而为 $\mathscr{C}$ 闭集.

显然没有希望证明当 Y 为正规或满足第一或第二可数性公理的空间时 $(F, \mathscr{C})$ 也具有这些性质, 因为若 X 为离散空间, 则仅有的紧集为有限集, 从而 $\mathscr{C}$ 与点式收敛拓扑相同, 但正规空间或满足某个可数性公理的空间的乘积可以不具有相应的性质, 于是带有拓扑 $\mathscr{C}$ 的 F 也可以不具有该性质.

设 P 为变 (f, x) 为 $f(x)$ 的从 $F \times X$ 到 Y 内的映射, 并且对 F 的每一个拓扑在 $F \times X$ 上诱导了乘积拓扑, 现在问映射 P 关于该乘积拓扑是否为连续. 我们称 F 的拓扑为**联合连续**当且仅当从 $F \times X$ 到 Y 内的映射 P 为连续. 容易看出, 点式收敛拓扑通常为不联合连续. 而离散拓扑为联合连续, 因为若 U 为 Y 的开子集, 则 $P^{-1}[U] = \{(f, x) : f(x) \in U\} = \bigcup \{\{f\} \times f^{-1}[U] : f \in F\}$, 即它是开集的并 (假定 F 为一个连续函数族). 又若 F 的某个拓扑为联合连续, 则比它更大的拓扑亦为联合连续. 因而, 一个自然的问题是寻找最小的联合连续的拓扑, 假如这样的拓扑存在

的话. 一般地说, 这样的最小拓扑是不存在的, 然而, 如果把联合连续性的条件稍微放宽, 那么它就能给出紧开拓扑一种确切的描述. 我们称函数族 F 的拓扑为**在集 A 上联合连续**当且仅当映射 P 为在 $F \times A$ 上连续, 其中 $P(f,x) = f(x)$(注意, 这并不表示 P 在 $F \times A$ 的每一点处为连续, 而只是说明限制 $P|(F \times A)$ 为连续). 又称 F 的拓扑为**在紧集上联合连续**当且仅当它在定义域空间的每一个紧集上联合连续. 显然, 这样的族的每一个元 f 它在每一个紧集 K 上为连续 (即 $f|K$ 为连续).

定理 5   每一个在紧集上联合连续的拓扑大于紧开拓扑 $\mathscr{C}$. 若 X 为正则或 Hausdorff 空间并且 F 的每一个元为在 X 的每一个紧集上连续, 则 $\mathscr{C}$ 为在紧集上联合连续.

证明   假定 F 的拓扑 $\mathscr{T}$ 为在紧集上联合连续, U 为 Y 的开子集, K 为 X 的紧子集, 并且 P 为满足 $P(f,x) = f(x)$ 的映射, 则需要证明 $W(K,U)$ 为 $\mathscr{T}$ 开集, 其中 $W(K,U) = \{f : f[K] \subset U\}$. 因为 $\mathscr{T}$ 为在紧集上联合连续, 故集 $V = (F \times K) \bigcap P^{-1}[U]$ 为 $F \times K$ 中的开集, 又当 $f \in W(K,U)$ 时有 $\{f\} \times K \subset V$, 而 $\{f\} \times K$ 为紧集, 于是由定理 5.12 有 f 的 $\mathscr{T}$ 邻域 N 使得 $N \times K \subset P^{-1}[U]$, 这表明 f 的 $\mathscr{T}$ 邻域 N 的每一个元均为紧开邻域 $W(K,U)$ 的元, 从而 $W(K,U)$ 为 $\mathscr{T}$ 开集, 即定理的第一个命题获证.

现在来证明第二个结论. 假设 K 为 X 的紧子集, $x \in K$, U 为 Y 的开子集并且 $(f,x) \in P^{-1}[U]$, 则因 f 为在 K 上连续, 故有紧集 M 使得它是 x 在 K 中的邻域并且有 $f[M] \subset U$(注意, X 为 Hausdorff 或正则空间), 于是 $W(M,U) \times M$ 为 (f,x) 在 $F \times K$ 中的邻域并且它包含在 $P^{-1}[U]$ 内, 从而得在 K 上的联合连续性.∎

可以指出, 若 X 为局部紧, 则拓扑为在紧集上联合连续当且仅当它为联合连续. 因而, 若 X 为局部紧正则空间, 则连续函数族的紧开拓扑就是最小的联合连续拓扑.

若族 F 的拓扑 $\mathscr{T}$ 为在紧集上联合连续, 则 $\mathscr{T} \supset \mathscr{C} \supset \mathscr{P}$, 其中 $\mathscr{C}$ 为紧开拓扑, $\mathscr{P}$ 为点式拓扑. 又若 $(F,\mathscr{T})$ 为紧并且值域空间为 Hausdorff 空间, 则 $(F,\mathscr{P})$ 为 Hausdorff 空间, 从而 $\mathscr{T} = \mathscr{C} = \mathscr{P}$. 这个事实说明了在关于 $\mathscr{C}$ 紧性的下一定理中所给出的条件之一的必要性. 为了直接应用于以后的问题, 该结果按一种稍微特别的形式给出.

定理 6   设 X 为正则或 Hausdorff 空间, Y 为 Hausdorff 空间, C 为所有在 X 的每一个紧集上连续的从 X 到 Y 的函数的族, 又设 $\mathscr{C}$ 和 $\mathscr{P}$ 分别为紧开和点式拓扑, 则 C 的子族 F 为 $\mathscr{C}$ 紧当且仅当

(a) F 为 C 中的 $\mathscr{C}$ 闭集;

(b) 对 X 的每一个元 x, $F[x]$ 有紧的闭包;

(c) 对于 F 在 Y^X 中的 $\mathscr{P}$ 闭包, 拓扑 $\mathscr{P}$ 为在紧集上联合连续.

证明   假设 F 为 $\mathscr{C}$ 紧, 则因 Y 为 Hausdorff 空间, 故 $(C,\mathscr{C})$ 为 Hausdorff 空

间, 从而 F 为 $\mathscr{C}$ 闭集. 由于计值映射在点 x 处为 $\mathscr{P}$ 连续, 于是为 $\mathscr{C}$ 连续, 所以 F 的象 $F[x]$ 为紧集. 因为 F 为 $\mathscr{C}$ 紧并且为 $\mathscr{P}$ Hausdorff 空间, 故 F 的拓扑 $\mathscr{C}$ 和 $\mathscr{P}$ 相同, 从而 F 为 Y^X 中的 $\mathscr{C}$ 闭集, 并且由定理 7.5 可知 F 的拓扑 $\mathscr{C}$(于是 $\mathscr{P}$) 为在紧集上联合连续. 这就完成了条件 (a) $\sim$(c) 的必要性的证明.

假设条件 (a) $\sim$(c) 成立. 命 F^- 为 F 在 Y^X 中的 $\mathscr{P}$ 闭包, 而条件 (b) 表明对每一个 x, $F[x]$ 为紧集, 即 F^- 为 $\mathscr{P}$ 紧集 $\times\{F[x]^- : x \in X\}$ 的闭子集, 故 F^- 为 $\mathscr{P}$ 紧集. 又由条件 (c) 可知, 对于 F^-, 拓扑 $\mathscr{P}$ 为在紧集上联合连续, 于是 F^- 的每一个元为在每一个紧集上连续, 即 $F^- \subset C$, 但从定理 7.5 可推出, 对于 F^-, 拓扑 $\mathscr{P}$ 大于 $\mathscr{C}$, 从而对于 F^-, 这两个拓扑相同. 再由条件 (a) 可知族 F 为 C 中的 $\mathscr{C}$ 闭集, 因而为 C 的子集 F^- 中的 $\mathscr{C}$(并且 $\mathscr{P}$) 闭集, 即 $F^- = F$, 亦即 F 为 $\mathscr{C}$ 紧.∎

注记 7　所有在每一个紧子集上连续的函数的族 C 与所有连续函数的族一致, 假如空间为局部紧或满足第一可数性公理 (见定理 7.13 和它前面的讨论). 虽然所有连续函数的族通常是有趣的, 但一些数学结构中也需要有类 C(而并不是凭一时的兴趣). 事实上, 在稍后的完备性的讨论中就出现了这个类.

紧开拓扑和联合连续性之间的关系首先是由 Fox[1] 研究的, 他证明了对于连续函数族, 紧开拓扑小于每一个联合连续拓扑, 并且它自己为联合连续, 假如定义域空间为局部紧. 又最小的联合连续拓扑并不普遍存在的事实的证明见 Arens[2].

7.3　一 致 收 敛

本节致力于从集 X 到一致空间 $(Y, \mathscr{V})$ 的函数族 F 的一种一致结构的研究. 该一致结构与集 X 所给定的拓扑无关得到的主要结果之一是: 所有关于 X 的拓扑为连续的函数的族为所有从 X 到 Y 的函数的空间的闭子空间, 即连续函数的一致极限仍为连续函数.

我们在这里所要考察的一致收敛的一致结构是最大的一致结构, 而点式收敛一致结构则是最小的一致结构. 这两种一致结构都可以看成是在一个集族 $\mathscr{A}$ 的元上一致收敛的一致结构的特殊情形. 而这个概念将在这一节的最后加以扼要的讨论. 对每一个 X 的子集族 $\mathscr{A}$ 作出了该一致结构, 并且导出了有关的初等性质.

设 F 为从集 X 到一致空间 $(Y, \mathscr{V})$ 的函数族, 对 $\mathscr{V}$ 的每一个元 V, 命 $W(V)$ 为所有使得对 X 中的每一个 x 有 $(f(x), g(x)) \in V$ 的 (f, g) 的集①, 则 $W(V)[f]$ 为所有使得对 X 中的每一个 x 有 $g(x) \in V[f(x)]$ 的 g 的集. 又易见对 $\mathscr{V}$ 的所有元 U 和 V 有 $W(V^{-1}) = (W(V))^{-1}$, $W(U \bigcap V) = W(U) \bigcap W(V)$ 和 $W(U \circ V) \supset W(U) \circ W(V)$

---

①利用通常的关系概念, 集 $W(V)$ 可以得到一种很简单的描述: $W(V) = \{(f, g) : g \circ f^{-1} \subset V\}$. 该命题是明显的, 因为 $g \circ f^{-1}$ 恰好是所有 $(f(x), g(x))$ 的集, 其中 x 属于 X. 又易见 $W(V) = \{(f, g) : g \subset V \circ f\}$, $W(V)[f] = \{g : g \subset V \circ f\} = \{g :$ 对 X 中的每一个 x 有 $g(x) \in V[f(x)]\}$.

成立. 因而由定理 6.2 可知所有集 $W(V)$ 的族为 F 的某个一致结构 $\mathscr{U}$ 的一个基, 其中 V 属于 $\mathscr{V}$. 这个一致结构 $\mathscr{U}$ 就叫做**一致收敛的一致结构**, 或简称为 **u.c. 一致结构**. 而 $\mathscr{U}$ 的拓扑则叫做**一致收敛的拓扑**, 或简称 **u.c. 拓扑**.

显然 $\mathscr{U}$ 大于点式收敛的一致结构, 因为若 y 是 X 的一个任意的元, $V \in \mathscr{V}$, 则 $\{(f,g):$ 对 X 中的所有 x 有 $(f(x), g(x)) \in V\} \subset \{(f,g):(f(y),g(y)) \in V\}$, 从而定义 $\mathscr{U}$ 的基的每一个元是定义点式一致结构的子基的某个元的子集. 这也就推出了 u.c. 拓扑大于点式拓扑. 又容易直接看出从一致收敛可推出点式收敛, 因为 F 中的网 $\{f_n, n \in D\}$ 关于 u.c. 拓扑收敛于 g 当且仅当对 $\mathscr{V}$ 中的每一个 V, 该网最终地在 $W(V)[g]$ 内, 而这又当且仅当存在 D 中的某个 m 使得当 $n \geqslant m$ 时对 X 中的一切 x 有 $f_n(x) \in V[g(x)]$. 下列定理给出了一致结构 $\mathscr{U}$ 的一些其他初等性质.

定理 8　设 F 为所有从集 X 到一致空间 $(X, \mathscr{V})$ 的函数的族, $\mathscr{U}$ 为一致收敛的一致结构, 则

(a) 一致结构 $\mathscr{U}$ 由所有形如 $d^*(x, y) = \sup\{d(f(x), g(x)) : x \in X\}$ 的伪度量的族所生成, 其中 d 为 $(Y, \mathscr{V})$ 的格集的有界元;

(b) F 中的网 $\{f_n, n \in D\}$ 一致收敛于 g 当且仅当它关于 $\mathscr{U}$ 为 Cauchy 网并且对 X 中的每一个 x 有 $\{f_n(x), n \in D\}$ 收敛于 $g(x)$;

(c) 若 $(Y, \mathscr{V})$ 为完备, 则一致空间 $(F, \mathscr{U})$ 也为完备.

证明　为了证明命题 (a), 先注意所有形如 $\{(y,z) : d(y,z) \leqslant r\}$ 的集的族是 $\mathscr{V}$ 的一个基, 其中 r 为正数, d 为 $\mathscr{V}$ 的格集的有界元. 它之所以成立是因为对每一个伪度量 e, 伪度量 $d = \min[1, e]$ 为有界并且具有相同的一致结构. 但 $\{(f,g) : d^*(f,g) \leqslant r\} = \{(f,g) :$ 对 X 中的每一个 x 有 $d(f(x), g(x)) \leqslant r\} = W(\{(y,z) : d(y,z) \leqslant r\})$, 其中 W 为定义 u.c. 一致结构时所利用的对应. 因而就推出了 d^* 属于 $\mathscr{U}$ 的格集并且这种形式的伪度量生成该格集.

命题 (b) 的一半是明显的, 因此只需证若 Cauchy 网 $\{f_n, n \in D\}$ 点式收敛于 g, 则它一致收敛于 g. 设 V 为 $\mathscr{V}$ 的一个任意的闭对称的元, 选 D 中的 m 使得当 $n \geqslant m$, $p \geqslant m$ 时对 X 中的每一个 x 有 $f_p(x) \in V[f_n(x)]$. 这样的选择是可能的, 因为该网关于 $\mathscr{U}$ 为 Cauchy 网. 于是从 $V[f_n(x)]$ 为闭集和 $f_p(x)$ 收敛于 $g(x)$ 可推出 $g(x) \in V[f_n(x)]$, 从而对每一个 $n \geqslant m$ 和 X 中的每一个 x 有 $f_n(x) \in V[g(x)]$, 即命题 (b) 获证.

最后容易看出命题 (c) 是命题 (b) 和完备空间的乘积仍为完备空间的事实的一个直接推论.

下列定理陈述了关于连续函数族的 $\mathscr{U}$ 的主要性质.

定理 9　设 F 为所有从拓扑空间 X 到一致空间 $(Y, \mathscr{V})$ 的连续函数的族, $\mathscr{U}$ 为一致收敛的一致结构, 则

(a) 族 F 为所有从 X 到 Y 的函数的空间的闭子空间, 因而 $(F, \mathscr{U})$ 为完备, 假

如 $(Y, \mathscr{V})$ 为完备;

(b) 一致收敛的拓扑为联合连续.

证明　显然, 要证命题 (a), 只需证所有不连续函数的集为所有从 X 到 Y 的函数的空间 G 的开子集. 设 f 在 X 的点 x 处为不连续, 则有 $\mathscr{V}$ 的元 V 使得 $f^{-1}[V[f(x)]]$ 不是 x 的邻域, 再选 $\mathscr{V}$ 的对称的元 W 使得 $W \circ W \circ W \subset V$. 今证若函数 g 对每一个 y 满足 $(g(y), f(y)) \in W$, 则 $g^{-1}[W[g(x)]]$ 不是 x 的邻域, 从而 g 亦为不连续函数, 这表明 $G \sim F$ 关于一致收敛的拓扑为开子集. 事实上, 若对每一个 y 有 $(g(y), f(y)) \in W$, 则 $g \subset W \circ f$ 并且 $g^{-1} \subset f^{-1} \circ W^{-1} = f^{-1} \circ W$, 因而 $g^{-1} \circ W \circ g \subset f^{-1} \circ W \circ W \circ W \circ f \subset f^{-1} \circ V \circ f$, 于是 $g^{-1}[W[g(x)]]$ 为 $f^{-1}[V[f(x)]]$ 的子集, 即 $g^{-1}[W[g(x)]]$ 不是 x 的邻域.

剩下的是命题 (b) 的证明. 为了证明从 $F \times X$ 到 Y 内的映射在点 (f, x) 处的连续性, 我们只要验证对 $\mathscr{V}$ 中的 V, 若 $y \in f^{-1}[V[f(x)]]$ 并且对一切 z 有 $g(z) \in V[f(z)]$, 则 $g(y) \in V[f(y)] \subset V \circ V[f(x)]$.

通过考察在定义域空间的子集族 $\mathscr{A}$ 的每一个元上的一致收敛, 我们还可以作出一些有用的一致结构. 现在设 F 为从集 X 到一致空间 $(Y, \mathscr{V})$ 的函数族, $\mathscr{A}$ 为 X 的子集族, **则在 $\mathscr{A}$ 的每一个元上一致收敛的一致结构 $\mathscr{U}|\mathscr{A}$** 是指以所有形如 $\{(f, g) :$ 对 A 中的所有 x 有 $(f(x), g(x)) \in V\}$ 的集组成的族为一个子基的一致结构, 其中 V 属于 $\mathscr{V}$, A 属于 $\mathscr{A}$. 这个一致结构也可以通过另外的方法加以描述. 若对 $\mathscr{A}$ 中的每一个 A, 命 R_A 为变 f 为 f 在 A 上的限制的映射, 即 $R_A(f) = f|A$, 则 R_A 变 F 为从 A 到 Y 的已给定一致收敛结构的函数族, $\mathscr{U}|\mathscr{A}$ 就可以看成是使得每一个 R_A 为一致连续的最小一致结构.

从上述关于一致收敛的命题, 我们可导出关于一致结构 $\mathscr{U}|\mathscr{A}$ 的相应的结果, 这里略去它的简单证明.

定理 10　设 X 为拓扑空间, $(Y, \mathscr{V})$ 为一致空间, 又设 $\mathscr{A}$ 为覆盖 X 的 X 的子集族, 再设 G 为所有从 X 到 Y 的函数的族 F, 为所有在 $\mathscr{A}$ 的每一个元上连续的函数的族, 则

(a) 在 $\mathscr{A}$ 的每一个元上一致收敛的一致结构 $\mathscr{U}|\mathscr{A}$ 大于点式收敛的一致结构并且小于在 X 上一致收敛的一致结构;

(b) 网 $\{f_n, n \in D\}$ 关于 $\mathscr{U}|\mathscr{A}$ 的拓扑收敛于 g 当且仅当它为 Cauchy 网 (关于 $\mathscr{U}|\mathscr{A}$) 并且点式收敛于 g;

(c) 若 $(Y, \mathscr{V})$ 为完备, 则 G 关于 $\mathscr{U}|\mathscr{A}$ 为完备;

(d) 族 F 关于 $\mathscr{U}|\mathscr{A}$ 的拓扑为 G 中的闭集, 因而若 $(Y, \mathscr{V})$ 为完备, 则 $(F, \mathscr{U}|\mathscr{A})$ 也为完备;

(e) F 的 $\mathscr{U}|\mathscr{A}$ 的拓扑在 $\mathscr{A}$ 的每一个元上联合连续.

应当强调指出, 所有连续函数的族关于 $\mathscr{U}|\mathscr{A}$ 可以不完备. 若 $\mathscr{A}$ 为所有集 $\{x\}$

组成的族, 其中 x 属于 X, 则 $\mathscr{U}|\mathscr{A}$ 就是点式收敛的一致结构并且所有连续函数的族关于该一致结构一般地说就并不完备. 但是, 如果 $\mathscr{A}$ 使得从在 $\mathscr{A}$ 的每一个元上的连续性可推出在 X 上的连续性, 那么上一命题的 (d) 就证明了所有从 X 到完备空间的连续函数的族关于 $\mathscr{U}|\mathscr{A}$ 的完备性. 特别, 当 X 的每一点都有属于 $\mathscr{A}$ 的邻域时就属于这种情形.

7.4　在紧集上的一致收敛

在本节中我们把沿着两个不同方向的研究结合起来. 假设 F 为从拓扑空间 X 到一致空间 $(Y, \mathscr{V})$ 的连续函数族, 则**在紧集上一致收敛的一致结构**指的是一致结构 $\mathscr{U}|\mathscr{C}$, 其中 $\mathscr{C}$ 是所有 X 的紧子集的族. $\mathscr{U}|\mathscr{C}$ 的拓扑有时叫做**紧收敛拓扑**. 现在证明该拓扑与由 X 的拓扑和一致结构 $\mathscr{V}$ 的拓扑所作出的紧开拓扑相同. 于是一致结构 $\mathscr{U}|\mathscr{C}$ 就依赖于 Y 的一致结构 $\mathscr{V}$, 但 $\mathscr{U}|\mathscr{C}$ 的拓扑只依赖于 $\mathscr{V}$ 的拓扑. 一致结构 $\mathscr{U}|\mathscr{C}$ 在空间 X 具有"充分多"的紧集的情况下特别有用, 并且在这一节的最后再简要讨论一下一类满足这种条件的空间.

定理 11　设 F 为从拓扑空间 X 到一致空间 $(Y, \mathscr{V})$ 的连续函数族, 则在紧集上一致收敛的拓扑就是紧开拓扑.

证明　设 K 为 X 的紧子集, U 为 Y 的开子集, $f \in F$, 并且假定 $f[K] \subset U$, 则 $f[K]$ 为紧集并且由定理 6.33 可知有 $\mathscr{V}$ 中的 V 使得 $V[f[K]] \subset U$, 于是易见, 若 g 为使得对 K 中的每一个 x 有 $g(x) \in V[f(x)]$ 成立的函数, 则 $g[K] \subset U$ 也成立. 因而每一个形如 $\{f : f[K] \subset U\}$ 的集关于 $\mathscr{U}|\mathscr{C}$ 的拓扑为开集, 即紧开拓扑小于 $\mathscr{U}|\mathscr{C}$ 的拓扑.

今证其逆, 显然只需证对 X 的每一个紧子集 K, $\mathscr{V}$ 中的每一个 V 以及每一个连续函数 f 有 X 的紧子集 $K_1, \cdots, K_n$ 和 Y 的开子集 $U_1, \cdots, U_n$ 使得 $f[K_i] \subset U_i$ 并且当 $g[K_i] \subset U_i$ 对每一个 i 成立时 $g(x) \in V[f(x)]$ 对每一个 x 成立. 为此, 选 $\mathscr{V}$ 的闭对称的元 W 使得 $W \circ W \circ W \subset V$, 再选 K 中的 $x_1, \cdots, x_n$ 使得集 $W[f(x_i)]$ 的全体覆盖 $f[K]$, 命 $K_i = K \bigcap f^{-1}[W[f(x_i)]]$, 又命 U_i 为 $W \circ W[f(x_i)]$ 的内部. 于是, 若对每一个 i 有 $g[K_i] \subset U_i$, 则对每一个 K 中的 x 有 i 使得 $x \in K_i$, 从而 $g(x) \in W \circ W[f(x_i)]$, 但 $f(x) \in W[f(x_i)]$, 即 $(g(x), f(x)) \in W \circ W \circ W \subset V$. ▮

若一致空间 $(Y, \mathscr{V})$ 为完备, $\mathscr{A}$ 为拓扑空间 X 的子集族, 则由定理 7.10 可知所有在 $\mathscr{A}$ 的每一个元上连续的从 X 到 Y 的函数的族为 $\mathscr{U}|\mathscr{A}$ 完备. 于是, 为了使得所有连续函数的族为完备只需 $\mathscr{A}$ 满足条件: 当函数在 $\mathscr{A}$ 的每一个元上连续时, 则它连续. 若 f 为从 X 到 Y 的函数, B 为 Y 的子集, 则上述条件可从下列事实推出: 若对 $\mathscr{A}$ 的每一个元 A, $A \bigcap f^{-1}[B]$ 为闭集, 则 $f^{-1}[B]$ 也为闭集. 特别, 所有从 X 到 Y 的连续函数的空间关于在紧集上一致收敛为完备, 假如 X 满足条件: 若 X

的子集 A 与每一个闭紧集的交为闭集, 则 A 为闭集. 我们称这样的拓扑空间为 **k 空间**. 显然, 所有闭紧集的族 $\mathscr{C}$ 完全决定了 k 空间的拓扑, 因为 A 为闭集当且仅当对 $\mathscr{C}$ 中的每一个 C 有 $A \bigcap C \in \mathscr{C}$. 又取余集即得 k 空间的子集 U 为开集当且仅当对每一个闭紧集 C, $U \bigcap C$ 为 C 中的开集.

由 k 空间定义和上述讨论便知下列定理成立.

定理 12 所有从 k 空间到完备一致空间的连续函数的族关于在紧集上一致收敛为完备.

下面再给出 k 空间的两类最重要的例子.

定理 13 若 X 为局部紧或满足第一可数性公理的 Hausdorff 空间, 则 X 为 k 空间.

证明 在每一种情况的证明之前, 均假设 B 为 X 的非闭子集, x 为不属于 B 的 B 的聚点, 并且要证的是存在某个闭紧集 C 使得 $B \bigcap C$ 不是闭集.

若 X 为局部紧, 则有 x 的紧邻域 U, 交 $B \bigcap U$ 不是闭集, 因为 x 是 B 的聚点, 但不是 B 的元.

若 X 满足第一可数性公理, 则有 $B \sim \{x\}$ 中的序列 $\{y_n, n \in \omega\}$, 它收敛于 x, 显然 $\{x\}$ 和所有点 y_n 组成的集的并为紧集, 但它与 B 的交不是闭集.

7.5 紧性和同等连续性

本节是关于寻找函数族对紧开拓扑为紧的条件的两节中的第一节. 所期望的结论是拓扑的, 并且最深刻的结果也是在纯拓扑的前提下得到的. 然而, 对一致结构, 论证更为简单, 因此, 这一节就先讨论映到一致空间内的映射.

至于纯拓扑的问题则留到本章的最后一节再来讨论.

设 F 为一族从拓扑空间 X 到一致空间 $(Y, \mathscr{V})$ 内的映射, 则族 F **在点 x 处为同等连续**当且仅当对 $\mathscr{V}$ 的每一个元 V 有 x 的邻域 U 使得 $f[U] \subset V[f(x)]$ 对 F 的每一个元 f 成立. 等价地有, F 在 x 处为同等连续当且仅当对 $\mathscr{V}$ 中的每一个 V, $\bigcap\{f^{-1}[V[f(x)]] : f \in F\}$ 为 x 的邻域. 另外, 粗略地说, F 在 x 处为同等连续当且仅当有 x 的邻域, 它关于 F 的每一个元的象均为充分小.

定理 14 若 F 在 x 处为同等连续, 则 F 关于点式收敛拓扑 $\mathscr{P}$ 的闭包在 x 处也为同等连续.

证明 若 V 为 Y 的一致结构的一个闭的元, 则所有满足条件 $f[U] \subset V[f(x)]$ 的函数 f 的类显然关于点式收敛拓扑为闭集, 因为它与 $\bigcap\{\{f : (f(y), f(x)) \in V\} : y \in U\}$ 相同. 这样也就推出了 F 的点式闭包在 x 处为同等连续.

我们称函数族 F 为**同等连续**当且仅当它在每一点处为同等连续. 根据上一定理, 同等连续函数族关于点式收敛拓扑的闭包仍为同等连续. 特别, 该闭包的元必为连续函数. 对于同等连续函数族, 点式收敛拓扑还有其他值得注意的性质.

定理 15 若 F 为同等连续, 则点式收敛拓扑为联合连续, 从而与在紧集上一致收敛的拓扑相同.

证明 为了证明从 $F \times X$ 到 Y 内的映射在 (f, x) 处为连续, 设 V 为 Y 的一致结构的元, U 为 x 的邻域, 它使得对 F 中的所有 g 有 $g[U] \subset V[g(x)]$. 于是, 若 g 为 f 的 $\mathscr{P}$ 邻域 $\{h : h(x) \in V[f(x)]\}$ 的元, $y \in U$, 则有 $g(y) \in V[g(x)]$ 和 $g(x) \in V[f(x)]$, 即 $g(y) \in V \circ V[f(x)]$, 从而同等连续性获证.

因为由定理 7.5 可知每一个联合连续拓扑大于紧开拓扑, 又由定理 7.11 可知紧开拓扑与在紧集上一致收敛的拓扑相同, 故点式收敛拓扑与在紧集上一致收敛的拓扑相同.

由上一定理我们可推出同等连续函数族关于在紧集上一致收敛的拓扑为紧, 假如它关于点式拓扑 $\mathscr{P}$ 为紧, 又 Tychonoff 乘积定理给出了 $\mathscr{P}$ 为紧的充分条件. 按照这个方法, 从同等连续性和某些其他条件即可推出函数族的紧性. 另一方面, 下列定理又给出了从紧性推到同等连续性的结果.

定理 16 若从拓扑空间 X 到一致空间 $(Y, \mathscr{V})$ 的函数族 F 关于联合连续拓扑为紧, 则 F 为同等连续.

证明 假设 x 为 X 的一个确定的点, V 为 $\mathscr{V}$ 的一个对称的元, 显然, 若能证得存在 x 的邻域 U 使得对 F 中的每一个 g 有 $g[U] \subset V \circ V[g(x)]$, 则定理就已获证. 因为 F 的拓扑为联合连续, 故对 F 的每一个元 f 有 f 的邻域 G 和 x 的邻域 W 使得 $G \times W$ 映到 $V[f(x)]$ 内, 于是, 当 $g \in G$ 并且 $w \in W$ 时有 $g(x)$ 和 $g(w)$ 属于 $V[f(x)]$, 从而 $g(w) \in V \circ V[f(x)]$, 即对 G 中的每一个 g 有 $g[W] \subset V \circ V[g(x)]$. 又因为 F 为紧, 故有覆盖 F 的有限族 $G_1, \cdots, G_n$ 以及相应的 x 的邻域 $W_1, \cdots, W_n$ 使得对 G_i 中的每一个 g 有 $g[W_i] \subset V \circ V[g(x)]$. 于是, 若命 U 为 x 的邻域 W_i 的交, 则易见对 G 中的每一个 g 有 $g[U] \subset V \circ V[g(x)]$.

关于局部紧空间的 Ascoli 定理是前面的一些结果的一个直接推论. 事实上, 由定理 7.6 便知我们只需把条件 "F 的 $\mathscr{P}$ 闭包上的点式拓扑 $\mathscr{P}$ 在紧集上联合连续" 换为条件 "族 F 为同等连续". 又由定理 7.14 和 7.15, 从后一条件可推出前一条件, 而由定理 7.16 从紧性又可推出同等连续性 (我们也可以简单地作出不依赖于定理 7.6 的一种证明).

Ascoli 定理 17 设 C 为所有从正则局部紧空间到 Hausdorff 一致空间的连续函数的族并且带有在紧集上一致收敛的拓扑, 则 C 的子族 F 为紧当且仅当

(a) F 为 C 中的闭集;

(b) 对 X 的每一个元 x, $F[x]$ 有紧的闭包;

(c) 族 F 为同等连续.

对于 k 空间 (即与每一个闭紧集的交恒为闭集的集也必为闭集的空间) 上的函

数族也有某种形式的 Ascoli 定理成立. 这时需要一种稍加改变了的同等连续性概念. 我们称函数族 F 为**在集 A 上同等连续**当且仅当所有 F 的元在 A 上的限制的族为同等连续. 注意, 在 A 的每一点处为同等连续的函数族必为在 A 上同等连续, 但其逆不真. 然而仍然有在 A 上同等连续的函数族必在 A 的内部的每一点处为同等连续.

我们略去下一定理的证明. 它是定理 7.6. 这一节的结果以及在每一个紧集上连续的 k 空间上的函数必为连续的事实的一个直接推论①.

Ascoli 定理 18 设 C 为所有从 Hausdorff 或正则的 k 空间 X 到 Hausdorff 一致空间的连续函数的族并且带有在紧集上一致收敛的拓扑, 则 C 的子族 F 为紧当且仅当

(a) F 为 C 中的闭集;

(b) 对 X 中的每一个 $x, F[x]$ 的闭包为紧;

(c) F 在 X 的每一个紧子集上为同等连续.

7.6* 齐–连续性

本节着重讨论对拓扑空间的一种 Ascoli 定理的证明. 它的处理方法, 除了以一种拓扑概念来代替同等连续性的 (一致) 概念外, 和以前差不多一样. 至于这两种概念之间的联系, 则在这一节的最后再简要地加以讨论.

设 F 为一个函数族, 其中的每一个是从拓扑空间 X 到拓扑空间 Y 的函数, 则齐 - 连续性概念可直观地描述如下: 对每一个 X 中的 x, Y 中的 y 和 F 中的 f, 当 $f(x)$ 接近 y 时 f 映接近 x 的点为接近 y 的点. 显然, 我们称族 F 为**齐 - 连续,** 当且仅当对每一个 X 中的 x, Y 中的 y 和每一个 y 的邻域 U, 有 x 的邻域 V 和 y 的邻域 W 使得当 $f(x) \in W$ 时有 $f[V] \subset U$. 下面的结论就着重指出了这个定义与联合连续性之间的紧密联系: F 为齐 - 连续当且仅当对每一个 X 中的 x, Y 中的 y 和每一个 y 的邻域 U 有 x 的邻域 V 和 y 的邻域 W 使得 $\{f : f \in F \text{且} f(x) \in W\} \times V$ 关于自然映射的象包含在 U 内. 至于齐 - 连续函数族的这个重要性质的证明则是容易的.

定理 19 设 F 为从拓扑空间 X 到正则空间 Y 的齐 - 连续的函数族, $\mathscr{P}$ 为点式收敛拓扑, 则 F 的 $\mathscr{P}$ 闭包 F^- 为齐 - 连续并且在 $F^- \mathscr{P}$ 上为联合连续.

证明 定理的后一结论由齐 - 连续性定义的第二种形式即可推得, 因为当 W 为 Y 的开集时 $\{f : f \in F \text{ 且 } f(x) \in W\}$ 为 $\mathscr{P}$ 开集.

---

①显然, "X 为 k 空间" 的条件可从定理的假设中删去, 假如把所有连续函数的族换成是所有在每一个紧集上为连续的函数的族. 而且, 同一个结果通过对具有使得集 A 为 $\mathscr{T}$ 闭集当且仅当对每一个闭紧集 $B, A \bigcap B$ 为闭集的拓扑 $\mathscr{T}$ 的 X, 应用已给的定理也可得到.

今证 F 的 $\mathscr{P}$ 闭包为齐 - 连续. 假设 $x \in X, y \in Y$ 并且 U 为 y 的邻域, 则因 Y 为正则空间, 故不妨设 U 为闭集. 设 V 为 x 的邻域, W 为 y 的开邻域, 它使得当 $f \in F$ 且 $f(x) \in W$ 时有 $f[V] \subset U$, 又设 $\{g_n, n \in D\}$ 为 F 中的网, 它点式收敛于 g 并且 $g(x) \in W$, 则 $\{g_n(x), n \in D\}$ 最终地在 W 内, 从而对 V 中的每一个 z 有 $\{g_n(z), n \in D\}$ 最终地在 U 内, 于是 $g(z) \in U$, 这就证明了 $g[V] \subset U$. |

根据上一结果和定理 7.6, 关于齐–连续函数族的紧性的充分条件就几乎是明显的了. 而下一命题则证明了在 Ascoli 定理中所给出的这个条件的必要性.

定理 20 若从拓扑空间 X 到正则 Hausdorff 空间 Y 的连续函数族 F 关于联合连续拓扑为紧, 则 F 为齐–连续.

证明 因为从紧空间 F 到带有点式收敛拓扑的 F 内的恒等映射为连续, 又后一拓扑为 Hausdorff 拓扑, 故这两个拓扑相同, 于是 F 的点式收敛拓扑为联合连续. 假设 $x \in X, y \in Y$ 并且 U 为 y 的开邻域, 取 y 的闭邻域 W 使得 $W \subset U$, 则所有使得 $f(x) \in W$ 的 F 的元 f 的集 K 为点式闭, 从而为紧集. 命 P 为使得 $P(f, x) = f(x)$ 的函数, 则紧集 $K \times \{x\}$ 包含在 $P^{-1}[U]$ 内, 但 P 为连续, 故由定理 5.12 有 x 的邻域 V 使得 $K \times V \subset P^{-1}[U]$, 即当 $\nu \in V$ 且 $f(x) \in W$ 时有 $f(\nu) \in U$. |

Ascoli 定理 21 设 C 为所有从正则局部紧空间 X 到正则 Hausdorff 空间 Y 的连续函数的族并且带有紧开拓扑, 则 C 的子集 F 为紧当且仅当

(a) F 为 C 中的闭集;

(b) 对 X 中的每一个 x, $F[x]$ 的闭包为紧;

(c) F 为齐–连续.

证明 若 F 关于紧开拓扑为紧, 则由定理 7.6 和 7.20 可推出条件 (a) ~(c).

若 F 满足条件 (a) ~(c), 则 F 的点式闭包为一个齐–连续的函数族, 但由定理 7.19 可知关于它点式拓扑为联合连续, 故再由定理 7.6 即可推出紧性. |

上一定理可以在定理 7.17 所已经推广了的相同方式下推广到 k 空间. 我们称函数族 F 为**在集 A 上齐–连续**当且仅当所有 F 的元在 A 上的限制的族为齐–连续. 根据这个定义, 自然就能够对 k 空间 X 证明 Ascoli 定理 (定理 7.21), 只要将条件 (c) 换成 "F 为在 X 的每一个紧子集上齐–连续". 至于该事实的直接证明则从略.

在这一节的最后, 我们叙述两个命题, 它阐明了齐–连续性和同等连续性之间的关系.

定理 22 从拓扑空间到一致空间的同等连续的函数族为齐–连续.

证明 假设 F 为从 X 到 Y 的同等连续的函数族, $x \in X, y \in Y$ 并且 U 为 y 的邻域, 则我们可以假定 U 为以 y 为心, d- 半径为 r 的球, 其中 d 为 Y 的格集的伪度量并且 $r > 0$. 因为 F 在 x 处为同等连续, 故有 x 的邻域 V 使得当 $z \in V$ 时对所有 F 中的 f 有 $d(f(x), f(z)) < r/2$, 从而当 $z \in V$ 并且 $f(x)$ 属于以 y 为心, d-

半径为 $r/2$ 的球时有 $f(z) \in U$.

在某种意义下, 同等连续性又是关于值域空间"一致化了"的齐–连续性, 并且正如我们所期望的那样, 在一种适当的紧性条件的前提下, 从齐–连续性即可推出同等连续性.

定理 23[①]　　若 F 为从拓扑空间 X 到一致空间 Y 的齐–连续的函数族, 并且对 X 的点 x, $F[x]$ 有紧的闭包, 则 F 在 x 处为同等连续.

证明　　假设 d 为 Y 的格集的元并且 $r > 0$, 则对 $F[x]^-$ 中的每一个 y, 有 y 的邻域 W 和 x 的邻域 V 使得当 $f(x) \in W$ 时 $f[V]$ 包含在以 y 为心, d- 半径为 $r/2$ 的球内, 但 $F[x]^-$ 为紧集, 故有有限多个 $F[x]^-$ 的点 y_i 的邻域 W_i 和相应的 x 的邻域 V_i, 其中 $i = 1, \cdots, n$, 使得所有 W_i 的族覆盖 $F[x]^-$, 并且当 $f(x) \in W_i$ 时 $f[V_i]$ 为以 y_i 为心, d- 半径为 $r/2$ 的球的子集. 因而, 若 $z \in T = \bigcap \{V_i : i = 0, 1, \cdots, n\}$ 并且 $f \in F$, 则 $f(x)$ 属于某个 W_i, 但 $f[T]$ 为某个 d- 半径为 $r/2$ 的球的子集, 故对 T 中的每一个 y 有 $d(f(x), f(y)) < r$, 即 F 为同等连续.

注记 24　　本节的结果属于 Morse 和我自己. 对拓扑空间的 Ascoli 定理的其他形式已由 Gale[1] 得到.

问　　题

A　关于点式收敛拓扑的习题

Tychonoff 空间 X 上的所有连续实值函数组成的集关于点式收敛拓扑在 X 上的所有实值函数组成的集中稠密.

B　关于函数的收敛的习题

设 f 为闭单位区间 [0,1] 上的连续实值函数, 它使得 $f(0) = f(1) = 0$ 并且 f 不恒等于零. 对每一个非负整数 n, 命 $g_n(x) = f(x^n)$, 则 $\{g_n, n \in \omega\}$ 点式收敛 (但不一致收敛) 于恒等于零的函数 h. 又 $\{h\}$ 与所有 g_n 组成的集的并关于点式收敛拓扑为紧集, 但关于一致收敛拓扑为非紧集.

C　在稠密子集上的点式收敛

设 F 为从拓扑空间 X 到一个一致空间的同等连续的函数族, A 为 X 的稠密子集, 则 X 上的点式收敛的一致结构与 A 上的点式收敛的一致结构相同.

D　对角线方法和列紧性

比 Tychonoff 乘积定理证明本身更为重要的是如下的对角线方法, 它是证明函数族紧性的典型方法. 回忆一下, 拓扑空间叫做序列紧, 假如空间的每一个序列都有收敛于该空间的点的子序列.

(a) 可数多个序列紧拓扑空间的乘积仍为列紧 (假设 $\{Y_m, m \in \omega\}$ 为列紧空间组成的序列, 又 $\{f_n, n \in \omega\}$ 为乘积 $\times \{Y_m, m \in \omega\}$ 中的序列. 选 ω 的无限子集 A_0 使得 $\{f_n(0), n \in A_0\}$

---

①条件"$F[x]$ 有紧的闭包"换成"$F[x]$ 为全有界"时该定理不成立.

收敛于 Y_0 的一个点, 又归纳地选 A_k 的无限子集 A_{k+1} 使得 $\{f_n(k+1), n \in A_{k+1}\}$ 收敛于 Y_{k+1} 的一个点. 若 N_k 为 A_k 的第 k 个元, 则 $\{f_{N_k}, k \in \omega\}$ 即为所需的子序列).

(b) 设 Y 为序列紧的一致空间, X 为可分拓扑空间, 又设 F 为从 X 到 Y 的同等连续的函数族并且关于点式收敛拓扑为 Y^X 中的闭集, 则 F 关于点式收敛拓扑 (或紧开拓扑) 为序列紧 (利用问题 7.C 并且注意 Y 中的每一个 Cauchy 网都有极限点).

注　关于函数空间的可数紧性的若干很好的结果, 最近由 Grothendieck[1] 得到. 他的结果可以直接应用于线性拓扑空间的一些有趣的问题.

E　Dini 定理

若拓扑空间 X 上的连续实值函数的单调增加的网 $\{f_n, n \in D\}$ 点式收敛于连续函数 f, 则该网在紧集上一致收敛于 f (这是一种简单的紧性论证. 对 X 的紧子集 C, 命 $A_n = \{(x,y) : x \in C \text{ 且 } f_n(x) \leqslant y \leqslant f(x)\}$, 并且注意所有集 A_n 的交就是 $f|C$ 的图形, 其中 n 属于 D).

F　一种诱导映射的连续性

设 X 和 Y 为集, $\mathscr{A}$ 和 $\mathscr{B}$ 分别为 X 和 Y 的子集族, 又设 F 为所有从 X 到一致空间 $(Z, \mathscr{U})$ 的函数组成的族, G 为所有从 Y 到 $(Z, \mathscr{U})$ 的函数组成的族. 若 T 为从 X 到 Y 内的映射, 则从 G 到 F 内的**诱导映射** T^* 定义为: 当 g 属于 G 时 $T^*(g) = g \circ T$. 对 $\mathscr{A}$ 的每一个元 A 集 $T[A]$ 包含在 $\mathscr{B}$ 的某个元内, 则 T^* 关于 F 的一致结构 $\mathscr{U}|\mathscr{A}$ 和 G 的一致结构 $\mathscr{U}|\mathscr{B}$ (分别在 $\mathscr{A}$ 和 $\mathscr{B}$ 的元上一致收敛) 为一致连续. 特别, T^* 关于一致收敛的一致结构为一致连续并且关于点式收敛的一致结构为连续, 假如 $\mathscr{B}$ 覆盖 Y. 若 X 和 Y 为拓扑空间并且 T 为连续, 则 T^* 关于在紧集上的一致收敛为一致连续.

注　某些其他种类的自然诱导映射已经由 Arens 和 Dugundji[2] 研究过.

G　一致同等连续性

从一致空间 $(X, \mathscr{U})$ 到 $(Y, \mathscr{V})$ 一致空间的函数族 F 叫做**一致同等连续**当且仅当对 $\mathscr{V}$ 的每一个元 V, 有 $\mathscr{U}$ 中的 U 使得当 $f \in F$ 并且 $(x,y) \in U$ 时有 $(f(x), f(y)) \in V$.

(a) 族 F 为一致同等连续当且仅当它在下列意义下为一致联合连续, 即当 F 的一致结构为一致收敛的一致结构, 并且 $F \times X$ 带有乘积一致结构时, 从 $F \times X$ 到 Y 内的自然映射为一致连续.

(b) 一致同等连续的函数族的点式闭包仍为一致同等连续.

(c) 若 X 为紧并且 F 为同等连续, 则 F 为一致同等连续.

注　上述命题的证明不需要新的方法. 这一方面的更详细的论述已在 Arens[2] 和 Bourbaki[1] 中给出.

H　关于一致结构 $\mathscr{U}|\mathscr{A}$ 的习题

设 X 为一个集, $\mathscr{A}$ 为 X 的覆盖, 它关于 $\supset$ 为有向集 (即对 $\mathscr{A}$ 中的 A 和 B 有 $\mathscr{A}$ 中的 C 使得 $C \supset A \bigcup B$), 又设 $(Y, \mathscr{V})$ 为一致空间, 再设 F 为从 X 到 Y 的函数族, 它带有在 $\mathscr{A}$ 的元上一致收敛的一致结构 $\mathscr{U}|\mathscr{A}$. 最后假设 S 为 F 中的网并且对 $\mathscr{A}$ 的每一个元 A, 有 S 的一个给定的子网 $\{S \circ T_A(m), m \in E_A\}$, 它在 A 上一致收敛于 F 的元 s. 给出关于 $\mathscr{U}|\mathscr{A}$ 的拓扑收敛于 s 的 S 的子网的明显表达式.

I　计值映射的连续性

若 F 为从集 X 到集 Y 的函数族, 则计值映射映 X 到从 F 到 Y 的函数族 G 内, 这里在 X 的点 x 处的计值映射 $E(x)$ 是定义为 $E(x)(f) = f(x)$, 其中 f 属于 F. 设 $(X, \mathscr{U})$ 和 $(Y, \mathscr{V})$ 为一致空间, 又设 G 带有在 F 的子集族 $\mathscr{A}$ 的元上一致收敛的一致结构, 则从 X 到 G 内的计值映射 E 为连续, 假如 $\mathscr{A}$ 的每一个元为同等连续, 又计值映射为一致连续, 假如 $\mathscr{A}$ 的每一个元为一致同等连续.

J　k 空间的子空间, 乘积空间和商空间

(a) 存在 Tychonoff 空间它不是 k 空间, 且每一个 Tychonoff 空间可嵌入到某个紧 Hausdorff 空间内, 由此可推出并不是 k 空间的每一个子空间都仍为 k 空间 (见问题 2.E 的例).

(b) 不可数多个实直线的乘积不是 k 空间 (设 A 为由所有这样的元 x 所组成的该乘积的子集, 它使得对某个非负整数 n, 除在一个至多 n 个指标的集外, x 的每一个坐标等于 n, 并且在该集上 x 的坐标为零, 则 A 不是闭集, 但对每一个紧集 $C, A \bigcap C$ 为紧集).

(c) 设 X 为 k 空间, R 为 X 上的等价关系, 并且 X/R 带有商拓扑. 若 X/R 为 Hausdorff 空间, 则它也为 k 空间.

K　拓扑的 k 扩张

设 $(X, \mathscr{T})$ 为 Hausdorff 空间, 则 $\mathscr{T}$ 的 k 扩张定义为所有使得对每一个紧集 $C, U \bigcap C$ 为 C 中的开集的 X 的子集 U 组成的族 $\mathscr{T}_k$(等价地有, A 为 $\mathscr{T}_k$ 闭集当且仅当对每一个 $\mathscr{T}$ 紧集 $C, A \bigcap C$ 为 $\mathscr{T}$ 紧集).

(a) 若 C 为 X 的 $\mathscr{T}$ 紧子集, 则 $\mathscr{T}$ 关于 C 的相对拓扑与 $\mathscr{T}_k$ 的相对拓扑相同. 因此集为 $\mathscr{T}$ 紧集当且仅当它为 $\mathscr{T}_k$ 紧集.

(b) 空间 $(X, \mathscr{T}_k)$ 为 k 空间.

(c) X 上的函数为 $\mathscr{T}_k$ 连续当且仅当它在 X 的每一个紧子集上为 $\mathscr{T}$ 连续.

(d) 拓扑 $\mathscr{T}_k$ 为在紧集上与 $\mathscr{T}$ 相同 (在对紧集的相对拓扑与 $\mathscr{T}$ 的相对拓扑相同的意义下) 的最大拓扑.

L　齐–连续性的刻画

从拓扑空间 X 到拓扑空间 Y 的函数族 F 为齐 - 连续当且仅当对 $F \times X$ 中每一个使得 $\{x_n, n \in D\}$ 收敛于 x 并且 $\{f_n(x), n \in D\}$ 收敛于 y 的网 $\{(f_n, x_n), n \in D\}$ 有 $\{f_n(x_n), n \in D\}$ 收敛于 y.

M　连续收敛

设 F 为从空间 X 到空间 Y 的连续函数族. 网 $\{f_n, n \in D\}$ 叫做连续收敛于 F 的元 f 当且仅当 $\{x_n, n \in D\}$ 为收敛于点 x 的 X 中的网时有 $\{f_n(x_n), n \in D\}$ 收敛于 $f(x)$.

(a) F 的拓扑 $\mathscr{T}$ 为联合连续当且仅当对 F 中的网, 只要它 $\mathscr{T}$ 收敛于元 f, 则也连续收敛于 f.

(b) 若 F 中的序列关于紧开拓扑收敛于 f, 则它连续收敛于 f.

(c) 假设 X 满足第一可数性公理, 又假设带有紧开拓扑 $\mathscr{C}$ 的 F 也满足该公理, 则 $\mathscr{C}$ 为联合连续并且 F 中的序列 $\mathscr{C}$ 收敛于元 f 当且仅当它连续收敛于 f.

N　线性赋范空间的共轭空间

设 X 为实线性赋范空间, X^* 为它的共轭空间, 即所有 X 上的实值连续线性函数的空间. 定义 X^* 的范数拓扑为 $\| f \| = \sup\{|f(x)| : \| x \| \leqslant 1\}$. 又称 X^* 的点式收敛拓扑为 w^* 拓扑.

另外, X^* 的子集 F 叫做 w^* 有界当且仅当对 X 的每一个元 x, 所有 $f(x)$ 的集为有界, 其中 f 属于 F.

(a) 空间 X^* 关于 w^* 拓扑为不完备, 除非 X 上的每一个线性函数均为连续 (见问题 3.W. 假定有足够多的 X 上连续线性泛函可以分离点 —— 这个事实是 Hahn–Banach 定理的一个推论, Banach [1;27]).

(b) **定理** (Alaoglu) X^* 的单位球关于 w^* 拓扑为紧集. 因而, X^* 的每一个范数有界的 w^* 闭子集为 w^* 紧集 (单位球为乘积 $\times\{[-\parallel x \parallel, \parallel x \parallel] : x \in X\}$ 中的闭子集).

(c) 带有 w^* 拓扑的空间 X^* 为仿紧, 从而为拓扑完备 (见问题 5.Y 和问题 6.L).

(d) 若 X^* 的子集 F 为同等连续, 则它的 w^* 闭包亦为同等连续. 若 F 为同等连续, 则 F 的 w^* 闭包为 w^* 紧. 若 F 的 w^* 闭包为 w^* 紧, 则 F 为 w^* 有界 (注意 F 为同等连续当且仅当它为范数有界).

(e) 若 X 非稀疏, 特别若 X 为完备, 则 X^* 的每一个 w^* 有界的子集 F 为同等连续 (对集 $\{x :$ 对 F 中的每一个 f 有 $|f(x)| \leqslant 1\}$ 应用问题 6.U(b), 或 6.U(a)).

(f) "X 非稀疏" 的假设不能从 (e) 中删去 (考察所有除在一个有限的指标集外皆为零的实序列的空间 X, 其范数为 $\parallel x \parallel = \sum\{|x_n| : n \in \omega\}$. 若 $f_n(x) = nx_n$, 则序列 $\{f_n, n \in \omega\}$ 关于 w^* 拓扑收敛于零).

注   这个问题的主要结果多少有点古典了, 并且其中的某些可以明显地推广到更少限制的情形. 然而, 与 (d) 和 (e) 相等价的结果却不对任意的完备线性拓扑空间都成立. 与 (f) 相联系的一个有趣的事实是线性赋范空间 X 的共轭空间的 w^* 紧凸子集恒为同等连续, 而它的证明则并不是完全显然的.

O   Tietze 扩张定理[①]

设 X 为正规空间, A 为闭子集, f 为从 A 到闭区间 $[-1,1]$ 的连续函数, 则 f 有一个连续扩张 g, 它变 X 到 $[-1,1]$ 内 (设 $C = \{x : f(x) \leqslant -1/3\}$, $D = \{x : f(x) \geqslant 1/3\}$, 则由 Urysohn 引理, 有从 X 到 $[-1/3, 1/3]$ 时 f_1 使得 f_1 在 C 上为 $-1/3$, 在 D 上为 $1/3$. 显然, 对 A 中的一切 x 有 $|f(x) - f_1(x)| \leqslant 2/3$. 同样的论证也可以应用于函数 $f - f_1$).

注   Dugundji[1], Dowker[3] 和 Hanner[1] 已经证明了 Tietze 定理的一些有趣的推广.

P   关于 $C(X)$ 的线性子空间的稠密性引理

设 X 为拓扑空间, 又设 $C(X)$ 为 X 上的所有有界连续实值函数的空间, 并且 $C(X)$ 带有一致收敛拓扑 (等价地, $C(X)$ 关于 $\parallel f \parallel = \sup\{|f(x)| : x \in X\}$ 为赋范空间). 若称 $C(X)$ 的子集 L 为具有两集性质当且仅当对 X 的互不相交闭子集 A 和 B, 以及每一个闭区间 $[a,b]$, 有 L 的一个元 f 使得 f 映 X 到 $[a,b]$ 内, 并且 f 在 A 上为 a, 在 B 上为 b, 则 $C(X)$ 的每一个具有两集性质的线性子空间在 $C(X)$ 中稠密 (设 g 为 $C(X)$ 的一个任意的元并且 $\mathrm{dist}(g, L) > 0$, 选 L 中的 h 使得 $\parallel g - h \parallel$ 渐近于 $\mathrm{dist}(g, L)$. 若 $k = g - h$, 则 $\mathrm{dist}(k, L) = \mathrm{dist}(g, L)$ 并且 $\parallel k \parallel$ 渐近于它. 证明存在 L 的元 f 使得 $\parallel k - f \parallel \leqslant 2 \parallel k \parallel /3$).

[①] 这个定理之所以在此处出现是因为它的证明需要连续函数的一致极限仍为连续函数的事实. 必须老实承认, 在以前各章中已经有三个问题中用到了这一个事实.

Q 关于 Banach 代数的平方根引理[1]

实 (或复) Banach 代数是指实 (或复) 数上的一个这样的代数 A, 它带有一个范数使得 A 为完备线性赋范空间并且乘法满足条件: $\| xy \| \leqslant \| x \| \| y \|$ (借助于通常的算子范数, 代数 A 可以看成是具有这样的结合乘法的 Banach 空间, 它使得关于确定的元 x 的左乘为范数至多 $\| x \|$ 的线性算子). 以下恒假定 A 为一个确定的 (实或复) Banach 代数.

从 D 到线性赋范空间的函数 f 叫做绝对可和当且仅当 $\sum\{\| f(n) \| : n \in D\}$ 存在.

(a) A 中每一个绝对可和函数为可和. 若 $\{x_n, n \in \omega\}$ 和 $\{y_m, m \in \omega\}$ 为绝对可和, 则 $\{x_n y_m, (m, n) \in \omega \times \omega\}$ 也为绝对可和并且

$$\sum\{x_n : n \in \omega\} \sum\{y_m : m \in \omega\} = \sum\{x_n y_m : (m, n) \in \omega \times \omega\}$$

(这个结果的有效性就在于最后一个和式可通过任意方式归并被加数来加以计算. 见问题 6.S).

(b) 设 a_n 为 $(1-t)^{1/2}$ 关于 $t = 0$ 的展式中的第 n 个二项式系数, 则 $a_0 = 1$ 并且 a_n 为负当 n 为正时, $\sum\{a_n : n \in \omega\} = 0$ 并且 $\sum\{a_n a_{p-n} : n \in \omega$ 且 $n \leqslant p\}$ 为 $1, -1$ 和 0 分别当 $p = 0$, $p = 1$ 和 $p > 1$ 时 (交替地, 我们可以递推地定义 a_n 使得所陈述的最后一个关系式成立. 在证明了当 n 为正时 $a_n < 0$ 之后, 注意部分和 $\sum\{a_n t^n : n < p\}$ 关于 n 单调下降, 并且对 $0 \leqslant t < 1$, 因而也对 $t = 1$, 以 $(1-t)^{1/2}$ 为下界).

(c) 若该代数有单位元 u, 并且 $\| x - u \| \leqslant 1$, 则有此代数的元 y 使得 $y = x^2$. 显然, y 可以取为 $\sum\{a_n(u-x)^n : n \in \omega\}$, 其中 a_n 如同 (b) 中所定义的 (这里假定 $x^0 = u$. 元 y 也可以写成 $y = \sum\{a_n[(u-x)^n - u] : n \geqslant 1\}$ 的形式. 在这种形式下, 显然 y 是 x 的多项式的极限并且这些多项式还可以取成没有常数项).

注 显然通过上面所述的方法还可以得到许多事实 (例如, 若 $\| x \| < 1$, 则 $\sum\{x^n : n \in \omega\}$ 为 $u - x$ 的乘法的逆). 至于 Banach 代数的系统讨论见 Loomis[2] 和 Hille[1].

R Stone–Weierstrass 定理

(a) 设 X 为紧拓扑空间, $C(X)$ 为所有 X 上连续实值函数的代数并且 $C(X)$ 带有范数: $\| f \| = \sup\{|f(x)| : x \in X\}$, 则 $C(X)$ 的子代数 R 在 $C(X)$ 中稠密, 假如它具有两点性质: 对 X 的不同的点 x 和 y, 以及每一对实数 a 和 b, 有 R 中的 f 使得 $f(x) = a$ 并且 $f(y) = b$.

特别, R 为稠密, 假如常数函数属于 R 并且 R 分离点 (在从 $x \neq y$ 可推出某个 R 中的 f 使得 $f(x) \neq f(y)$ 的意义下).

它的证明是通过如下的一系列引理完成的.

(i) 若 $f \in R$, 则 $|f|$ 属于 R 的闭包 R^-, 其中 $|f|(x) = |f(x)|$ (取 f^2 的平方根并利用问题 7.P).

(ii) 若 f 和 g 属于某个子代数, 则 $\max[f, g]$ 和 $\min[f, g]$ 属于该子代数的闭包 (这里 $\max[f, g](x) = \max[f(x), g(x)]$. 注意 $\max[a, b] = [(a+b) + |a-b|]/2$ 以及 $\min[a, b] = [(a+b) - |a-b|]/2)$.

(iii) 若子代数具有两点性质, $f \in C(X), x \in X$ 并且 $e > 0$, 则有 R^- 中的 g 使得 $g(x) = f(x)$ 并且 $g(y) < f(y) + e$ 对 X 中的一切 y 成立 (利用 X 的紧性, 取一个适当选择

---

[1]这个命题在此处给出, 本质上是作为 Stone–Weierstrass 定理的一种准备. 然而, 该引理对更一般的情况也有某些重要性, 因此, 我们就任意 Banach 代数的情形来加以陈述.

的有限的函数族的最小值).

该定理现在通过取一个适当选择的有限的函数族的最大值从 (iii) 即可推出.

(b) 若 X 为拓扑空间并且所有 X 上的连续实值函数的族 $C(X)$ 给定在紧集上一致收敛的拓扑, 则 $C(X)$ 的每一个具有两点性质的子代数在 $C(X)$ 中稠密.

注 毫无问题, 这是 $C(X)$ 的最有用的已知结果. 但关于复值函数相应的定理是不成立的 (例如, 考虑在单位圆域上连续并且在其内部解析的函数). 至于更详细的讨论见 Stone[5].

S $C(X)$ 的构造

在整个问题中设 X, Y 和 Z 为紧 Hausdorff 空间, $C(X)$, $C(Y)$ 和 $C(Z)$ 分别为 X, Y 和 Z 上的一切连续实值函数的代数. 又代数的实同态是指到实数内的同态.

(a) 对每一个从 X 到 Y 的连续函数 F, 命 F^* 为由 $F^*(h) = h \circ F$ 所定义的从 $C(Y)$ 到 $C(X)$ 内的诱导映射, 其中 h 属于 $C(Y)$, 则

(i) F^* 为从 $C(Y)$ 到 $C(X)$ 内的同态.

(ii) F 映 X 到 Y 上当且仅当 F^* 为从 $C(Y)$ 到 $C(X)$ 的一个包含单位元的子代数上的同构.

(iii) F 为一对一当且仅当 F^* 映 $C(Y)$ 到 $C(X)$ 上.

(iv) 若 G 为从 Y 到 Z 内的连续映射, 则 $(G \circ F)^* = F^* \circ G^*$.

(v) 若 F 为从 X 到 Y 上的拓扑映射, 则 $(F^{-1})^* = (F^*)^{-1}$.

(b) $C(X)$ 的拓扑由它的代数运算所完全决定. 更详细地说, 假设当 $f - g$ 为 $C(X)$ 的某个元的平方时, 命 $f \geqslant g$, 又命 $\| f \| = \inf\{k : -ku \leqslant f \leqslant ku\}$, 其中 u 为恒等于 1 的函数. 那么当 ϕ 为 $C(X)$ 的实同态时有 $|\phi(f)| \leqslant \| f \|$, 并且除 ϕ 为恒等于零的情形外有 $\phi(u) = 1$.

(c) 设 S 为所有使得 $\phi(u) = 1$ 的 $C(X)$ 的实同态 ϕ 组成的集并且具有点式收敛拓扑, 又设 E 为从 X 到 S 内的计值映射 (即 $E(x)(f) = f(x)$), 则 E 为从 X 到 S 上的拓扑映射 (证明 S 为紧, 利用 Stone-Weierstrass 定理来证明从 $C(X)$ 到 $C(S)$ 内的计值映射 D 为从 $C(X)$ 到 $C(S)$ 上的同构, 再证明 $E^* = D^{-1}$, 并且利用 (a)).

(d) 空间 X 为可度量化当且仅当 $C(X)$ 为可分 (这个结果在该问题的其余部分中用不到, 可以作为应用 (c) 的一个简单练习而给出).

(e) 若 H 为从 $C(Y)$ 到 $C(X)$ 的同态, 它变 $C(Y)$ 的单位元为 $C(X)$ 的单位元, 则有唯一的从 X 到 Y 内的连续映射 F 使得 $H = F^*$ (该同态 H 诱导了从所有 $C(X)$ 上的实同态的集到所有 $C(Y)$ 上的实同态的集内的一个映射).

(f) 设 R 为使得 $u \in R$ 的 $C(X)$ 的闭代数, 又设 F 为由 $F(x)_f = f(x)$ 所定义的从 X 到 $\times \{f[X] : f \in R\}$ 内的映射, 再设 Y 为 F 的值域, 则 R 为所诱导的从 $C(Y)$ 到 $C(X)$ 内的同构 F^* 的值域.

(g) 设 I 为 $C(X)$ 内的闭理想, 又设 $Z = \{x :$ 对 I 中的所有 f 有 $f(x) = 0\}$, 则 I 为所有在 Z 上恒等于零的 $C(X)$ 的元的集 (若 Z 为空集, 则有 I 的一个元, 它不在任何点上为零, 因而有逆. 考察子代数 $C + I$, 其中 C 为所有常数函数的集. 因为 Z 为非空, $C + I$ 为闭, 故 (f) 可以应用).

注 关于 $C(X)$ 的构造已经相当清楚. 更进一步的情况和文献在 Myers[1] 关于该论题的一篇评论性文章中给出, 也可参阅 Hewitt[2].

上述问题中所略述的处理方法不是仅可能的一种方法 —— 从那些基本事实 (Stone-Weier-strass 定理、Tychonoff 乘积定理和 Tietze 定理) 我们可用不同方法来导出所期望的结果. 然而, 上面所用的方法部分地可看成是一种一般方法的例子, 即对某个对象的类的每一个元 (在现在的情况下是紧 Hausdorff 空间 X) 相应有另一个对象 (在现在的情况下是 Banach 代数 $C(X)$). 而且对原始对象的一个特殊的映射类的每一个元 (在所述的情况下是连续映射) 确定了一个满足某些条件 (例如 (a) 的 (iv) 和 (v)) 的诱导映射. 在这种情况下, 诱导映射与导出它的映射反向 —— 如此的对应叫做反变. 又 Tychonoff 空间的 Stone-Čech 紧扩张与其明显的诱导映射给出了诱导映射与原始映射同向的一个例子 —— 一个协变的对应.

这种一般方法的研究, 已经由 Eilenberg 和 Steenrod[1] 最成功地用于它们的同调理论的公理化处理. 而该方法本身首先由 Eilenberg 和 Maclane 所研究. 如果对象与映射理论的研究称作银河系范围的, 那按此类比, 拓扑空间的研究只能叫做地球范围的研究了.

T　群的紧扩张; 殆周期函数

我们自然试图按照将 Tychonoff 空间嵌到它的 Stone-Čech 紧扩张内的多少有点相同的方法, 将拓扑群映成紧拓扑群的稠密子群. 一般地说, 拓扑地嵌入是不可能的 —— 拓扑并且同构地嵌到每一个 Hausdorff 群内的完备群在其内必为闭. 然而, 我们仍然可以得到许多有趣的结果. 下面来作一个简单的介绍. 它的进一步发展, 是由如下事实所推动: 若 ϕ 为从拓扑群 G 到紧群 H 内的连续同态, g 为 H 上的连续实值函数, 则 $g \circ \phi$ 具有所有左位移的集 (关于一致收敛的一致结构) 为全有界的性质.

在整个问题中, 假定 G 为确定的拓扑群. 对群 G 上的每一个有界实值函数 f 和 G 中的每一个 x, 定义 f 关于 x 的左平移 $L_x(f)$ 为 $L_x(f)(y) = f(x^{-1}y)$. 又所有有界实值函数的函数空间关于 $d(f,g) = \sup\{|f(x) - g(x)| : x \in X\}$ 为可度量化, 并且我们定义函数 f 的左轨道 X_f 为所有 f 的左平移的集关于度量拓扑的闭包. 再定义 f 为左殆周期当且仅当 X_f 为紧集.

设 A 为所有 G 上连续左殆周期函数的集, 则对 G 中的每一个 x, 左平移 L_x 映 A 到 A 内. 我们以点式收敛来拓扑化所有从 A 到 A 内的映射的空间, 并且命 $\alpha[G]$ 为所有左平移的集关于该拓扑的闭包.

(a) **引理**　设 (X, d) 为紧度量空间, K 为所有从 X 到它自己内的等距映射 (关于合成) 的群, 则在 X 上一致收敛的拓扑 (对 K) 为度量: $d^*(R, S) = \sup\{d(R(x), S(x)) : x \in X\}$ 的拓扑并且即为在 X 上点式收敛的拓扑. 又群 K 关于该拓扑为紧拓扑群.

(b) $\alpha[G]$ 为紧 (注意 $\alpha[G] \subset \times \{X_f : f \in A\}$).

(c) $\alpha[G]$ 的每一个元为变每一个左轨道 X_f 到它自己上的等距映射. 又从 $\alpha[G]$ 到乘积空间 $\times \{K_f : f \in A\}$ 内的自然映射为拓扑同构, 其中 K_f 为所有 X_f 的等距映射组成的群. 因而 $\alpha[G]$ 为一个拓扑群.

(d) 若 A 给定在 G 上点式收敛的拓扑并且 $\alpha[G]$ (A^A 的子集) 带有所得到的乘积拓扑, 则对于 $\alpha[G]$, 这两种拓扑相同. 因而, 在 $\alpha[G]$ 中 $R_n \to R$ 当且仅当对 A 中的所有 f 和 G 中的所有 x 有 $R_n(f)(x) \to R(f)(x)$.

(e) 变 G 的元 x 为 L_x 的从 G 到 $\alpha[G]$ 内的映射 L 为连续同态. 对于 G, 使得 L 为连续的最小拓扑与使得 A 的每一个元 f 为连续的最小拓扑相同 ($\alpha[G]$ 也可以描述为 $G \bmod$ 所有用 A 的元都不能分离单位元的 G 的元组成的子群所生成的商群, 关于使得 A 中的每一个 f

为一致连续的最小一致结构的完备扩张).

(f) 若 g 为 $\alpha[G]$ 上的连续实函数, 则 $g \circ L \in A$. 又若 $f \in A$ 并且定义 $\alpha[G]$ 上的函数 g 为 $g(R) = R^{-1}(f)(e)$, 则 $f = g \circ L$ 并且 g 为连续. 于是所有 $\alpha[G]$ 上的连续实函数的族等距 (并且同构) 于 A.

(g) 若 ϕ 为从 G 到紧拓扑群 H 内的连续同态, 则有从 $\alpha[G]$ 到 H 内的连续同态 θ 使得 $\phi = \theta \circ L$ (更一般地, 对于 H, 任意的同态 ϕ 都诱导了从 $\alpha[G]$ 到 $\alpha[H]$ 内的自然同态 θ 使得 $\theta \circ L = L \circ \phi$. 见 α 的定义).

上述这些结果有许多明显的系. 例如函数为左周期当且仅当它为右周期, 以及类 A 为同构于所有紧群 $\alpha[G]$ 上连续函数的代数的 Banach 代数.

(h) 术语"殆周期"是从类 A 的一种另外的描述导出的. 我们称 G 的元 x 为实函数 f 的左 e 周期当且仅当对所有 G 中的 y 有 $|f(x^{-1}y) - f(y)| < e$. 命 A_e 为连续函数 f 的所有左 e 周期的集, 则下列命题等价:

(i) 有从 G 到紧群 H 内的同态 ϕ 和 H 上的连续实值函数 h 使得 $g = h \circ \phi$;

(ii) f 的所有左平移的集关于一致收敛的一致结构为全有界;

(iii) 对每一个正数 e 有 G 的有限子集 B 使得 $G = BA_e$.

(注意到 $|L_x(f)(z) - L_y(f)(z)| < e$ 对所有 z 成立当且仅当 $y^{-1}x$ 为左 e 周期, 即可阐明 (ii) 与 (iii) 之间的联系).

注　上述结果最早属于 Weil[2]. 而 (h) 的 (ii) 与 (iii) 的等价性则是 Bochner 的一个经典定理. Loomis[2] 也研究了殆周期函数, 他先证明群上的所有左殆周期函数的集满足刻画函数组成的 Banach 代数的特征的条件, 然后再定义 $\alpha[G]$ 为该 Banach 代数的一切实同态的集.

命题 (a) 提出了怎样拓扑化一个同胚群使之成为拓扑群的一般问题. 关于该方向的结果和文献参看 Arens[3] 与 Dieudonné[4].

参 考 文 献

Alexandroff A D

[1] On the extension of a Hausdorff space to an H-closed space. *C. R. (Doklady) Acad. Sci. U.R.S.S., N. S.,* 1942, 37: 118–121.

Alexandroff P

[1] Sur les ensembles de la première classe et les ensembles abstraits. *C. R. Acad. Sci., Paris,* 1924, 178: 185–187.

Alexandroff P and Hopf H

[1] *Topologie I.* Berlin, 1935.

Alexandroff P and Urysohn P

[1] Mémoire sur les espaces topologiques compactes. Verh. Akad. *Wetensch. Amsterdam,* 1929, 14: 1–96.

[2] Une condition necessaire et suffisante pour qu'une class (D) soit une class (D). *C. R.Acda Sci.,* Paris, 1923, 177: 1274–1277.

Appert A

[1] Écart partielement ordonné et uniformité. *C. R. Acad. Sci.,* Paris, 1947, 224: 442–444.

Appert A and Ky Fan

[1] Espaces topologiques intermédiares. Problème de la distanciation. *Actualités Sci. Ind.,* Paris, 1951, 1121.

Arens R

[1] Note on convergence in topology. *Math. Mag.,* 1950, 23: 229–234.

[2] A topology for spaces of transformations. *Ann. of Math.,* 1946, 47(2): 480–495.

[3] Topologies for homcomorphism groups. *Amer. J. Math.,* 1946, 68: 593–601.

Arens R and Dugundji J

[1] Remark on the concept of compactness. *Portugaliae Math.,* 1950, 9: 141–143.

[2] Topologies for function spaces. *Pacific J. Math.,* 1951, 1: 5–31.

Aronszajn N

[1] Quelques remarques sur les relations entre les notions d'écart régulier et de distance. *Bull. Amer. Math. Soc.,* 1938, 44: 653–657.

[2] Über ein Urbildproblem. *Fund. Math.,* 1931, 17: 92–121.

Balanzat M

[1] On the metrization of quasi-metric spaces. *Gaz. Mat.* Lisboa, 1951, 12(50): 91–94.

Banach S

[1] *Théorie des Opérations Linéaires.* Warsaw, 1932.

Begle E G

[1] A note on S-spaces. *Bull. Amer. Math. Soc.,* 1949, 55: 577–579.

Bing R H

[1] Metrization of topological spaces. *Canadian J. Math.,* 1951, 3: 175–186.

Birkhoff G

[1] *Lattice Theory* (Revised Ed.). A.M.S. Colloquium Publ. XXV, New York, 1948.

[2] A note on topological groups. *Compositio Math.,* 1936, 3: 427–430.

[3] Moore-Smith convergence in general topology. *Ann .of Math.,* 1937, 38(2): 39–56.

Bourbaki N

[1] *Topologie Générale. Actualités Sci. Ind.,* Paris., 1940, 858; 1942, 916; 1947, 1029; 1948, 1045; 1949, 1084.

[2] *Intégration. Actualités Sci. Ind..* Paris, 1952, 1175.

[3] *Espace Vectoriels Topologique. Actualités Sci. Ind.* Paris, 1953, 1189.

Bourbaki N and Dieudonné J

[1] Note de tératopologie II. *Reuue Scientifique,* 1939, 77: 180–181.

Čech E

[1] On bicompact spaces. *Ann. of Math.,* 1937, 38(2): 823–844.

Chevalley C

[1] *Theory of Lie Groups I.* Princeton, 1946.

Chittenden E W

[1] On the metrization problem and related problems in the theory of abstract sets. *Bull. Amer. Math.* Soc., 1937, 33: 13–34.

Cohen H J

[1] Sur un problème de M. Dieudonné. *C. R. Acad Sci..* Paris, 1952, 234: 290–292.

Cohen L W

[1] On topological completeness. *Bull. Amer. Math. Soc.,* 1940, 46: 706–710.

Cohen L W and Goffman C

[1] On the metrization of uniform space. *Proc. Amer. Math. Soc.,* 1950, 1: 750–753.

Colmez J

[1] Espaces à écart généralisé régulier. *C. R. Acad. Sci., Paris.* 1947, 224: 372–373.

Day M M

[1] Convergence, closure and neighborhoods. *Duke Math. J.,* 1944, 11: 181–199.

Dieudonné J

[1] Une généralization des espaces compacts. *J. Math. Pures Appl.,* 1944, 23: 65–76.

[2] Sur un espace localement compact non metrisable. *Anais da Acad. Bras. Ci.,* 1947, 19: 67–69.

[3] Sur la complétion des groupes topologiques. *C. R. Acad. Sci..* Paris, 1944, 218: 774–776.

[4] On topological groups of homeomorphisms. *Amer J. Math.*, 1948, 70: 659–680.

[5] Un exemple d'espace normal non susceptible d'une structure uniforme d'espace complet. *C. R. Acad. Sci.,* Paris, 1939, 209: 145–147.

[6] Sur les espaces uniformes complets. *Ann. Sci. École Norm sup.*, 1939, 56: 227–291.

Dixmier J

[1] Sur certains espaces considérés par M. H. Stone. *Summa Brasil.* Math., 1951, 2: 151–182.

Doss R

[1] On uniform spaces with a unique structure. *Amer. J. Math.*, 1949, 71: 19–23.

Dowker C H

[1] An embedding theorem for paracompact metric spaces. *Duke Math. J.*, 1947, 14: 639–645.

[2] On countably paracompact spaces. *Canadian J. Math.*, 1951, 3: 219–244.

[3] On a theorem of Hanner. *Ark. Mat.*, 1952, 2: 307–313.

Dugundji J

[1] An extension of Tietze's theorem. *Pacific. J. Math.*, 1951, 1: 353–367.

Eilenberg S

[1] Sur le théorème de décomposition de la théorie de la dimension. *Fund. Math.*, 1936, 26: 146–149.

Eilenberg S and Steenrod N

[1] *Foundations of Algebraic Topology.* Princeton, 1952.

van Est W T and Freudenthal H

[1] Trennung durch stetige functionen in topologischen Räumen. *Indagationes Math.,*1951, 13: 359–368.

Fort, M K Jr

[1] A note on pointwise convergence. *Proc . Amer. Math. Soc.*, 1951, 2: 34–35.

Fox R H

[1] On topologies for function spaces. *Bull. Amer. Math. Soc.*, 1945, 51: 429–432.

Fraenkel A

[1] *Einleitung in die Mengenlehre* (Amer. Ed.). New York, 1946.

Fréchet M

[1] Sur quelques points du Calcul Fonctionnel (These). *Rendiconti di Palermo*, 1906, 22: 1–74.

[2] *Les Espaces Abstractes.* Paris, 1926.

Freudenthal H

[1] Neuaufbau der Endentheorie. *Ann. of Math.*, 1942, 43(2): 261–279.

Frink A H

[1] Distance functions and the metrization problem. *Bull. Amer. Math. Soc.*, 1937, 43: 133–142.

Gale D

[1] Compact sets of functions and function rings. *Proc. Amer. Math. Soc.*, 1950, 1: 303–308.

Gödel K

[1] The consistency of the continuum hypothesis. *Ann. of Math. Studies,* 1940, 3.

Gomes A P

[1] Topologie induite par un pseudo-diamètre. *C R Acad. Sci.*, Paris, 1948, 227: 107–109.

Graves L M

[1] *The Theory of Functions of Real Variables.* New York, 1946.

Grothendieck A

[1] Critères de compacité dans les espaces fonctionnels généraux. *Amer. J. Math.*, 1952, 74: 168–186.

Gustin W

[1] Countable connected spaces. *Bull. Amer. Math. Soc.*, 1946, 52: 101–106.

Halmos P R

[1] *Measure Theory.* New York, 1950.

Hannek O

[1] Retraction and extension of mappings of metric and non-metric spaces. *Ark. Math.*,1952, 2: 315–360.

Hewitt E

[1] On two problems of Urysohn. *Ann. of Math.*, 1946, 47(2): 503–509.

[2] Rings of real-valued continuous functions I. *Trans. Amer. Math. Soc.*, 1948, 64: 45–99.

Hausdorff F

[1] *Grundzüge der Mengenlehre.* Leipzig, 1914.

[2] Die Mengen G_δ in vollständigen Räumen. *Fund. Math.*, 1924, 6: 146–148.

Hille E

[1] *Functional Analysis and Semi-groups. A.M.S. Colloquium Publ. XXI.* New York, 1948.

Hu S T

[1] Archimedean uniform spaces and their natural boundedness. *Portugaliae Math.*, 1947, 6: 49–56.

Hurewicz W and Wallman H

[1] *Dimension Theory.* Princeton, 1941.

Iseki K

[1] On definitions of topological space. *J. Osaka Inst. Sci. Tech.*, 1949, 1: 97–98.

Kakutani S

[1] Über die Metrization der topologischen Gruppen. *Proc. Imp. Acad.* Japan, 1936, 12: 82–84.

Kalisch G K

[1] On uniform spaces and topological algebra. *Bull. Amer. Math. Soc.*, 1946, 52: 936–939.

Katětov M

[1] On H-closed extensions of topological spaces. *Časopis Pěst. Mat. Fys.*, 1947, 72: 17–32.

Kelley J L

[1] Convergence in topology. *Duke Math., J.*, 1950, 17: 277–283.

[2] The Tychonoff product theorem implies the axiom of choice. *Fund. Math.*, 1950, 37: 75–76.

Klee V L

[1] Invariant metrics in groups (solution of a problem of Banach). *Proc. Amer. Math. Soc.*, 1953, 3: 484–487.

Knaster B and Kuratowski C

[1] Sur les ensembles connexes. *Fund. Math.*, 1921, 2: 206–255.

Kolmogoroff A

[1] Zur Normierbakeit eines allgemeinen topologischen linearen Räumcs. *Studia Math.*, 1934, 5: 29–33.

Köthe G

[1] Die Quotientenräume eines linearen vollkommenen Räumes. *Math. Z,.* 1947, 51: 17–35.

Krishna S B Murti

[1] A set of axioms for topological algebra. *J. Indian Math. Soc.*, (N. S.), 1940, 4: 116–119.

Kuratowski C

[1] *Topologie I (2nd Ed.)*. Warsaw, 1948.

[2] *Topologie II*. Warsaw, 1950.

[3] Une méthode d'élimination des nombres transfinis des raissonnements mathématiques. *Fund. Math.*, 1922, 3: 76–108.

Landau E

[1] *Grundlagen der Analysis (Amer. Ed.)*. New York, 1946.

Lasalle J P

[1] Topology based upon the concept of pseudo-norm. *Proc. Nat. Acad. Sci. U.S.A.*, 1941, 27: 448–451.

Lefschetz S

[1] *Algebraic Topology*. A.M.S. Colloquium Publ. XXVII. New York, 1942.

Loomis L H

[1] On the representation of σ-complete Boolean algebras. *Bull. Amer. Math. Soc.*, 1947, 53: 757–760.

[2] *Abstract Harmonic Analysis.* New York, 1953.

McShane E J

[1] Partial orderings and Moore-Smith limits. *Amer. Math. Monthly,* 1952, 59: 1–11.

[2] *Integration.* Princeton, 1944.

[3] Order-Preserving maps and integration processes. *Ann of Math. Studies* 31. Princeton, 1953.

Michael E

[1] A note on paracompact spaces. *Proc. Amer. Math. Soc.,* 1953, 4: 831–838.

[2] Topologies on spaces of subsets. *Trans. Amer. Math. Soc.,* 1951, 71: 151–182.

Monteiro A

[1] Caractérisation de l'opération de fermeture par une seul axiome. *Portugaliae Math.,* 1945, 4: 158–160.

[2] Caractérisation des espaces de Hausdorff au moyen de l'opération de dérivation. *Portugaliae Math.,* 1940, 1: 333-339.

Moore E H

[1] Definition of limit in general integral analysis. *Proc. Nat. Acad. Sci. U.S.A.,* 1915, 1: 628.

[2] *General Analysis I.* Pt. II, Philadelphia, 1939.

Moore E H and Smith H L

[1] A general theory of limits. *Amer. J. Math.,* 1922, 44: 102–121.

Moore R L

[1] *Foundations of Point Set Theory.* AM.S. Colloquium Publ. XIII. New York, 1932.

Morita K

[1] Star-finite coverings and the star-finite property *Math. Japonicae,* 1948, 1: 60–68.

Myers S B

[1] Normed linear spaces of continuous functions. *Bull. Amer. Math. Soc.,* 1950, 56: 233–241.

[2] Equicontinuous sets of mappings. *Ann. of Math.,* 1946, 47(2): 496–502.

[3] Functional uniformities. *Proc. Amer. Math. Soc.,* 1951, 2: 153–158.

Myškis A D

[1] On the concept of boundary. *Mat. sbornik N.S.,* 1949, 25: 387–414.

[2] The definition of boundary by means of continuous mappings. *Mat. Sbornik N. S.,* 1950, 26: 225–227.

[3] On the equivalence of certain methods of definition of boundary. *Mat. Sbornik N. S.,* 1950, 26: 228–236.

Nachbin L

[1] *Topological Vector Spaces.* Rio de Janeiro, 1948.

Nagata J

[1] On a necessary and sufficient condition of metrizability. *J. Inst. Polytech. Osaka City Univ.*, 1950, 1: 93–100.

[2] On the uniform topology of bicompactifications. *J. Inst. Polytech. Osaka City Univ.*, 1950, 1: 28–39.

Nakano H

[1] *Topology and Linear Topological Spaces.* Tokyo, 1951.

Neumann J von

[1] On complete topological spaces. *Trans. Amer. Math. Soc.*, 1935, 37: 1–20.

Newman M H A

[1] *Elements of the Topology of Plane Sets of Points.* Cambridge, 1939.

Novak J

[1] Regular space on which every continuous function is eonstant. *Časopis Pěst. Mat. Fys.*, 1948, 73: 58–68.

Pettis B J

[1] On continuity and openness of homomorphisms in topological groups. *Ann. of Math.*, 1950, 51(2): 293–308.

[2] A note on everywhere dense subgroups. *Proc. Amer. Math. Soc.*, 1952, 3: 322–326.

Pontrjagin L

[1] *Topological Groups.* Princeton, 1939.

Quine W V O

[1] *Mathematical Logic.* Cambridge (U.S.A), 1947.

Ramanathan A

[1] Maximal Hausdorff spaces. *Proc. Indian Acad. Sci. Sect. A,* 1947, 26: 31–42.

Ribeiro H

[1] Une extension de la notion de convergence. *Portugaliae Math.*, 1941, 2: 153–161.

[2] Sur les espace à métrique faible. *Portugaliae Math.*, 1943, 4: 21–40, also 65–68.

[3] Caractérisations des espaces réguliers normaux et complètement normaux au moyen de l'opération de dérivation. *Portugaliae Math.*,1940, 2: 1–7.

Samuel P

[1] Ultrafilters and compactification of uniform spaces, *Trans. Amer. Math. Soc.*, 1948, 64: 100–132.

Shirota T

[1] On systems of structures of a completely regular space. *Osaka Math. J.*, 1950, 2: 131–143.

[2] A class of topological spaces. *Osaka math. J.*, 1952, 4: 23–40.

Sierpinski W

[1] *General Topology* (2nd Ed.). Toronto, 1952.

[2] Sur les ensembles complets d'un espace (D). *Fund. Math.*, 1928, 11: 203–205.

Smirnov Yu M

[1] A necessary and sufficient condition for metrizability of a topological space. *Doklady Akad. Nauk S.S.S.R.N.S.*, 1951, 77: 197–200.

[2] On metrization of topological spaces. *Uspehi Matem. Nauk*, 1951, 6: 100–111.

[3] On normally disposed sets of normal spaces, *Mat. Sbornik N. S.*, 1951, 29: 173–176.

Sorgenfrey R H

[1] On the topological product of paracompact spaces. *Bull. Amer. Math. Soc.*, 1947, 53: 631–632.

Stone A H

[1] Paracompactness and product spaces. *Bull. Amer. Math. Soc.*, 1948, 54: 977–982.

Stone M H

[1] Notes on integration I, II, III, IV. *Proc. Nat. Acad. Sci. U.S.A.*, 1948, 34: 336–342, 447-455, 483–490; 1949, 35: 50–58.

[2] Topological representations of distributive lattices and Brouwerian logics. *Časopis Pěst. Mat. Fys.*, 1937, 67: 1–27.

[3] The theory of representations for Boolean algebras. *Trans. Amer. Math. Soc.*, 1936, 40: 37–111.

[4] Boundedness properties in function lattices. *Canadian J. Math*, 1946, 1: 176–186.

[5] The generalized Weierstrass approximation theorem. *Math. Mag.*, 1948, 21: 167–184.

[6] Applications of the theory of Boolean rings to general topology. *Trans. Amer. Math. Soc.*, 1937, 41: 375–481.

Stopher, Jr. E C

[1] Point set operators and their interrelations. *Bull. Amer. Math. Soc.*, 1939, 45: 758–762.

Szpilrajn E

[1] Remarque sur les produits cartésiens d'espaces topologiquss. *C. R. (Doklady) Acad. Sci. U.R.S.S. N. S.*, 1941, 31: 525–527.

Szymanski P

[1] La notion des ensembles separé comme terme primitif de la topologie. *Mathematica Timisoara*, 1941, 17: 65–84.

Tarski A

[1] *Introduction to Modern Logic* (2nd Amer. Ed.). New York, 1946.

Tong H

[1] On some problems of Čech. *Ann. of Math.*, 1949, 50(2): 154–157.

Tukey J W

[1] Convergence and uniformity in topology. *Ann. of Math. Studies*, 1940, 2.

Tychonoff A

[1] Über einen Funktionenräum. *Math. Ann.*, 1935, 111: 762–766.

[2] Über die topologische Erweiterung von Räumen. *Math. Ann.*, 1929, 102: 544–561.

Umegaki H

[1] On the uniform space. *Tohoku Math. J.*, 1950, 2(2): 57–63.

Ursell H D and Young L C

[1] Remarks on the theory of prime ends. *Memoirs Amer. Math. Soc.*, 1951, 3.

Urysohn P

[1] Über die Machtigkeit der zusammenhängen Mengen. *Math. Ann.*, 1925, 94: 262–295.

Vaidyanathaswamy R

[1] *Treatise on Set Topology* I. Madras, 1947.

Wallace A D

[1] Separation spaces. *Ann. of Math.*, 1941, 42(2): 687–697.

[2] Extensional invariance. *Trans. Amer. Math. Soc.*, 1951, 70: 97–102.

Wallman H

[1] Lattices and topological spaces. *Ann. of Math.*, 1941, 42(2): 687–697.

Weil A

[1] *Sur Les Espaces a Structure Uniforme et Sur la Topologie Générale. Actualités Sci. Ind..* Paris, 1937, 551.

[2] *L'integration Dans Les Groupes Topologiques et Ses Applications. Actualités Sci. Ind.,* 869 Paris, 1940.

Whyburn G T

[1] *Analytic Topology.* A.M.S. Colloquium Publ. XXVIII. New York, 1942.

[2] Open and closed mappings. *Duke Math. J.*, 1950, 17: 69–74.

Wilder R L

[1] *Topology of Manifolds. A.M.S. Colloquium Publ. XXXII.* New York, 1949.

Zermelo E

[1] Neuer Beweis für die Wohlordnung. *Math. Ann.*, 1908, 65: 107–128.

附录A　初　等　集　论

本附录集中研究初等集论. 同时构造了序数和基数, 而且大多数常用定理都给出了证明. 此外还定义了非负整数, 并把 Peano 公设当作定理给予了证明.

我们假定读者知晓初等逻辑的一些实用知识, 但并不必要熟悉形式逻辑. 无论如何, 对数学体系本质的理解 (在技术的意义下) 有助于弄清和推进某些研讨. Tarski 在文献 [1] 中高超的解释很清晰地描述了这样的体系, 至于一般的背景, 我们推荐上文.

本文集论的这种叙述方法可以毫不困难地翻译成一种完全形式的语言①. 为了便于形式的或者非形式的处理, 我们把材料分成两部分, 第二部分实质上是第一部分精确的重述, 因此可以把它删去而不会损害连贯性. 我们采用的公理体系是 Skolem 和 Morse 体系的变形, 且更接近于由 Gödel 所系统叙述的 Hilbert-Bernays-von Neumans 体系. 这里采用的公理化是用来迅速而又自然地给出一个数学基础, 其中摆脱了较明显的悖论. 由于这种缘故, 有限的公理体系被遗弃, 而把整个理论建筑在八个公理和一个公理图式之上②(也就是说, 在某种指定的形式下的一切语句都被认作公理.)

把许多命题作为定理来叙述是很方便的. 实质上, 它们都是所期望结果的预备知识. 这样作虽然搞乱了定理与命题, 但它容许省略许多证明和简缩另一些证明. 大多数这样的做法从定义与定理的陈述看来是较明显的.

A.1　分类公理图式

相等恒用在逻辑上恒等的意义之下. "1+1=2"意指"1+1"与"2"是同一事物的两个名字. 除了通常的相等公理外, 还要假设一个代换规则, 特别在一个定理中, 用一个对象代替与它相等的对象, 结果仍是一个定理.

---

① 也就是说, 这些定理用逻辑常项、逻辑变元和体系常项的术语来叙述是可能的, 并且这些证明可以借助于推论的规则由公理推出. 当然在展开这种理论时, 需要有形式逻辑的基础知识, 我曾在这种形式理论的课程中, (本质地) 使用了 Quine 的逻辑元公理 [1].

② 实际上, 用作定义的公理图式也假定为不含明显的语句, 即某种形式的语句, 它们涉及一个新的常项、等价关系或恒同关系的常项, 它们可认作定义, 或恰恰一样地也可以认作定理. 这种公理图式在下面的意义上, 可以认为是合理的, 即若定义与规定的法则一致, 则理论中就不会产生新的矛盾, 也不会有实质上新的推论. 而这些结果都是属于 Lésniewski 的.

除了 "=" 与其他逻辑常项之外, 还有两个基本的常项 (未定义). 第一个是 "∈", 它读作 "是 ⋯ 的一个元", 或者 "属于". 第二个常项颇有点古怪, 它被写成 "{⋯ : ⋯}" 并读作 "{所有 ⋯ 的集使得 ⋯}". 所以它是分类. 一个关于术语 "类" 的应用的注解可以搞清许多事情, 这个术语不在任何公理、定义或定理中出现, 但这些语句的最初解释[①]都是关于类 (集系、集族) 的结论. 因此 "类" 这个术语用在提出这种解释的讨论中.

小写拉丁字母都是 (逻辑上的) 变元、一个常项与一个变元之间的差别完全表现在代换律中. 例如, 在一个定理中用其他不出现在该定理里的变元来替换一个变元其结果仍是一个定理, 但是对于常项就没有这样的替换存在.

外延公理 I[②]　对于每个 x 与 $y, x = y$ 成立之充分必要条件是对每一个 z 当且仅当 $z \in x$ 时, $z \in y$.

于是, 两个类恒同当且仅当每个类的任一元也是另一个的元. 我们在定义或定理的叙述中常常省略 "对于每个 x" 或者 "对于每个 y". 如果一个变元, 比如说 "x" 出现时且前面没有 "对于每个 x" 或者 "对于某一 x" 的字样, 我们就理解有关的定义与定理是对 "每一个 x 的".

最初的定义给那些仍为某些类元的类起了一个特殊的名字. 要区别这两种类的理由, 将在稍后来讨论.

定义 1　x 为一集当且仅当对于某一 $y, x \in y$.

下面的任务是描述这种分类的用处, 在分类常项的括号中第一个位置由变元占据, 第二个位置由一个公式占据, 例如 $\{x : x \in y\}$. 我们把 $u \in \{x : x \in y\}$ 当且仅当 u 是一个集同时 $u \in y$ 当作公理来接受, 更一般地, 把每个下面形式的说法都假定为一个公理: $u \in \{x : \cdots x \cdots\}$ 当且仅当 u 是一个集并且 $\cdots u \cdots$. 这里 "$\cdots x \cdots$" 被假定为一个公式, 而 "$\cdots u \cdots$" 被假定为每个 "x" 出现处用 "u" 来代替时所得之公式. 于是, $u \in \{x : x \in y \text{ 且 } z \in x\}$ 当且仅当 u 是一个集并且 $u \in y$ 和 $z \in u$.

这种公理图式除了要求 "u 是一个集" 外, 恰恰是通常的类的直观上的构造. 这种要求显然很不自然, 并且在直观上也是十分难达到的. 然而没有它, 单在外延公理的基础上就可造出一个矛盾来 (参看定理 39 和它前面的讨论). 这种复杂化 (它在论证集的存在性大量技术性的工作上需要) 是为了避免明显的矛盾所要付出的一点代价. 不过不太明显的矛盾很可能还存在.

---

① 或许用别的解释方法也是可能的.

② 有人曾尝试用此作为相等的定义, 从而减去一条公理, 省略所有关于相等的逻辑前提, 这是完全可以办到的. 但是, 对于等式, 这时再也没有无限制的代换规则了, 且必须假设一条公理: 若 $x \in z, y = x$, 则 $y \in z$.

A.2 分类公理图式 (续)

分类公理图式的严格论述要用一种公式的描述法, 而它适合[①]:

(a) 对于下面的每一个用变元替换 "α" 与 "β" 所得的结果是一个公式:

$$\alpha = \beta, \quad \alpha \in \beta.$$

(b) 对于下面的每一个用变元替换 "α" 与 "β" 和用公式替换 "A" 与 "B" 所得的结果是一公式:

如果 A, 则 B; A 当且仅当 B; A 不真;

A 与 B; A 或者 B;

对于每一个 α, A; 对于某一 α, A;

$\beta \in \{\alpha : A\}; \{\alpha : A\} \in \beta; \{\alpha : A\} \in \{\beta : B\}$.

从 (a) 中的原始公式开始, 按 (b) 中所允许的构造, 递归地构造出来的东西叫公式.

分类公理图式 II   一个公理的许多结论, 如果下面的 "α" 与 "β" 都用变元来代替, "A" 用一个公式 $\mathscr{A}$ 来代替且 "B" 由这样的公式来代替, 即 $\mathscr{A}$ 中用代替 β 的变元来换每个曾代替 α 的变元所得的公式:

对于每一个 $\beta, \beta \in \{\alpha : A\}$ 的充分必要条件是 "β 是集" 和 B.

A.3 类的初等代数

已经叙述的公理使得我们能直接由形式逻辑的结果来推演许多定理. 由于这种演绎是简单易明的, 所以仅只在必要时才给出它的证明.

定义 2 $x \bigcup y = \{z : z \in x$ 或者 $z \in y\}$.

定义 3 $x \bigcap y = \{z : z \in x$ 同时 $z \in y\}$.

类 $x \bigcup y$ 是 x 与 y 的并, 而 $x \bigcap y$ 是 x 与 y 的交.

定理 4 $z \in x \bigcup y$ 当且仅当 $z \in x$ 或者 $z \in y$, 而 $z \in x \bigcap y$ 当且仅当 $z \in x$ 同时 $z \in y$.

证明   由分类公理 $z \in x \bigcup y$ 当且仅当 $z \in x$ 或者 $z \in y$ 同时 z 是一个集. 但是鉴于集的定义 1, $z \in x$ 或者 $z \in y$. 并且 z 为一个集当且仅当 $z \in x$ 或者 $z \in y$. 类似的论述可以用来证明关于交的相应结果.

---

① 这种迂回的语言偏偏是需要的. 我们遵循命名利用引号的规定, 例如 "Bosten" 是 Bosten 的名字, 如果 $\mathscr{A}$ 为一公式同时 $\mathscr{B}$ 为一公式, 则 "$\mathscr{A} \to \mathscr{B}$" 不是一个公式, 例如, 如果 $\mathscr{A}$ 为 "$x = y$" 同时 $\mathscr{B}$ 为 "$y = z$", 则 "$x = y$" $\to$ "$y = z$" 不是一个公式. 公式 (例如 "$x = y$") 不含有引号. 代替 "$\mathscr{A} \to \mathscr{B}$" 我们想要讨论的是在 "$\alpha \to \beta$" 中用 $\mathscr{A}$ 代替 "α" 和用 $\mathscr{B}$ 代替 "β" 所得的结果. 这种迂回曲折的说法能用 Quine 的角规定所避免.

定理 5　$x \bigcup x = x$ 同时 $x \bigcap x = x$.

定理 6　$x \bigcup y = y \bigcup x$ 同时 $x \bigcap y = y \bigcap x$.

定理 7①　$(x \bigcup y) \bigcup z = x \bigcup (y \bigcup z)$ 同时 $(x \bigcap y) \bigcap z = x \bigcap (y \bigcap z)$.

这些定理说明并与交在通常的意义下是可交换与可结合的运算, 而下面是分配律.

定理 8　$x \bigcap (y \bigcup z) = (x \bigcap y) \bigcup (x \bigcap z)$ 同时 $x \bigcup (y \bigcap z) = (x \bigcup y) \bigcap (x \bigcup z)$.

定义 9　$x \notin y$ 当且仅当 $x \in y$ 不真.

定义 10　$\sim x = \{y : y \notin x\}$.

类 $\sim x$ 是 x 的余.

定理 11　$\sim(\sim x) = x$.

定理 12(De Morgan)　$\sim (x \bigcup y) = (\sim x) \bigcap (\sim y)$, 同时 $\sim (x \bigcap y) = (\sim x) \bigcap (\sim y)$.

证明　这两个论断我们仅只证头一个. 根据分类公理和余的定义 10, 对于每个 z, $z \in \sim (x \bigcup y)$ 当且仅当 z 为一集同时 $z \in x \bigcup y$ 不真. 利用定理 4, $z \in x \bigcup y$ 是指 $z \in x$ 或者 $z \in y$. 因而 $z \in \sim (x \bigcup y)$ 是指 z 是一个集同时 $z \notin x$ 和 $z \notin y$, 也就是说 $z \in \sim x$ 同时 $z \in \sim y$. 再利用定理 4, $z \in \sim (x \bigcup y)$ 当且仅当 $z \in (\sim x) \bigcap (\sim y)$, 故根据外延公理推得 $\sim (x \bigcup y) = (\sim x) \bigcap (\sim y)$. |

定义 13　$x \sim y = x \bigcap (\sim y)$.

类 $x \sim y$ 是 x 与 y 之差, 或者 y 相对于 x 的余.

定理 14　$x \bigcap (y \sim z) = (x \bigcap y) \sim z$.

命题 "$x \bigcup (y \sim z) = (x \bigcup y) \sim z$" 似乎不太可靠, 虽然在现阶段举出一个反例还不可能, 稍微确切地讲, 即它在如今已假定的公理之基础上是不可能被证明的. 可以构造本体系的初始部分的一个模型, 使得对于每个 x 与 y 都有 $x \notin y$(不存在集). 这个命题的否定法也能在目前将要假定的公理之基础上加以证明. |

定义 15　$0 = \{x : x \neq x\}$.

类 0 为空类, 或者零.

定理 16　$x \notin 0$.

定理 17　$0 \bigcup x = x$ 同时 $0 \bigcap x = 0$.

定义 18　$\mathscr{U} = \{x : x = x\}$.

类 $\mathscr{U}$ 是全域.

定理 19　$x \in \mathscr{U}$ 当且仅当 x 是一个集.

定理 20　$x \bigcup \mathscr{U} = \mathscr{U}$ 同时 $x \bigcap \mathscr{U} = x$.

定理 21　$\sim 0 = \mathscr{U}$ 同时 $\sim \mathscr{U} = 0$.

---

① 如果常项 "$\bigcup$" 在定义的开头出现, 在那里将无需用括号, 即用 $\bigcup xy$ 来代替 "$x \bigcup y$". 在这种情况下, 定理的第一部分将要读成: $\bigcup \bigcup xyz = \bigcup x \bigcup yz$.

定义 22[①] $\bigcap x = \{z: 对于每个\ y, 如果\ y \in x, 则\ z \in y\}.$

定义 23 $\bigcup x = \{z: 对于某一\ y, z \in y\ 同时\ y \in x\}.$

类 $\bigcap x$ 是 x 的元的交. 注意 $\bigcap x$ 的元均为 x 的元的元, 而它可以属于 x, 也可以不属于 x. 类 $\bigcup x$ 是 x 的元的并. 研究一个集 z 属于 $\bigcap x$(或者属于 $\bigcup x$) 是指 z 属于 x 的每个 (相应地, 属于某一个)x 的元.

定理 24 $\bigcap 0 = \mathscr{U}$ 同时 $\bigcup 0 = 0.$

证明 $z \in \bigcap 0$ 当且仅当 z 为一个集, 同时 z 属于每一个 0 的元. 由于 (定理 16)0 中不存在元, 又 $z \in \bigcap 0$ 当且仅当 z 是一个集, 故由定理 19 和外延公理 $\bigcap 0 = \mathscr{U}$. 第二个论断也是很容易证明的.|

定义 25 $x \subset y$ 当且仅当对于每个 z, 如果 $z \in x$, 则 $z \in y$.

一个类 x 是 y 的一个子类, 或者说被包含在 y 中, 或者说 y 包含 x 当且仅当 $x \subset y$. "$\subset$"绝对不要与"$\in$"相混淆. 例如, $0 \subset 0$ 但 $0 \in 0$ 不真.

定理 26 $0 \subset x$ 同时 $x \subset \mathscr{U}.$

定理 27 $x = y$ 当且仅当 $x \subset y$ 同时 $y \subset x.$

定理 28 如果 $x \subset y$ 且 $y \subset z$, 则 $x \subset z.$

定理 29 $x \subset y$ 当且仅当 $x \bigcup y = y.$

定理 30 $x \subset y$ 当且仅当 $x \bigcap y = x.$

定理 31 如果 $x \subset y$, 则 $\bigcup x \subset \bigcup y$ 同时 $\bigcap y \subset \bigcap x.$

定理 32 如果$x \in y$, 则 $x \subset \bigcup y$ 同时$\bigcap y \subset x.$

上面的定义和定理都经常使用 —— 但经常没明确地指出来.

A.4 集的存在性

这一节论及集的存在性和函数的构造的最初几步以及其他集论中的基本关系.

子集公理 III 如果 x 是一个集, 存在一个集 y 使得对于每个 z, 假定 $z \subset x$, 则 $z \in y$.

定理 33 如果 x 是一个集同时 $z \subset x$, 则 z 是一个集.

证明 依照子集公理, 如果 x 是一个集存在 y, 使得假定 $z \subset x$, 则 $z \in y$. 从而由定义 1z 是一个集 (注意, 这个证明并没用到子集公理的全部内容, 因为论证并没有要求 y 是一个集).|

定理 34 $0 = \bigcap \mathscr{U}$ 同时 $\mathscr{U} = \bigcup \mathscr{U}.$

证明 如果 $x \in \mathscr{U}$, 则 x 是一个集, 同时由 $0 \subset x$ 自定理 33 推出 0 是一个集. 于是 $0 \in \mathscr{U}$ 同时 $\bigcap \mathscr{U}$ 的每个元属于 0. 故得知 $\bigcap \mathscr{U}$ 没有元, 显然 (即定理

---

① 关于一个族中元之交的约束变项的记号, 在本附录中是不需要的. 所以用的记号要比本书的其他部分简单一些.

26)$\bigcup \mathscr{U} \subset \mathscr{U}$. 如果 $x \in \mathscr{U}$, 则 x 是一个集, 同时由子集公理存在一个集 y 使得如果 $z \subset x$, 则 $z \in y$. 特别是 $x \in y$, 又由于 $y \in \mathscr{U}$, 从而推得 $x \in \bigcup \mathscr{U}$, 所以 $\mathscr{U} \subset \bigcup \mathscr{U}$, 故得等式.|

　　定理 35　　如果 $x \neq 0$, 则 $\bigcap x$ 是一个集.

　　证明　　如果 $x \neq 0$, 则一定有 y, 而 $y \in x$, 但是 y 是一个集, 从而利用定理 32 知 $\bigcap x \subset y$. 故自定理 33 推出 $\bigcap x$ 是一个集.|

　　定义 36　　$2^x = \{y : y \subset x\}$

　　定理 37　　$\mathscr{U} = 2^{\mathscr{U}}$.

　　证明　　每一个 $2^{\mathscr{U}}$ 的元是一个集, 所以属于 $\mathscr{U}$. $\mathscr{U}$ 的每个元是一个集并且被包含在 $\mathscr{U}$ 中 (定理 26), 故属于 $2^{\mathscr{U}}$.|

　　定理 38　　如果 x 是一个集, 则 2^x 是一个集, 同时对每个 y, $y \subset x$ 当且仅当 $y \in 2^x$.

　　值得注意的是集的存在性在目前已指明的这些公理之基础上尚不能证明. 但是想证明存在一个不是集的类, 这是可以办到的. 令 R 等于 $\{x : x \notin x\}$. 由分类公理, $R \in R$ 当且仅当 $R \notin R$ 同时 R 是一个集, 于是推得 R 不是一个集. 注意分类公理如果不包含这 "是一个集" 的限制, 则导致一个明显的矛盾结果: $R \in R$ 当且仅当 $R \notin R$. 这是 Russell 悖论. 这个论证的推论是 $\mathscr{U}$ 不是一个集, 此因应用了 $R \subset \mathscr{U}$ 和定理 33(这个正则性公理将推出 $R = \mathscr{U}$, 并且这个公理同时又提供了 $\mathscr{U}$ 不是一个集的不同证法).

　　定理 39　　$\mathscr{U}$ 不是一个集.

　　定义 40　　$\{x\} = \{z :$ 如果 $x \in \mathscr{U}$, 则 $z = x\}$.

　　单点 x 是 $\{x\}$.

　　这个定义是技术上设计的一个例子, 它用起来十分方便. 如果 x 是一个集, 则 $\{x\}$ 是一个类, 而它仅只有元 x, 然而, 如果 x 不是一个集, 则 $\{x\} = \mathscr{U}$(这些叙述是定理 41 和 43). 实际上, 兴趣在于这里的 x 是一个集的情况, 并且对于这种情况用较自然的定义 $\{z : z = x\}$ 可给出同样的结果. 然而, 如果这些运算被设置以至 $\mathscr{U}$ 为应用这种运算到它适当的范围之外所得的结果, 它大大简化许多结果的论述.

　　定理 41　　如果 x 是一个集, 则对于每个 y, $y \in \{x\}$ 当且仅当 $y = x$.

　　定理 42　　如果 x 是一个集, 则 $\{x\}$ 是一个集

　　证明　　如果 x 是一个集, 则 $\{x\} \subset 2^x$, 又 2^x 是一个集.|

　　定理 43　　$\{x\} = \mathscr{U}$ 当且仅当 x 不是一个集.

　　证明　　如果 x 是一个集, 则 $\{x\}$ 是一个集, 因而不等于 $\mathscr{U}$. 如果 x 不是一个集, 则 $x \notin \mathscr{U}$, 再由定义得 $\{x\} = \mathscr{U}$.|

　　定理 44　　如果 x 是一个集, 则 $\bigcap\{x\} = x$ 同时 $\bigcup\{x\} = x$; 如果 x 不是一个集, 则 $\bigcap\{x\} = 0$ 同时 $\bigcup\{x\} = \mathscr{U}$.

证明　利用定理 34 和 41.|

并的公理 IV　如果 x 是一个集同时 y 是一个集, 则 $x \bigcup y$ 也是一个集.

定义 45　$\{xy\} = \{x\} \bigcup \{y\}$.

类 $\{xy\}$ 是一个无序偶.

定理 46　如果 x 是一个集同时 y 是一个集, 则 $\{xy\}$ 是一个集, 同时 $z \in \{xy\}$ 当且仅当 $z = x$, 或者 $z = y$; $\{xy\} = \mathscr{U}$ 当且仅当 x 不是一个集或者 y 不是一个集.

定理 47　如果 x 与 y 是两个集, 则 $\bigcap\{xy\} = x \bigcap y$ 同时 $\bigcup\{xy\} = x \bigcup y$; 如果 x 或者 y 不是一个集, 则 $\bigcap\{xy\} = 0$ 同时 $\bigcup\{xy\} = \mathscr{U}$.

A.5　序偶: 关系

本节集中研究序偶的性质和关系. 关于序偶重要的性质是定理 55: 如果 x 与 y 均为集, 则 $(x,y) = (u,v)$ 当且仅当 $x = u$ 同时 $y = v$.

定义 48　$(x,y) = \{\{x\}\{xy\}\}$.

类 (x,y) 是一序偶.

定理 49　(x,y) 是一个集当且仅当 x 是一个集, 并且 y 是一个集; 如果 (x,y) 不是一个集, 则 $(x,y) = \mathscr{U}$.

定理 50　如果 x 与 y 均为集, 则 $\bigcup(x,y) = \{xy\}, \bigcap(x,y) = \{x\}, \bigcup\bigcap(x,y) = x, \bigcap\bigcap(x,y) = x, \bigcup\bigcup(x,y) = x \bigcup y$ 同时 $\bigcap\bigcup(x,y) = x \bigcap y$.

如果 x 或者 y 不是一个集, 则 $\bigcup\bigcap(x,y) = 0, \bigcap\bigcap(x,y) = \mathscr{U}, \bigcup\bigcup(x,y) = \mathscr{U}$ 同时 $\bigcup\bigcap(x,y) = 0$.

定义 51　z 的 1st 坐标 $= \bigcap\bigcap z$.

定义 52　z 的 2nd 坐标 $= (\bigcap\bigcup z) \bigcup ((\bigcup\bigcup z) \sim (\bigcup\bigcap z))$.

除去一种情况之外, 这些定义仅被使用在这种情况下, 即这里的 z 是一个序偶. z 的第一个坐标是 z 的 1st 坐标. 同时 z 的第二个坐标是 z 的 2nd 坐标.

定理 53　$\mathscr{U}$ 的 2nd 坐标 $= \mathscr{U}$.

定理 54　如果 x 与 y 均为集, (x,y) 的 1st 坐标 $= x$ 同时 (x,y) 的 2nd 坐标 $= y$. 如果 x 或 y 不是一个集, 则 (x,y) 的 1st 坐标 $= \mathscr{U}$ 同时 (x,y) 的 2nd 坐标 $= \mathscr{U}$.

证明　如果 x 与 y 均为集, 则对于 1st 坐标的等式由定理 50 和定义 51 立得. 对于 2nd 坐标的等式借助定理 50 和定义 52 来证明 $y = (x \bigcap y) \bigcup ((x \bigcup y) \sim x)$. 容易看出 $(x \bigcup y) \sim x = y \sim x$, 于是利用分配律 $(y \bigcap x) \bigcup (y \bigcap \sim x)$ 等于 $y \bigcap (x \bigcup \sim x) = y \bigcap \mathscr{U} = y$. 如果 x 或者 y 不是一个集, 则用定理 50 计算 (x,y) 的 1st 坐标和 (x,y) 的 2nd 坐标是很容易的.|

定理 55 如果 x 与 y 均为集, 同时 $(x,y)=(u,v)$, 则 $x=u$ 同时 $y=v$.

定义 56 r 是一个关系当且仅当对于 r 的每个元 z 存在 x 与 y 使得 $z=(x,y)$. 一个关系是一个类, 它的元为序偶.

定义 57 $r \circ s=\{u:$ 对于某个 x, 某个 y 及某个 $z, u=(x,z), (x,y) \in s$ 同时 $(y,z) \in r\}$.

类 $r \circ s$ 是 r 与 s 的合成.

为了避免过多的记号, 我们认定 $\{(x,y):\cdots\}$ 与 $\{u:$ 对于某个 x, 某个 $z, u = (x,z)$ 同时 $\cdots\}$ 相同, 于是 $ros=\{(x,z):$ 存在某个 y, 使得 $(x,y) \in s$ 同时 $(y,z) \in r\}$.

定理 58 $(r \circ s) \circ t=r \circ(s \circ t)$.

定理 59 $r \circ(s \bigcup t)=r \circ s \bigcup r \circ t$, 同时 $r \circ(s \bigcap t) \subset(r \circ s) \bigcap(r \circ t)$.

定义 60 $r^{-1}=\{(x,y):(y,x) \in r\}$.

如果 r 是一个关系, r^{-1} 叫做关于 r 之逆关系.

定理 61 $(r^{-1})^{-1}=r$.

定理 62 $(r \circ s)^{-1}=s^{-1} \cdot r^{-1}$.

A.6 函   数

直观上, 一个函数是看作与一个叫做其图像的序偶类恒等的. 所有函数均为单值的. 因而两个不同的序偶属于同一个函数时, 必须有不同的第一个坐标.

定义 63 f 是一个函数当且仅当 f 是一个关系同时对每个 x、每个 y 和每个 z, 如果 $(x,y) \in f$ 且 $(x,z) \in f$, 则 $y=z$.

定理 64 如果 f 是一个函数同时 g 是一个函数, 则 $f \circ g$ 也是一个函数.

定义 65 f 的定义域 $=\{x:$ 对于某个 $y, (x,y) \in f\}$.

定义 66 f 的值域 $=\{y:$ 对于某个 $x, (x,y) \in f\}$.

定理 67 $\mathscr{U}$ 的定义域 $=\mathscr{U}$ 同时 $\mathscr{U}$ 的值域 $=\mathscr{U}$.

证明 如果 $x \in \mathscr{U}$, 则 $(x,0)$ 与 $(0,x)$ 属于 $\mathscr{U}$, 故 x 属于 $\mathscr{U}$ 的定义域和 $\mathscr{U}$ 的值域.|

定义 68 $f(x)=\bigcap\{y:(x,y) \in f\}$.

如果 z 属于 f 的每个元之第二个坐标, 而 f 的第一个坐标是 x, 则 $z \in f(x)$.

类 $f(x)$ 是 f 在 x 处的值, 或者在 f 的映射下 x 的象. 所以应注意, 如果 x 是 f 定义域的一个子集, 则 $f(x)$ 不等于 $\{y:$ 对于某个 $z, z \in x$ 同时 $y=f(z)\}$.

定理 69 如果 $x \notin f$ 的定义域, 则 $f(x)=\mathscr{U}$; 如果 $x \in f$ 的定义域, 则 $f(x) \in \mathscr{U}$.

证明 如果 $x \notin f$ 的定义域, 则 $\{y:(x,y) \in f\}=0$ 同时 $f(x)=\mathscr{U}$(定理 24). 如果 $x \in f$ 的定义域, 则 $\{y:(x,y) \in f\} \neq 0$ 同时 (由定理 35)$f(x)$ 是一个集.|

上面的定理并没要求 f 是一个函数.

定理 70　如果 f 是一个函数, 则 $f = \{(x, y) : y = f(x)\}$.

定理 71[①]　如果 f 与 g 都是函数, 则 $f = g$ 的充要条件是对于每个 $x, f(x) = g(x)$.

下面的两个公理[②] 进一步描述了所有集的类.

代换公理 V　如果 f 是一个函数同时 f 的定义域是一个集, 则 f 的值域是一个集.

合并公理 VI　如果 x 是一个集, 则 $\bigcup x$ 也是一个集.

定义 72　$x \times y = \{(u, v) : u \in x \text{ 同时 } v \in y\}$.

类 $x \times y$ 是 x 与 y 的笛卡儿乘积.

定理 73　如果 u 与 y 均为集, 则 $\{u\} \times y$ 也是集.

证明　显然能造一个函数 (即 $\{(w, z) : w \in y \text{ 且 } z = (u, w)\}$), 它的定义域是 y, 值域是 $\{u\} \times y$, 于是应用代换公理得证.∎

定理 74　如果 x 与 y 均为集, 则 $x \times y$ 也是集.

证明　设 f 是使得 f 的定义域 $= x$ 的函数, 同时对于在 x 中的 $u, f(u) = \{u\} \times y$(存在唯一的这种函数, 即 $f = \{(u, z) : u \in x \text{ 同时 } z = \{u\} \times y\}$). 根据代换公理, f 的值域是一个集. 由直接计算, f 的值域 $= \{z : \text{对于 } u, u \in x \text{ 同时 } z = \{u\} \times y\}$. 从而 $\bigcup (f \text{ 的值域})$ 由合并公理得知是一个集, 并等于 $x \times y$.∎

定理 75　如果 $\widetilde{f}$ 是一个函数同时 f 的定义域是一个集, 则 f 是一个集.

证明　因为 $f \subset (f \text{ 的定义域}) \times (f \text{ 的值域})$.∎

定义 76　$y^x = \{f : f \text{ 是一个函数}, f \text{ 的定义域} = x \text{ 同时 } f \text{ 的值域} \subset y\}$.

定理 77　如果 x 与 y 均为集, 则 y^x 也是集

证明　如果 $f \in y^x$, 则 $f \subset x \times y, f$ 是一个集. 所以 $f \in 2^{x \times y}$(定理 38) 同时 $2^{x \times y}$ 是一个集. 由于 $y^x \subset 2^{x \times y}$, 故从子集公理推得 y^x 是一个集.∎

为了方便, 进而给出三个定义.

定义 78　f 在 x 上, 当且仅当 f 为一函数同时 $x = f$ 的定义域.

定义 79　f 到 y, 当且仅当 f 是一个函数同时 f 的值域 $\subset y$.

定义 80　f 到 y 上, 当且仅当 f 是一个函数同时 f 的值域 $= y$.

[①] 如果 $f(x)$ 被定义成以 x 为第一个坐标的 f 之元的第二个坐标的并, 这个定理不真. 因为这时如果 $y \in \mathscr{U}$ 且 $y \notin f$ 的定义域, 则 $f(y) = 0$. 而且, 如果 $g = f \bigcup \{(y, 0)\}$, 则对于每个 $x, g(x) = f(x)$, 但是 f 不等于 g.

[②] 这两个公理也可以用一个公理来代替: 如果 f 是一个函数同时 f 的定义域是一个集, 则 $\bigcup (f$ 的值域) 是一个集 (施用在本书前面已使用过的约束变元记号, 这便能很自然地叙述成: 如果 d 是一集, 同时, 对于每个在 d 中的 $a, x(a)$ 是一个集, 则 $\bigcup \{x(a) : a \in d\}$ 是一个集). 要想从上面得到公理 V 和公理 VI, 大体上可以如下进行: 关于公理 V, 对给定的 f, 造一个其元形如 $(x\{f(x)\})$ 的新函数. 对于公理 VI, 对给定的 x 研究其元都是形如 (u, v) 且 u 在 x 中的函数.

A.7 良   序

本节的许多结果在下面展开整数、序数与基数等理论中是不必要的. 而它们之所以被包含在这里是因为它们自身是很有趣的, 并且这些方法是今后要用到的构造法的一种简化形式.

由于基本的构造性的结论已经被证明过了, 所以我们假定省略几步是可以的.

定义 81 xry 当且仅当 $(x,y) \in r$.

如果 xry, 则 x 是 r^- 关系于 y, 或者 x 是 r^- 前于 y.

定义 82 r 连接 x 当且仅当 u 与 v 属于 x 时, 不是 urv 便是 vru.

定义 83 r 在 x 中是传递的当且仅当 u, v 与 w 均为 x 的元, 而且 urv 和 vrw 时, 则 urw.

如果 x 在 r 中是传递的, 则称 r 序 x. 如果 u 与 v 属于 x 并且 r 序 x, 特别有术语 "ur- 前于 v".

定义 84 r 在 x 中是非对称的当且仅当 u 与 v 均为 x 的元并且 urv, 则 vru 不真.

这也就是说, 如果 $u \in x, v \in x$ 并且 ur- 前于 v, 则 v 不 r- 前于 u.

定义 85 $x \neq y$ 当且仅当 $x = y$ 不真.

定义 86 z 是 x 的一个 r- 首元当且仅当 $z \in x$, 并假定 $y \in x$, 和 $z \neq y$, 则 yrz 不真.

定义 87 r 良序 x, 当且仅当 r 连接 x, 并且如果 $y \subset x$ 和 $y \neq 0$, 则存在一个 y 的 r- 首元.

定理 88 如果 r 良序 x, 则 r 在 x 中是传递的, 并且 r 在 x 中是非对称的.

证明 如果 $u \in x, v \in x, urv$ 同时 vru, 则 $\{uv\} \subset x$, 从而存在一个 $\{uv\}$ 的 r- 首元 z. 不是 $z = u$ 便是 $z = v$. 所以不是 vru 不真便是 urv 不真. 这个矛盾证明了 r 在 x 中是非对称的. 如果 r 在 x 中为传递的不真, 则对于 x 的元 u, v 与 w, urv, vrw 和 wru 成立, 此因 r 连接 x. 可是这样 $\{u\} \bigcup \{v\} \bigcup \{w\}$ 便没有一个 r- 首元了.

定义 89 y 是 x 的 r- 截片当且仅当 $y \subset x$, r 良序 x 同时对于每个 u 与 v 使得 $u \in x, v \in y$ 且 urv, 则 $u \in y$ 成立.

这也就是说, x 的一个子集 y 是 x 的一个 r- 截片是指 r 良序 x, 同时没有 $x \sim y$ 的元 r- 前于 y 的元.

定理 90 如果 $n \neq 0$ 同时 n 的每个元是 x 的一个 r- 截片, 则 $\bigcup n$ 与 $\bigcap n$ 都是 x 的 r- 截片.

定理 91 如果 y 是 x 的 r- 截片且 $y \neq x$, 则存在 x 中的某个 v, 使得 $y = \{u : u \in x$ 且 $urv\}$ 成立

证明 如果 y 是 x 的一个 r- 截片, 同时 $y \neq x$, 则存在一个 $x \sim y$ 的 r- 首元 v, 如果 $u \in x$ 和 urv, 于是由 v 是 $x \sim y$ 的 r- 首元, $u \notin x \sim y$, 所以 $u \in y$. 因此 $\{u : u \in x$ 且 $urv\} \subset y$.

另一方面, 如果 $u \in y$, 于是由 $v \notin y$ 和 y 是一个 r- 截片, 所以 vru 不真, 故 urv 成立, 这样便推出了要求的等式.∎

定理 92 如果 x 和 y 都是 z 的 r- 截片, 则 $x \subset y$ 或者 $y \subset x$.

定义 93① f 是 r-s 保序的, 当且仅当 f 是一个函数, r 良序 f 的定义域, s 良序 f 的值域, 而且只要 u 与 v 都是 f 定义域中使得 urv 的元便有 $f(u)sf(v)$.

定理 94 如果 x 为 y 的一个 r- 截片且 f 是一个在 x 上到 y 的 r-r 保序函数, 则对于在 x 中的每个 u, $f(u)ru$ 不真.

证明 为了得此定理必须证明 $\{u : u \in x$ 且 $f(u)ru\}$ 是空的. 如果不存在一个此类的 r- 首元 v, 则 $f(v)rv$, 并且如果 urv, 则 $urf(u)$ 或者 $u = f(u)$. 由于 $f(v)rv$, 于是 $f(v)r(f(v))$ 或者 $f(v) = f(f(v))$. 但是由于 f 是 r-r 保序的, 所以 $f(f(v))rf(v)$, 从而推得一矛盾.∎

于是 r-r 保序函数在一个 r- 截片上不能把它定义域的元映成一个 r- 前趋.

像定理 94 这样的证明是依据使定理不成立的首元的研究. 这种证明叫归纳法证明.

定义 95 f 是一个 1-1 函数当且仅当 f 与 f^{-1} 同时都是函数.

这等价于, f 是一个函数同时假定 x 与 y 是 f 定义域中的不同元, 则 $f(x) \neq f(y)$.

定理 96 如果 f 是 r-s 保序的, 则 f 是一个 1-1 函数同时 f^{-1} 是 s-r 保序的.

证明 如果 $f(u) = f(v)$, 那么对于在 urv 或者 vru 的情况下, $f(u)sf(v)$ 或者 $f(v)sf(u)$ 是不可能的. 故 $u = v$ 并且 f 是 1-1 的. 如果 $f(u)sf(v)$, 则 $u \neq v$, 并且如果 vru, 则 $f(v)sf(u)$. 从而得一矛盾. 因此 f^{-1} 是 r-s 保序的.∎

定理 97 如果 f 与 g 都是 r-s 保序的, f 的定义域与 g 的定义域均为 x 的 r- 截片, 同时 f 的值域与 g 的值域均为 y 的 s- 截片, 则 $f \subset g$ 或者 $g \subset f$.

证明 由定理 92 知, 不是 f 的定义域 $\subset g$ 的定义域便是 g 的定义域 $\subset f$ 的定义域, 并且如果证明了对于同时属于 f 和 g 的一切 u, $f(u) = g(u)$, 此定理将得以证明.

如果类 $\{z : z \in(f$ 的定义域$)\bigcap(g$ 的定义域$)$且$g(z) \neq f(z)\}$非空, 存在一个 r- 首元 u, 则 $f(u) \neq g(u)$ 并且还可以假定 $f(u)sg(u)$. 由于 g 的值域是一个 s- 截片, 对于在 x 中的某个 v 有 $g(v) = f(u)$ 和 vru, 此因 f^{-1} 是保序的. 但是 u 是使 $f \neq g$ 的 r- 首元, 所以 $f(v) = g(v) = f(u)$. 从而得一矛盾.∎

---

① 在此附录中无需研究 (像在预备知识中) 其定义域和值域均非良序的保序函数. 为了简单化, 这个原先的术语已经被修改了.

定义 98 f 在 x 和 y 中是 r-s 保序的当且仅当 r 良序 x, s 良序 y, f 是 r-s 保序的, f 的定义域是 x 的一个 r- 截片, 同时 f 的值域是 y 的一个 s- 截片.

按照定理 97, 如果 f 和 g 在 x 和 y 中都是 r-s 保序的, 则 $f \subset g$ 或者 $g \subset f$.

定理 99 如果 r 良序 x 且 s 良序 y, 则存在一个函数 f 它在 x 和 y 中是 r-s 保序的, 并使得不是 f 的定义域 $= x$ 便是 f 的值域 $= y$.

证明 令 $f = \{(u, v) : u \in x$, 且对某一函数 g, 它在 x 和 y 中是 r-s 保序的, $u \in g$ 的定义域且 $(u, v) \in g\}$. 根据前面的定理 f 是一个函数, 同时容易看出它的定义域是 x 的一个 r- 截片并且它的值域是 y 的一个 s- 截片. 故 f 在 x 和 y 中是 r-s 保序的, 而剩下的只要证明不是 f 的定义域 $= x$ 便是 f 的值域 $= y$.

倘若不然, 存在 $x \sim (f$ 的定义域$)$ 的一个 r- 首元 u 和 $y \sim (f$ 的值域$)$ 的一个 s- 首元 v, 同时也容易看出函数 $f \bigcup \{(u, v)\}$ 在 x 和 y 中是 r-s 保序的. 于是由 f 的定义 $(u, v) \in f$. 所以 $u \in f$ 的定义域. 矛盾.∎

在某种情况下, 可以说出上面定理的结论中的两种结果会出现哪一种, 因为如果 x 是一个集而 y 不是一个集, 则根据代换公理, f 的值域 $= y$ 是不可能的.

定理 100 如果 r 良序 x, s 良序 y, x 是一个集, 而 y 不是一个集, 则在 x 和 y 中存在唯一的 r-s 保序函数, 它的定义域是 x.

A.8 序 数

在这一节里定义序数, 同时建立其基本性质, 在开始讨论序数之前将提出另一公理, 先验地, 可能存在两个类 x 与 y 使得 x 为 y 仅有的元, 同时 y 为 x 仅有的元. 更一般地, 存在类 z, 它的元可以相互归属. 在这种情况下, z 的每一个元由 z 的元所组成. 下面的公理断然否定了这个可能性, 而要求每一个非空类 z 至少有一个元, 而它的元不属于 z.

正则性公理 VII 如果 $x \neq 0$, 则存在 x 的元 y 使得 $x \bigcap y = 0$.

定理 101 $x \notin x$.

证明 如果 $x \in x$, 则 x 是一个非空集, 同时是 $\{x\}$ 仅有的元. 由正则性公理得知, 在 $\{x\}$ 中存在 y 使得 $y \bigcap \{x\} = 0$, 于是必然得 $y = x$, 可是这样一样 $y \in y \bigcap \{x\}$, 从而得一矛盾.∎

定理 102 $x \in y$ 同时 $y \in x$ 不真.

证明 如果 $x \in y$ 同时 $y \in x$, 则 x 与 y 都是集, 并且是 $\{z : z = x$ 或者 $z = y\}$ 仅有的元. 应用正则性公理于后面这个集, 那么正像上面定理的证明一样将导致矛盾.∎

当然这个定理可以推广到多于两个集上, 正则性公理实际上推出另一更强的结果, 直观的叙述如下: 不可能存在这样的序列, 对于每个 n 使得 $x_{n+1} \in x_n$. 这个结果的严格叙述必须向后放一放.

定义 103　$E = \{(x, y) : x \in y\}$.

类 E 是 *E*-关系. 注意, 如果 $x \in y$ 同时 y 不是一个集, 则由定理 54, $(x, y) = \mathscr{U}$ 且 $(x, y) \notin E$.

定理 104　E 不是一个集.

证明　如果 $E \in \mathscr{U}$, 则 $\{E\} \in \mathscr{U}$ 并且 $(E, \{E\}) \in E$. 由于 $(x, y) = \{\{x\}\{xy\}\}$, 并且如果 (x, y) 是一个集, $z \in (x, y)$ 当且仅当 $z = \{x\}$ 或者 $z = \{xy\}$. 从而 $E \in \{E\} \in \{\{E\}\{E\{E\}\}\} \in E$. 但如果 $a \in b \in c \in a$, 那么把正则性公理应用到 $\{x : x = a$ 或者 $x = b$ 或者 $x = c\}$ 上便得一矛盾的结果.▌

从开头几个序数结构的非形式的讨论中可以获得概念上的启发[①]. 第一个序数将是 0, 紧接着 $1 = 0 \bigcup \{0\}$, 紧接着 $2 = 1 \bigcup \{1\}$, 紧接着 $3 = 2 \bigcup \{2\}$. 显然, 0 是 1 仅有的元, 0 与 1 又是 2 仅有的元, 而 0,1 与 2 是 3 仅有的元. 3 前面的每个序数不仅是一个元而且也是 3 的子集. 序数就是这样定义以便得到这种很特殊的结构.

定义 105[②]　x 为充满的当且仅当每个 x 的元是 x 的子集.

换句话说, x 为充满的当且仅当每个 x 的元的元是 x 的元.

下面的定义是属于 Robinson 的.

定义 106　x 是一个序数当且仅当 E 连接 x, 同时 x 是充满的. 也就是说, 已给 x 的两个元一个是另一个的元, 同时每个 x 的元的元属于 x.

定理 107　如果 x 是一个序数, 则 E 良序 x.

证明　如果 u 与 v 都是 x 的元, 并且 uEv, 则 (由定理 102)vEu 不真, 故 E 在 x 中是非对称的. 如果 y 是 x 的一个非空子集, 则由正则性公理, 在 y 中存在 u 使得 $u \bigcap y = 0$. 于是 y 没有元属于 u, 故 u 是 y 的 E_- 首元.▌

定理 108　如果 x 是一个序数, $y \subset x, y \neq x$, 同时 y 是充满的, 则 $y \in x$.

证明　如果 uEv 并且 vEy, 于是根据 y 是充满的得 uEy. 所以 y 是 x 的一个 E_- 截片. 从而依据定理 91, 存在 x 的元 v 使得 $y = \{u : u \in x$ 且 $uEv\}$. 由于 v 的每个元都是 x 的元, $y = \{u : u \in v\}$ 和 $y = v$. 故得证.▌

定理 109　如果 x 是一个序数同时 y 也是一个序数, 则 $x \subset y$ 或者 $y \subset x$.

证明　类 $x \bigcap y$ 是充满的, 于是由前面的定理知, 不是 $x \bigcap y = x$ 便是 $x \bigcap y \in x$. 在第一种情况下 $x \subset y$. 如果 $x \bigcap y \in x$, 则 $x \bigcap y \notin y$, 因为在这种情况下有 $x \bigcap y \in x \bigcap y$. 由于 $x \bigcap y \notin y$, 所以由上面定理推得 $x \bigcap y = y$. 故 $y \subset x$.▌

定理 110　如果 x 是一个序数, 并且 y 也是一个序数, 则 $x \in y$ 或者 $y \in x$ 或者 $x = y$.

　　[①] 这种讨论不是很确切的. 因为它没有证明 0 是一个集. 事实上, 依照我们所设置的这些公理, 这一点是无法证明的. 集的存在性 (由此事实 0 是一个集) 由无限性公理获得, 而它在下节之始才加以叙述.

　　[②] "完全的" 这个术语习惯上用来代替 "充满的", 但是 "完全的" 早已被用于不同的意义之下了.

定理 111　如果 x 是一序数并且 $y \in x$, 则 y 是一个序数.

证明　因为 x 是充满的, 同时 E 连接 x, 所以 E 连接 y 是显然的. 又由 E 良序 x 同时 $y \subset x$, 故关系 E 在 y 上是传递的. 从而, 如果 uEv 且 vEy, 则 uEy. 所以 y 是充满的.∣

定义 112　$R = \{x : x$ 是一序数$\}$.

定理 113[①]　R 是一个序数, 但不是一个集.

证明　最后两个定理证明了 E 连接 R, 并且 R 是充满的, 所以 R 是一个序数.

如果 R 是一个集, 则 $R \in R$. 而这是不可能的.∣

由于定理 110, R 是仅有的非集的序数.

定理 114　R 的每个 E_- 截片是一个序数.

证明　如果 R 的 E_- 截片不等于 R, 则由定理 91 知, 存在 R 的元 v 使得 $x = \{u : u \in R$ 且 $u \in v\}$. 由于 v 的每个元是一个序数, $x = \{u : u \in v\} = v$.∣

定义 115　x 是一个序数当且仅当 $x \in R$.

定义 116　$x < y$ 当且仅当 $x \in y$.

定义 117　$x \leqq y$ 当且仅当 $x \in y$, 或者 $x = y$.

定理 118　如果 x 与 y 均为序数, 那么当且仅当 $x \subset y$ 时, $x \leqq y$ 成立.

定理 119　如果 x 是一个序数, 则 $x = \{y : y \in R$ 且 $y < x\}$.

定理 120　如果 $x \subset R$, 则 $\bigcup x$ 是一个序数.

证明　由定理 110 和 111 推得 E 连接 $\bigcup x$, 再由 x 的元均为充满的事实推出 $\bigcup x$ 是充满的.∣

不难看出, 如果 x 是 R 的子集, 则序数 $\bigcup x$ 是大于等于 x 的每个元的第一个序数, 同时 $\bigcup x$ 是一个集当且仅当 x 为一个集. 然而这些结果并不太需要.

定理 121　如果 $x \subset R$ 且 $x \neq 0$, 则 $\bigcap x \in x$.

诚然, 在这种情况下, $\bigcap x$ 是 x 的 E_- 首元.

定义 122　$x + 1 = x \bigcup \{x\}$.

定理 123　如果 $x \in R$, 则 $x + 1$ 是 $\{y : y \in R$ 且 $x < y\}$ 的 E_- 首元.

证明　容易验证 E 连接 $x + 1$, 同时 $x + 1$ 是充满的且是一序数. 如果存在 u 使得 $x < u$ 和 $u < x + 1$, 则由 x 是一个集和 $u \in x \bigcup \{x\}$, 不是 $u \in x$ 同时 $x \in u$ 便是 $u = x$ 和 $x \in u$. 而这两个结果都是不可能的 (定理 101 和 102). 于是获得欲证的结论.∣

定理 124　如果 $x \in R$, 则 $\bigcup(x + 1) = x$.

定义 125　$f|x = f \bigcap (x \times \mathscr{U})$.

---

① 这个定理实质上是 Burali-Forti 悖论的叙述 —— 在历史上是直观集论的第一个悖论.

这个定义仅只在 f 是一个关系时才使用. 在这种情况下, $f|x$ 是一个关系同时被称为 f 在 x 上的限制.

定理 126   如果 f 是一个函数, 则 $f|x$ 也是一个函数, 它的定义域为 $x \bigcap (f$ 的定义域$)$, 并且对于每个在 $f|x$ 定义域中的 y, $(f|x)(y) = f(y)$.

关于序数最后面的这个定理断言 (直观上), 在一个序数上用下面的方法定义一个函数是可能的, 即它在其定义域内任意元上的值可对已得到的函数值应用预先确定的规律所给出. 稍微确切地说, 已给函数 g 可能求得在一个序数上唯一的函数 f 使得对于每个序数 x, $f(x) = g(f|x)$. 于是 $f(x)$ 的值完全由 g 和 f 在 x 前面的序数处的值所决定.

这个定理的应用即是用超穷归纳法来定义一个函数. 此证明类似于定理 99, 而且同样类型的预备引理也是需要的.

定理 127   令 f 是一个使得 f 的定义域为一序数的函数, 同时对于在 f 定义域中的 u, $f(u) = g(f|u)$. 如果 h 也是一个使得 h 的定义域为一序数的函数, 同时对于在 h 定义域中的 u, $h(u) = g(h|u)$, 则 $h \subset f$, 或者 $f \subset h$.

证明   由 f 的定义域和 h 的定义域都是序数, 所以可以假定 f 的定义域 $\subset h$ 的定义域(由定理 109 推出不是这种情况便是相反的情况). 剩下的只需证明对于在 f定义域中的 u, $f(u) = h(u)$.

倘若不然, 令 u 为 f定义域中使得 $f(u) \neq h(u)$ 的 E_- 首元, 则对于在 u 前面的每个序数 v, $f(v) = h(v)$, 所以 $f|u = h|u$. 于是 $f(u) = g(f|u) = h(u)$. 从而得一矛盾.|

定理 128   对于每个 g 存在唯一的函数 f 使得 f 的定义域是一个序数, 并且对于每个序数 x, $f(x) = g(f|x)$.

证明   令 $f = \{(u, v) : u \in R$ 且存在一个函数 h 使得 h 的定义域是一个序数, 对于在 h 定义域中的 z, $h(z) = g(h|z)$ 同时 $(u, v) \in h\}$.

由前面的定理推得 f 是一个函数, 而 f 的定义域是 R 的一个 E_- 截片是显然的, 所以它是一个序数. 何况, 如果 h 是在一个序数上定义的函数使得对于在 h定义域中的 z, $h(z) = g(h|z)$ 成立, 则 $h \subset f$. 如果 $z \in f$ 的定义域, 则 $f(z) = g(h|z)$.

最后假定 $x \in R \sim (f$ 的定义域$)$, 则由定理 69, $f(x) = \mathscr{U}$. 又由于 f 的定义域是一个集, 所以 f 是一个集 (定理 75). 如果 $g(f|x) = g(f) = \mathscr{U}$, 则得等式 $f(x) = g(f|x)$. 否则 $g(f)$ 是一个集 (仍依据定理 69). 在这种情况下, 如果 y 是 $R \sim (f$ 的定义域$)$ 的 E_- 首元且 $h = f \bigcup \{(y, g(f))\}$, 则 h 的定义域是一个序数, 并且对于 h定义域中的 z, $h(z) = g(h|z)$, 故 $h \subset f$ 同时 $y \in f$ 的定义域. 从而得一矛盾. 所以 $g(f) = \mathscr{U}$, 于是定理得证.|

对这个定理的技巧应作一点注解. 如果 f 的定义域不是 R, 则对于每个使得 f 的定义域 $\leqq x$ 的序数 x, $g(f) = \mathscr{U}$ 且 $f(x) = \mathscr{U}$. 如果 $g(0) = \mathscr{U}$, 则 $f = 0$.

A.9 整　　数[①]

在这一节里定义整数, 并且 Peano 公理将作为定理推出. 实数可以利用这些公理由整数和下面两点事实来构造 (参看 Landau[1]).

整数类是一个集 (定理 138), 同时利用归纳法在整数上定义一个函数是可能的 (预备知识定理 13; 这个事实也可以作为定理 128 的一个系推出). 此外还需要另一个公理.

无限性公理 VIII　　对于某一集 $y, 0 \in y$ 同时只要 $x \in y$, 则 $x \bigcup \{x\} \in y$.

特别是 0 为一个集, 此因 0 被包含在一个集内.

定义 129　　x 是一整数当且仅当 x 是一个序数同时 E^{-1} 良序 x.

定义 130　　x 是 y 的一个 E_- 末元就是说 x 是 y 的一个 E_-^{-1} 首元.

定义 131　　$\omega = \{x : x$ 是整数$\}$.

定理 132　　一个整数的元是一个整数.

证明　　一个整数 x 的元是一个序数并且是 x 的一个子集, 同时 x 被 E^{-1} 所良序.|

定理 133　　如果 $y \in R$ 且 x 是 y 的一个 E_- 末元, 则 $y = x+1$.

证明　　由定理 123, $x+1$ 是 $\{z : z \in R$ 且 $x < z\}$ 的 E_- 首元, 于是 $x+1 \leqq y$, 此因 $y \in R$ 和 $x < y$. 由于 x 是 y 的 E_- 末元且 $x < x+1$, 所以 $x+1 < y$ 不真.|

定理 134　　如果 $x \in \omega$ 则 $x+1 \in \omega$.

定理 135　　$0 \in \omega$ 并且如果 $x \in \omega$, 则 $0 \neq x+1$.

也就是说, 0 非整数的后继.

定理 136　　如果 x 和 y 均为 ω 的元, 且 $x+1 = y+1$, 则 $x = y$.

证明　　由定理 124, 如果 $x \in R$, 则 $\bigcup (x+1) = x$.|

下面的定理是数学归纳原理.

定理 137　　如果 $x \subset \omega, 0 \in x$, 并且只要 $u \in x$, 就有 $u+1 \in x$, 则 $x = \omega$.

证明　　如果 $x \neq \omega$, 令 y 为 $\omega \sim x$ 的 E_- 首元, 同时注意 $y \neq 0$. 由于 $y \subset y+1$ 并且 $y+1$ 是一个整数, 所以存在一个 y 的 E_- 末元 u, 而且显然 $u \in x$. 于是由定理 123 得 $y = u+1$, 故 $y \in x$. 从而得一矛盾.|

定理 134~137 均为关于整数的 Peano 公理. 下面的定理推出 ω 是一个集.

定理 138　　$\omega \in R$.

证明　　由无限性公理知存在一个集 y 使得 $0 \in y$, 并且如果 $x \in y$, 则 $x+1 \in y$. 又由数学归纳法 (也就是上面的定理)$\omega \bigcap y = \omega$. 所以 ω 是一个集, 此因 $\omega \subset y$. 由于 ω 由序数组成, E 连接 ω 并且 ω 是充满的, 因此每个整数的元是一个整数.|

---

　　① 非负整数.

A.10　选 择 公 理

现在我们叙述最后一个公理, 并导出两个有力的推论.

定义 139　c 是一个选择函数的充要条件是 c 为一函数, 并且对于 c 定义域的每个元 $x, c(x) \in x$.

直观上, 一个选择函数是由 c 的定义域的每个集中同时选一个元的这种选取法.

下面是 Zermelo 公设的一个强化形式, 或称为选择公理.

选择公理 IX　存在一个选择函数 c, 它的定义域是 $\mathscr{U} \sim \{0\}$.

函数 c 从每个非空集中选取一个元.

定理 140　如果 x 是一个集, 存在 1-1 函数, 它的值域是 x 而它的定义域是一个序数.

证明　证明的路线是用超穷归纳法构造一个满足这个定理要求的函数. 令 g 是使得对于每个集 $h, g(h) = c(x \sim (h$ 的值域$))$ 的函数, 这里 c 是一个满足选择公理的选择函数. 应用定理 128, 存在函数 f 使得 f 的定义域是一个序数, 同时对每个序数 $u, f(u) = g(f|u)$. 于是 $f(u) = c(x \sim (f|u$ 的值域$))$, 并且如果 $u \in f$ 的定义域, 则 $f(u) \in (x \sim (f|u$ 的值域$))$. 现在 f 是 1-1 的, 因为若对于 $f(u) = f(v)$ 且 $u < v$, 则有 $f(v) \in (f|v$ 的值域$)$, 而它与 $f(v) \in (x \sim (f|v$ 的值域$))$ 的事实相矛盾. 由于 f 是 1-1 的, 所以 f 的定义域$= R$ 是不可能的. 因为在这种情况下 f^{-1} 是一个函数, 它的定义域是 x 的子类, 故是一个集, 于是, 根据代换公理 f^{-1} 的值域是一个集, 而 R 不是一个集, 从而 f 的定义域 $= R$. 因为 f 的定义域 $\notin f$ 的定义域, $f(f$ 的定义域$) = \mathscr{U}$, 所以 $c(x \sim f$ 的值域$) = \mathscr{U}$. 由于 c 的定义域是 $\mathscr{U} \sim \{0\}$, 故 $x \sim f$ 的值域 $= 0$. 这样一来立刻推得 f 是满足定理要求的函数.∣

定义 141　n 是一个套的充分必要条件是只要 x 与 y 均为 n 的元, 则 $x \subset y$ 或者 $y \subset x$.

下面的结论是一个引理, 它是证明定理 143 所需要的.

定理 142　如果 n 是一个套, 同时 n 的每个元是一个套, 则 $\bigcup n$ 也是一个套.

证明　如果 $x \in m, m \in n, y \in p$ 且 $p \in n$, 则不是 $m \subset p$ 便是 $p \subset m$, 因为 n 是一个套. 假定 $m \subset p$, 则 $x \in p$ 且 $y \in p$, 同时由于 p 是一个套, $x \subset y$ 或者 $y \subset x$.∣

下面的定理称作 Hausdorff 极大原理, 它断言在任何集中极大套的存在性. 这个证明与定理 140 的证明有密切关系.

定理 143　如果 x 是一个集, 则存在一个套 n 使得 $n \subset x$, 并且如果 m 是一个套, $m \subset x$ 且 $n \subset m$, 则 $m = n$.

证明　此证明是利用超穷归纳法. 直观上, 我们选一个套, 然后再选一个较大的, 继续进行下去, 我们知道因为 R 非集, 所有包含在 x 中的套组成的集将不会取完 R 中的序数. 对每一 h, 令 $g(h) = c(\{m : m$ 是一个套, $m \subset x$, 且对 h 值域中的 $p, p \subset m$ 同时 $p \neq m\})$, c 是满足选择公理的一个选择函数 (直观上所选的 $g(h)$ 是在 x 中的套, 而它真正被包含在每个前面所选的套中). 由定理 128, 存在函数 f 使得 f 的定义域是一个序数, 并且对于每个序数 $u, f(u) = g(f|u)$. 由 g 的定义推出, 如果 $u \in f$ 的定义域, 则 $f(u) \subset x$ 同时 $f(u)$ 是一个套, 而且如果 u 与 v 均为 f 定义域的元, 并且 $u < v$, 则 $f(u) \subset f(v)$ 同时 $f(u) \neq f(v)$. 从而 f 是 1-1 的, f^{-1} 是一个函数. 又由于 x 是一个集, 所以 f 的定义域 $\in R$. 因为 $f(f$ 的定义域$) = \mathscr{U}$[①], $g(f) = \mathscr{U}$. 从而不存在套 m 被包含在 x 中, 并真正包含 f 值域的每个元.

最后, $\bigcup(f$ 的值域$)$ 是一个套, 它包含 f 值域的所有元, 从而不存在套 m 被包含在 x 中, 同时真正包含 $\bigcup(f$ 的值域$)$.∎

A.11　基　　数

在这一节里定义基数并证明通常用到的大部分性质. 这些证明紧密地依赖着早先的结果.

定义 144　$x \approx y$ 当且仅当存在一个 1-1 函数 f, f 的定义域 $= x$ 而 f 的值域 $= y$.

如果 $x \approx y$, 则称 x 等势于 y, 或者 x 与 y 是等势的.

定理 145　$x \approx x$.

定理 146　如果 $x \approx y$, 则 $y \approx x$.

定理 147　如果 $x \approx y$ 同时 $y \approx x$, 则 $x \approx z$.

定义 148　x 是一个基数就是说 x 是一个序数, 并且如果 $y \in R$ 和 $y < x$, 则 $x \approx y$ 不真.

也就是说, 一个基数是一个序数, 而它不等势于任何较小的序数.

定义 149　$C = \{x : x$ 是基数$\}$.

定理 150　E 良序 C.

定义 151　$P = \{(x, y) : x \approx y$ 且 $y \in C\}$.

类 P 是由所有使得 x 是一个集且 y 是等势于 x 的基数之偶对 (x, y) 所组成. 对于每个集 x, 基数 $P(x)$ 是 x 的势, 或者 x 的基数.

推出下面一系列结果所需要的基本事实已经被论证.

定理 152　P 是一个函数, P 的定义域 $= \mathscr{U}$ 且 P 的值域 $= C$.

---

① 因为序数 (f 的定义域)$\notin f$ 的定义域, 由定理 69, $f(f$ 的定义域$) = \mathscr{U}$.

证明　定理 140 是其证明的主要步骤.▮

定理 153　如果 x 是一个集, 则 $P(x) \approx x$.

定理 154　如果 x 与 y 均为集, 则当且仅当 $P(x) = P(y)$ 时, $x \approx y$

定理 155　$P(P(x)) = P(x)$.

证明　如果 x 不是一个集, 则由定理 69, $P(x) = \mathscr{U}$ 且 $P(\mathscr{U}) = \mathscr{U}$.▮

定理 156　当且仅当 x 是一个集并且 $P(x) = x$ 时, $x \in C$ 成立.

定理 157　如果 $y \in R$ 且 $x \subset y$, 则 $P(x) \leq y$.

证明　由定理 99, 存在一个 1-1 函数 f, 它在 x 与 R 中是 $E\text{-}E$ 保序的, 并且使得不是 f 的定义域$= x$ 便是 f 的值域$= R$. 由于 x 是一个集, R 不是一个集, 故 f 的定义域$= x$. 由定理 94, 对于 x 中的 $u, f(u) \leq u$, 从而 x 等势于一个小于等于 y 的序数.▮

定理 158　如果 y 是一个集且 $x \subset y$, 则 $P(x) \leq P(y)$.

下面是 Schroeder-Bernstein 定理. 它能不用选择公理而直接证明 (预备知识定理 20).

定理 159　如果 x 与 y 均为集, $u \subset x, v \subset y, x \approx v$ 且 $y \approx u$, 则 $x \approx y$.

证明　利用定理 157, $P(x) = P(v) \leq P(y) = P(u) \leq P(x)$.▮

定理 160　如果 f 是一个函数同时 f 是一个集, 则 $P(f$ 的值域$) \leq P(f$ 的定义域$)$.

证明　如果 f 是自 x 上到 y 上的一个函数, 并且 c 是满足选择公理的一个选择函数, 则存在函数 g 使得 g 的定义域$= y$, 同时对于 y 中的 $v, g(v) = c(\{u : v = f(u)\})$. 从而 y 等势于 x 的子集.▮

下面经典的定理是属于 Cantor 的.

定理 161　如果 x 是一个集, 则 $P(x) < P(2^x)$.

证明　定义域为 x 且在 x 的元 u 处计值为 $\{u\}$ 的函数是 1-1 的. 所以 x 等势于 2^x 的子集且 $P(x) \leq P(2^x)$. 如果 $P(x) = P(2^x)$, 则存在 1-1 函数 f, 它的定义域是 x 且值域是 2^x. 于是存在 x 的元 u 使得 $f(u) = \{v : v \in x$ 且 $v \notin f(v)\}$. 这么一来 $u \in f(u)$, 就是指 $u \notin f(u)$. 从而得一矛盾.▮

上面就其结构而言类似于 Russell 悖论.

定理 162　C 不是一个集.

证明　如果 C 是一个集, 则 $\bigcup c$ 也是一个集, $P(2^{\cup c}) \in C$. 故 $P(2^{\cup C}) \subset \bigcup C$, 所以 $P(2^{\cup C}) \leq P(\bigcup C)$. 从而得一矛盾.▮

有了一些准备之后, 我们把基数分成两类, 有限基数与无限基数, 并对每一类证明一些特殊的性质.

定理 163　如果 $x \in \omega, y \in \omega$ 且 $x + 1 \approx y + 1$, 则 $x \approx y$.

证明 如果 f 是 $x+1$ 上到 $y+1$ 上的 1-1 函数, 则存在 $x+1$ 上到 $y+1$ 上的一个 1-1 函数 g 使得 $g(x) = y$. 例如, 令 g 为 $(f \sim \{(x, f(x))\} \bigcup \{(f^{-1}(y), y)\}) \bigcup \{(f^{-1}(y), f(x))\} \bigcup \{(x, y)\}$, 则 $g|x$ 是 x 上到 y 上的 1-1 函数.|

定理 164 $\omega \subset C$.

证明 这个定理的证明是利用归纳法. 把前面的定理应用到等势于一个较小整数的那种整数的第一整数上, 便得一个矛盾, 于是证明了每个整数是一个基数.|

定理 165 $\omega \in C$.

证明 如果 $\omega \approx x$ 并且 $x \in \omega$, 则 $x \subset x+1 \subset \omega$, 故 $P(x+1) = P(x)$. 这与前面定理所叙述的结论每个整数是一个基数相矛盾.|

定义 166 x 是有限的当且仅当 $P(x) \in \omega$.

定理 167 x 是有限的当且仅当存在 r 使得 r 良序 x, 并且 r^{-1} 也良序 x.

证明 如果 $P(x) \in \omega$, 则 E 与 E^{-1} 良序 $P(x)$, 由于 $x \approx P(x)$, 所以不难求得 r 使得 r 与 r^{-1} 都良序 x. 反之如果 r 与 r^{-1} 都良序 x, 则由定理 99 知存在一个 1-1 函数 f, 它在 x 与 R 中是 r-E 保序的, 并使得不是 f 的定义域$= x$ 便是 f 的值域$= R$. 如果 $\omega \subset f$ 的值域, 则 r^{-1} 非良序 x, 此因 ω 没有 E_- 末元素. 所以 f 的值域$\in \omega$, f 的定义域$= x$. 于是定理得证.|

下面这些关于有限集的定理都能对集的势进行归纳证明, 或者用构造一个良序和应用定理 167 加以证明. 这两类证明的例子都将给出.

定理 168 如果 x 与 y 均有限, 则 $x \bigcup y$ 也是有限的.

证明 如果 r 与 r^{-1} 同时都良序 x, 并且 s 与 s^{-1} 同时都良序 y, 则对于 x 中的点应用 r, 对于 $y \sim x$ 中的点应用 s, 并令 $y \sim x$ 中的每个元跟在 x 的所有点之后, 而它能构成欲求类型 $x \bigcup y$ 的一个序.|

定理 169 如果 x 有限且 x 的每个元有限, 则 $\bigcup x$ 也有限.

证明 可以对 $P(x)$ 进行归纳法证明. 很明显考虑所有使得如果 $P(x) = u$ 且 x 的每个元有限则 $\bigcup x$ 有限之整数 u 的集 s, 于是显然 0 属于此集. 如果 $u \in s, P(x) = u+1$ 且 x 的每个元是有限的, 则 x 可分成两个子集: 其一有势 u, 其二为单点. 由归纳假设以及前面的定理, 则证明了 $\bigcup x$ 是有限的. 故 $s = \omega$.|

定理 170 如果 x 与 y 有限, 则 $x \times y$ 也有限.

证明 类 $x \times y$ 是一有限类中元的并. 这些元形为 $\{v\} \times y$, 这里 v 属于 x.|

定理 171 如果 x 是有限的, 则 2^x 也是有限的.

证明 如果 y 是一个整数, 则 $y+1$ 的子集能够被分成两类: 其一是那些 y 的子集, 其二是那些 y 的子集与 $\{y\}$ 之并. 这样便给出了定理进行归纳证明所必须的基础.|

定理 172 如果 x 是有限的, $y \subset x$ 且 $P(y) = P(x)$, 则 $x = y$.

证明   只要考虑 x 为整数的情况就足够了. 假定 $y \subset x, y \neq x, P(y) = x$ 且 $x \in \omega$, 于是 $x \neq 0$. 所以对某一整数 $u, x = u + 1$. 因为 $y \neq x$, 所以存在一个 u 的子集等势于 y, 故 $P(y) \leq u$. 但是 $P(y) = x = u + 1$. 所以这与每个整数是一个基数的事实相矛盾.|

定理 172 是关于有限集不能等势于它的真子集的性质, 实际上, 它描述了有限集的特征.

定理 173   如果 x 是一个集, 而非有限, 则存在一个 x 的子集 y 使得 $y \neq x$ 并且 $x \approx y$.

证明   由于 x 是一个集, 而非有限, $\omega \subset P(x)$, 所以在 $P(x)$ 上存在一个函数 f 使得对于 ω 中的 $u, f(u) = u + 1$, 并且对于 $P(x) \sim \omega$ 中的 $u, f(u) = u$. 此函数 f 是 1-1 的, 并且 f 的值域 $= P(x) \sim \{0\}$. 由于 $P(x) \approx x$, 从而定理得证.|

定理 174   如果 $x \in R \sim \omega$, 则 $P(x + 1) = P(x)$.

证明   显然 $P(x) \leq P(x+1)$, 由于 x 非有限, 所以存在 x 的子集 u 使得 $u \neq x$ 并且 $u \approx x$. 从而在 $x + 1$ 上存在 1-1 函数 f 使得对于在 x 中的 $y, f(y) \in u$ 和 $f(x) \in x \sim u$. 故 $P(x + 1) \leq P(x)$.|

剩下的主要定理依赖于笛卡儿乘积 $R \times R$ 上的一个序关系. 给这个序一种直观的描述法可能是有益的. 它作为一个良序, 并在 $\omega \times \omega$ 上具有性质: $\omega \times \omega$ 的元 (x, y) 之所有前趋元之类为有限的 (这个事实与推广是说明此序有效性的关键). $\omega \times \omega$ 的图形是作为欧几里得平面的子集并把 $\omega \times \omega$ 分类, 而使得 x 与 y 的最大值和 u 与 v 最大值相同的偶对 (x, y) 和 (u, v) 放在同一类. 于是每一个类由正方形的两边组成, 并且这个序把较小正方形上的点排在大正方形上点之前. 对于在同一正方形边界上的那些点, 这个序沿着上边缘向右进行, 一直达到但不包含角点, 再沿着右边缘向上结束于角点.

如果 x 与 y 都是序数, 它们之中较大的是 $x \bigcup y$. 这样引导出下面的定义.

定义 175 $\max[x, y] = x \bigcup y$.

定义 176 $\ll = \{z$: 对于在 $R \times R$ 中的某个 (u, v) 与在 $R \times R$ 中的某个 $(x, y), z = ((u, v), (x, y))$, 且 $\max[u, v] < \max[x, y]$, 或者 $\max[u, v] = \max[x, y]$ 且 $u < x$, 或者 $\max[u, v] = \max[x, y]$ 且 $u = x$ 和 $v < y$.}

定理 177 $\ll$ 良序 $R \times R$.

这个定理的证明虽很直接, 但要繁琐地应用定义和 $<$ 良序 R 的事实.

定理 178   如果 $(u, v) \ll (x, y)$, 则 $(u, v) \in (\max[x, y] + 1) \times (\max[x, y] + 1)$.

证明   无疑 $\max[u, v] \leq \max[x, y]$, 故 $\max[u, v] \subset \max[x, y]$. 由于序数 u 与 v 均为 $\max[x, y]$ 的子集, 所以它们都是 $\max[x, y] + 1$ 的元 |

定理 179   如果 $x \in C \sim \omega$, 则 $P(x \times x) = x$.

证明　我们用归纳法来证明. 设 x 为使得定理不真的 $C \sim \omega$ 的首元, 于是, 由定理 99 知, 存在一个函数 f 在 $x \times x$ 与 R 中是 $\ll -E$ 保序的, 并使得不是 f 的定义域 $= x \times x$ 便是 f 的值域 $= R$. 由于 $x \times x$ 是一个集而 R 不是一个集, f 的定义域 $= x \times x$. 我们证明如果 $(u, v) \in x \times x$, 则 $f((u, v)) < x$, 继而推出本定理. 由前面的定理 (u, v) 所有前趋元的类是 $(\max[u, v] + 1) \times (\max[u, v] + 1)$ 的子集. 如果 $x = \omega$, 则 u 与 v 同时为有限的. 因为 $\max[u, v] < x$, 由定理 170, $(\max[u, v] + 1) \times (\max[u, v] + 1)$ 有限, 故 $f((u, v))$ 仅有有限个前趋元并且 $f((u, v)) < x$. 如果 $x \neq \omega$, 且 $\max[u, v]$ 非有限, 则由定理 174, $P(\max[u, v] + 1) = P(\max[u, v]) < x$, 故 $P(f((u, v))) < x$ 且 $f((u, v)) < x$. ▌

定理 180　如果 x 与 y 都是 C 的元, 而其中一个不属于 ω, 则 $P(x \times y) = \max[P(x), P(y)]$.

$C \sim \omega$ 的元被称为无限基数, 或者超穷基数.

关于基数许多重要而又有用的定理在前面所列举的定理中尚有些未曾给出, 而进一步的情况和参考资料譬如可以看 Fraenkel[1]. 最后我们以简单地叙述一个古典集论所未曾解决的问题作为这方面讨论的终结.

定理 181　*存在唯一的 $< - <$ 保序函数以 R 为定义域, 并以 $C \sim \omega$ 为值域.*

证明　由定理 99, 在 R 与 $C \sim \omega$ 中存在唯一的 $< - <$ 保序函数 f, 使得 f 的定义域 $= R$ 或者 f 的值域 $= C \sim \omega$. 由于 R 与 $C \sim \omega$ 的每个截片是一个集, 并且 R 与 $C \sim \omega$ 都不是集, 所以 f 的定义域 $\neq R$ 或者 f 的值域 $\neq C \sim \omega$ 是不可能的. ▌

这个唯一的 $< - <$ 保序函数的存在性是由前面的定理所保证, 而它通常用 $\aleph$ 来表示. 于是 $\aleph(0)$(或者 $\aleph_0$) 为 ω. 紧接的下一个基数 $\aleph_1$ 也用 Ω 来表示. 因此它是第一个不可数序数. 由于 $P(2^{\aleph_0}) > \aleph_0$ 推得 $P(2^{\aleph_0}) \geqslant \aleph_1$. 这两个基数的相等是极有吸引力的猜测. 它被称为连续统假设. 广义连续统假设是这样叙述的: 如果 x 是一个序数, 则 $P(2^{\aleph_x}) = \aleph_{x+1}$. 此假设既不曾被证明也不曾被否定[1]. 然而 Gödel[1] 曾证明了一个很妙的元数学定理:

如果在连续统假设的基础上产生了一个矛盾, 则矛盾也可以在不假定连续统假设的情况下被找到. 对广义连续统假设和选择公理也是一样.

---

① 连续统假设 (以及广义连续统假设与选择公理) 已最终被 Cohen 证明是与一般的集合论公理相容并独立的. 详细内容可参看 Cohen 所著 *Set Theory and The Continuum Hypothesis*. New York: W. A. Benjamin. INC, 1966. —— 校者注

附录B 译者为本书增添的附录

B.1 不分明拓扑学介绍

1965 年, Zadeh[1] 首先引入了不分明集, 在此基础上, 1968 年, Chang[1] 进一步展开了对不分明拓扑空间的研究. 10 年来, 经过 Wong [1~5], Lowen [1~4], Warren [1~3], Hutton[1~3] 以及我国蒲保明、刘应明 [1, 2] 等人的工作, 已经把本书的大部分内容转移到了不分明拓扑空间, 形成了不分明拓扑学.

自从本书原著出版以来, 一般拓扑学取得了许多重要进展, 考虑到不分明拓扑学乃是它的一种全面 (而非个别问题) 的推广, 同时对数学的不少领域都起着一定的影响, 因此, 译者冒昧写此附录, 以期求得广大读者的批评与指正.

B.2 不分明集与不分明点

恒设 $X = \{x\}$ 为非空集.

定义 1 称 A 为 X 上的不分明集当且仅当

$$A = \{(x, \mu_A(x)) | x \in X, \mu_A \in [0, 1]^X\},$$

这里 $\mu_A(x)$ 叫做 A 的程度函数或隶属函数.

由定义 1 容易看出, 不分明集 A 完全由它的程度函数 $\mu_A(x)$ 所刻画.

若 $\mu_A(x)$ 仅取 0 或 1, 则不把它和 X 的子集 A 加以区别.

定义 2 设 A 和 B 为 X 的不分明集, 则规定它们之间的相等和运算为

$$A = B \Longleftrightarrow \mu_A(x) = \mu_B(x), \qquad \text{对一切 } x \in X;$$
$$A \subset B \Longleftrightarrow \mu_A(x) \leqslant \mu_B(x), \qquad \text{对一切 } x \in X;$$
$$C = A \bigcup B \Longleftrightarrow \mu_C(x) = \max[\mu_A(x), \mu_B(x)], \quad \text{对一切 } x \in X;$$
$$D = A \bigcap B \Longleftrightarrow \mu_D(x) = \min[\mu_A(x), \mu_B(x)], \quad \text{对一切 } x \in X;$$
$$E = A' \Longleftrightarrow \mu_E(x) = 1 - \mu_A(x), \qquad \text{对一切 } x \in X.$$

类似地, 一族不分明集 $\{A_i\}, i \in I$ 的并 $C = \bigcup\limits_{i \in I} A_i$ 与交 $D = \bigcap\limits_{i \in I} A_i$ 的程度函数分别由

$$\mu_C(x) = \sup_{i \in I} \mu_{A_i}(x), \quad x \in X$$

和

$$\mu_D(x) = \inf_{i \in I} \mu_{A_i}(x), \quad x \in X$$

确定.

另外, 对不分明集, 同样也有 De Morgan 公式成立.

定义 3 设 f 为从 X 到 Y 的函数, B 为 Y 的不分明集, 则 $f^{-1}[B]$ 表示由程度函数

$$\mu_{f^{-1}[B]}(x) = \mu_B(f(x)), \quad x \in X$$

所确定的 X 的不分明集.

反之, 设 A 为 X 的不分明集, 则 $f[A]$ 表示由程度函数

$$\mu_{f[A]}(y) = \begin{cases} \sup_{z \in f^{-1}[y]} \mu_A(z), & \text{当 } f^{-1}[y] \text{ 为非空时,} \\ 0, & \text{其他} \end{cases}$$

$(y \in Y)$ 所确定的 Y 的不分明集.

定理 4 设 f 为从 X 到 Y 的函数, 则有

(1) $f^{-1}[B'] = (f^{-1}[B])'$;

(2) $f[A'] \supset (f[A])'$, 这里 f 是满映射;

(3) 从 $B_1 \subset B_2$ 可推出 $f^{-1}[B_1] \subset f^{-1}[B_2]$;

(4) 从 $A_1 \subset A_2$ 可推出 $f[A_1] \subset f[A_2]$;

(5) $B \supset f[f^{-1}[B]]$;

(6) $A \subset f^{-1}[f[A]]$;

(7) 再设 g 为从 Y 到 Z 的函数, 则对任何 Z 的不分明集 C 有

$$(g \circ f)^{-1}[C] = f^{-1}[g^{-1}[C]],$$

其中 $g \circ f$ 为 g 与 f 的合成.

定理中的 A 和 B 分别为 X 和 Y 的不分明集.

证明 我们只证明 (1) 与 (2), 其余的证明留给读者.

(1) 只需注意对一切 $x \in X$ 有

$$\mu_{f^{-1}[B']}(x) = \mu_{B'}(f(x)) = 1 - \mu_B(f(x)) = 1 - \mu_{f^{-1}[B]}(x)$$
$$= \mu_{(f^{-1}[B])'}(x).$$

(2) 于 $y \in Y$, 由于 f 是满映射, $f^{-1}[y]$ 为非空, 于是有

$$\mu_{f[A']}(y) = \sup_{z \in f^{-1}[y]} \mu_{A'}(z) = \sup_{z \in f^{-1}[y]} (1 - \mu_A(z))$$

$$=1 - \inf_{z \in f^{-1}[y]} \mu_A(z)$$

和

$$\mu_{(f[A])'}(y) = 1 - \mu_{f[A]}(y) = 1 - \sup_{z \in f^{-1}[y]} \mu_A(z),$$

故

$$\mu_{f[A']}(y) \geqslant \mu_{(f[A])'}(y),$$

从而获证.∎

定义 5 若 X 的不分明集的程度函数仅在 $x \in X$ 处取异于 0 的值 $(= \lambda)$, 则称该不分明集为 X 的不分明点, 记作 x_λ, 而 x 叫做它的支点.

同样, 当 $\lambda = 1$ 时, 我们就不再区别 x_λ 和 X 的点 x.

为了更好地刻画两个不分明集的相交程度, 除推广通常的 "相交" 概念外, 再引用一种 "相重" 概念.

显然, 在下述意义下不分明集 A 与 A' 可以相交, 但并不相重.

定义 6 设 A 和 B 为 X 的不分明集, 若

$$\min[\mu_A(x), \mu_B(x)] > 0,$$

则称 A 和 B 相交于点 x; A 与 B 叫做相交, 当且仅当存在 $x \in X$ 使得 A 和 B 相交于 x. 又若 $\mu_A(x) + \mu_B(x) > 1$, 则称 A 和 B 相重于点 x; A 与 B 叫做相重, 当且仅当存在 $x \in X$ 使得 A 和 B 相重于 x.

另外, 当 $0 < \lambda \leqslant \mu_A(x)$ 时, 就称 x_λ 属于 A, 记为 $x_\lambda \in A$; 而当 $\lambda + \mu_A(x) > 1$ 时, 则称 x_λ 重于 A.

易见当 A 与 B 相重于点 x 时它们也必相交于 x.

注 "相重" 是蒲保明、刘应明 [1] 所引入的一个十分重要的概念, 本附录所有有关这方面的结果均属于他们 [1].

B.3   不分明拓扑空间

定义 7 若 X 的不分明集族 $\mathscr{T} = \{A\}$ 满足:

1° $X, \varnothing \in \mathscr{T}$;

2° 若 $A, B \in \mathscr{T}$, 则 $A \bigcap B \in \mathscr{T}$;

3° 若 $A_i \in \mathscr{T}(i \in I)$, 则 $\bigcup_{i \in I} A_i \in \mathscr{T}$.

则称它为 X 的一个不分明拓扑, 又称偶对 $(X, \mathscr{T})$ 为不分明拓扑空间, 而 $\mathscr{T}$ 中的元 A 叫做 $\mathscr{T}$- 开集, 其余集 A' 叫做 $\mathscr{T}$- 闭集.

例 8　如同一般拓扑学一样, X 的平庸不分明拓扑仅含 X 与 $\varnothing$, 而离散不分明拓扑则由 X 的所有不分明集组成.

例 9　由拓扑空间 $(X, \mathscr{U})$ 诱出的不分明拓扑空间 $(X, F(\mathscr{U}))$ (或称半连续不分明拓扑空间, 见 Wong[1], 对此, Weiss[1] 还曾作过细致的讨论).

于 X 的不分明集 A 和 $\alpha \in [0,1)$, 命

$$\Gamma_{A,\alpha} = \{x | \mu_A(x) > \alpha, \ x \in X\},$$

再命

$F(\mathscr{U}) = \{A | A$ 为 X 的不分明集并且对任何 $\alpha \in [0,1), \Gamma_{A,\alpha}$ 为 $\mathscr{U}$- 开集$\}$,

则易证 $F(\mathscr{U})$ 为 X 的不分明拓扑 (自然, 我们把它叫做半连续不分明拓扑).

事实上, 我们有

$1°$ $X, \varnothing \in F(\mathscr{U})$ 是明显的;

$2°$ 于 $A, B \in F(\mathscr{U})$, 则 $C = A \bigcap B \in F(\mathscr{U})$, 这只需注意从 $\mu_C(x) = \min[\mu_A(x), \mu_B(x)]$ 可推出对任何 $\alpha \in [0,1)$, 有

$$\Gamma_{C,\alpha} = \Gamma_{A,\alpha} \bigcap \Gamma_{B,\alpha};$$

$3°$ 于 $A_i \in F(\mathscr{U})$, $i \in I$, 则因从 $\sup\limits_{i \in I} \mu_{A_i}(x) > \alpha$ 可推出至少有一个 A_i 满足 $\mu_{A_i}(x) > \alpha$, 故对任何 $\alpha \in [0,1)$ 有

$$\Gamma_{\bigcup\limits_{i \in I} A_i, \alpha} = \bigcup_{i \in I} \Gamma_{A_i, \alpha}.$$

注　不分明拓扑的上述定义属于 Chang[1]. 而 Lowen[3] 又提出了另一种不同的定义, 他把定义 7 中的 $1°$ 改为更强的

1^* 对任何 $\alpha \in [0,1]$, 有 $C_\alpha \in \mathscr{T}$, 其中 C_α 相应的程度函数为

$$\mu_{C_\alpha}(x) \equiv \alpha, \quad 当 \ x \in X \ 时.$$

这种不分明拓扑空间叫做满层空间, 它虽不以分明拓扑空间为特款, 却有许多应用, 见蒲保明、刘应明 [2].

吴从炘 [1] 为了考虑不分明拓扑线性空间的需要, 又把 1^* 减弱为:

1^{**} 若存在 $\alpha_0 \in (0,1), A^{(0)} \in \mathscr{T}, x_0 \in X$ 使得 $A^{(0)}(x_0) = \alpha_0$, 则对任何 $\alpha \in [0,1]$ 有 $C_\alpha \in \mathscr{T}$; 否则就只有 $C_0, C_1 \in \mathscr{T}$.

这样就又包括分明拓扑空间作为特款.

定义 10　我们称不分明集 U 为 x_λ 的邻域 (重域) 当且仅当有 $V \in \mathscr{T}$ 使得 $V \subset U$ 并且 $x_\lambda \in V$ (x_λ 重于 V).

定理 11 设 $(X, \mathscr{T})$ 为不分明拓扑空间, 若以 $\mathscr{U}_e$ 表示不分明点 e 的所有邻域构成的邻域系 (相应地, 重域系), 则

(1) 若 $U \in \mathscr{U}_e$, 则 e 属于 (相应地重于)U;

(2) 若 $U, V \in \mathscr{U}_e$, 则 $U \bigcap V \in \mathscr{U}_e$;

(3) 若 $U \in \mathscr{U}_e$, 不分明集 $V \supset U$, 则 $V \in \mathscr{U}_e$;

(4) 若 $U \in \mathscr{U}_e$, 则有 $V \in \mathscr{U}_e$ 使得 $V \subset U$ 并且对每一个属于 (相应地, 重于)V 的不分明点 d 有 $V \in \mathscr{U}_d$.

反之, 若对 X 的每一个不分明点 e 都对应有一个满足 (1) ~ (3) 的不分明集族 $\mathscr{U}_e$, 则所有使对任何重于不分明集 U 的不分明点 d 有 $U \in \mathscr{U}_d$ 的 U 构成 X 的一个不分明拓扑 $\mathscr{T}$; 当 $\mathscr{U}_e$ 还满足 (4) 时, $\mathscr{U}_e$ 就是 e 关于不分明拓扑 $\mathscr{T}$ 的重域系 (注意, 对邻域系情形尚需增添条件).

证明 参看本书问题 1.B 即可.

注 我们也可以在不分明拓扑空间 $(X, \mathscr{T})$ 中引入不分明集 A 的邻域:

不分明集 U 叫做 A 的邻域是指存在 $V \in \mathscr{T}$ 满足 $A \subset V \subset U$.

至于它的有关性质, 见 Chang[1] 等人的工作.

定义 12 我们称不分明拓扑空间 $(X, \mathscr{T})$ 中所有包含不分明集 A 的 $\mathscr{T}$- 闭集的交为 A 的 $\mathscr{T}$- 闭包, 记作 $\bar{A}$.

显然, $\bar{A}$ 是包含 A 的最小 $\mathscr{T}$- 闭集.

定理 13 不分明点 $x_\lambda \in \bar{A}$ 当且仅当 x_λ 的每一个重域均与 A 相重.

证明

$x_\lambda \in \bar{A} \iff$ 对任何 $\mathscr{T}$- 闭集 $B \supset A$ 恒有 $x_\lambda \in B$, 即 $\mu_B(x) \geqslant \lambda$

$\iff$ 对任何 $\mathscr{T}$- 开集 $C \subset A'$ 恒有 $\mu_C(x) \leqslant 1 - \lambda$

$\iff$ 对任何满足 $\mu_C(x) > 1 - \lambda$ 的 $\mathscr{T}$- 开集 C, C 不含于 A', 即 C 与 $(A')' = A$ 相重

$\iff$ 对 x_λ 的任何 $\mathscr{T}$- 开的重域 C, 它与 A 总相重

$\iff x_\lambda$ 的每一个重域均与 A 相重.

定义 14 c 叫做 X 上的一个不分明闭包算子当且仅当 c:

$$[0,1]^X \to [0,1]^X$$
$$\downarrow \qquad\quad \downarrow$$
$$A \quad \to \quad A^c$$

且满足 Kuratowski 的四条公理:

$1°$ $\varnothing^c = \varnothing$;

$2°$ $A \subset A^c$;

$3°$ $(A^c)^c = A^c$;

4° $(A\bigcup B)^c = A^c\bigcup B^c$.

定理 15 若 $(X,\mathcal{T})$ 为不分明拓扑空间, 则映射 ⁻:

$$[0,1]^X \to [0,1]^X$$
$$\downarrow \qquad \downarrow$$
$$A \quad \to \quad \bar{A}$$

为 X 的一个不分明闭包算子.

反之, 若 ᶜ 为 X 的一个不分明闭包算子, 则所有满足 $A^c = A$ 的不分明集 A 的余集的全体构成 X 的一个不分明拓扑 $\mathcal{T}$, 并且 A^c 就是 A 关于不分明拓扑 $\mathcal{T}$ 的 $\mathcal{T}$-闭包 $\bar{A}$.

证明 如同本书第 1 章定理 8 之证, 只需注意所要用到的一个简单事实:

当 $A \subset B$ 时有 $A^c \subset B^c$,

需改证为:

由 $A \subset B$ 有 $B = A\bigcup B$, 从而 $B^c = A^c\bigcup B^c \supset A^c$. |

定义 16 我们称不分明拓扑空间 $(X,\mathcal{T})$ 中所有包含于不分明集 A 的 $\mathcal{T}$-开集的并为 A 的 $\mathcal{T}$-内部, 记作 A°.

显然, A° 是包含于 A 的最大 $\mathcal{T}$-开集.

定义 17 在不分明拓扑空间 $(X,\mathcal{T})$ 中, 规定不分明集 A 的 F-边界 $b(A) = \bar{A}\bigcap(\bar{A'})$

显然, $\bar{A} \supset A\bigcup b(A)$, 但等号一般并不成立, 这是与一般拓扑学的一个不同之处.

例 对 X, 令其不分明拓扑为

$$\mathcal{T} = \{X, \varnothing, x_{\frac{1}{2}}\},$$

取 $A = x_{\frac{2}{3}}$, $e = x_{\frac{3}{4}}$, 则 e 的 $\mathcal{T}$-开的重域为 X 或 $x_{\frac{1}{2}}$, 皆重于 A, 故由定理 13 便知 $e \in \bar{A}$, 而另一方面 $e\bar{\in}A$, 又从 e 的重域 $x_{\frac{1}{2}}$ 与 A' 不相重可推出有 $e\in(\bar{A'})$, 即 $e\in b(A)$, 总之 $e\bar{\in}A\bigcup b(A)$.

注 Warren[2,3] 给出不分明集的 F-边界的另一种不同定义, 他定义不分明集 A 的 F-边界为:

$\partial A = \varnothing$, 当 $\bar{A}\bigcap(\bar{A'}) = \varnothing$ 时,

$\partial A = \bigcap\{B|B$ 为 $\mathcal{T}$-闭集并且当 $x \in \bar{A}\bigcap(\bar{A'})$ 时有 $\mu_B(x) = \mu_A(x)\}$, 在别处.

易见 $\partial A \supset b(A)$, 另外, 有 $\bar{A} = A\bigcup \partial A$ (见 Warren[2] 命题 4.3).

定义 18 设 $(X,\mathcal{T})$ 为不分明拓扑空间, 若 X 的不分明点 e 的邻域系 (相应地, 重域系) $\mathscr{U}_e$ 的子族 $\mathscr{B}$ 具有性质: 对任何 $A \in \mathscr{U}_e$ 有 $B \in \mathscr{B}$ 使得 $B \subset A$, 则称 $\mathscr{B}$ 为 e 的一个邻域基 (相应地, 重域基).

当 X 的每一个不分明点都有可数的邻域基 (相应地, 重域基) 时, 就称 X 满足第一可数公理 (相应地, Q- 第一可数公理), 或称为 C_I 空间 (相应地, Q-C_I 空间).

定义 19   设 $(X, \mathscr{T})$ 为不分明拓扑空间, $\mathscr{T}$ 的子族 $\mathscr{B}$ 叫做 $\mathscr{T}$ 的一个基当且仅当 $\mathscr{T}$ 中的每一个元均可表为若干个 $\mathscr{B}$ 中的元之并; 又 $\mathscr{T}$ 的子族 $\mathscr{S}$ 叫做 $\mathscr{T}$ 的一个子基当且仅当 $\mathscr{S}$ 中的元之有限交的全体构成 $\mathscr{T}$ 的一个基.

当 $\mathscr{T}$ 具有可数基时, 就称 X 满足第二可数公理, 或称为 C_{II} 空间.

定理 20   若 $(X, \mathscr{T})$ 为 C_I 空间, 则必为 Q-C_I 空间.

证明   对 X 的任何不分明点 $e = x_\lambda$, 取

$$\mu_n \to 1 - \lambda \ (\mu_n \in (1 - \lambda, 1], n = 1, 2, \cdots),$$

又记 $e_n = x_{\mu n}$, 设 $\mathscr{B}_n$ 为 e_n 的可数 $\mathscr{T}$- 开的邻域基, 则因从 $B \in \mathscr{B}_n$ 可推出 $\mu_B(x) \geqslant \mu_n > 1 - \lambda$, 即 B 亦为 e 的重域, 故所有 $\{\mathscr{B}_n\}$ $(n = 1, 2, \cdots)$ 中的元的全体构成 e 的一个可数 $\mathscr{T}$- 开的重域族 $\mathscr{B}$.

今证 $\mathscr{B}$ 为 e 的重域基.

事实上, 对于 e 的 $\mathscr{T}$- 开的重域 A, 则有 $\mu_A(x) > 1 - \lambda$, 从而有 μ_m 使

$$\mu_A(x) \geqslant \mu_m > 1 - \lambda,$$

即 $e_m \in A$, 亦即 A 为 e_m 的 $\mathscr{T}$- 开的邻域, 于是有 $\mathscr{B}_m$(也就是 $\mathscr{B}$) 中的元 $B \subset A$ 使得

$$\mu_B(x) \geqslant \mu_m > 1 - \lambda,$$

这表明 B 为 e 的 $\mathscr{T}$- 开的重域.∎

定理 21   若 $(X, \mathscr{T})$ 为 C_{II} 空间, 则必为 Q-C_I 空间.

证明   设 $\mathscr{B}$ 为 $\mathscr{T}$ 的可数基, 于 X 的不分明点 e, 记 $\mathscr{B}$ 中所有与 e 相重的元的族为 $\tilde{\mathscr{B}}$, 则 $\tilde{\mathscr{B}}$ 就是 e 的一个可数 $\mathscr{T}$- 开的重域基.

事实上, 于 e 的 $\mathscr{T}$- 开的重域 A, 则因 A 可表为若干个 $\mathscr{B}$ 中的元之并, 故易见 e 必和其中的某一个 $B(\subset A)$ 相重.∎

注   蒲保明、刘应明 [1] 利用半连续不分明拓扑空间作出了是 Q-C_I 空间而不是 C_I 以及是 C_{II} 空间而不是 C_I 的例子.

在不分明拓扑学中, 我们也可以如同一般拓扑学一样引入分离性、隔离性以及连通性等概念.

定义 22   给定不分明拓扑空间 $(X, \mathscr{T})$, 它称为 T_0 空间, 假如对任何两个不分明点 e 和 $d, e \neq d$, 恒有 $e \notin \bar{d}$ 或 $d \notin \bar{e}$; 又当每一个不分明点均为 $\mathscr{T}$- 闭集时, 就叫做 T_1 空间; 如果对任何两个支点不同的不分明点 e 和 d 都存在各自的重域 B 和 C 使得 $B \bigcap C = \varnothing$, 那么就称之为 T_2 空间.

容易看出, 若不分明拓扑空间 $(X, \mathscr{T})$ 为 T_1 空间, 则它亦为 T_0 空间, 但从 $(X, \mathscr{T})$ 为 T_2 空间却推不出它为 T_0 空间.

例　设 $X = \{y, z\}$, 其中 $y \neq z$, 又设它的不分明拓扑 $\mathscr{T}$ 的一个基由所有 $y_\lambda, \lambda \in (2/3, 1]$, $z_\lambda, \lambda \in (0, 1]$ 和 $\varnothing$ 构成, 则 $(X, \mathscr{T})$ 显然为 T_2 空间.

另一方面, 取不分明点 $y_{\frac{1}{2}}$ 和 $y_{\frac{2}{3}}$, 则易见

$$\bar{y}_{\frac{1}{2}} = \bar{y}_{\frac{2}{3}} = X,$$

故 $(X, \mathscr{T})$ 非 T_0 空间.

定理 23　若不分明拓扑空间 $(X, \mathscr{T})$ 为 T_0 与 T_2 空间, 则它也是 T_1 空间.

证明　如若不然, 即有不分明点 y_λ 使

$$\bar{y}_\lambda \supset y_\lambda, \quad \text{而} \quad \bar{y}_\lambda \neq y_\lambda,$$

则只有两种可能:

(1) 存在不分明点 $x_\mu \in \bar{y}_\lambda$ 使得 $x \neq y$,

(2) 存在不分明点 $y_\nu \in \bar{y}_\lambda$ 使得 $\nu > \lambda$,

但由此均不难推出矛盾.

事实上, 在 (1) 的情况下, 由于 $(X, \mathscr{T})$ 为 T_2 空间, 所以有 x_μ 的重域 B 和 y_λ 的重域 C 使 $B \bigcap C = \varnothing$, 从而 $\lambda + \mu_c(y) > 1$, 即 $\mu_C(y) > 1 - \lambda \geqslant 0$, 亦即 $\mu_B(y) = 0$, 这表明 x_μ 的重域 B 与 y_λ 不相重, 于是由定理 13 便知 $x_\mu \bar{\in} \bar{y}_\lambda$, 矛盾.

又在 (2) 的情况下, 由于 $(X, \mathscr{T})$ 为 T_0 空间, 而 $y_\nu \in \bar{y}_\lambda$, 所以有 $y_\lambda \bar{\in} \bar{y}_\nu$, 但另一方面, 有

$$\mu_{y_\lambda}(y) = \lambda < \nu = \mu_{y_\nu}(y) \leqslant \mu_{\bar{y}_\nu}(y),$$

即 $y_\lambda \in \bar{y}_\nu$, 矛盾.

注　Hutton[2] 还引进了不分明拓扑空间的正规性.

定义 24　我们称不分明拓扑空间 $(X, \mathscr{T})$ 的不分明集 A_1 和 A_2 为分离的当且仅当

$$\bar{A}_1 \bigcap A_2 = A_1 \bigcap \bar{A}_2 = \varnothing.$$

定义 25　不分明拓扑空间 $(X, \mathscr{T})$ 叫做连通的当且仅当它不可以表成两个非分离的不分明集 A 和 B 的并, 其中 $A \neq \varnothing, B \neq \varnothing$.

注　蒲保明、刘应明 [1] 对分离性和连通性也得到一系列结果. 他们还指出本书第 1 章仅定理 17 才完全不能移植于不分明拓扑学, 其反例如下:

设 $X = X_1 \bigcup X_2$(X_1 与 X_2 为互不相交的非空集), 又设它的不分明拓扑 $\mathscr{T}$ 由所有 $[\lambda_1; \lambda_2]$, $0 \leqslant \lambda_1, \lambda_2 \leqslant 1/2$ 和 X 构成, 其中 $[\lambda_1; \lambda_2]$ 表示由程度函数

$$\mu_A(x) = \begin{cases} \lambda_1, & \text{当 } x \in X_1 \text{ 时}, \\ \lambda_2, & \text{当 } x \in X_2 \text{ 时} \end{cases}$$

所确定的不分明集 A, 令

$$Y = \left[\frac{2}{3}; 1\right], \quad Z = \left[1; \frac{2}{3}\right],$$

则易见 Y 和 Z 均为 $\mathscr{T}$- 闭集, 但 $Y \sim Z = [0; 1]$ 和 $Z \sim Y = [1; 0]$ 却不是分离的 (因为 $\overline{(Y \sim Z)} = [1/2; 1]$, 所以 $\overline{(Y \sim Z)} \bigcap (Z \sim Y) \neq \varnothing$), 此处我们以 $A \sim B$ 表示由程度函数

$$\mu_{A \sim B}(x) = \begin{cases} \mu_A(x), & \text{当 } \mu_A(x) > \mu_B(x) \text{ 时,} \\ 0, & \text{在别处} \end{cases}$$

所确定的不分明集.

B.4 紧不分明拓扑空间

定义 26 我们称不分明集族 $\{A_i | i \in I\}$ 为不分明集 B 的覆盖当且仅当 $B \subset \bigcup\limits_{i \in I} A_i$; 若每一个 A_i 均为 $\mathscr{T}$- 开集, 则称之为 $\mathscr{T}$- 开覆盖; 当其某个子族仍为覆盖时就称之为子覆盖.

定义 27 不分明拓扑空间 $(X, \mathscr{T})$ 叫做紧当且仅当 X 的每一个 $\mathscr{T}$- 开覆盖有有限子覆盖.

定义 28 不分明拓扑空间 $(X, \mathscr{T})$ 叫做可数紧当且仅当 X 的每一个可数 $\mathscr{T}$- 开覆盖有有限子覆盖.

定义 29 我们称不分明集族 $\{A_i | i \in I\}$ 具有有限交性质当且仅当它的每一个有限子族的交为非空.

定理 30 不分明拓扑空间 $(X, \mathscr{T})$ 为紧 (可数紧) 当且仅当每一个具有有限交性质的 $\mathscr{T}$- 闭集族 (可数族) 均有非空的交.

证明 因为由 De Morgan 公式可知不分明集族 $\{A_i | i \in I\}$ 为 X 的覆盖当且仅当 $\bigcap\limits_{i \in I} A_i' = \varnothing$, 故从 X 为紧 (可数紧) 当且仅当 X 的任何没有有限子族覆盖 X 的 $\mathscr{T}$- 开集族 (可数族) 均非 X 的覆盖, 即可推出 X 为紧 (可数紧) 当且仅当 X 的任何具有有限交性质的 $\mathscr{T}$- 闭集族 (可数族) 均有非空的交. |

定义 31 设不分明集族 $\{A_i | i \in I\}$ 为 X 的覆盖, 如果对任何 $x \in X$ 存在 A_i 使得 $\mu_{A_i}(x) = 1$, 那么 $\{\Gamma_{i,0} | i \in I\}$ 就是 X 的一个分划, 叫做该覆盖有 X 的一个 0- 分划, 其中

$$\Gamma_{i,0} = \{x | x \in X, \mu_{A_i}(x) = 1\}.$$

定理 32 不分明拓扑空间 $(X, \mathscr{T})$ 为紧 (可数紧) 当且仅当 X 的每一个 $\mathscr{T}$- 开覆盖 (可数 $\mathscr{T}$- 开覆盖) 有 X 的一个有限 0- 分划.

证明 必要性. 设 $\{A_i|i \in I\}$ 为 X 的 $\mathscr{T}$- 开覆盖 (可数 $\mathscr{T}$- 开覆盖), 则由假设可知它有有限子覆盖 $\{A_{i_k}|k=1,2,\cdots,n\}$, 即对一切 $x \in X$ 有

$$\max_{1 \leqslant k \leqslant n} \mu_{A_{i_k}}(x) = 1,$$

因此 $\{A_{i_k}|k=1,2,\cdots,n\}$ 有 X 的一个有限 0- 分划, 也就是 $\{A_i|i \in I\}$ 有 X 的一个有限 0- 分划.

充分性. 只需注意若 X 的 $\mathscr{T}$- 开覆盖 (可数 $\mathscr{T}$- 开覆盖)$\{A_i|i \in I\}$ 有 X 的有限 0- 分划 $\{\Gamma_{k,0}|k=1,2,\cdots,n\}$, 则 $\{A_{i_k}|k=1,2,\cdots,n\}$ 为 $\{A_i|i \in I\}$ 的子覆盖, 其中 A_{i_k} 为相应于 $\Gamma_{k,0}$ 的 $\{A_i|i \in I\}$ 中的元.

例 考察由拓扑空间 $(X,\mathscr{U})$ 诱出的不分明拓扑空间 $(X,F(\mathscr{U}))$. 特别取 $(X,\mathscr{U})$ 为带有通常拓扑的所有实数的全体, 即 R^1.

将 R^1 表为可数多个互不相交的半开区间 $V_1, V_2, \cdots, V_n, \cdots$, 之并, 再命 A_n 是由满足

$$\mu_{A_n}(x) = \begin{cases} 1, & \text{当 } x \in \bar{V}_n \text{ 时}, \\ <1, & \text{在别处} \end{cases}$$

的连续程度函数所确定的不分明集, 则不难看出 $\{A_n|n=1,2,\cdots\}$ 为 $(X,F(\mathscr{U}))$ 的一个 $F(\mathscr{U})$- 开覆盖, 但它没有有限子覆盖, 故 $(X,F(\mathscr{U}))$ 非可数紧, 从而自然更非紧.

注 Chang[1] 所引进的紧性定义还有一些缺点, 例如, 对于它, 一般的 Tychonoff 乘积定理并不成立 (参看本附录 B.6), 因此, 在不分明拓扑学中, 紧性概念尚未取得公认的最好形式, 围绕着紧性应适合一般的 Tychonoff 乘积定理这一问题为中心, 最近又出现了不分明紧性的一些新定义 (见 Lowen[3], [4], [6], Gantner and Steinlage [1] 和刘应明 [1]), 这一概念似乎已逐渐接近于完善的境地.

另外, Wong[3] 引进了不分明拓扑空间 $(X,\mathscr{T})$ 在不分明点 e 处的局部紧性, 即

$$\text{有紧集} A \in \mathscr{T} \text{使得} e \in A.$$

Christoph[1] 又把它减弱为:

$$\text{有} B \in \mathscr{T} \text{和紧集} A \text{使得} e \in B \subset A.$$

例 设 $X=(0,1)$, 其不分明拓扑 $\mathscr{T}$ 就取为通常拓扑, 于不分明点 $e=x_\lambda$, 则显然有

$$B=(x-\varepsilon, x+\varepsilon) \in \mathscr{T}, \quad e \in B,$$

其中 $x-\varepsilon > \delta > 0$, $x+\varepsilon < 1-\delta$, 再注意到 $\bar{B}=[x-\varepsilon, x+\varepsilon]$ 为紧便知按 Christoph 意义在 e 处为局部紧.

另一方面, 从任何 $A \in \mathscr{T}$ 皆非紧集又可推出在 Wong 意义下于 e 处非局部紧.

B.5 不分明连续函数

定义 33 从不分明拓扑空间 $(X, \mathscr{T})$ 到不分明拓扑空间 $(Y, \mathscr{U})$ 的函数 f 叫做 F- 连续当且仅当 $f^{-1}[B] \in \mathscr{T}$, 当 $B \in \mathscr{U}$ 时.

显然, 若再设 g 是从 $(Y, \mathscr{U})$ 到不分明拓扑空间 $(Z, \mathscr{V})$ 的 F- 连续函数, 则其合成 $g \circ f$ 从 X 到 $Z F$- 连续, 这只需注意当 $V \in \mathscr{V}$ 时有

$$(g \circ f)^{-1}[V] = f^{-1}[g^{-1}[V]] \in \mathscr{T}.$$

定理 34 设 f 为从紧 (可数紧) 不分明拓扑空间 $(X, \mathscr{T})$ 到不分明拓扑空间 $(Y, \mathscr{U})$ 上的 F- 连续函数, 则 $(Y, \mathscr{U})$ 也是紧 (可数紧) 的.

证明 设 $\{B_i | i \in I\}$ 为 Y 的 $\mathscr{U}$- 开覆盖 (可数 $\mathscr{U}$- 开覆盖), 则因对 $x \in X$ 恒有

$$\mu_{\bigcup_{i \in I} f^{-1}[B_i]}(x) = \sup_{i \in I} \mu_{f^{-1}[B_i]}(x) = \sup_{i \in I} \mu_{B_i}(f(x)) = 1,$$

故 $\{f^{-1}[B_i] | i \in I\}$ 为 X 的 $\mathscr{T}$- 开覆盖 (可数 $\mathscr{T}$- 开覆盖), 从而有有限子覆盖 $\{f^{-1}[B_{i_k}] | k = 1, 2, \cdots, n\}$, 注意到 f 是从 X 到 Y 上, 易知此时对 Y 的不分明集 B 恒有 $f[f^{-1}[B]] = B$, 于是 $\{B_{i_k} | k = 1, 2, \cdots\}$ 也就是 Y 的覆盖, 即 $(Y, \mathscr{U})$ 亦为紧 (可数紧).

如同定理 1 之证, 我们还可以得到

定理 35 设 f 为从 Lindelöf 不分明拓扑空间 $(X, \mathscr{T})$ 到不分明拓扑空间 $(Y, \mathscr{U})$ 上的 F- 连续函数, 则 $(Y, \mathscr{U})$ 也是 Lindelöf 的.

所谓 $(X, \mathscr{T})$ 是 Lindelöf 的, 是指它的每一个 $\mathscr{T}$- 开覆盖均有可数的子覆盖.

定义 36 我们称从不分明拓扑空间 $(X, \mathscr{T})$ 到不分明拓扑空间 $(Y, \mathscr{U})$ 的一对一 F- 连续函数为 F- 同胚当且仅当它的逆也 F- 连续, 这时又称 X 和 Y 为 F- 同胚, 或 F- 拓扑等价.

注 本书第 3 章定理 1(连续映射的刻画定理) 是一条很基本而有用的定理, 这个定理已被推广到不分明拓扑空间 (见蒲保明、刘应明 [2], 蒋继光 [1] 也再次得到该定理).

B.6 乘积与商不分明拓扑空间

定义 37 设 $(X_i, \mathscr{T}_i)$, $i \in I$ 为一族不分明拓扑空间, $X = \prod_{i \in I} X_i$ 为通常的笛卡儿乘积, P_i 为从 X 到 X_i 上的射影, 命

$$\mathscr{S} = \{P_i^{-1}[B] | B \in \mathscr{T}_i, \ i \in I\},$$

则所有 $\mathscr{S}$ 中的元的有限交的并的全体构成 X 的一个不分明拓扑 $\mathscr{T}$(它以 $\mathscr{S}$ 为子基), 我们称之为 X 的乘积不分明拓扑, 并且把 $(X, \mathscr{T})$ 叫做乘积不分明拓扑空间.

定理 38 设 $(X_i, \mathscr{T}_i)$, $i \in I$ 为一族不分明拓扑空间, 则有

(1) 乘积不分明拓扑 $\mathscr{T}$ 为使得 P_i 为 F- 连续 $(i \in I)$ 的 $X = \prod\limits_{i \in I} X_i$ 的最小不分明拓扑;

(2) 设 $(Y, \mathscr{U})$ 亦为不分明拓扑空间, f 为从 Y 到 X 的函数, 则 f 为 F- 连续当且仅当对每一个 $i \in I, P_i \circ f$ 为 F- 连续.

证明 (1) 显然.

(2) 只需证充分性. 设 $B \in \mathscr{T}_i$, 则

$$(f^{-1} \circ P_i^{-1})[B] = (P_i \circ f)^{-1}[B] \in \mathscr{U},$$

注意 $\mathscr{T}$ 中的元均匀 $\mathscr{S} = \{P_i^{-1}[B] | B \in \mathscr{T}_i, \ i \in I\}$ 的元的有限交的并, 而 f^{-1} 又可保持不分明集的交与并的运算, 因而 f^{-1} 映 $\mathscr{T}$ 的元为 $\mathscr{U}$ 的元, 即 f 为 F- 连续.|

定理 39 设 $(X_k, \mathscr{T}_k), k = 1, 2, \cdots, n$ 为有限多个紧不分明拓扑空间, 则乘积不分明拓扑空间 $(X, \mathscr{T})$ 也是紧的.

证明 显然, 只需证 $n = 2$ 的情形.

此时 X 的乘积不分明拓扑 $\mathscr{T}$ 的一个基为

$$\mathscr{T}_0 = \{A_1 \times A_2 | A_1 \in \mathscr{T}_1, \ A_2 \in \mathscr{T}_2\},$$

其中 $A_1 \times A_2$ 相应的程度函数为

$$\mu_{A_1 \times A_2}(x) = \min\{\mu_{A_1}(x_1), \ \mu_{A_2}(x_2)\}.$$

设 $\{B_i | i \in I\}$ 为 $(X, \mathscr{T})$ 的 $\mathscr{T}$- 开覆盖, 其中

$$B_i = A_1^{(i)} \times A_2^{(i)}(A_1^{(i)} \in \mathscr{T}_1, A_2^{(i)} \in \mathscr{T}_2, i \in I),$$

又对任何 $y \in X_2, \delta > 0$, 命

$$S_y = X_1 \times \{y\},$$
$$V_{y,\delta} = \{B_i | \mu_{A_2^{(i)}}(y) > 1 - \delta \text{ 并且至少有一个 } x \in X_1$$
$$\text{使得 } \mu_{A_1^{(i)}}(x) > 1 - \delta, i \in I\},$$

则 $V_{y,\delta}$ 为 X 的子集 S_y 的 $\mathscr{T}$- 开覆盖.

事实上, 若 $(x, y) \in S_y$, 则因有 $\{B_i | i \in I\}$ 的可数子族 $\{B_{i_k} | k = 1, 2, \cdots\}$ 使得

$$\lim_{k \to \infty} \mu_{A_1^{(i_k)} \times A_2^{(i_k)}}(x, y) = 1,$$

故当 k 充分大时 $A_1^{(i_k)} \times A_2^{(i_k)} \in V_{y,\delta}$, 不妨设这对一切 k 均成立, 于是, 对一切 $(x,y) \in S_y$, 作同样的处理就得到 $V_{y,\delta}$ 的一个子族, 它覆盖 S_y.

设
$$W_{y,\delta} = \{A_1^{(i)} | A_1^{(i)} \times A_2^{(i)} \in V_{y,\delta}\},$$

则因对任何 $x \in X_1$ 有 $V_{y,\delta}$ 的可数子族 $\{B_{i_k} | k = 1,2,\cdots\}$ 使得
$$\lim_{k\to\infty} \mu_{A_1^{(i_k)} \times A_2^{(i_k)}}(x,y) = 1,$$

即 $\lim_{k\to\infty} \mu_{A_1^{(i_k)}}(x) = 1$, 故 $W_{y,\delta}$ 为 $(X_1, \mathscr{T}_1)$ 的 $\mathscr{T}_1$- 开覆盖, 从而由 $(X_1, \mathscr{T}_1)$ 为紧便知 $W_{y,\delta}$ 有有限子覆盖 $Z_{y,\delta}$. 今对每一个 $A_1^{(i)} \in Z_{y,\delta}$, 选 $A_2^{(i)}$ 使 $A_1^{(i)} \times A_2^{(i)} \in V_{y,\delta}$, 记如此得到的有限族 $\{A_1^{(i)} \times A_2^{(i)}\}$ 为 $H_{y,\delta}$, 而把其中的 $A_2^{(i)}$ 的族记作 $G_{y,\delta}$, 于是易知所有 $G_{y,\delta}$ 中的元 $(y \in X_2, \delta > 0)$ 的全体就构成 $(X_2, \mathscr{T}_2)$ 的一个 $\mathscr{T}_2$- 开覆盖, 因而从 $(X_2, \mathscr{T}_2)$ 为紧, 它又有有限子覆盖 $G_{y_i,\delta_i}, i = 1,2,\cdots,m$.

今证 $H_{y_i,\delta_i}, i = 1,2,\cdots,m$ 为 $\{B_i | i \in I\}$ 的有限子覆盖.

事实上, 只需证它是 X 的一个覆盖. 于 $(x,y) \in X$, 则有某个 G_{y_i,δ_i} 中的元 A_2 使得 $\mu_{A_2}(y) = 1$, 另一方面, 又存在 Z_{y_i,δ_i} 中的元 A_1 使得 $\mu_{A_1}(x) = 1$, 因而 $A_1 \times A_2$ 为 H_{y_i,δ_i} 中的元并且 $\mu_{A_1 \times A_2}(x,y) = 1$.

注　该定理对可数紧情形是不成立的, Wong[2] 对此的证明有错误 (参看王国俊 "两个可数紧的不分明拓扑空间的积空间不必是可数紧的").

还值得注意的是上述定理对紧不分明拓扑空间的可数族也不再成立.

例　对任何非空集 Y, 命 $X_n = Y$, 它的不分明拓扑 $\mathscr{T}_n = \{\varnothing, Y, A_n\}(n = 1,2,\cdots)$, 其中 A_n 是由程度函数
$$\mu_{A_n}(y) = 1 - \frac{1}{n} \quad (y \in Y)$$

所确定的不分明集, 则易见所有 $(X_n, \mathscr{T}_n)$ 均为紧 (可数紧), 但其乘积不分明拓扑空间 $(X, \mathscr{T})$ 就不再是紧的.

事实上, 因为对一切 $n, P_n^{-1}[A_n] \in \mathscr{T}$ (P_n 为从 X 到 X_n 上的射影), 又当 $x \in X$ 时恒有
$$\mu_{P_n^{-1}[A_n]}(x) = 1 - \frac{1}{n},$$

故 $\{P_n^{-1}[A_n] | n = 1,2,\cdots\}$ 为 X 的 $\mathscr{T}$- 开覆盖 (可数 $\mathscr{T}$- 开覆盖), 而它显然没有有限子覆盖.

注　有关不分明拓扑空间相应的 Tychonoff 型定理在 Goguen[1], Lowen[4], Gantner and Steinlage[1] 和刘应明 [1] 等人的工作中还有更进一步的研究.

定义 40 设 $(X, \mathscr{T})$ 为不分明拓扑空间, R 为 X 上的等价关系, X/R 为通常的商集, P 为从 X 到 X/R 上的射影, 命

$$\mathscr{U} = \{B | P^{-1}[B] \in \mathscr{T}\},$$

则 $\mathscr{U}$ 为 X/R 上的一个不分明拓扑, 我们称之为 X/R 上的商不分明拓扑, 并且把 $(X/R, \mathscr{U})$ 叫做商不分明拓扑空间.

定理 41 设 $(X, \mathscr{T})$ 为不分明拓扑空间, R 为 X 上的等价关系, 则有

(1) 商不分明拓扑 $\mathscr{U}$ 为使得 P 为 F- 连续的 X/R 上的最大不分明拓扑;

(2) 设 $(Y, \mathscr{V})$ 亦为不分明拓扑空间, g 为从 X/R 到 Y 的函数, 则 g 为 F- 连续当且仅当 $g \circ P$ 为 F- 连续.

证明 (1) 显然.

(2) 只需证充分性. 设 $V \in \mathscr{V}$, 则

$$(g \circ P)^{-1}[V] = P^{-1}[g^{-1}[V]] \in \mathscr{T},$$

再由 $\mathscr{U}$ 的定义便知 $g^{-1}[V] \in \mathscr{U}$, 故 g 为 F- 连续.∎

定理 42 若 $(X, \mathscr{T})$ 为紧 (可数紧) 不分明拓扑空间, R 为 X 上的等价关系, 则商不分明拓扑空间 $(X/R, \mathscr{U})$ 亦为紧 (可数紧).

证明 由附录 B 定理 34 和从 X 到 X/R 上的射影 P 为 F- 连续即得.∎

注 Christoph[1] 将商不分明拓扑空间又作了推广. 蒲保明、刘应明 [2] 结合 Chang[1], Goguen[1], Wong[2,3] 等人的工作还将本书第 3 章的定理推广到了不分明拓扑空间.

B.7 不分明网的 Moore-Smith 收敛

蒲保明、刘应明 [1] 首次引入了不分明网, 并且将本书第 2 章关于 Moore-Smith 收敛的全部定理都推广到了不分明拓扑空间, 现仅陈述其中的一部分.

定义 43 设 D 为非空集, $\geqslant$ 是 D 上的一个半序, 若对任何 $m, n \in D$ 有 $P \in D$ 使得 $P \geqslant m, P \geqslant n$, 则称 $(D, \geqslant)$ 为由半序 $\geqslant$ 定向的定向集.

定义 44 设 $(D, \geqslant)$ 为定向集, ϕ 为所有 X 的不分明点组成的集, 我们称从 D 到 ϕ 的函数 S 为 X 的不分明网, 对 $n \in D$, $S(n)$ 也常记作 S_n, 于是网 S 也常表为 $\{S_n, n \in D\}$, D 叫做网 S 的定义域.

定义 45 设 $\{S_n, n \in D\}$ 为 X 的不分明网, A 为 X 的不分明集. 若对所有 n, S_n 皆重于 A, 则称网 S 重于 A; 若有 $m \in D$ 使当 $n \geqslant m$ 时 S_n 皆重于 A, 则称网 S 最终地重于 A; 若对任何 $m \in D$ 都有 $n \in D$, $n \geqslant m$ 使得 S_n 重于 A, 则称网 S 常常重于 A; 若对一切 n 有 $S_n \in A$, 则称网 S 在 A 中.

定义 46 设 $(X, \mathscr{T})$ 为不分明拓扑空间, S 为 X 的不分明网, e 为 X 的不分明点, 若对 e 的每一个重域 B, 网 S 最终地重于 B, 则称网 S 收敛于 e.

定理 47 若 $(X, \mathscr{T})$ 为不分明拓扑空间, A 为 X 的不分明集, 则 X 的不分明点 $e \in \bar{A}$ 当且仅当存在网 S 在 A 中并且收敛于 e.

证明 必要性. 根据附录 B 定理 11, e 的重域系以包含关系为半序成为一个定向集, 记作 D, 于是, 由附录 B 定理 13 可知, 对任何 $B \in D$, B 与 A 相重, 设重于某个 $z \in X$, 则 $\mu_B(z) + \mu_A(z) > 1$, 即 $\mu_A(z) = \lambda > 0$, 这表明不分明点 $z_\lambda \in A$ 并且重于 B, 显然, 由 B 对应 z_λ 所给出的网就满足我们的要求.

充分性. 设不分明网 $S = \{S_n, n \in D\}$ 在 A 中并且收敛于不分明点 e, 则对 e 的任何重域 B, 从 S 最终地重于 B 可推出有某个 $S_n = z_\lambda \in A$ 并且重于 B, 即 $\lambda \leqslant \mu_A(z)$, 并且 $\lambda + \mu_B(z) > 1$, 从而 $\mu_A(z) + \mu_B(z) > 1$, 亦即 B 与 A 相重, 再根据附录 B 定理 13 便知 $e \in \bar{A}$.|

定义 48 X 的不分明网 $T = \{T_m, m \in E\}$ 叫做不分明网 $S = \{S_n, n \in D\}$ 的子网当且仅当存在从 E 到 D 的函数 N 满足

$1°$ $T = S \circ N$, 即对每一个 $m \in E$, $T_m = S_{N(m)}$;

$2°$ 对任何 $n \in D$, 存在 $m \in E$, 使当 $P \in E, P \geqslant m$ 时, 有 $N(P) \geqslant n$.

定理 49 设 $S = \{S_n, n \in D\}$ 为 X 的不分明网, $\mathscr{B}$ 为 X 的不分明集族, 使得任何两个 $\mathscr{B}$ 中的元的交仍含有 $\mathscr{B}$ 中的一个元, 又设 S 常常重于 $\mathscr{B}$ 中的每一个元, 则 S 有子网 T 使得 T 最终地重于 $\mathscr{B}$ 中的每一个元.

证明 设 D_1 为 $\mathscr{B}$ 由包含关系所定向的定向集, 令

$$E = \{(m, A) | m \in D, A \in D_1 \text{并且} S_m \text{重于} A\},$$

则易见 E 是 $D \times D_1$ 的子集, 而 $D \times D_1$ 的乘积半序 $((m_1, A_1) \geqslant (m_2, A_2)$ 表示在 D 和 D_1 中分别有 $m_1 \geqslant m_2$ 和 $A_1 \geqslant A_2$) 在 E 上的限制又给出了 E 上的一个半序 $\geqslant$, 今证 E 由该半序所定向.

事实上, 于 $(m, A), (n, B) \in E$, 取 $G \in \mathscr{B}$, $G \subset A \bigcap B$, 则因 S 常常重于 G, 故有 $P \in D$ 使得 $P \geqslant m$, $P \geqslant n$ 并且 S_P 重于 G, 于是 $(P, G) \in E$ 并且有 $(P, G) \geqslant (m, A)$ 和 $(P, G) \geqslant (n, B)$.

作从 E 到 D 的函数 N:

$$N(m, A) = m,$$

显然它满足定义 48 的 $2°$, 从而 $T = S \circ N$ 是 S 的一个子网, 又对任何 $A \in \mathscr{B}$ 有 $m \in D$ 使得 S_m 重于 A, 于是 $(m, A) \in E$ 并且当在 E 中有 $(n, B) \geqslant (m, A)$ 时 $T(n, B) = S \circ N(n, B) = S_n$ 重于 B, 从而也重于 A, 即 T 最终地重于 A.|

定义 50 不分明拓扑空间 $(X, \mathscr{T})$ 的不分明点 e 叫做不分明网 S 的聚点当且仅当对 e 的每一个重域 B, S 常常重于 B.

定理 51 不分明拓扑空间 $(X, \mathscr{T})$ 的不分明点 e 为不分明网 S 的聚点当且仅当有 S 的子网 T 收敛于 e.

证明 充分性由定义 48 和定义 50 即得. 至于必要性, 则只需注意 e 的重域系 $\mathscr{B}$ 显然满足定理 49 的条件.∎

当 X 的不分明网 $\{S_n, n \in D\}$ 的定义域 D 由所有正整数组成 (其半序由正整数的大小关系 $\geqslant$ 给出) 时, 就称这种网为 X 的不分明序列, 类似于子网的定义, 也可以从序列出发来定义子序列.

定理 52 设不分明拓扑空间 $(X, \mathscr{T})$ 为 C_I 或 $Q\text{-}C_I$, A 为 X 的不分明集, e 为 X 的不分明点, 则有

(1) $e \in \bar{A}$ 当且仅当有 A 的不分明序列收敛于 e;

(2) e 为不分明序列 S 的聚点当且仅当 S 有子序列收敛于 e.

证明 由附录 B 定理 20, 我们只需就 $(X, \mathscr{T})$ 为 $Q\text{-}C_I$ 空间的情形加以证明. 此时可设 $\{B_k | k = 1, 2, \cdots\}$ 为 e 的可数 $\mathscr{T}$- 开的重域基, 并且还可设 $B_k \supset B_{k+1}$, 称之为单调重域基. 今以它代替 e 的重域系.

于是, (1) 仿定理 1 之证即得. 至于 (2), 充分性显然, 其必要性可以比定理 51 更简单地予以证明:

设 e 为 $S = \{S_n | n = 1, 2, \cdots\}$ 的聚点, 对每一个 B_k 取 S_{n_k} 使 S_{n_k} 重于 B_k 并且 $n_k > n_{k-1}$ (规定 $n_0 = 0$), 于是 $T = \{S_{n_k} | k = 1, 2, \cdots\}$ 就是收敛于 e 的 S 的子序列.∎

另外, 我们还顺便指出, Hutton[3] 研究了不分明拓扑空间的一致性结构.

最后译者对关肇直和蒲保明两先生的支持与鼓励表示衷心的感谢！

参 考 文 献

Chang C L

[1] Fuzzy topological spaces. *J. Math. Anal. Appl.*, 1968, 24: 182–190.

Christoph F T

[1] Quotient fuzzy topology and local compactness. *J. Math. Anal. Appl.*, 1977, 57: 497–504.

Frank M J

[1] *Probabilistic Topological Spaces. Illinois Institute of Technology.* Chicago, U. S. A., 1970.

Gantner T E, Steinlage R C and Warren R H

[1] Compactness in fuzzy topological spaces. *J. Math. Anal. Appl.*, 1978, 62: 547–562.

Goguen J A

[1] Fuzzy Tychonoff theorem. *J. Math. Anal. Appl.*, 1973, 43: 734–742.

Hutton B

[1] Fuzzy topological spaces. PhD Thesis. University of Warwick. England, CV4 7AL.

[2] Normality in fuzzy topological spaces. *J. Math. Anal. Appl.*, 1975, 50: 74–79.

[3] Uniformities on fuzzy topological spaces. *J. Math. Anal. Appl.*, 1977, 58: 559–571.

Hutton B and Reilly I

[1] Separation axioms in fuzzy topological spaces. *Fuzzy sets and Systems*, 1980, 3: 93–104.

Kohout L J

[1] *Automata and Topology* // Mamdani E H, Gaines B R, Eds. Discrete system and fuzzy reasoning. EES–MMS–DSFR–76, Queen Mary College, University of London, 1976.

Lowen R

[1] Topologies floues. *C. R. Acad. Paris*, 1974, 278: 925–928.

[2] Convergence floues. *C. R. Acad. Paris*, 1976, 283: 575–577.

[3] Fuzzy topological spaces and fuzzy compactness. *J. Math. Anal. Appl.*, 1976, 56: 621–633.

[4] Initial and final fuzzy topologies and the fuzzy Tychonoff theorem. *J. Math. Anal. Appl.*, 1977, 58: 11–21.

[5] A theorey of fuzzy topologies. PhD Thesis. Free University of Brussels. Belgium, 1974.

[6] *A Comparison of Different Compactness Notions in Fuzzy Topology.* Vrije Universiteit Brussels. Belgium, 1976.

[7] *Lattice Convergence in Fuzzy Topological Spaces.* Vrije Universiteit Brussels. Belgium, 1976.

Michálek J

[1] Fuzzy topologies. *Kybernetika (Prague)*, 1975, 11: 345–354.

Michálek J and Kramosil I

[1] Fuzzy metrics and statistical metric spaces. *Kybernetika (Prague)*, 1975, 11: 336–344.

Nazaroff G J

[1] Fuzzy topological polysystems. *J. Math. Anal. Appl.*, 1973, 41: 478–485.

Rajasethupathy K S and Lakshmivarahan S

[1] *Connectedness in Fuzzy Topology.* Department of Mathematics. Vivekanamdha College. Madras, India, 1974.

Sols I and Meseguer J

[1] *Topology in Complete Lattics and Continuous Fuzzy Relations.* University of Zaragoza. Spain, 1975.

Warren R H

[1] Continuity of mappings of fuzzy topological space. *Notice of the A. M. S.*, 1974, 21.

[2] Optimality in fuzzy topological polysystems. *J. Math. Anal. Appl.*, 1976, 54: 309–315.

[3] Boundary of a fuzzy set. *Indiana University Math. J.*, 1977, 26: 191–197.

[4] Neighborhoods, bases and continuity in fuzzy topological spaces. *Applied Mathematics Reseach Laboratory.* Wright-Patterson Air Force Base. Ohio, U. S. A, 1974.

Weiss. M D

[1] Fixed points, separation and induced topology for fuzzy sets. *J. Math. Anal. Appl.*, 1975, 50: 142–150.

Wong C K

[1] Covering properties of fuzzy topological spaces. *J. Math. Anal. Appl.*, 1973, 43: 697–704.

[2] Fuzzy topology: Product and quotient theorems. *J. Math. Anal. Appl.*, 1974, 45: 512–521.

[3] Fuzzy points and local properties of fuzzy topology. *J. Math. Anal. Appl.*, 1974, 46: 316–328.

[4] Categories of fuzzy sets and fuzzy topological spaces. *J. Math. Anal. Appl.*, 1976, 53: 704–714.

[5] Fuzzy topology // *Fuzzy Sets and Their Application Tocognitive and Decision Processes.* Zadeh L A, Fu K S, Tanaka K and Shimura M, Eds. New York. Academic Press, 1975: 171–190.

Zadeh L A

[1] Fuzzy sets. *Inf. Control*, 1965, 8: 338–353.

蒲保明和刘应明

[1] 不分明拓扑学 I—— 不分明点的邻近构造与 Moore-Smith 式收敛. 四川大学学报 (自然科学版), 1977, 1: 31–50.

[2] 不分明拓扑学中的乘积空间与商空间. 科学通报, 1979, 3: 97–100.

刘应明

[1] 不分明拓扑空间中紧性与Тихонов 定理. 自然杂志, 1980, 7: 553–554.

蒋继光

[1] 不分明分离公理及不分明紧性. 四川大学学报 (自然科学版), 1979, 3: 1–10.

吴从炘

[1] 不分明拓扑线性空间 I. 哈尔滨工业大学学报, 1979, 1: 1–19.

本附录写于三年前, 现在这个领域又有很大发展 (如可参看金长泽. 不分明拓扑学的某些发展概况. 东北师大学报 (自然科学版),1981,2: 53–67). 不过作为基础知识, 内容还是可以的, 因此其他就不再赘述了.—— 译者注

实际上, 附录 B 写于 30 年前. 因此, 建议现在关注不分明拓扑学的读者阅读专著: Liu Yingming, Luo Maokang. Fuzzy Topology. Singapore: World Scientific, 1997. —— 译者再注

索　引

十三画

十四画

十六画

十八画

其他